20세기의 명품 건축 | Key Houses of the Twentieth Century
평면, 단면 그리고 입면 | Plans, Sections and Elevations

20세기의 명품 건축 평면, 단면 그리고 입면

Key Houses of the Twentieth Century Plans, Sections and Elevations

Colin Davies 지음 | 한국주거학회, 이현수 옮김

Key Houses of the Twentieth Century Plans, Sections and Elevations

번역 · 한국주거학회

이현수	연세대학교	번역대표/번역기획 및 총괄 번역
김봉애	제주대학교	introduction(pp10~pp15)
김남효	숭실대학교	introduction(pp15~pp19)
강부성	서울산업대학교	behrens house(pp22)~hill house(pp28)
김미희	전남대학교	gamble house(pp30)~villa snellman(pp36)
김미정	경희대학교	villa henny(pp38)~schröder house(pp44)
김선중	울산대학교	villa la roche(pp46)~bauhaus staff houses(pp52)
김수암	한국건설기술연구원	villa stein(pp54)~moller house(pp60)
박선희	전북대학교	lange house(62)~lovell health house(pp68)
박찬돈	경운대학교	e1027(pp70)~houses at am rupenhorn(76)
배정인	안동대학교	tugendhat house(pp78)~schminke house(pp84)
백혜선	대한주택공사	villa girasole(pp86)~fallingwater(pp92)
송정화	남서울대학교	villla mairea(pp94)~casa malaparte(pp100)
서지은	영남대학교	chamberlain cottage(pp102)~johnson house(pp108)
신용재	부경대학교	rose seidler house(pp110)~casa ugalde(pp116)
신화경	상명대학교	utzon house(pp118)~maison prouve(pp124)
안옥희	영남대학교	bavinger house(pp126)~maison jaoul(pp132)
이경락	영동대학교	case study house(pp134)~moore house(pp140)
이보라	대한건설정책연구원	vanna venturi house(142)~san cristobal(pp148)
이윤재	연세대학교	bawa house(pp150)~cardoso house(pp156)
이재훈	단국대학교	fisher house(pp158)~dickes house(pp164)
이종국	계명대학교	capsule house k(pp166)~domingues house(pp172)
이지숙	군산대학교	hopkins house(pp174)~house at regensburg(pp180)
임만택	조선대학교	casa rotunda(pp182)~magney house(pp188)
조민정	청주대학교	casa garau agusti(pp190)~house at koramangala(pp196)
조 봉	한성대학교	zuber house(pp198)~casa gaspar(pp204)
조성희	부산대학교	villa dall' ava(pp206)~cho en Dai House(pp212)
주서령	경희대학교	marika-alderton house(pp214)~double house(pp220)
추승연	경북대학교	m house(222)~mobius house(pp226)
황연숙	한양대학교	aluminium house(pp228)~father' s house(pp232)

발간사

다른 건축보다도 주택은 삶의 본질적 문제를 많이 담고 있습니다. 사람들은 이 주택 속에서 성장하며 많은 추억과 인생 이야기를 펼쳐 갑니다. 삶의 존재 자체를 유지하기 위해서는 주택의 기능이 중요하고 정신적인 풍요로움을 위해서는 주택의 상징성과 같은 감성적 측면도 만족되어야 합니다. 인류역사는 주거에서 시작되었다고 하여도 과언이 아니며, 주택을 떠나서는 우리는 아무것도 할 수 없습니다. 주택은 우리의 근원이며 삶의 안식처이기 때문입니다.

은신처로 시작된 주택이 분화와 진화의 과정을 거쳐 요즘 많이 복잡해 졌습니다. 또한 우리 사회도 큰 발전과 변화를 경험하였습니다. 산업 혁명 이후 주택과 주거 개념이 급속하게 변하였지만, 여기 머물지 않고 정보화 시대의 도래에 따라 주택은 다시 한 번 혁신적인 변화를 맞이하고 있습니다. 사람들이 살아가는 방식도 예전처럼 그렇게 단순하지만은 않습니다. 또한, 가족에 대한 개념도 많이 바뀌었습니다. 삶을 좀 더 풍요롭고 의미 있게 개선하려는 인간의 끊임없는 욕구도 아주 다양해 졌습니다. 이러한 다양한 시각을 가진 거주자의 욕구를 수용해야 하는 주택을 계획하고 디자인하는 일은 결코 쉬운 일이 아닙니다. 주택은 또한 인문학적 지식과 더불어 건축이라는 기술적 지식도 필요로 합니다. 그리고 아름다움을 추구하는 본질상 조형성도 뒷받침 되어야 합니다. 인간과 함께 더불어 교감하고 호흡할 수 있는 주택이야말로 우리가 생각하는 이상적인 주택일지 모릅니다.

그동안 주택에 관한 많은 서적이 출간되었습니다. 이러한 저술의 대부분이 이상적인 주거 모델을 소개함으로써 삶의 질을 개선하려는 목적을 가지고 있습니다. 그러나 이러한 책들 중에서 한 세기를 되돌아보며 미래의 방향을 설정할 수 있는 아이디어를 제공하는 책은 그렇게 많지 않습니다. 주택의 변천 과정을 역사적으로 살펴본다는 것은 과거와 현재를 조망하고, 미래를 준비하게 한다는 귀중한 의미가 담겨 있습니다. 그렇기에 주택을 역사적으로 고찰하는 것은 그만큼 중요합니다. 물론, 단 한 권의 책으로 그렇게 많은 주택을 종합하는 것은 불가능한 일일 것입니다. 그러나 소수의 주택이기는 하나 사회의 트렌드를 만들고 주택 분야의 발전을 선도했던 건축가의 작품은 큰 비중을 차지합니다. 이러한 내용을 담고 있는 책이 바로 '20세기의 명품 건축Key Houses of the Twentieth Century' 입니다.

'20세기의 명품 건축'은 한국주거학회가 창립 20주년 기념행사의 일환으로 기획하여 발간하는 번역 도서입니다. 20세기의 건축 흐름을 주도했던 르 꼬르뷔지에, 프랭크 로이드 라이트, 미스 반 데어 로에 등의 3대 건축 거장들의 작품을 수록하고 있는 책이기도 합니다. 이 외에도, 피터 아이젠만, 리차드 마이어, 루이스 칸, 폴 루돌프, 타다오 안도 등 건축 사상을 창조했던 유명 건축가들의 작품도 수록하고 있습니다. 건축 거장들의 작품이 조형성을 중시하다 보니, 거주자가 불만을 토로했던 작품들도 많이 있습니다. 그래서 유명 건축 거장들의 작품이 꼭 우수하다고 볼 수는 없습니다. 그러나 이들 건축가의 주택은 건축 철학이나 사상 등을 담고 있어서 인간의 생각을 진화시키는 데 혁신적인 출발점을 제공하는 가치가 있습니다. 20년을 넘어서 새로운 도약을 하려는 주거학회의 입장에서 볼 때, 이러한 책을 주거 관련 학계에 소개하는 것은 큰 의미가 있다고 생각합니다. 이러한 생각으로 이 책을 발간하게 되었습니다. 이 책을 발간하는 데 참여해 주신 모든 학회 회원들께도 이 자리를 빌려 감사의 말을 전합니다. 앞으로 주거학회는 세계 속의 한국적 주거 문화를 발전시키고 선도하는 데 온 노력을 다 할 것입니다.

최재필 | 한국주거학회 회장
2010. 3.

이 책의 원제목에 나오는 'Key House' 라는 단어는 내 마음을 사로잡기에 충분했다. 'Key House' 를 직역을 해본다면 대표적인 주택, 중요한 주택이라고 할 수 있을 것이다. 그렇지만 영어가 주는 느낌은 이러한 번역으로 충분히 대변할 수 없을 정도로 무엇인가 끌리는 힘이 있었다. 그래서 여러 가지로 고민을 하다가 최종적으로 생각해 낸 것이 '20세기의 명품 건축'이다.

'명품' 이라는 말 자체에는 무엇인가 남다른 것, 아니면 고급스러운 것, 훌륭하고 멋진 것과 같은 의미를 담고 있다. 음악에서 연주를 잘 하는 사람 앞에는 '명연주자' 라는 호칭이 붙여지고, 탁월한 능력을 가진 사람을 가리켜 '명인' 이나 '명장' 이라고 부른다. 그래서 사람들은 '명인' , 또는, '명품' 하면 많은 호기심과 관심을 자연스레 보인다.

나는 사람들이 명품을 좋아하는 이유로 명품에 스며들어 있는 완벽성을 들고 싶다. 사람들은 완벽하지 않기 때문에 완벽한 것을 추구한다. 쉽게 말하면, 우리가 소유한 것이 아니기 때문에 그것을 소유하고 싶어 하는 것이다. 명품에는 100%의 완벽성에 가까운 기술과 정신이 들어 있다. 완벽성이라는 것은 사람들의 마음을 편안하게 하지 않을 수도 있지만 믿음과 신뢰를 준다. 그러한 믿음의 바탕 위에서 우리는 그것들을 좇아하고 싶어 한다. 다시 말해, 명인이나 명품은 사람들을 선도하고, 감성을 풍요롭게 하는 매력을 갖고 있다. 명품의 겉모습도 겉모습이지만, 그 안에 있는 장인들의 정신력과 숨결 때문에 사람들은 깊은 감동을 받게 되고 사색을 하게 된다. 따라서 명품은 사람들과 소통하고 새로운 체험을 제공하며, 멋진 꿈을 선사하고 있는 것이다.

본서에서 소개하고 있는 주택들은 건축가의 장인 정신과 그 시대를 주도했던 사상이나 철학, 그리고 건축주들의 욕망이나 생활을 담고 있는 명품주택이다. 이러한 명품주택은 다양한 주거 개념을 담고 있으며, 건축 설계자들이 받아들일 수 있는 다양한 디자인 원리가 스며들어 있다. 단적으로 말해, 건축 전문가들이나 주거 학자들이 알아야 할 내용을 담고 있는 바이블과 같은 책이다.

나는 개인적으로 프랭크 로이드 라이트를 좋아한다. 왜냐하면, 프랭크 로이드 라이트는 인간을 이해하고 인간의 본질 속에서 발견할 수 있는 것들을 주택에 그대로 표현했기 때문이다. 감성을 중시했던 프랭크 로이드 라이트는 주택에 자연을 적극적으로 끌어들이는 감성적 디자인 방법도 소개했다. 낭만적이고 유기적인 건축이라고 이야기되는 그의 건축 세계는 생명을 중시하기 때문에 호감이 간다. 아니, 인간을 중시하기 때문에 호감이 간다는 말이 더 들어맞을 것이다.

그러나 이 책에는 프랭크 로이드 라이트만 있는 것이 아니다. 어떤 관점에서 보면 프랭크 로이드 라이트와 반대선상에 서 있는 미스 반 데어 로에의 작품도 있다. 미스 반 데어 로에는 합리성을 중시하는 이성적인 건축가이다. 또, 이 책에는 프랭크 로이드 라이트와 미스 반 데어 로에의 중간쯤에 위치한다고 생각해 볼 수도 있는 르 꼬르뷔지에의 작품도 있다. 3대 건축 거장들이 다 모인 셈이다. 그러나 세 명의 건축가를 소개하는 데 그치지 않고, 이 책에는 워터 그로피우스라든가 아돌프 루스, 알바 알토, 마르셀 브로이어, 루이스 칸, 로버트 벤츄리, 피터 아이젠만, 리차드 마이어, 타다오 안도, 마리오 보타, 렘 쿨하스, 노만 포스터, 도요 이토 등 세계의 건축을 주름 잡았던 건축 명장들이 다 모여 있다. 물론, 이들 건축가들의 작품 경향이나 건축 철학은 서로 다르다. 이 책은 다양한 건축가들의 사상과 철학이 서로 얽히고 설켜 있는 콜라주와 같은 책이다. 따라서 이 책을 통해 우리는 주거에 대한 많은 아이디어를 얻을 수 있을 것이다. 이 책은 시대적으로 주거 양식이 어떻게 발전하여 왔는지를 보여주는 아이디어의 저장고이며, 다양한 삶의 이야기를 담고 있기도 하다. 더군다나 건축가가 중요하게 생각하는 정확한 스케일의 평면, 단면, 입면 등의 도면을 수록하고 있다. 이러한 구성은 다른 책에서 쉽게 볼 수 있는 것은 아니다. 이 책은 많은 설계자들에게 도움이 되는 정보를 제공할 것이며, 주거학 이론자들에게도 큰 도움이 될 것이다.

인간을 중시하는 주거학이라는 학문에 뿌리를 두고 있는 주거학자들이 이 책을 번역하면, 그 진가를 유감없이 발휘할 수 있는 책이라고 생각했다. 그래서 이 책의 번역에 착수했다. 처음에는 혼자 번역하고 싶은 욕심도 있었지만, 주거학회 회원들이 힘을 모은 공동 번역이 더 큰 의미가 있을 것이라고 생각해서 총 28 분의 회원을 이 책의 번역에 초대했다. 이 자리를 빌려 번역에 참여해주신 모든 교수님들께 진심으로 감사를 드린다. 출판 편집 과정에서 많은 어려움에도 불구하고, 노고를 아끼지 않은 디자인이즈 추정희 실장에게도 심심한 감사를 드리는 바이다. 끝으로 본서의 번역을 허락해 주신 김윤태 선출판사 사장님께도 진심의 감사를 드린다.

이현수 | 한국주거학회 창립20주년기념 준비위원장
2010. 3.

Contents

Introduction

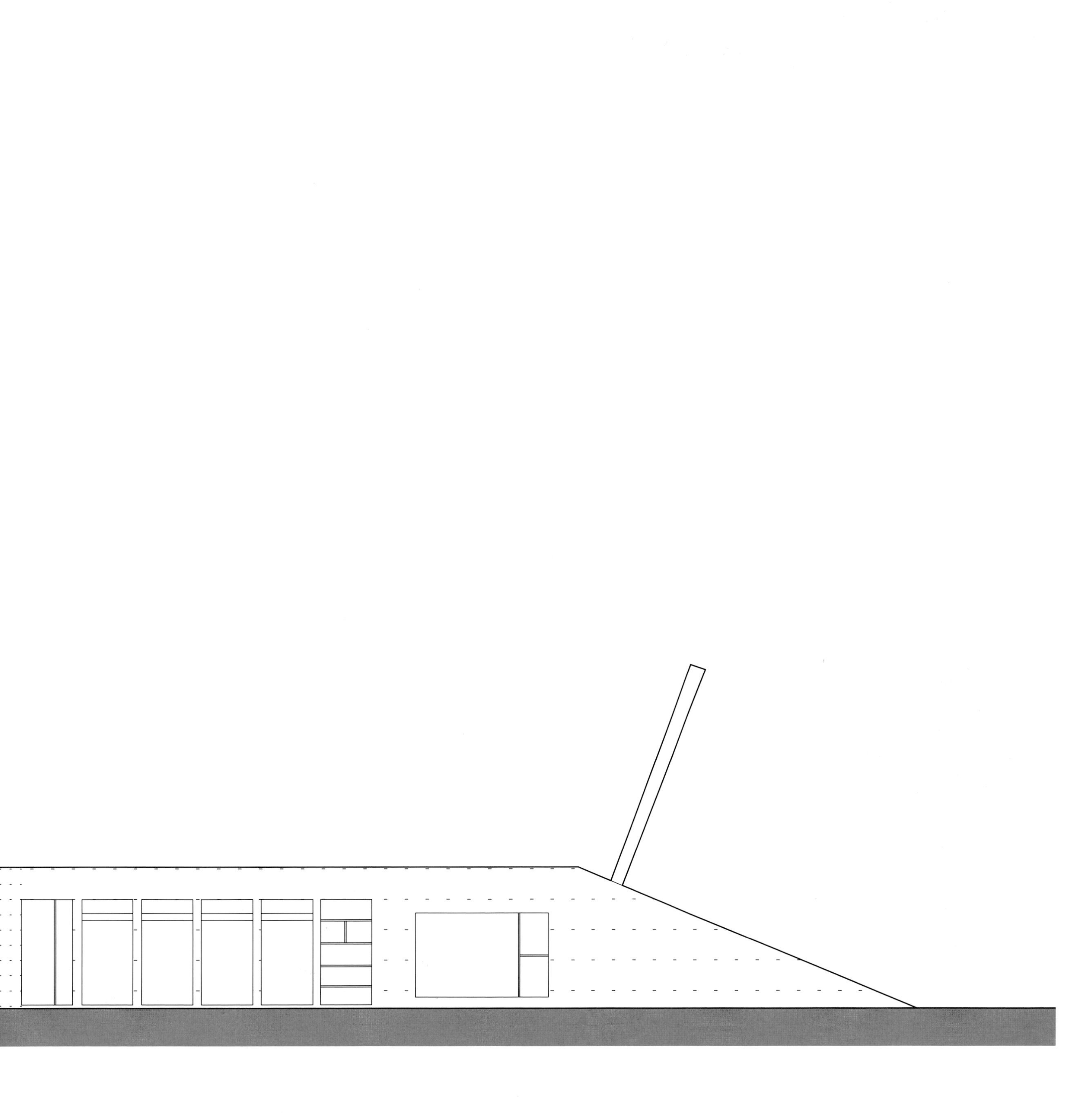

Villa Savoye

건축가가 디자인한 개인 주택은 풍경화나 다큐멘터리 영화 혹은 낭만적인 소설에 비유될 수 있는 확실한 예술 문화작품이다. 대부분의 경우, 일반적으로 주택은 생존에 필수적인 실용적 기능을 수행하기 때문에 우리들은 주택을 다른 시각에서 보게 된다. 예를 들면, 우리들은 '20세기를 빛낸 주요 주택'으로 미국의 일반 지역 주택, 영국의 오두막집이나 스웨덴의 여름별장과 같은 지역 토착민들의 주택이나 혹은 대량생산된 주택 등을 포함시키고 싶을 것이다. 확실히 이러한 '일반' 주택들은 이 책이 소개하는 '특별한' 주택보다 대다수 사람들의 일상적인 삶에 큰 영향을 끼쳐 왔다. 20세기 주택의 역사를 전 지구적 차원에서 종합적으로 살펴볼 때 건축가가 디자인한 개인 주택이 중요한 위치를 차지할 수는 없을 것이다.

그러나 이 책은 전 세계적인 건축역사를 종합적으로 다루려는 의도에서 쓰여진 책이 아니다. 이 책은 제한적이지만 흥미가 없지 않은 어떤 것, 즉 다시 말하면 '예술적 대표작artistic canon'으로 이름 붙일 수 있을지도 모를, 상대적으로 적은 수의 주택들에 대해 다룬다. 이 책에 있는 주택들은 이런 저런 이유로 널리 출판되어 알려진 건축역사서에 나오는 유명한 주택들이다. 다른 예술 장르와 마찬가지로 건축에 있어서 표준canon도 왜곡과 불공평을 내포하는 불완전한 것이다. 그러나 이러한 사실이 표준이 유용하지 않다는 것을 의미하지는 않는다. 사실 표준은 예술적 진보를 위해 절대적으로 필요한 것이다. 그것이 없다면 건축을 논하는 토론은, 그것이 책 속에서든 전시회장에서든 혹은 회의실에서든 또는 대부분의 건축을 가르치는 학교에서든 크게 위축되었을 것이다. 표준은 세상에 흩어져 있는 모든 건축가들을 연결시키는 공유된 지식의 저장소로서 집합적인 정체성을 건축가에게 부여한다. 어떤 건축가가 '빌라 사보아Villa Savoye'라는 말을 할 때, 그 말을 듣는 다른 건축가는 즉각적으로 하나의 영상을 떠올린다. 또 강의실의 제도판 혹은 컴퓨터 스크린 앞에서 나눴던 많은 대화 내용을 떠올리게 된다. 표준으로 오를 만한 건축물에 대한 철저한 지식은 그것이 단지 그들의 유명세나 혹은 그들의 초상화란 측면을 떠나 그들에 대한 상세한 해부도라는 측면에서 건축가나 건축학 전공학생들에게 꼭 필요한 것이다. 이 책은 이러한 지식을 획득하고 보존하는 수단을 제공한다. 이 책은 단지 주택

Lovell Beach House

Lovell Heath House

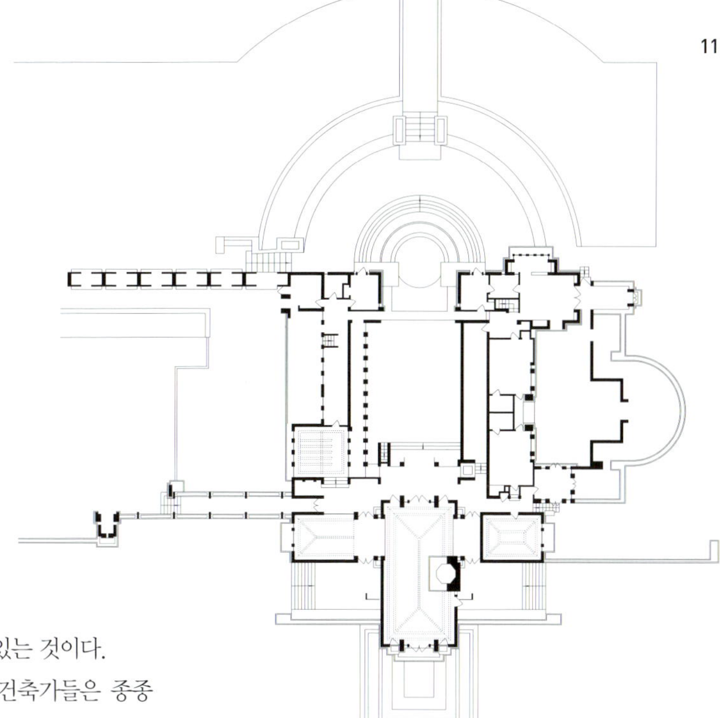

Bansdall House

Bansdall House

에 대해서만 관심을 갖고 있다. 하지만 주택은 새롭고 실험적인 제반 아이디어를 시험하고 각종 기술을 수행하는 건축의 실험실이다. 20세기 주택의 역사는 20세기의 건축기술을 농축하고 있는 것이다.

건축 표준에 포함시킬 지 여부를 결정하는 것은 건축의 창의성과 질이다. 상상력이 부족하거나 혹은 평범한 사례들은 보통 건축역사에서 환영받지 못했다. 그러나 질과 창의성만이 유일한 기준은 아니다. 건축물의 원작자authorship도 종종 중요한 고려의 대상이 되곤 한다. 예를 들면, '르 꼬르뷔지에Le Corbusier' 처럼 천재로 인정받는 사람이 디자인한 주택은 어떤 것이든 표준으로 지정될 가능성이 높다. 반대로 무명의 건축가가 만든 대단히 창의성이 풍부한 주택은 역사의 주목을 받지 못할 수도 있다. 이러한 이유 때문에 건축 사례집인 이 책에서는 '르 꼬르뷔지에Le Corbusier', '프랭크 로이드 라이트Frank Lloyd Wright', '루드빅 미스 반 데어 로에Ludwig Mies van der Rohe'와 같이 새로운 유형을 창안한 사람들form-givers의 작품은 그들이 실제 건축한 작품수에 따라 정당화할 수 있는 분량보다 훨씬 많이 수록하였다. 그들의 작품은 의심할 필요도 없이 표준에 수록할 만하기 때문에 포함되어 있는 것이다.

표준에 수록할 만한 명성 있는 건축가들은 종종 서로 알고 지내는 사이이다. 개인 간 접촉이나 혹은 심지어 친밀한 우정으로 가깝게 지내는 사이이다. 사람들은 주택사례집인 이 책 어디에서나 공부를 시작할 수 있으며, 시야를 넓혀 세계적으로 건축에 헌신하고 있는 사람들의 연결망을 그려볼 수도 있다. 예를 들면, 1920년대 로스앤젤레스에 있던 4채의 건축물을 생각해 볼 수 있을 것이다. 그 중 두 채의 건축물은 필립 로벨 박사Dr. Philip Lovell가 건축하였으며, 다른 두 채의 건축물은 '프랭크 로이드 라이트Frank Lloyd Wright'가 설계하였다. 로벨 박사의 부인은 라이트 에이가 지은 여러 주택 중 한 채를 구매한 에이라인 반스달Aline Barnsdall의 친구였다. 책의 p.50-51에 나와 있는 로벨 해변주택Lovell Beach House을 건축한 루돌프 쉰들러Rudolph Schindler와 책 p.68-69에 있는 로벨 요양주택Lovell Health House을 건축한 리차드 뉴트라Richard Neutra는 둘 다 오스트리아 사람으로 오랜 기간 동안 서로 친교를 나누어온 친구이자 동료였다. 그리고 그들 둘 다 반스달 주택(p.40-41)을 건축할 때 라이트를 위해

Tugendhat House

House VI

일을 했었다. 쉰들러는 건축감독으로 또 뉴트라는 정원 디자이너로 일했다. 또한 뉴트라는 해변주택의 정원을 디자인하기도 했다.

미국에 오기 전까지 쉰들러와 뉴트라는 모두 오스트리아 출신의 현대주의 건축기술의 선구자로 위대한 스승이었던 아돌프 루스Adolf Loos의 교육을 받았다. 그가 건축한 건축물 중 몰러 주택Moller House(p.60-61)과 뮐러 주택Muller House(p.74-75) 등 두 개의 건축물을 이 책에 포함시켰다. 루스의 유명한 이론 담론인 '장식과 범죄Ornament and Crime'는 1920년에 프랑스에서 '에스프리 누보L'Esprit Nouveau'라는 잡지를 통해 출판되었다. 이 잡지의 편집장은 르 꼬르뷔지에였다. 르 꼬르뷔지에는 베를린에 있는 피터 베렌스Peter Behrens를 위해 일하고 있었다. 발터 그로피우스Walter Gropius와 미스 반 데어 로에Mies van der Rohe도 그를 위해 일하고 있었다. 그로피우스와 미스는 둘 다 바우하우스 학교Bauhaus School의 이사였다. 이 학교는 마르셀 브로이어Marcel Breuer와 같은 유명한 건축가를 다수 배출했다. 마르셀 브로이어는 처음에는 영국으로 이민을 갔다가 후에 다시 미국으로 건너가, 미국 하버드 대학에서 그로피우스와 합류하여 체임벌린 별장Chamberlain Cottage(p.102-103)을 포함한 다수의 건축물을 디자인했다. 해리 세이들러Harry Seidler는 브로이어의 제자 중의 한 사람으로 오스트레일리아로 이민가기 전까지는 체임벌린 별장의 디자인 작업을 했다. 오스트레일리아에서는 어머니를 위해 브루어 스타일의 로즈 세이들러 주택을 디자인했다. 로즈 세이들러 주택은 오스트레일리아 건축 역사의 방향을 바꾼 주택이다. 이와 같은 인적 네트워크는 무미건조한 통계조사 자료보다는 성장해가는 유기체의 모습을 더욱 생생하게 보여 주는 것이다.

정말이지 모든 예술의 역사라 할 수 있는 예술 대표작art canons은 모두 어느 정도 이런 종류의 네트워크에 의존한다. 또한 대표작품들은 어떤 양식이나 운동들을 더 선호하기도 한다. 때로는 당시 그들이 향유하던 대중성이나 영향력의 정도를 크게 넘어서 더 선호하기도 한다. 20세기 건축학에서 이런 방식으로 더 선호했던 양식이 바로 근대주의Modernism였다. 근대주의가 20세기를 특징짓는 양식이었다는 것에 대해 대부분의 역사학자들은 동의할 것이다. 따라서 이 책에서는

Pavillon de l'Esprit Nouveau

Orchards

Vanna Venturi House

순수하게 통계적 관점에서 이야기할 수 있는 것보다 더 많은 양의 근대주의 양식의 주택들을 소개한다. 전기 근대주의자pre-Modern ist(Edwin Lutyens의 Orchards, p.24-25), 후기 포스트 모더니스트Post modernist(the Vanna Venturl House, p. 142-43), 혹은 신모더니스트 neo-Modernist (Eisenman의 House VI, p.160-61) 등의 다른 양식에 대해서는 근대주의와의 관계 속에서만 논의한다.

제2차 세계대전 이전까지만 해도 근대주의라고 하면 전체 건축물 중 극히 일부를 차지했던 아방가르드 avant-garde풍의 유럽 양식을 말했다. 하지만 그 이후 그로피우스와 미스 같은 몇몇 근대주의 건축양식의 선구자들은 나치 독일을 벗어나 미국으로 이민을 갔다. 필립 존슨Philip Johnson과 헨리 러셀 히치콕Henry Russell Hitchcock과 같은 건축가들은 이들을 환영하였다. 더 일찍 이민을 갔던 쉰들러와 뉴트라와 같은 초기 이민자들은 중요한 역할을 하였다. 따라서 이들은 당연히 표준에 들게 되었다. 이것도 나중에 생각해 보니 부분적으로는 이러한 문화적 이전의 결과였다. 전후 미국 주식회사는 근대주의 건축양식을 채택했고 그 영향력

은 점차 커져서 로마 제국에서 기독교를 채택한 이후 성장한 것처럼 하나의 정통orthodoxy이 되었다.

근대주의 건축양식은 전통보다는 창조에 더 흥미를 가진 하나의 진보운동이었다. 기계가 만들어내는 생산품은 영감을 주는 것들이었다. 근대주의는 건축을 합리적이고 기능적인 바탕 위에서 새롭게 토대를 쌓기를 원했고 또 일상생활과 기계화된 산업사이에 발생하는 갈등을 없앰으로써 사회가 변화되기를 원했다. 그러나 주택은 과거에도 그랬고 또 현재에도 그렇지만, 전통을 가장 강하게 유지하고 또 최후까지 지키는 보루이다. 가정이라는 영역은 뿌리 깊게 보수적이며, 이런 연유로 르 꼬르뷔지에Le Corbusier가 말한 주택은 '삶을 영위하기 위한 기계'가 되어야 한다는 개념은 오늘날까지도 널리 인식되고 있는 것이다. 이 책에 소개하고 있는 주택의 많은 부분은 근대성modernity과 주거성domesticity이 만나 파생시킨 담론들이다. 이러한 디자인 속에서 본서는 서술되었다. 그리고 표준은 새롭고 또 기존의 것과 다른 것을 선호하기 때문에, 표준의 주조는 근대성이다.

이 책에 나와 있는 8개의 주택은 르 꼬르뷔지에Le

Rose Seidler House

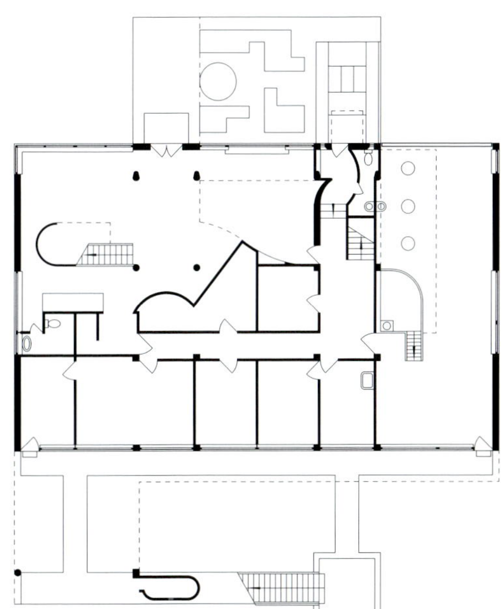

Villa Stein-de Monzie

High and Over

Wolf House

Corbusier가 건축한 것이며 이들 모두는 건축학적으로 도발적인 성격을 갖는다. '새로운 정신의 파빌리온 Pavillon de L' Esprit Nouveau' 이란 이름의 건축물과 바이젠호프 주택Weissenhof House(p.56-57)은 둘 다 전시용으로 건축되어서 실제 거주를 위한 실수요자는 없었다. 이들 주택은 짐작컨대 향후 대량생산을 고려한 모델들prototypes이었다. 모듈의 성격을 띤 파빌리온은 여러개 모여 다층의 아파트형 주택단지를 만들 수 있었다. 그러나 빌라 사보아Villa Savoye(p.80-81)나 빌라 스테인 드 몬지에Villa Stein-de Monzie(p.54-55)처럼 부자들을 위해 건축한 르 꼬르뷔지에Le Corbusier의 주택은 대단히 혁명적이었다. 산업시대를 주장하였음에도 불구하고, 르 꼬르뷔지에는 예술가였으며 결코 과학 기술자가 아니었다. 르 꼬르뷔지에는 아침에 순수주의자적인 조용한 삶을 화폭에 담았으며, 오후에는 '순수주의자Purist' 적 입장에서 주택을 디자인했다. 이런 주택들은 살기 위한 기계라기 보다는 주거를 위한 예술작품이었다. 그 속에는 근대주의자의 양식이 스며들어 있었으며 처음으로 그런 점을 뚜렷하게 보여주고 있었다. 칸막이를 최소화한 열린 설계방식open plans, 강화 콘크리트 구조물, 평이한 기하학적 양식 등은 1927년 당시 완전히 새로운 방식은 아니었지만, 공장이나 예술학교 혹은 사무실 빌딩이 아닌 주택에 적용되었던 것이다. 순수주의자들의 주택은 큰 영향력을 발휘했다. 아미아스 코넬Amyas Connell이 건축한 하이 앤드 오버High and Over(p.72-73)와 에드윈 맥스웰 프라이Edwin Maxwell Fry가 건축한 선 하우스Sun House(p.88-89) 등과 같이 영국의 1930년대 근대주의 건축양식의 주택들은 르 꼬르뷔지에가 미친 영향을 생각하지 않고는 상상할 수 없을 것이다. 데니스 래스던Denys Lasdun이 건축한 뉴톤 거리의 주택House in Newton Road(p.98-99)은 르 꼬르뷔지에의 빌라 쿡Villa Cook을 복제한 것이다.

그 후 1960년대와 1970년대에 마이클 그레이브스Michael Graves(Hanselmann House, p.146-47), 피터 아이젠만Peter Eisenman(House VI, p.160-61), 리차드 마이어Richard Meier(Douglas House, p.162-63) 등을 포함한 뉴욕의 5대 거장들은 일련의 작품들을 건축하였다. 이 작품들은 사실상 르 꼬르뷔지에Le Corbusier의 초기 경향에 존경을 표하며 계획한 주택이었다. 그러나

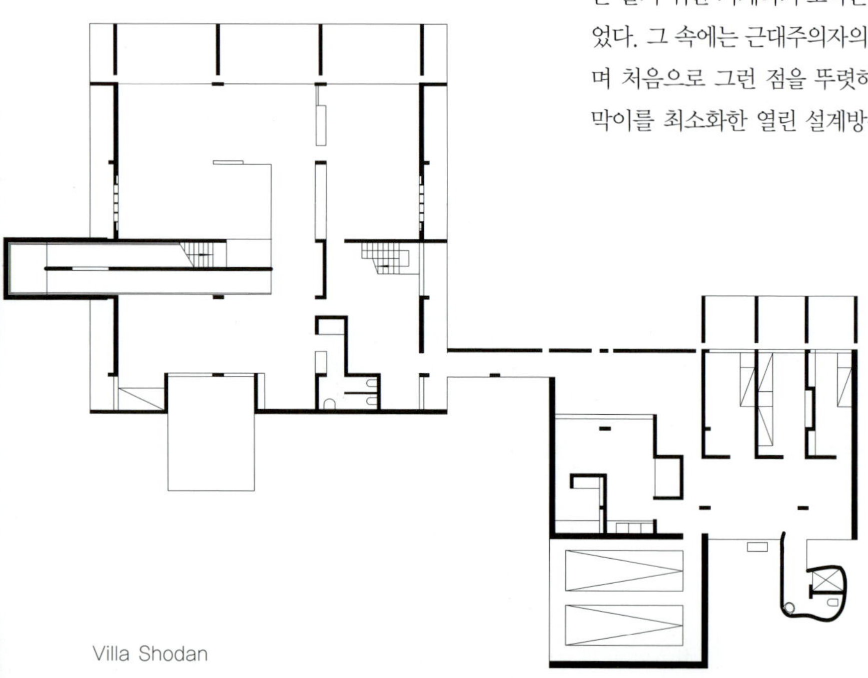

Villa Shodan

Villa Schwob

Douglas House

이 당시 르 꼬르뷔지에 자신은 보다 거친 건축자재와 빌라 쇼단Villa Shodan(p.130-131)과 메종 자낄Masons Jaqul(p.132-33) 등에서 보는 것처럼 주택의 재료적 물성에서 발견되는 건축학적 잠재력을 탐구하기 위해 순수주의Purism를 뒤로 한 상태였다. 이런 것들은 나중에 루이스 칸과 안도 다다오 Tadao Ando 등과 같은 건축가들이 참고한 것이었다.

쉰들러Schindler와 뉴트라를 통해 살펴본 바와 같이 예술적인 표준은 때로 과거지향적으로 작동한다. 르 꼬르뷔지에의 성숙한 건축술에 매혹이 되면 사람들은 그 건축술의 기원은 어디인가 하는 궁금증을 가지며 초기 작품 속에서 그 기원을 찾는다. 1917년 작인 빌라 슈와브The Villa Schwob(p.34-35)가 근대주의 건축양식을 표현하는 걸작은 결코 아니지만 그것을 이해하지 않고는 르 꼬르뷔지에를 충분히 이해할 수 없다.

미스 반 데어 로에는 비록 예술적이었고 또 근대주의 건축양식가였지만 르 꼬르뷔지에와는 매우 다른 건축가였다. 미스의 건축은 보다 장엄하고 지적이었으며 본능적이거나 감상적이지 않았기에 주택 내부영역은 보다 절제성이 강했다. 울프 하우스Wolf House (p.58-59)와 랑게 하우스Lange House(p.62-63)는 둘 다 어느 의미에서는 실용성이 떨어지는 추상적인 공간배치spatial composition에 치중했던 1932년도의 브릭 칸추리 하우스 프로젝트Brick Country House project를 부분적으로 수용한 것이다. 투겐다트 주택Tugendhat House(p.78-79) 역시 행사용이자 상징적 건축물인 유명한 바르셀로나 파빌리온Barcelona Pavilion의 디자인을 발전시킨 것이다. 미스의 수많은 작품 중에 대표적인 건축물은 바로 1951년에 건축된 판스워스 주택이다. 건축가 개인의 디자인 의도로 단순함과 절제를 중시하여 주택의 중요한 기능만을 드러나게 계획하였다. 건축적 아이디어를 표현하려고 될 수 있는 한 순수한 완벽성을 추구하였다. 이 주택은 미스의 건축적 주제를 함축적으로 내포하는데, 이는 구조적 명쾌함, 공간의 융통성, 문맥과 컨셉의 명료함, 근원적인 전통성을 의미한다.

판스워스 주택의 영향을 받은 작품 중에서 필립 존슨의 존슨 주택(p.108-09)은 판스워스 주택 보다 앞서 완공되었다. 그 외 크랙 엘우드와 피에르 코에니흐가 캘리포니아주 주택들(p.120-121, p.135-135), 두블린의

Farnsworth House

Cho en Dai House

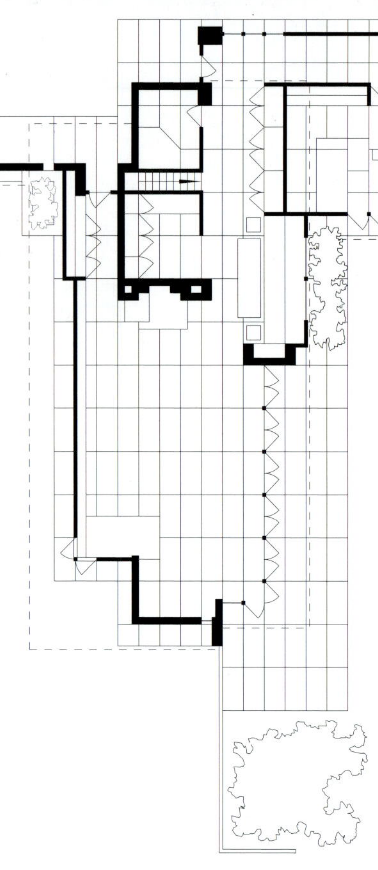

로니 탈론주택(p.152–153), 노만 포스터의 일본 카와나 시의 초앤다이 주택(p.212–213) 등이 있다.

그러나 헬래백의 존 웃존 주택(p.118–119) 시게루 반의 가구 주택(p.218–219) 등은 판스워스의 주택과 연관관계가 명백하지 않은, 영향을 적게 받은 주택이다.

판스워스 주택은 건축가가 디자인한 주택들에서 왜 만족도가 낮은지를 알게 해준다. 물론 일부 클라이언트는 이러한 예술작품의 후원자이자 창조 작업의 동역자이기도 했다. 루이스 칸의 경우, 고객은 흔쾌히 추종하는 듯하다. 그가 매우 중요한 작업을 위해 몇 달간 사라질 때도 스승으로 생각하고 그를 이해했다. 그러나 에디 판스워스와 같은 많은 클라이언트들은 자신들의 불만에 건축가가 좀 더 집중해 주지 않은 점을 원망했다. 르 코르뷔지에와 프랭크 로이드 라이트는 이러한 관점에서 대표적인 경우이다. 이들은 그들의 명성을 위해 건축주의 의견을 무시했다.

다수의 건축가들은 클라이언트와의 분쟁을 피하기 위해 건축가 자신의 주택을 디자인했다. 이 저서에서 소개하는 주택의 4분의 1정도 – 담스타트의 피터 베렌스의 1901년 주택(p.22–23), 지안 부근의 부친을 위한 마 퀸귀언 주택(p.232–33)은 건축가 자신의 주택이거나 친척이 소유하는 주택이다. 이는 야심 있는 건축가에겐 주택에서 클라이언트의 의견을 반영하는 것이 디자이너로서 미래를 펼치는데 도움이 안 되었기 때문이다.

건축역사의 관점에서 볼 때, 르 코르뷔지에와 미스, 그리고 그 추종자들의 모더니즘이 한 세기를 이끌었다. 그들은 대중적 지지를 받지 못한, 소수의 열정적인 건축가였다. 비평적인 시각에서 볼 때, 건축가 자신들의 주택은 누구도 원하는 주택이 아니었다.

유럽의 모더니즘은 건축 전문가의 놀라운 성공이자, 또한 대단한 실패이다. 그러나 제3의 '모더니즘'을 불러일으킨, 프랭크 로이드 라이트의 경우는 다른 경우다.

라이트는 20세기 훨씬 이전부터 매우 중요한 건물들을 건축해 왔고, 그에게 있어서 유럽의 모더니즘은 후발 경쟁자였을 뿐이다. 라이트의 천재성은 주변 환경에 친화적인 새로운 형태를 창조해 나갔다. 그는 전통과 모더니즘간의 대립적인 관계를 넘나들었다. 그의 건축은 회의적인 사람보다는, 자발적인 호감을 가진 대중으로부터 환영받았다. 이런 평을 라이트의 로비 주택

Villa Dall'Ava

Fisher House

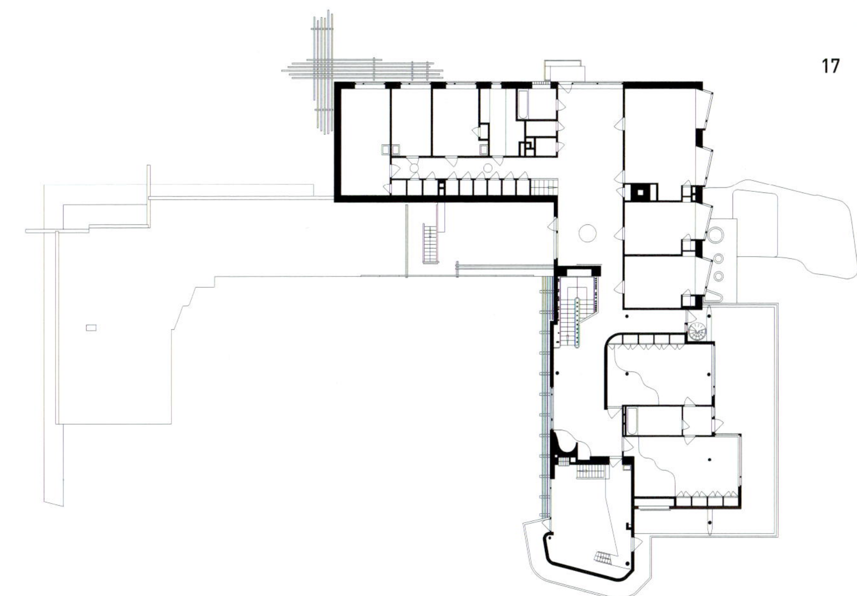

Villa Mairea

(p.32-33)에서 처음 보게 되지만, 이 주택은 프래리 스타일의 결정체epitome로서 대평원에서 멀리 떨어진, 시카고시의 변두리 지역에 있다. 또한 엄격함으로부터 이탈되지 않고, 르 코르뷔지에 빌라의 공간적 자유로움을 갖고 있다. 새로운 재료인 스틸과 콘크리트를 사용하여, 긴 캔틸레버 지붕의 새로운 형태와 가족과 벽난로 중심의 공간을 만들었다. 전통적 고전주의와 고딕주의를 찾아보기 어렵고, 장식을 배제하지 않았다.

라이트의 건축적 상상의 유연성은 본서에서 소개한 주택 5곳의 완전히 다른 스타일에서 발견할 수 있다. 반스달 주택과 애니스 주택(p.42-43)은 시간과 공간적으로 매우 근접하지만 다른 스타일이다. 낙수장 (p.92-93)은 매우 유명하고, 우수한 경관을 가지는데, 이보다 더 유명한 것은 1936년의 제이콥 주택 (p.90-91)일 것이다. 이 주택은 부자도 아니고 가난하지도 않는 순수한 중산층을 위한 주택이다. 이를 라이트가 유소니아 주택Usonia house이라 부르는 이유이다. 유소니아는 미국인이 본래 나아가야 할 방향과 본성이라 할 수 있는 이상적인 미국인의 별칭이다. 유소니아 주택은 비타협적인 모던경향을 띠지만, 벽돌과 나무와 같은 자연적 재료를 사용하기 때문에 저렴하다. 제이콥 주택은 매우 예외적이다. 건축가가 디자인한 모던 주택은 대중적 취향을 반영한다. 미국의 변두리 지역에서 이 주택의 요소-오픈 플랜 주방과 빌트인 옷장, 정원과 주차장에 이르기까지-를 가진 유사한 주택을 쉽게 발견할 수 있다.

유럽 모더니즘의 대안으로서 라이트의 건축을 꼽는 것은 대체로 잘못된 것이다.

그는 다른 방법을 시도하고자 했다. 그러나 다른 방식의 형태를 제안한 알바 알토 같은 건축은 때때로 한스 샤로운과 더불어 '전통성의 대안'으로서 평가받는다. 20세기 건축에 미친 알토의 영향력은 규칙성과 일관성에 문제를 제기한 것이다. 규칙성과 일관성은 일반적인 건축에 나타나는 특징이다. 알토는 비일관성과 비규칙성을 선호하여 형태와 재료성과 친밀한 관계를 보여주며 건축의 새로운 세상을 표현했다. 빌라 마이레아(p.94-94)는 이러한 것을 보여주는 완벽한 사례이다.

빌라 마이레아 주택은 상하층이 일치하지 않는다. 중첩되는 공간과 기둥이 모두 다르다. 1층, 2층, 3층 높이의 공간이 있으며 철재, 목재 콘크리트의 다양한 재

Robie House

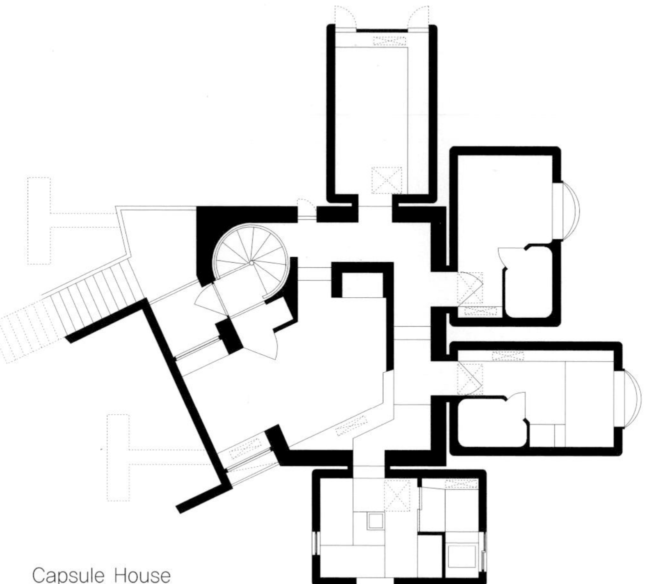

Capsule House

Wichita House

료가 사용되었다. 알토의 스타일은 개인적이어서 흉내 내기 어렵지만, 직관적인 자유를 구사하는 공간규범은 포스터 모더니즘과 레이트 모더니즘의 다양함을 가능케 했다. 그 결과 복잡한 지역성을 지닌 호세 안토니오 코데의 카사 우갈데(p.116-17)에서부터 프랭크 게리의 윈톤 게스트 주택(p.192-123)의 유희적 형태에 까지 영향을 주었다. 지난 세기의 마지막 10년 동안에 세워진 세련된 도시적 네덜란드 주택들- 렘 쿨하스의 빌라 달라바(p.206-207)과 벤 판 베르켈과 캐롤라인 보스의 뫼비우스 주택(p.226-227)- 조차도 알토와 샤로운의 영향을 받은 것이다.

건축가가 디자인한 건축가 자신의 주택은 새로운 아이디어와 테크놀로지를 시도하는 장소였다. 하이테크 기술을 도입한 주택은 전통성과 자연 재료와의 유기적 관계를 부정한다. 이러한 관점에서 주택은 산업제품의 일종이다. 마이클과 패티 홉킨스가 1977년에 함프스테드에 스틸과 유리주택을 건축했을 때, 홉킨스 주택(p.174-175)은 주택이자 작업 스튜디오였다. 새로운 건축을 적용한 아이디어의 토대를 제공한 점은 중요한 것이었다. 이로써 큰 성공을 거두고, 홉킨스는 영국에서 설립한 인기 있는 건축가 그룹이 되었다.(그런데 그 후 아이러니하게도 그들은 하이테크 스타일로 변화하였다.)

30년 전 또 다른 디자이너 커플인 찰스와 레이 임즈는 '마니페스토 주택'과 유사한 그들 자신의 주택을 건축하였다. 이 임즈 주택(p.106-107쪽)은 명백하게 홉킨스 주택의 영향을 받은 것이다. 건축 아이디어는 제조업자의 카탈로그에서 선택한 산업 제품을 사용한 주택을 만드는 것이었다. 이는 20세기의 이상을 실현한 것이다. 주택은 자동차처럼 대량 생산될 수 있다. 그러나 임즈 주택은 일회성에 그쳤다. 클래식 디자인과 십년내 도래할 새로운 건축을 향한 이상이었다. 그러나 상업적이며 산업적이지는 못했다. 임즈는 대량생산 주택을 의도하지는 않았을지 모른다. 곧 주택을 건설하는 과정에서, 가구 디자인, 전시, 필름공정에 많은 정성을 기울이면서 이러한 건축을 양산하는 것을 포기하였다.

리차드 벅민스터 풀러는 대량생산 주택을 시도한 사람으로 유명하다. 위치타 주택(p.104-105쪽)은 전쟁이 끝나고 더 이상 군항공기의 생산을 필요로 하지 않았을 때, 비치 항공기Beach aircraft 공장의 생산라인 부지에

Maison Prouvé

세워졌다. 이 건물은 광고를 시작하자, 곧 주문이 쇄도했다. 그러나 풀러는 단지 두 개의 건물 유형만을 건축하고, 더 이상 유사한 건물을 건축하지 않았다. 위치타 주택은 전쟁 후 미국 주택 부족의 문제를 완화시키지 못하였지만, 새로운 아이디어와 기술을 실현하는 것이 가능하다는 것을 증명한 점에서 매우 의미가 있다. 1980년대 하이테크 건축가에게 미친 풀러의 영향은 매우 컸다. 금속을 이용하여 건축가 자신을 위한 주택을 건축한 장 푸르브는 풀러에게 영향 받았다는 것을 보여주는 유일한 사람이다.

1960년대 키쇼 쿠로카와는 프리패브한 주거용 기구체와 캡슐에 깊은 감동을 받았다. 영국의 아키그램 그룹은 플러그인 도시 프로젝트에서 같은 시도를 했다. 쿠로카와는 1972년에 나카킨 캡슐타워에 실제 플러그인 시티를 구현하였다. 2년이 지난 후, 캡슐 주택 K (p.166-167)−아이디어를 완벽하게 구현하여 온오프식 프로토타입을 한 주택 −을 건축가가 독립적으로 건축하였다.

돌이켜 보건대, 옛 전통이 남아있는 20세기의 첫 10년 동안 건축된 주택을 프리 모더니스트pre-mo

dernist적 주택이라는 이름을 붙이는 것이 합당할 것이다. 이에 해당되는 에드윈 루튀엔의 오차드(p.24-25), 찰스 보이씨의 홀리뱅크(p.26-27), 찰스 레니 매킨토시의 힐 하우스(p.28-29)는 다가올 모더니즘을 예견한 건축이라고 니콜라우스 페브스너와 같은 많은 역사가들이 평했다. 그러나 이것은 전통 주택이 스타일을 단절한 것을 의미하진 않는다. 20세기 주택에 매우 심오한 영향력을 계속 주고 있다. 1930년대 영국의 교외 주택은 거의 보이세이의 많은 영향을 받은 주택들이다. 보이세이는 아직도 영국 건축의 초석을 이룬다. 더욱 강력하고 진보적인 발전은 다른 장소의 주택을 통해서 가능하며, 이를 위해 다른 주택들도 살펴보아야 한다. 본서에 소개된 주택들은 건축역사의 의미가 큰 진보적인 주택들이다.

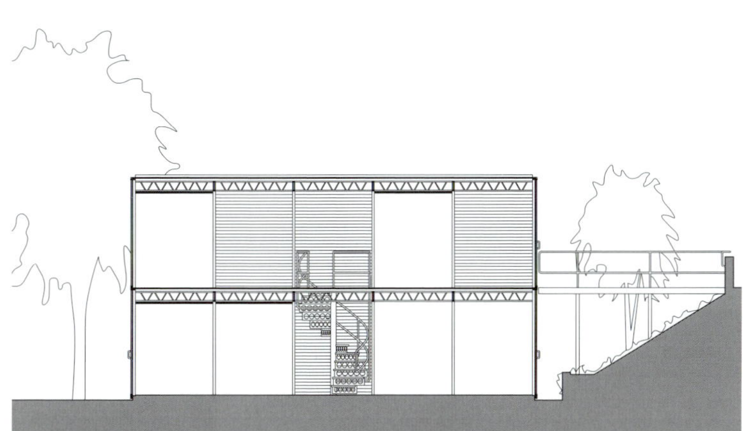

Hopkins House

Eames House

Buildings

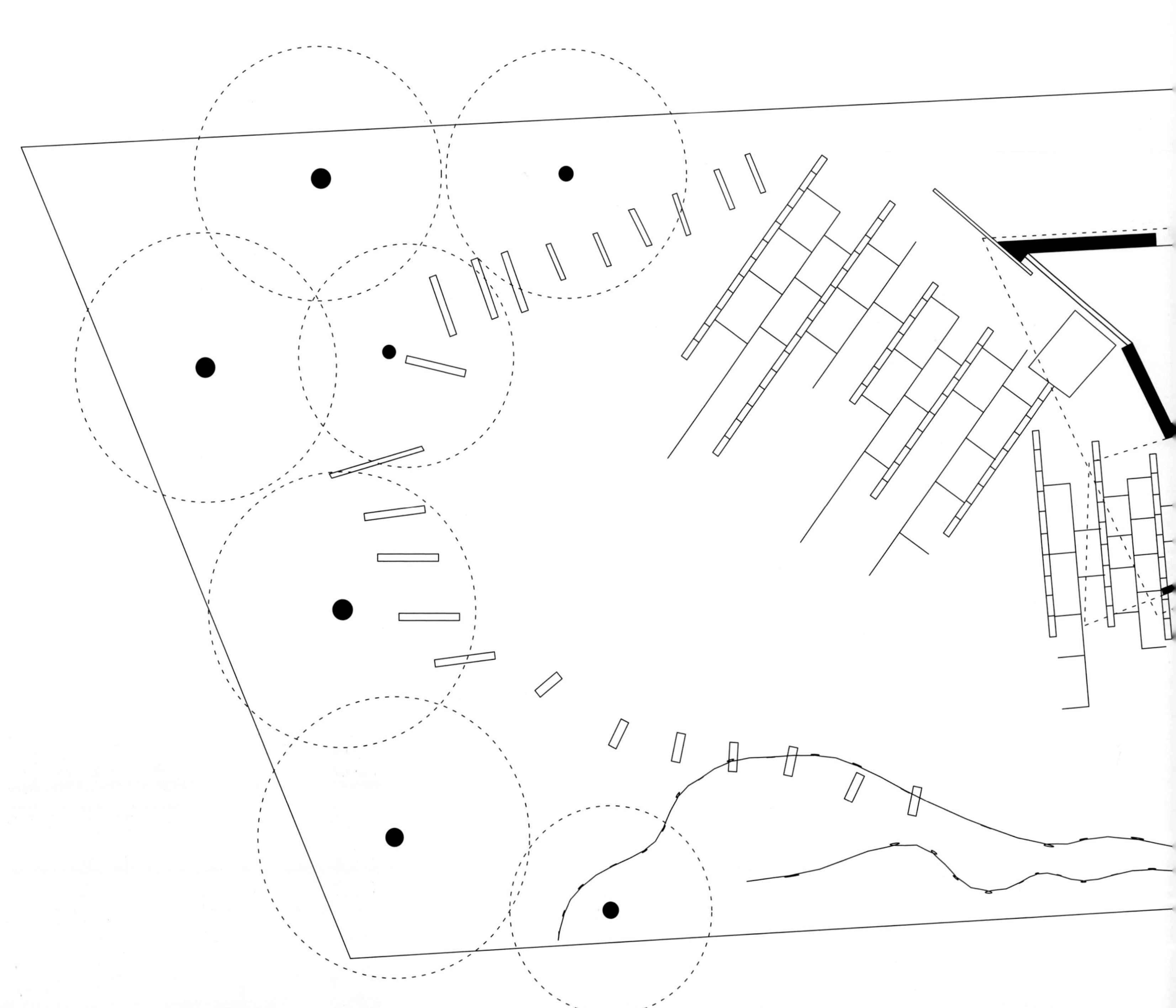

Behrens House

Peter Behrens, 1868-1940

Darmstadt, Germany; 1901

피터 베렌스는 화가로서 활동을 시작하였으나, 1890년대에는 유리공예, 도자기, 가구와 그래픽 아트와 같은 응용예술을 시도하였으며, 베를린과 뮌헨에서 성공적으로 작품을 전시하기도 했다.

1899년에 그는 담스타트Darmstadt시의 위상을 드높이고 지방 산업을 발전시키기 위해 그 지역의 대공소이 설립한 예술가 단체에 가입하였다. 그 단체에는 7명의 예술가가 있었으며, 그들에게는 구도심 가까이에 마틸덴회에Mathildenhöhe라고 하는 주택이 제공되었다. 6개의 주택은 아르누보 스타일의 대표적 인물인 오스트리아 건축가 요셉 마리아 올브리치 Joseph Maria Olbrich가 디자인한 것이었으나, 베렌스는 그 자신의 주택을 직접 디자인했으며, 6개 주택 중에서 가장 정성이 들어가고 값비싼 주택이었다. 이것이 그의 첫 건축 작품이었다. 그는 어떠한 공적인 건축교육을 받지 않았지만, 그에게는 이를 대신할 수 있는 특권적인 배경과 개인적인 재능이 있었다.

베렌스의 주택은 대체적으로 형식상 아르누보이나, 이 주택의 수직적 형태, 급경사의 피라미드형 지붕, 박공과 지붕창은 그 시기에 지어진 다른 많은 독일 중산계층 주택의 것들과 많이 달랐다. 진녹색 오지벽돌로 된 연꽃형 아치와 벽기둥이 있는 흰 치장벽 입면에 가한 대담한 표현은 매우 독특하다. 북쪽 또는 출입면에서 보면 2층 높이의 주택이나, 정원 쪽에서 보면 부엌을 포함한 서비스 룸이 지하에 있고, 다락에 손님과 자녀들 방이 있는 것이 확인된다.

내부의 주된 특징은 현대적인 생활과 손님 접대를 위해 디자인한 1층 방들의 조합에서 볼 수 있다. 출입구 홀의 과장된 형태의 곡선형 계단이 2단 아래의 음악실로 연결된 큰 개구부와 마주 보고 있다. 음악실은 그랜드 피아노가 있고 대리석 장식의 벽에 검거나 회색의 가구가 있는 다소 어둡고 장엄한 분위기이다. 평면은 정사각형이고 천장은 높아서 방은 전체적으로 정육면체에 가깝다. 인접한 벽의 또 다른 큰 개구부 옆에는 크리스털 전등을 지지하고 엄숙한 분위기를 만드는 이집트 스타일의 조형물이 있다.

개구부를 경계로 식당은 뚜렷하게 대조되어 있다. 흰색의 가구와 선반, 붉은 색 카펫의 식당은 큰 창으로 환하게 빛을 받는다. 모퉁이에 있는 문을 통해 작은 테라스로 연결되며, 거기서 계단을 통해 바로 정원으로 내려간다. 위층인 2층에는 베렌스의 연구실과 여기에 붙어있는 서재는 반은 목재로 된 경사진 천장까지 연장되어 있다. 많은 건축가들 자신의 주택에서와 같이 베렌스의 주택은 주거에 대한 하나의 광고이자 선언이었다. 이것은 1901년에 담스타트 예술가 단체의 첫 번째 중요 전시회에 출품되었으며, 베렌스는 관람자를 위해 특별히 칼라 홍보물도 제작했다. 그는 가구, 벽과 바닥 마감, 조명용품, 커튼, 심지어는 부엌용 철물과 도자기 등 주택의 거의 모든 요소를 디자인 했다. 작곡가 와그너의 표현을 따르자면 이것은 바로 종합적인 예술 작업이다.

예술가 단체의 베렌스와 다른 회원들은 그들이 일상적인 삶의 예술이라는 새로운 종류의 예술을 창조했다는 것을 확신했다. 후에 근대주의자들이 이러한 아이디어를 채택하였으며, 혁신적인 새로운 유형을 만들었다. 베렌스는 이러한 발전에 중요한 역할을 하였다. 그것은 최소한도 베를린에 있는 그의 건축사 무소에서 워터 그로피우스Walter Gropius, 루드빅 미스 반 데어 로에Ludwig Mies van der Rohe와 르 꼬르뷔지에Le Corbusier라는 20세기 건축에 있어 위대한 건축가 세 명을 고용했었다는 점 때문이다.

1 Grand Floor Plan   2 Elevation

1 Entrance
2 Cupboard
3 Hall
4 Music room
5 Dining room
6 Ladies' room

3 First Floor Plan   4 Section A-A

1 Bedroom
2 Bathroom
3 Gentleman's study
4 Library

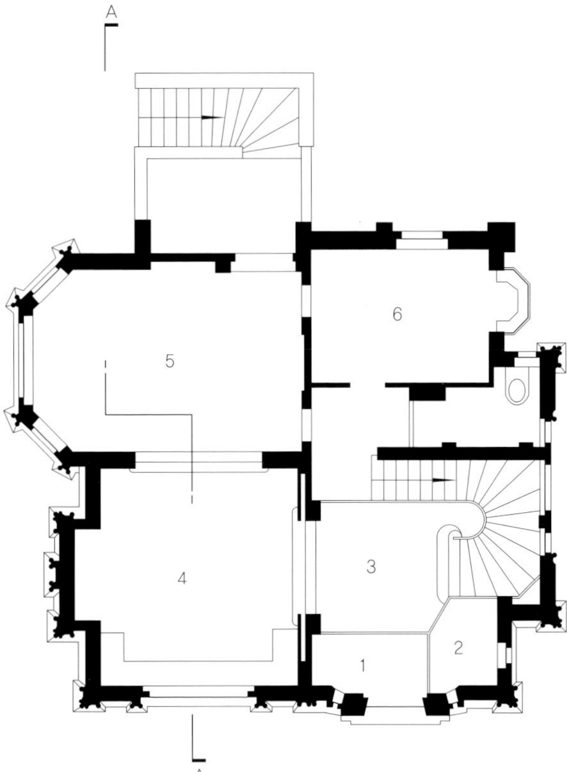

1

2

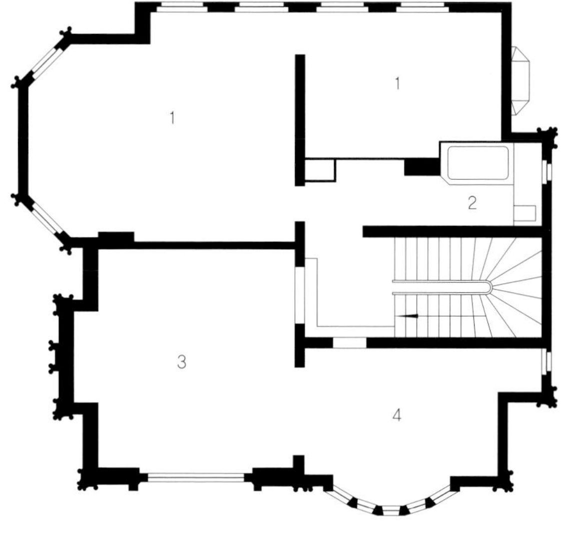

3

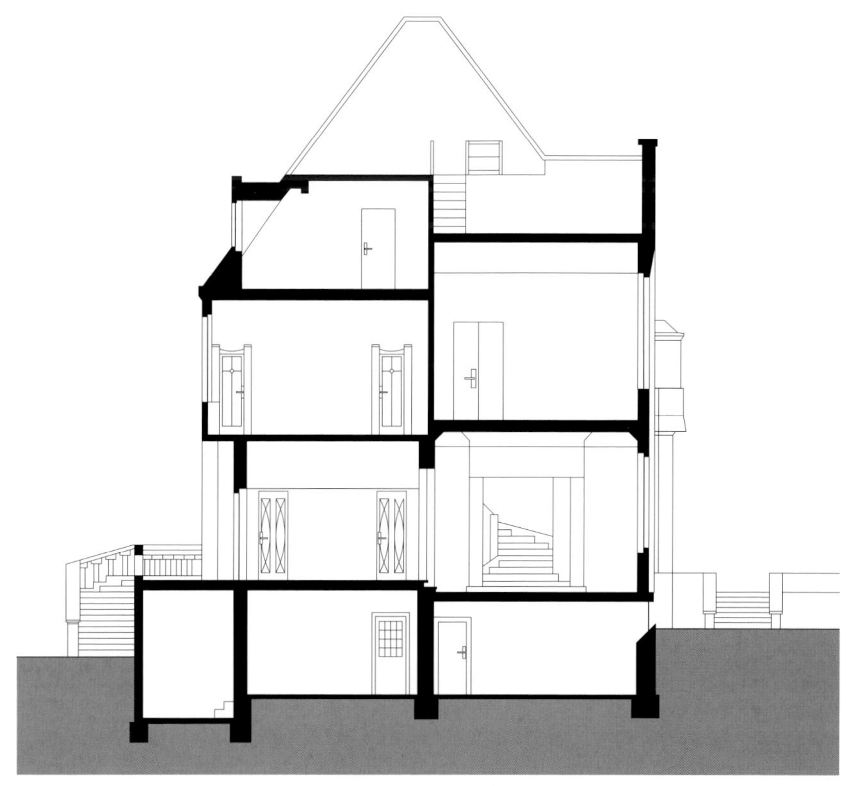

4

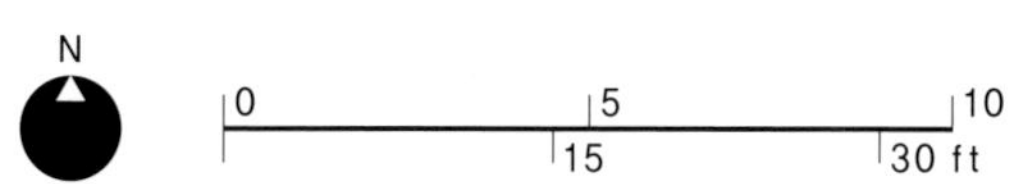

Orchards

Edwin Lutyens, 1869-1944

Surrey, UK; 1902

필립 웹Phillip Webb과 리차드 노만 쇼Richard Norman Shaw의 영국 예술과 수공예 전통을 20세기로 이어지게 발전시킨 건축가가 바로 에드윈 루티엔스Edwin Lutyens였다. 루티엔스는 자유롭고 창의적인 스타일을 만들었지만, 1890년 이후 그의 경력에서 첫 15년간 영감의 근원은 16~17세기 영국의 건축에 머물러 있었다. 오차드Orchards 주택은 잡석쌓기벽, 오크 나무 창문, 아름다운 벽돌 굴뚝으로 엘리자베스 시대의 농장 주택으로 쉽게 오인될 수 있다. 건축주는 윌리엄경과 줄리아 챈스 부인이었으며, 그들은 미래의 이웃인 유명한 원예가 게르트루드 제킬을 위한 문스테드 우드 주택의 건설을 감독하는 사다리 위에서 건축가를 처음 만났다. 그들은 자신들이 본 주택을 좋아 하였으며, 바로 루티엔스와 제킬에게 그들의 새로운 주택과 정원에 대한 디자인을 의뢰했다.

오차드 주택은 실제보다 더 크게 보이는데 이는 평면이 상대적으로 좁고, 중정을 둘러싼 편복도의 벽체 때문이다. 중정 서쪽 건물은 반원형의 석재 아치로 구성된 단층 회랑이기 때문에 측면건물이라고 하기에 적절하지 않다. 홀또는 응접실, 식당 그리고 서재와 같은 모든 중요 실은 햇빛이 잘 드는 테라스에 개방된 남쪽 건물의 1층에 있다. 동쪽 건물은 주로 직원들의 영역이고, 북쪽 건물은 마차 출입구에 의해 분할되며, 한쪽에 줄리아 부인의 그림과 조각 스튜디오가 있다. 겉보기에도 특별해 보이는 동쪽의 작은 서비스 마당과 북쪽의 마구간 건물은 편하고 실용적인 건물 모양을 조성하고 있다. 'Das Englische Haus' 란 1904년 연구에서 루티엔스를 대표하는 작품으로 오차드를 선택했던 독일 외교관 허만 무테시우스를 감동시킨 것은 바로 겉치레가 없다는 것이다.

명인다운 솜씨의 재료 사용, 만족스러운 비례의 적절함, 백여 개의 뛰어난 디테일로 이 주택은 동네에 있는 평범한 주택이 아닌 예술 작품이 되었다. 벽은 노란 빛의 바르게이트 석재를 사용하였으며, 로마 양식인 평평한 타일 수평 줄로 활기를 띠게 했다. 지붕은 같은 붉은 색 타일로 되었고, 넓은 면적을 보이기 위해 급경사로 기울였으며, 45도 경사의 지붕 위에 수직성을 강조한 굴뚝을 만들었다. 마차 출입구 위에 형식상 만든 창과 작은 지붕창을 설치했다. 창문들은 2층에 있는 입구를 둘러싼 것 같은 연속된 리본 형태 또는 주요 실에 두 줄로 된 두 짝 여닫이창이 펼쳐진 형태로 정렬되어 있다. 하나의 모임지붕 형태로 되어 있는 3단의 스튜디오 창문은 얼마 후 베르크 샤이어Berk shire에 디너리 가든Deanery Gardens의 메인 홀에서 큰 규모로 재현되었다.

정원은 주택만큼이나 중요하다. 그러나 둘 사이의 관계는 형식적이지 않으며 자연스럽다. 식당은 작은 테라스에 면한 건물의 남동쪽 코너 밑의 아케이드 형태의 로지아에 열려 있다. 여기에서 써리Surrey 지방을 보는 조망은 장관이다. 테라스의 모퉁이에서 약간 걸어 내려가면 소위 네덜란드풍의 정원에 닿는다. 이 정원은 화단과 포장된 길로 무너진 예배당의 흔적을 남기려고 했던 일종의 대칭성이 있는 옥외 건축이다. 그 밖에 크로킷 잔디밭이 있으며, 왼쪽으로 정교한 형태의 아치 출입구의 큰 벽이 있는 채소밭이 있어, 이전에 규모가 큰 농업시설이 있었음을 짐작하게 한다. 이것은 하나의 가상일 수 있는 이야기이지만, 그럼에도 불구하고 이런 것이 세상을 매력있게 만든다.

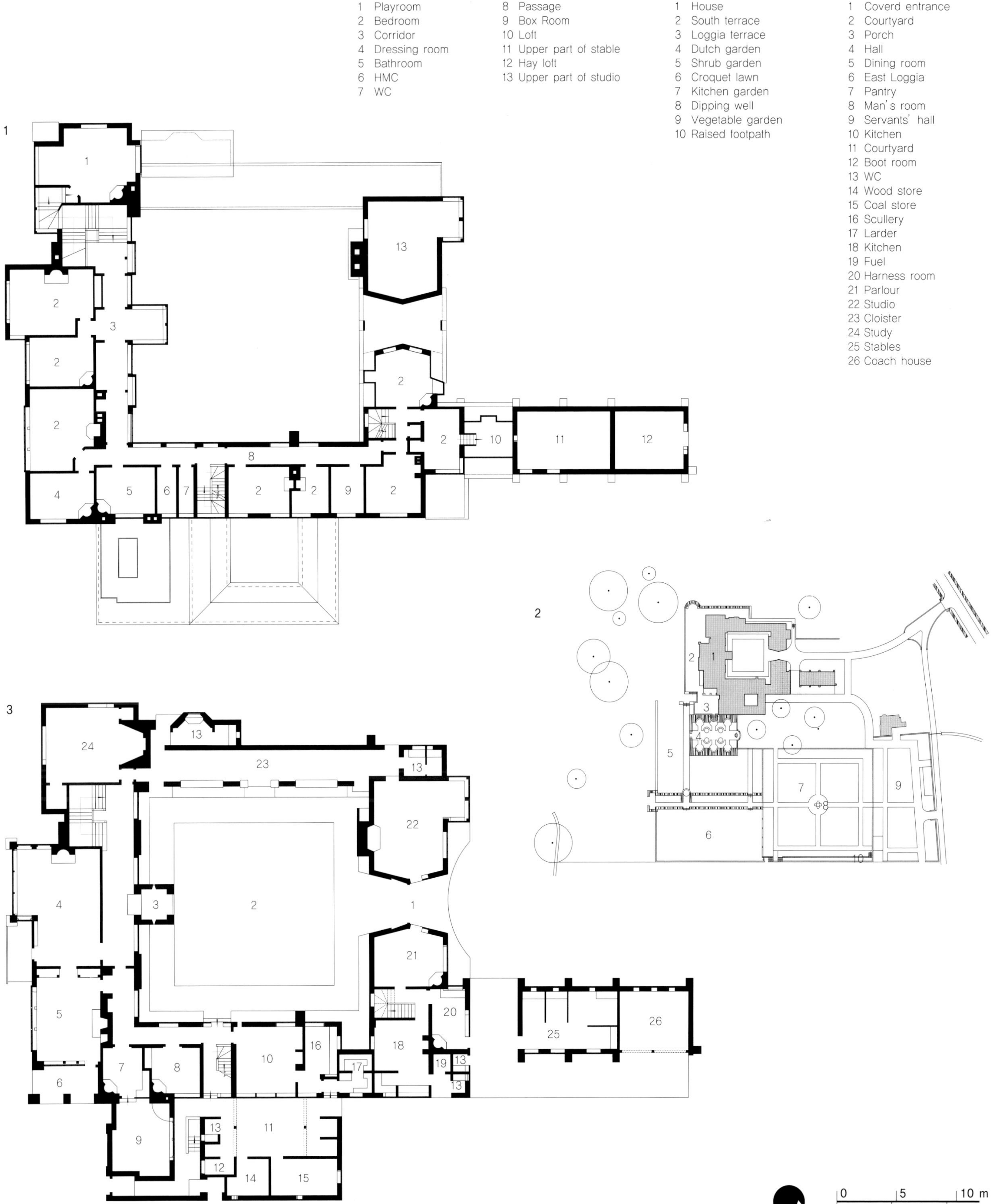

1 First Floor Plan

1 Playroom
2 Bedroom
3 Corridor
4 Dressing room
5 Bathroom
6 HMC
7 WC
8 Passage
9 Box Room
10 Loft
11 Upper part of stable
12 Hay loft
13 Upper part of studio

2 Site Plan

1 House
2 South terrace
3 Loggia terrace
4 Dutch garden
5 Shrub garden
6 Croquet lawn
7 Kitchen garden
8 Dipping well
9 Vegetable garden
10 Raised footpath

3 Grand Floor Plan

1 Coverd entrance
2 Courtyard
3 Porch
4 Hall
5 Dining room
6 East Loggia
7 Pantry
8 Man's room
9 Servants' hall
10 Kitchen
11 Courtyard
12 Boot room
13 WC
14 Wood store
15 Coal store
16 Scullery
17 Larder
18 Kitchen
19 Fuel
20 Harness room
21 Parlour
22 Studio
23 Cloister
24 Study
25 Stables
26 Coach house

0 5 10 m
15 30 ft
N

Hollybank

Charles Voysey, 1857-1941

Chorleywood, Hertfordshire, UK; 1903

찰스 보이시Charles Voysey의 경력에서 창작 활동을 왕성하게 했던 시기는 짧다. 매우 서민적인 주택 단지를 몇 개 디자인했을 뿐이나, 이런 형식이 영국 중류층의 취향과 정확하게 맞아 떨어져 바로 주택에 대한 국가적인 이미지를 만들었다. 교외지역 건설에 투자했던 개발가가 1920~30년대 사이에 수 만개의 주택들을 이와 유사한 형식으로 지었다.

수도권 철도선을 따라 런던에서 북쪽으로 확장된 교외지역이 지하철 지구이다. 보이시 자신은 이 지역의 외곽 경계에 있는 처리우드Chorleywood 역에서 정확히 걸어서 10분 거리에 떨어진, 그가 1899년에 디자인했던, 오차드 주택The Orchard에 살았다. 같은 골목길을 따라 약간 떨어진 이웃에 그 지역 의사를 위하여 상담실과 대기실이 딸린 홀리뱅크Hollybank를 지었다. 이 주택은 보이시의 가장 기본적인 특성의 대부분을 보여 준다. 그것은 모퉁이 버팀벽이 있는 거친 마감벽, 급경사의 지붕, 큰 박공, 돌로 장식된 창문, 어디든 필요한 곳에 설치한 굴뚝, 겉보기에 예술적 감각은 떨어지지만 어느 정도 완성된 구성을 포함한다. 이것은 마치 동네 수공업자가 동네 형식에 맞춰 지은 것처럼 단순하다. 그렇지만 지붕 타일의 색깔, 입면에서 돌출된 타일로 된 수평 줄의 두께, 굴뚝 꼭대기 통풍관의 형태, 버팀벽의 각도 등은 실제로는 무수히

많은 예술적인 판단과 치밀한 디테일 계획이 만든 아주 정교한 결과인 것이다.

오차드 주택은 전면이 길고 끝에 박공이 있는 형태이지만, 홀리 뱅크는 작고 짧아서 중앙의 단면이 없고 박공도 함께 밀려나간 듯 보인다. 병원의 문과 주택의 문이 전면에 같이 있어서 생기는 이미지는 홀리뱅크가 연립주택 같아 보이는 잠재적인 부자연스러운 이중성을 야기한다. 디테일에 주목하여 보이시는 충돌을 피하고 전체적으로 만족스럽게 처리하였다. 박공이 같은 크기이지만 전면의 문들은 다르며, 창문을 비대칭적으로 배치하고 3층 창은 나중에 증축된 것임 주지붕은 박공들을 함께 묶어주기 위해 높게 처리하였다.

내부 평면은 약식으로 아담하다. 주 거실은 출입구 홀을 겸하고 있다. 건물 한쪽을 마구간으로 계획하였다는 것과 그 곳 반대편 쪽에 있는 주 계단까지 아치 형태의 개구부로 연결한 것이 특별하다. 이것은 전혀 효율적인 평면이 아니다. 순환동선 공간이 전체 공간의 1/3을 차지하며, 모퉁이에 있는 계단실은 2층에 긴 복도를 필요로 한다. 그러나 보이시는 도식적인 명료함보다 공간의 느낌을 우선시 하였다. 기능의 혼합을 고려한 것은 매우 사려 깊다. Delabole 슬레이트영국 슬레이트 제품의 한 종류 층은 홀이라 불러야 할 것

같고, 반면에 녹색 타일의 벽난로는 거실이라 불러야 할 것 같다. 이러한 애매한 표현은 포스트모던류의 장난이 아니며, 가정생활을 서류처럼 획일화 시켜 정리하는 것을 거부한 것이다. 아치는 중요한 역할을 하고 있다. 서비스 복도의 통로가 아치이며, 홀과 계단실 사이의 벽에는 그림 지지대 위로 한 쌍의 반원형 창이 있다. 또한 벽난로 오른쪽에는 큰 아치 형태의 움푹 들어간 책장이 있다. 이러한 아치들은 논리적으로 설명할 수는 없지만, 공간을 부드럽게 하고 인간적으로 만든다. 이러한 유형의 집들이 영국 전역에서 바로 건설되기 시작했다.

주물로 된 벽난로와 침실의 매립식 세면대에서부터 그가 좋아해 주문에 맞춰 정확하게 재단한 붉은색 커튼까지 보이시는 자신의 주택의 모든 디테일을 디자인하기 좋아했다. 디테일에 대한 이처럼 과도한 계획이 이렇게 편안하고 기분 좋은 내부공간을 만들었다는 것은 역설적이다.

1 Northwest Elevation

2 Southeast Elevation

3 First Floor Plan

1 Bedroom
2 Dressing room
3 Box room
4 Bathroom
5 WC

4 Southwest Elevation

5 Ground Floor Plan

1 Hall
2 Dining room
3 Lavatory
4 Consulting room
5 Dispensary
6 Waiting room
7 Kitchen and scullery
8 Larder
9 Coal Cellar
10 Garage
11 Yard

6 Northeast Elevation

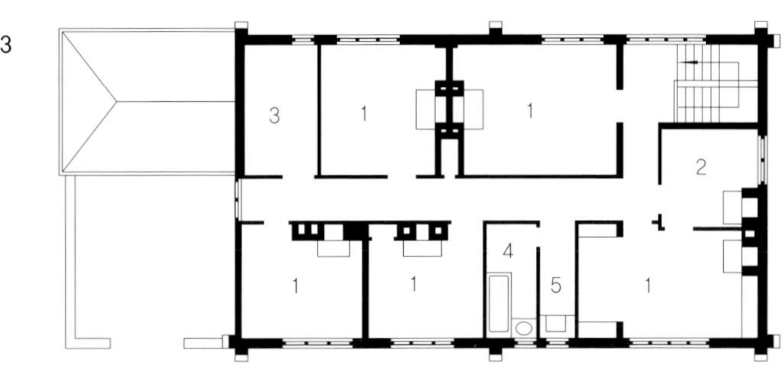

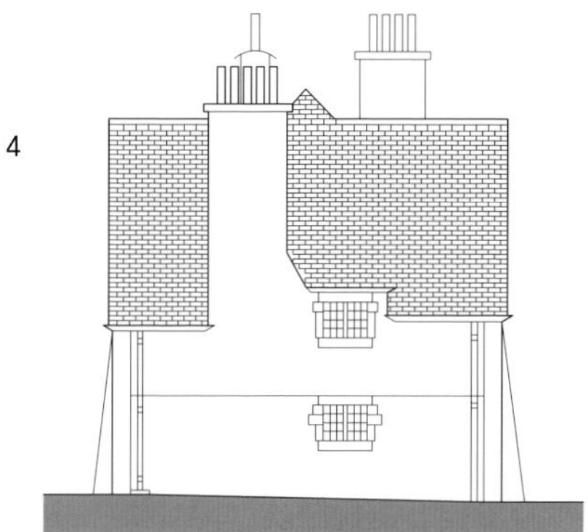

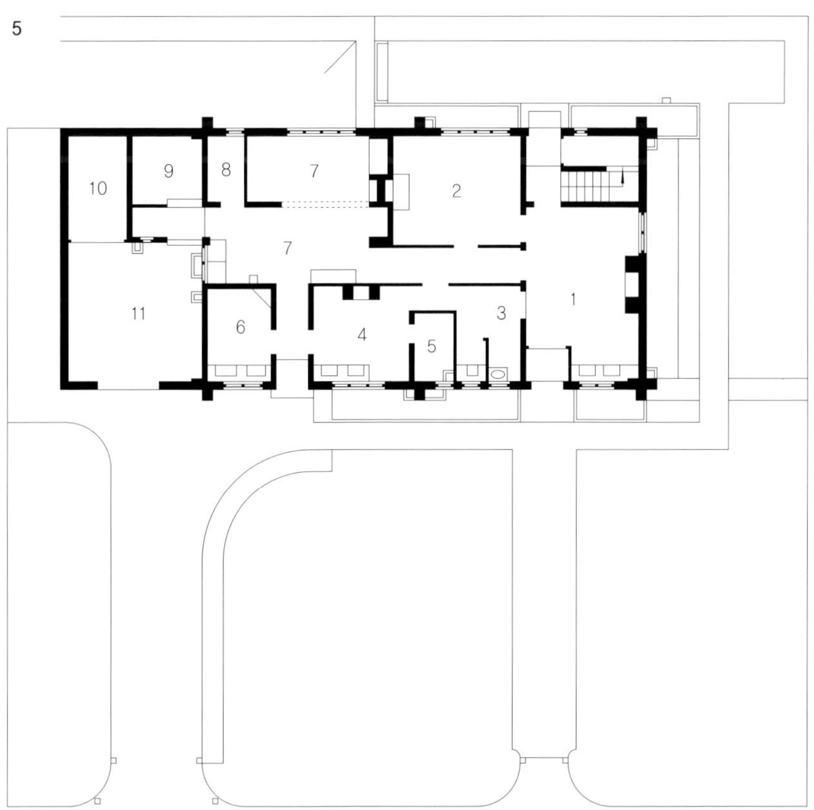

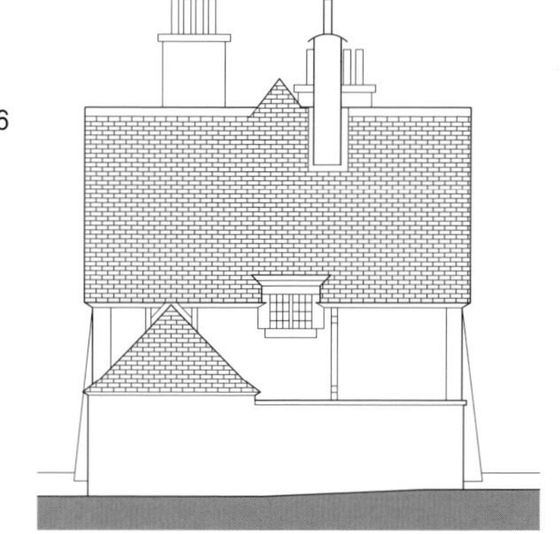

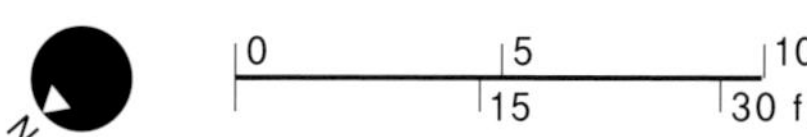

Hill House

Charles Rennie Mackintosh, 1868-1928
Helensburgh, Dunbartonshire, UK; 1904

찰스 레니 매킨토시의 건축은 19세기 고딕부흥기와 20세기 모더니즘 사이를 연결했던 우아한 아르누보 작품과 맥을 같이한다. 그의 건축은 매킨토시가 명예 회원이면서 중요 역할을 했던 국제 아르누보운동은 물론 스코틀랜드의 타워하우스 전통과 잉글랜드의 수공예학파Arts and Crafts school의 영향을 받았다. 또한 회화에서 큐비즘과 건축에서 기능주의를 지향했던 일종의 추상예술이다.

매킨토시는 돌벽과 아치 형태의 개구부를 독일 공장의 커다란 철프레임을 스튜디오 창문에 접목시킨 글래스고우 예술학교Glasgow School of Art 건물처럼 전통적이면서 동시에 새로운 것을 디자인하고자 하였다.

매킨토시는 단지 3개의 중요한 주택만을 디자인하였다. 그것은 1899년 준공된 렌프루샤이어 킬마콤Renfrewshire Kilma colm에 있는 윈디힐 주택, 1901년 국제경기에서 2등상을 수상했지만 1991년까지 지어지지 않은 글래스고우에 있는 예술 애호가들을 위한 주택the House for an Art Lover, 1904년 준공되어 잘 보존된 헬렌스 버그 위쪽에 있는 힐 하우스Hill House 등이다. 힐 하우스는 매킨토시의 스타일을 잘 보여 주는 주택이다. 힐 하우스의 건축주는 글래스고우의 유명한 출판업자인 워터 블래키이며, 그의 예술

디렉터인 탈원 모리스가 그를 매킨토시에게 소개하였다.

이 주택은 클라이드Clyde 강의 전경을 조망할 수 있는 남향 경사지에 자리 잡았으며, 주 출입구는 폭이 좁은 서쪽 면에 있다. 방문자는 매킨토시가 디자인한 입면을 바로 볼 수 있다. 박공, 움푹 들어간 현관, 한 쌍의 굴뚝, 분산되어 있는 작은 창들 그리고 2층 높이에 있는 넓은 폭의 창문과 같은 요소들은 충분히 전통적이지만 그것들이 조합되는 방법이 만든 전체 구성은 전형적인 근대주의자의 조각품과 같다.

한쪽이 완만하게 경사진 큰 굴뚝은 박공벽에 우뚝 서있고, 분명하게 비대칭적인 외관을 보여주는 벽이 있다. 기둥 사이의 창 또한 비대칭이며, 강의 왼쪽을 향하고 있다.

이 주택은 단순한 비정형인 것 이상이며, 새로운 추상적 표현을 보여준다. 그리고 매킨토시가 이런 효과를 주도면밀하게 만들어냈다는 것은 의심할 여지가 없다. 일반적으로 석재 홍예석과 갓돌을 생략하면서 그는 왜 주택 벽의 모퉁이까지 애벌칠을 했을까?

전체 주택은 안에서부터 밖까지 비슷한 방식을 구성하고 있으나, 한 눈에도 그림 같은 효과를 갖고 있다. 건물 동쪽 편의 반쪽은 대부분 직원과 아이들을 위한 공간이며, 이들은 많은 박공과 굴뚝 그리고 돌출

된 기둥들이 있는 3층 높이의 변형된 타워 주택을 사용하고 있다. 요철의 남동쪽 모퉁이에 붙어있는 당당한 모습의 작은 탑에는 원통형 계단이 있다.

주택 서쪽의 한쪽에 있는 서재, 응접실과 식당과 같은 주요 실은 남향으로 테라스에 면해 있고, 북쪽 편의 주계단이 있는 넓은 입구홀을 따라 일렬로 배치되어 있다. 입구 홀을 포함한 각각의 실들은 독특한 특징을 피고 있다. 그것은 인테리어 디자이너로서 잘 알려진 매킨토시의 흰벽, 등사된 분홍 장미 그리고 가느다란 검은색 가구와 같은 장식의 측면이 아닌 공간적 측면이다. 예를 들면 응접실에 있는 넓은 창은 밖에서는 평지붕으로 추가된 것 같아 보이나, 내부에서는 붙박이 좌석과 낮은 책장을 갖추고 있어 사람을 머무르게 하고, 앉아서 책을 읽게 유인한다.

1 Second Floor Plan	2 First Floor Plan	3 Ground Floor Plan	4 Section A–A	5 South Elevation	6 North Elevation
				7 West Elevation	8 East Elevation

1 Second Floor Plan
1 Kitchen
2 Bathroom
3 Bedroom
4 Tank room
5 Living room and school room
6 Attic

2 First Floor Plan
1 Storage
2 Bathroom
3 Dressing room
4 Master bedroom
5 Exhibition room/bedroom*
6 Interpretation room/ dressing room*
7 Living room and night nursery
8 Study and day nursery
9 Bedroom and night nersery
10 Bedroom

3 Ground Floor Plan
1 Entrance
2 Cloakroom and WC
3 Library
4 Hall
5 Storage
6 Drawing room
7 Dining room
8 Panty
9 Office
10 WC
11 Tea room/Kitchen*
12 Shop/laundry*

* Current use/original use

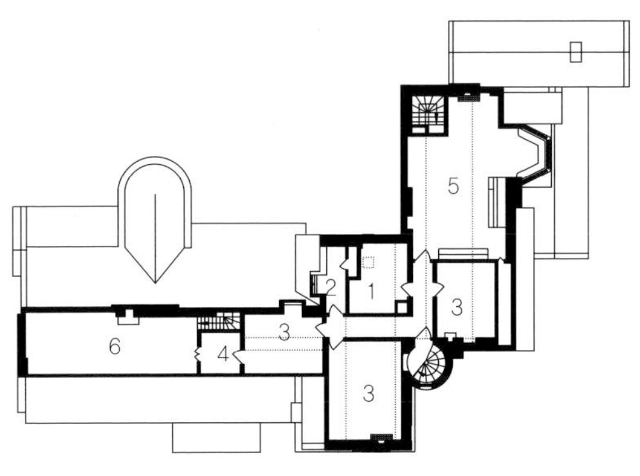

1

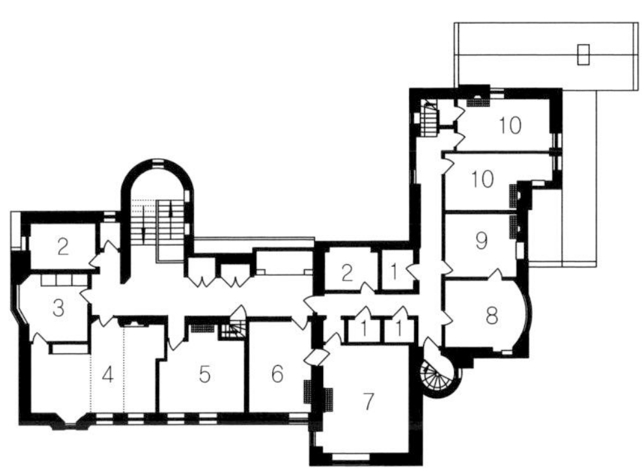

2

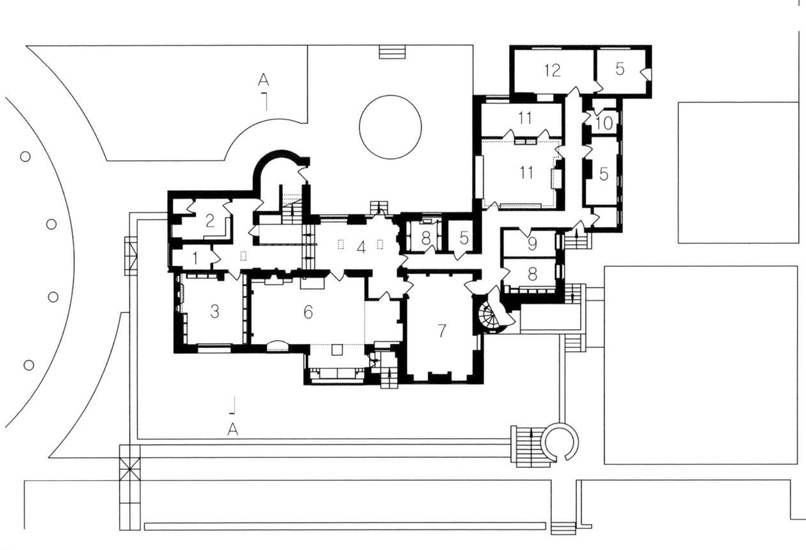

3

4

5

6

7

8

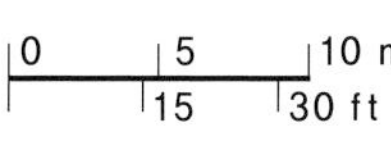

Gamble House

Charles and Henry Greene, 1868-1957 and 1870-1954

Pasadena, California, USA; 1908

찰스 그린과 헨리 그린은 건축가가 되기 전부터 워싱턴 대학의 매뉴얼 훈련학교에서 목공예, 금속작업 도구제작을 익혔다. 그린 형제들은 단순한 디자이너가 아닌 공예가이고, 20세기 초 영국 수공예 운동의 영향력이 커졌을 때 수공예에 매료된 미국인이다. 그들은 존 러스킨과 윌리암 모리스의 작품에 친숙하였지만 머리로만 이해하는 수준이었다. 표준적인 식민지 스타일에 대한 초기 실험은 보다 튼튼하고 정직한 건물로 바뀌었고 이것은 그림 같은 표현이 아닌 인간과 재료 사이의 친밀한 대화의 산물이었다.

여전히 갬블하우스는 영국적인 풍을 벗어나 보이지는 않는다. 멀리서 보면 스위스의 샬레 혹은 통나무집과 어렴풋하게 비슷하지만, 가까이서 보면, 전통적인 일본 건축물의 강한 영향을 받은 목공예와 같다. 그린 형제는 결코 일본에 가본 적은 없지만 1983년 시카고 세계 박람회에 전시된 프랭크 로이드 라이트의 영향을 받은 호오덴Ho-o-den 사원을 보았거나 공부했을 것이다. 갬블 하우스 안에는 단순하고 경쾌한 미국의 프레임 방법과 지능적으로 조화를 이룬 일본풍의 기둥과 들보 구조 시스템이 있다.

외벽은 침엽수 목재 프레임과 홑겹의 진흙으로 되어 있다. 이것은 소박한 통나무집의 원칙과 다르지 않다. 대목수의 전시용 작품과 다르지 않은 취침용 포치 세 개가 2층의 기초 코어에 부착 되어 있다. 그 중 둘은 튼튼한 이중 기둥이 받치고 있고 세 번째 것은 지상 층의 거실 모서리를 지지하고 있다. 이 구조에서는 모든 기둥, 들보, 도리, 서까래 등이 노출되어 있고 모든 이음새는 축조적tectonic이다. 돌출된 서까래 끝부분은 형태를 만들거나 둥글게 되어 있고, 난간은 특징 없는 울타리 같은 형태이지만 공예가가 사랑스럽게 애무하듯이 만들었다.

중요한 지지 구조는 대부분 일본풍이지만, 교묘하게 태퍼드tapered된 지주와 활대가 달린 평행하는 여왕기둥 트러스 혹은 돌출된 기둥에는 희미하게나마 토리Torii사원 대문의 흔적이 남아 있다. 취침용 포치는 좁은 천막을 공유하는 많은 박공 형태의 지붕이 주택의 나머지 부분과 잘 어울려있다. 방들은 벽이 없는 것이라기보다는 성장이나 확장을 표현한 것이다.

일본의 영향은 주택의 내부에서도 계속된다. 화려하게 앞뒤로 연결되는 현관홀은 정문부터 측면 판넬과 선풍기 조명까지 고급스러운 붉은색 티크 판넬로 연결되어 있으나 대부분이 크고 스테인드글라스 참나무로 장식되어 있다. 대부분의 방은 두드러진 그림 레일이 설치되어 있어서 천정 아래 벽줄을 만든다. 이는 전통적인 일본주택의 장식적인 라마ramma와 유사하다. 십자형태의 거실에는 교차하는 두 개의 축에 돌출창을 만들기 위해 퀸 포스트 트러스가 다시 나타난다. 한 측면의 굴뚝 코너와 베이 창문은 다른 측의 가든 테라스를 내다 볼 수 있다. 갬블씨의 서재는 고딕풍 블록으로 된 벽난로 형태의 영국 특성을 희미하게 보여 주는 수수한 참나무로 되어있다.

이층의 화려하지 않은 침실은 공간적으로 인접한 침실용 포치로 변형되어 있다.

꼭대기 층에는 한 개의 큰 다락방이 있다. 여기에는 집 전체를 통하여 건강을 생각한 통풍 창문들이 둘러져 있다. 아울러 이곳에서는 애로요 세코Arroyo Secco계곡과 생 가브리엘 산을 바라볼 수 있다.

| 1 First Floor Plan | 2 Attic | 3 Ground Floor Plan | 4 Basement Plan | 5 Section A–A | 6 Elevation |

1 First Floor Plan
1 Bedroom
2 Linen room
3 Cupboard
4 Sleeping porch

3 Ground Floor Plan
1 Hall
2 Dining room
3 Butler's Pantry
4 Kitchen
5 Screened porch
6 Cold room
7 Cupboard
8 Bedroom
9 Living room
10 Den
11 Terrace

4 Basement Plan
1 Storage
2 Laundry
3 Vegetable room
4 Coal bin
5 Cellar

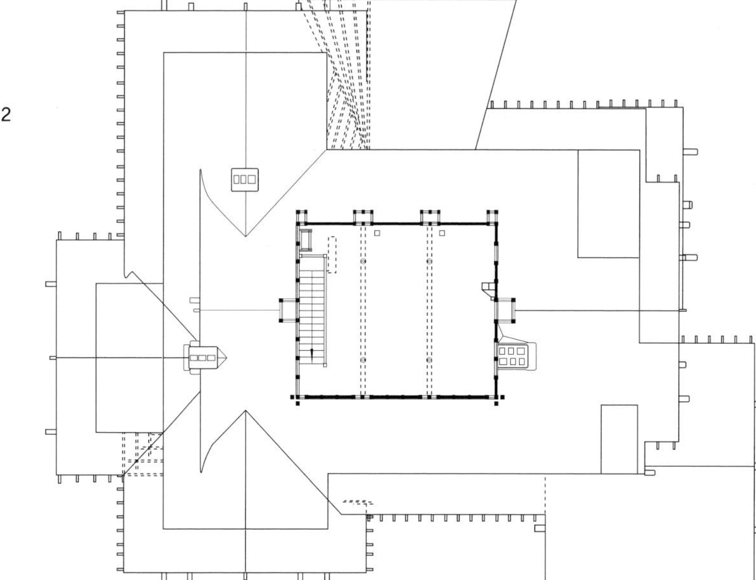

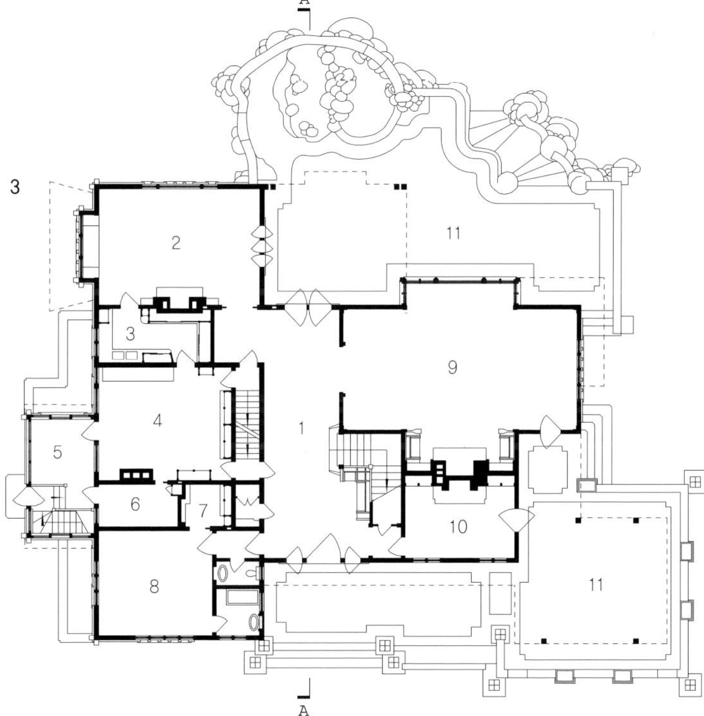

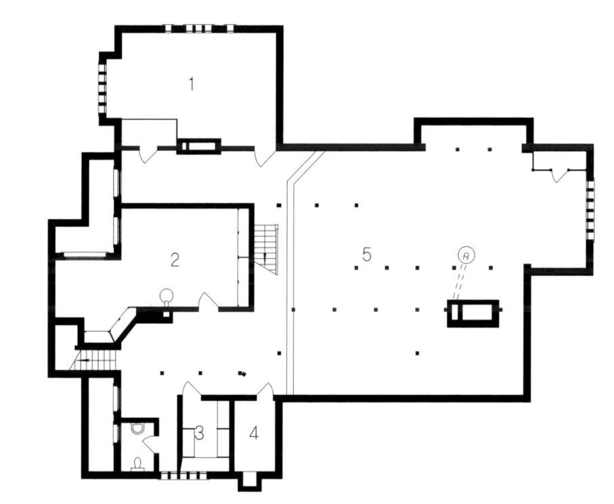

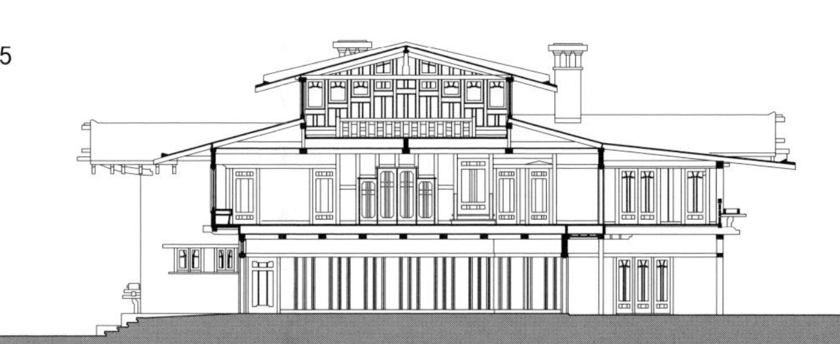

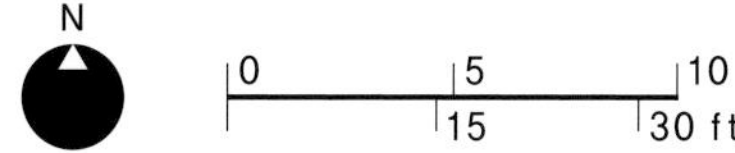

Robie House

Frank Lloyd Wright, 1867-1959

Chicago, USA;1909

프랭크 로이드 라이트의 '프래리 주택' 중 마지막에 지은, 최고의 작품인 로비 주택은 개방된 평원이 아닌 시카고 하이드 공원이 있는 교외의 좁은 길거리 모퉁이 땅에 있다. 이 주택이 처음 지어졌을 때 과장된 수평선 형태가 전통적으로 수직적인 형태를 보이는 이웃 건물들과 비교가 되어 괴상한 유령처럼 보였다. 이 주택은 파사드, 보통의 외벽이나 창문, 정면의 문도 없었다. 이 평면은 실용적으로 자체 대지를 꽉 채우고 있어 개방공간이 거의 남아있지 않았다. 거기에는 난장이 같은 벽과 식재들이 전체적으로 층지어져 있었다. 더욱이 돌로 된 창문 받침대와 머리대, 담장 위의 가로대, 수평의 모르타르 조인트로 쌓아 놓은 로마 스타일의 블록은 수평선을 강조하였다.

이 시대에 라이트가 채택한 평면구성 방식은 비대칭적인 클러스터로 된 대칭적 형태의 배열이었다. 이 구성방식은 기본적으로 대칭적으로 길게 양측 끝에서 확장된 캔틸레버식의 매우 좁은 물매가 있는 지붕을 가진 2층 주택을 만들었다. 도로에 면하는 남측의 2층에는 배의 데크처럼 캔틸레버식 발코니로 나갈 수 있는 14개의 프랑스식 창문이 있다. 이 발코니는 1층에 프랑스식 창문보다 더 깊은 그늘을 만든다. 서쪽 끝에 있는 들어 올려놓은 테라스와 동쪽 끝에 있는 반지하실 건너 개방되어 있는 서비스 야드 벽의 균형은

시각적 대칭을 만든다. 그러나 대칭은 보다 복잡한 수식의 한 요인으로만 작용한다. 창문, 발코니, 모임 지붕으로 완성된 침실이 있는 본 건물 3층에서는 세트로 작동하는 교차 축이 중심에서 벗어난 전체 평면구성을 만든다. 한 쪽에는 커다란 굴뚝이 아래의 모든 수평면 위에서 닻처럼 튀어 나와 있다. 이 건물의 동측 끝에는 또 다른 모임 지붕이 차고와 직원용 공간을 덮고 있다.

하지만 우리는 어떻게 그 건물에 들어갈 수 있을까? 주된 현관은 건물 뒤쪽의 주동과 북쪽 부지경계 사이에 놓인 긴 보행자 길 끝에 있다. 1층에서 넓은 당구실과 놀이실을 통과해서 다소 어두운 현관 홀을 가로질러 중앙계단을 올라가면 20세기의 걸작 주택 중의 하나인 이 건물의 실내가 나타난다. 배의 살롱처럼 길고 좁은 방에선 남향의 프랑스식 창문 14개가 환하게 비추고 있다. 언제나 라이트가 가정생활과 지구에 대한 애착을 상징한다고 믿어 온 벽난로가 이 공간을 거실 공간과 식당 공간으로 분할한다. 자유롭게 서 있는 블록 굴뚝은 하나의 큰 덩어리지만 장애물은 아니다. 굴뚝은 거주자가 양측을 통과할 수 있게 하고 꼭대기의 사각형으로 된 개구부를 통해서 천장의 전체 길이를 볼 수 있게 한다. 천장은 패널로 나뉘고 올려져 있는 중앙의 한 측에는 유리전구가 있고 또

다른 측의 낮은 부분에는 나무 그릴 뒤에 숨겨져 있는 전구 등 두 가지 유형의 전기 조명이 설치되어 있다. 긴 공간의 양측 끝에 있는 사각형 베이 창문은 담화와 식당 장소를 보다 친밀하게 만든다. 이러한 베이 창문을 외부에서 보기는 어렵다. 커다란 캔틸레버형 지붕은 깊은 그늘을 만든다. 그러한 지붕은 팀버로 건축할 수 없고, 사실상 본 건물의 전체 길이를 따라 확장시킨 보이지 않는 두 개의 스틸 지붕 들보가 지지하고 있다.

프레드릭 로비Frederic, C. Robie는 가족의 자전거 제조회사에 근무하고 있으며 급속하게 성장하고 있는 자동차 시장에 뛰어 들 계획을 갖고 있다. 그러나 그의 아버지는 그에게 경제적으로 부담이 되는 빚을 남겨 놓고 돌아가셨고, 그의 아내는 그를 떠났기 때문에 건물이 완성된 후 2년도 지나지 않은 1911년에 집을 팔 수 밖에 없었다. 이 집은 잘 수리되어 대중에게 공개되고 있다.

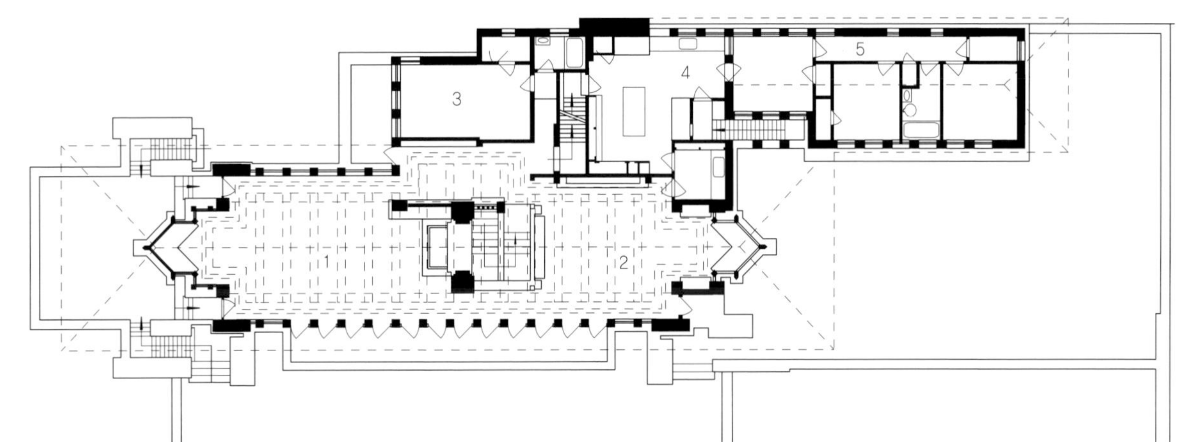

1 Section A–A

2 Second Floor Plan
1 Bedroom
2 Master bedroom

3 First Floor Plan
1 Living room
2 Dining room
3 Guest room
4 Kitchen
5 Staff quarters

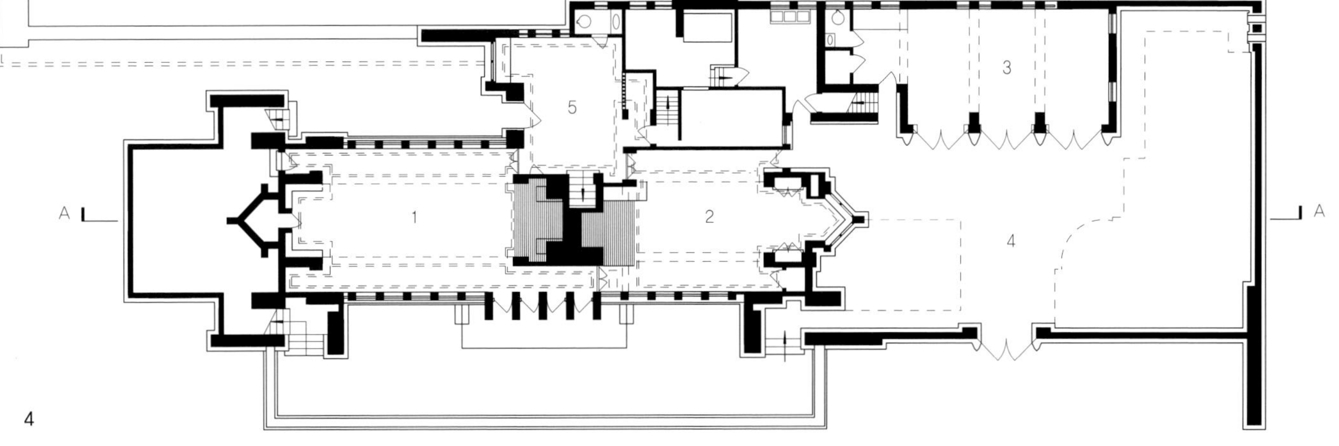

4 Ground Floor Plan
1 Billiard room
2 Playroom
3 Garage
4 Service yard
5 Entrance hall

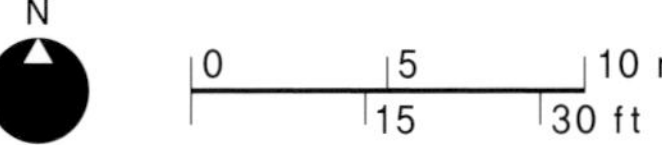

Villa Schwob

Le Corbusier, 1887-1965

La Chaux-de-Fonds, Switzerland; 1917

20세기 위대한 모던 건축가인 르 꼬르뷔지에가 되기 이전에, 찰즈 에두와르 쟌느레는 고향인 스위스 쇼드퐁드에서 지역 건축가로서 비전문적인 경력을 쌓고 있었다. 그는 이 도시에 부모님의 주택을 포함한 여섯 채의 주택을 디자인하였다. 그것들 중 어느 것도 모더니즘이 도래할 것이라는 단서를 보여주지 않았지만 슈왑 저택은 이전의 전통적인 작품들에 비하면 다소 이상하고 독창적인 것이었다. 게다가 성숙한 르 꼬르뷔지에가 자랑스럽게 자신의 것이라고 말하는 유일한 것이었다.

슈왑가는 시계 제작으로 부유하게 된 그 지역의 교양 있는 가문이었다. 그들은 쟌느레의 파트너의 집으로 알고 있는 집과 유사하면서 규모가 더 큰 주택을 원하였다. 쟌느레는 유럽을 일주하고 동양을 여행하면서 영감을 얻어 매우 신선한 상태였고, 이러한 중요한 임무를 맡아 건축가로서 새로운 출발을 결심하였던 시절이었다. 그는 모든 세부사항에서 독창성을 추구하느라고 긴장하였으며, 노력은 분명하였으나 그 결과는 어설픈 복잡성만 낳았다.

평면구성의 핵심은 사각형 평면으로 된 2층짜리 상자박스인데 지하실의 높이까지 포함하여 생각하면 거의 큐브형태이다. 이 상자는 대칭적으로 교차되어 있으며 지나치게 돌출되어 있어서 다른 측면의

베이 창문이 된 끝부분이 반원형인 엡스apse가 있는 교회 같은 형태이다. 이 핵심에 두 가지 형태가 추가된다. 하나는 좁은 지붕 테라스 뒤로 물러나 있는 3층의 평평한 지붕이고 또 하나는 북쪽에서 거리를 향하여 전면을 형성하고 있는 좁은 3층 현관과 계단이다. 이러한 부가적인 형태는 반원형의 엡스가 있는 상자형 건물의 정체성을 위협하고, 게다가 건물의 외곽선을 강조하기 위하여 커다란 코니스로 둘러쳐졌다. 영화관 스크린 같은 텅 빈 사각형 패널이 있는 거리 쪽 입면에 대해서 많은 비평들이 쏟아졌다. 콜린 로위 Colin Rowe는 그것을 빌라 스테인p.54-55부터 라 투레트La Tourette의 남자 수도원 교회에 이르기까지 르 꼬르뷔지에의 후반기 작품에서는 많이 찾아 볼 수 있는 도발적인 평평한 파사드의 원형이라고 말한다.

집 내부에서 중요한 공간적 이벤트는 남측입면의 넓은 창문으로 밝게 빛나는 이층 높이의 살롱이다. 1층지상층에서 양측의 엡스부분에는 식당과 게임방이 있고, 정원측 끝에는 상자의 나머지 부분의 코너에 서재와 벽난로가 있다. 2층에는 엡스 부분에 두 개의 주 침실이 있다. 살롱을 내려다보는 전망대는 북쪽 끝을 가로 지른 발코니로 큰 창문 옆에 붙은 벽에서 불쑥 나온 오리얼 창에 설치된 작은 쇠창살이 있다. 꼭대기 층에는 침실이 더 있고 직원용 방이 있다. 공간의 기

능이 제멋대로 부여되어 전체 평면계획이 경직된 대칭적인 외부 형태에 특별한 목적으로 내부가 맞추어지는 것과 비슷하다. 부엌도 적합하지가 않고, 주 현관의 우측에 정원 벽 뒤에 숨겨져 있다.

주된 외장재는 질이 좋은 노란색 블록이지만 이것은 강화 시멘트 프레임 기술의 초창기에 주택에 적용되었던 것 중 하나인 강화 시멘트 프레임 안에 내용물을 넣는 인필 방식이다. 1916년 쟌느레는 전후 재건축에 대한 해답으로서 도미노 주택 개념을 이미 개발 중이었다. 도미노 주택 스케치에는 부분적으로 빌라 슈왑이 갖고 있는 특성이 남아 있었으나 모더니스트의 아이콘이 된 것은 골조 구조에 대한 드로잉이었다.

1 Second Floor Plan	2 First Floor Plan	3 Ground Floor Plan	4 Basement Plan	5 Section A–A	7 West Elevation

1 Second Floor Plan
1 Fire corner
2 Bedroom
3 Bathroom
4 Staff room

2 First Floor Plan
1 Bedroom
2 Bathroom

3 Ground Floor Plan
1 Fire corner
2 Library
3 Dining room
4 Salon
5 Games room
6 Kitchen

4 Basement Plan

5 Section A–A

6 North Elevation

7 West Elevation

8 Site Plan

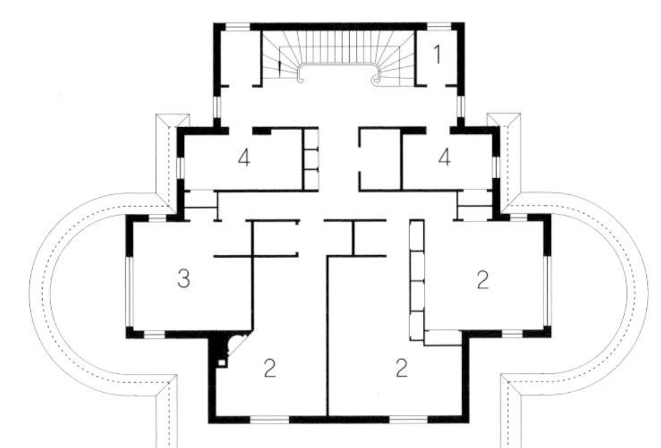

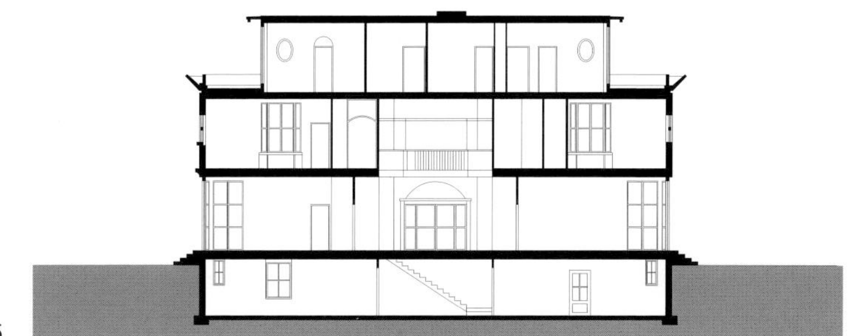

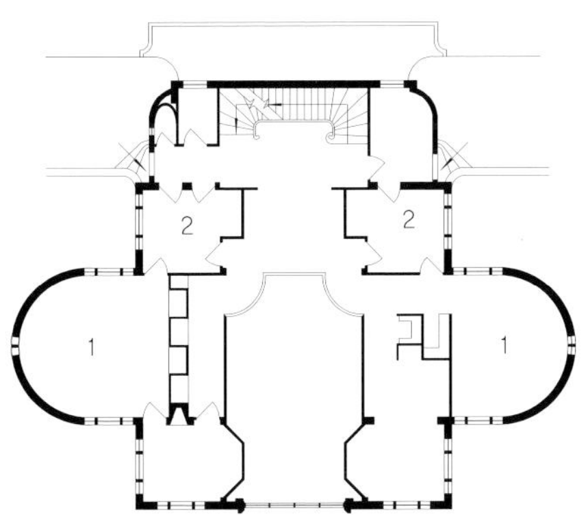

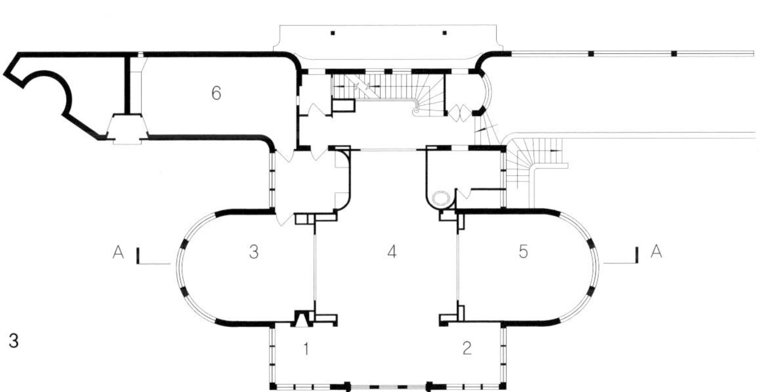

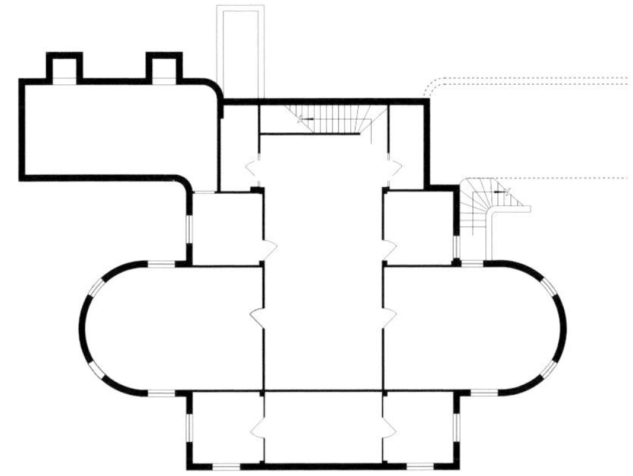

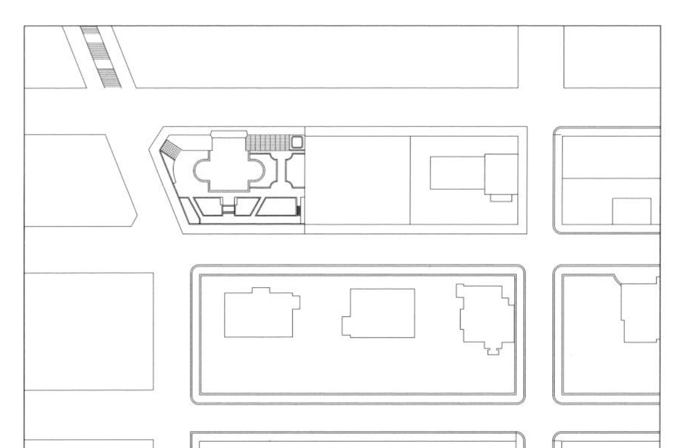

Villa Snellman

Eric Gunnar Asplund, 1885-1945

Djursholm, near Stockholm, Sweden; 1917-18

토속적이면서 고전적이고, 밝고 엄격한 분위기로, 모더니즘의 도래를 준비하는 인상을 보여주는 빌라 스넬만은 그 표면은 단순하되 내부는 복잡하고 미묘하다. 1980년대 후기 모더니즘 추종자들이 가장 선호하는 참고서라는 것을 아무도 의심하지 않았다.

저자는 이것을 '한 구조 안에 하나 반 넓이의 방이 있는 모던 주택을 제공하는 시도'라고 말한다. 2층은 사각형으로 두 개의 존으로 길게 나뉘는데 한쪽 측면은 거실 존으로 정원 쪽에 면하고 다른 측면은 동선과 서비스 존으로서 현관의 중정 쪽으로 향한다. 이보다 더 단순하기는 어렵다. 얼핏 보면 평면은 내부 벽 쪽으로 약간 각도가 져서 농장과 비슷하다. 1층의 하인 채는 우측으로 약간 벗어나 있는데 토속 전통을 생각 없이 집착하고 제멋대로 적응한 것 같은 인상이 강하다. 사실 모든 것은 잘 디자인 되었고 정교하기까지 하다.

각도가 진 벽은 새로운 발명이다. 그 벽은 스톡홀름 시청을 디자인한 라그나 오스트베르그Ranar Ostberg가 시청을 건설할 때 대칭적인 파사드가 있는 기능적인 실내를 보완하는 방법으로 건물의 벽에 처음으로 사용하였다. 그러나 빌라 슈넬만에서는 건축적인 문제 해결의 차원이 아니라 주거공간에서 긴장을 완화하는 비격식성을 추구하는 새로운 방식으로

이용하였다. 이층 복도의 각도가 있는 외벽은 다락으로 향하는 나선형 계단 같은 조잡한 요소를 감추기 위한 영리한 방법이지만 반대편 벽의 정묘한 비틀림은 기능적으로 정당화하기가 어렵다. 그것은 예술가의 가벼운 손놀림일 뿐이다.

완전한 원형은 아니지만 원형에 가까운 이층 홀은 예술가의 또 다른 교묘한 손장난을 감지하게 한다. 주택은 원래 돌로 지어졌지만 이층 홀거실의 초기 평면은 완벽한 원형이다. 아마도 팀버로 교체되면서 재료를 절약하기 위해서 작가가 보다 자유롭고 유기적인 모양으로 만들었을 것이다. 사각형안의 원형은 아스플란드가 가장 선호하는 형태이고, 이 홀은 그의 가장 유명한 작품인 스톡홀름 공공 도서관의 거대한 드럼구조에 비하면 환상적인 면에서 뒤떨어진다.

평면의 정교함은 입면의 정교함과 일치한다. 이것은 의심할 여지가 없는 고전건물이다.

대부분의 창문은 작고 사각형이고 기둥이나 코니스가 없지만 벽은 다소 메마른 스터코 꽃띠 장식으로 덮여 있다. 중정 쪽에서 이러한 꽃띠 장식을 다락 창문 바로 밑에서 볼 수 있지만 정원 쪽에서는 다락창문 사이에서 나타난다. 입면 양측에는 다락쪽의 홀 상부에 초승달 모양의 표시가 있다.

이 입면에서는 매우 독특한 것을 볼 수 있는데

하나는 네 개의 베이로 구성된 것이고 다른 것은 다섯 개로 구성된 것이다. 게다가 창문의 배열이 대칭적이지 않다. 정원 쪽 입면을 좌에서 우로 바라보면, 2층과 꼭대기 층 창문은 1층 창문의 라인에서 점점 바깥쪽으로 비켜져 있다. 중정 쪽의 창문은 모두가 하인 채에 의해 밀려나간 것처럼 우측으로 약간 치우쳐져 있다.

이러한 조절에 대한 설명을 평면 안에서 찾아볼 수 없기 때문에 어떤 비평가는 심리적인 의미로 해석한다. 특별히 현관의 덮개와 홀 하부에 프랑스식 창문이 있는 주 현관에 나란히 서 있는 두 개의 문은 해결하지 못한 모호함이다. 아스플란드는 이를 해석했거나 혹은 못했을 수도 있지만 빌라 스넬만은 바로 후기 모더니즘 추종자들이 추구한 것을 보여 주는 주택이었다.

1

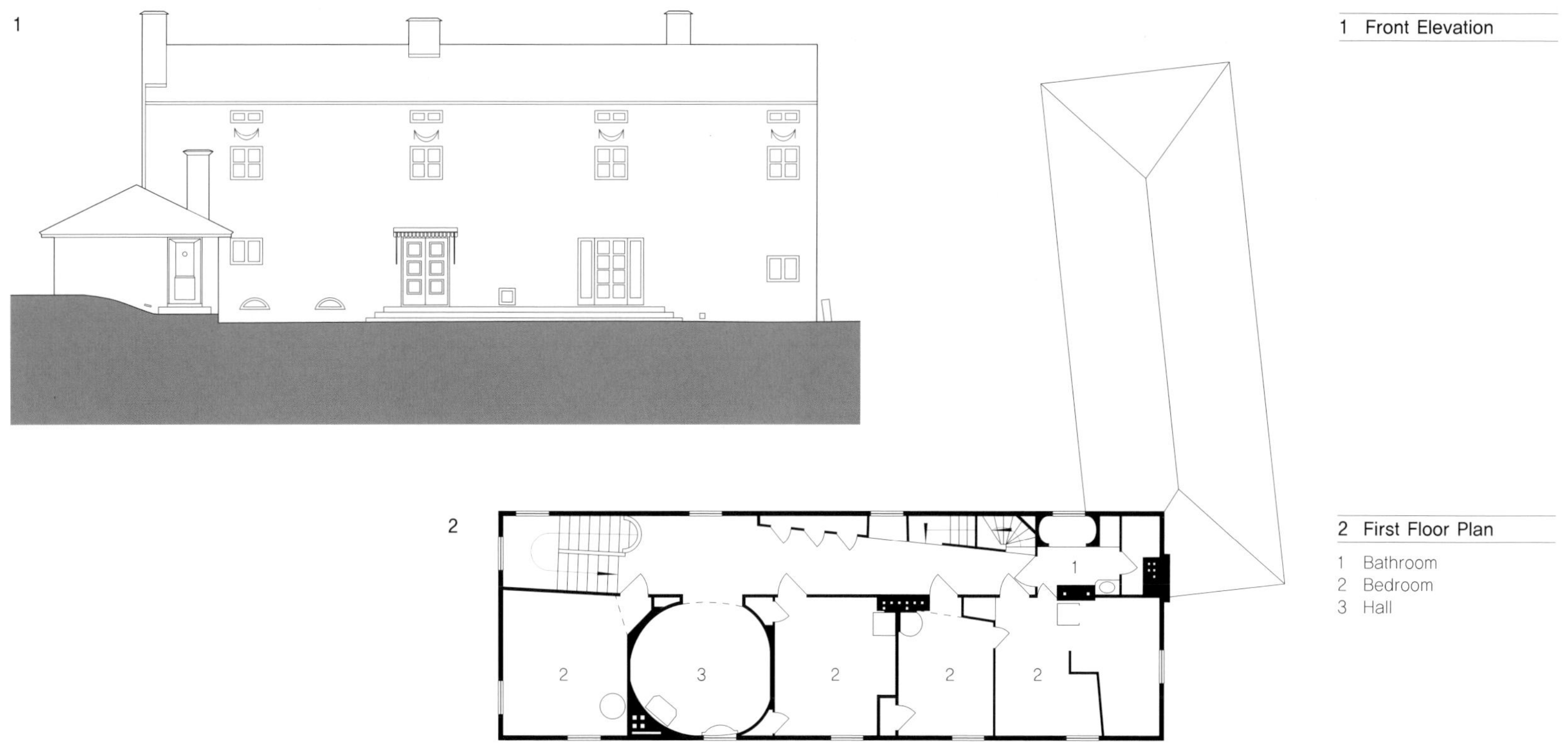

1 Front Elevation

2

2 First Floor Plan

1 Bathroom
2 Bedroom
3 Hall

3

3 Rear Elevation

4

5

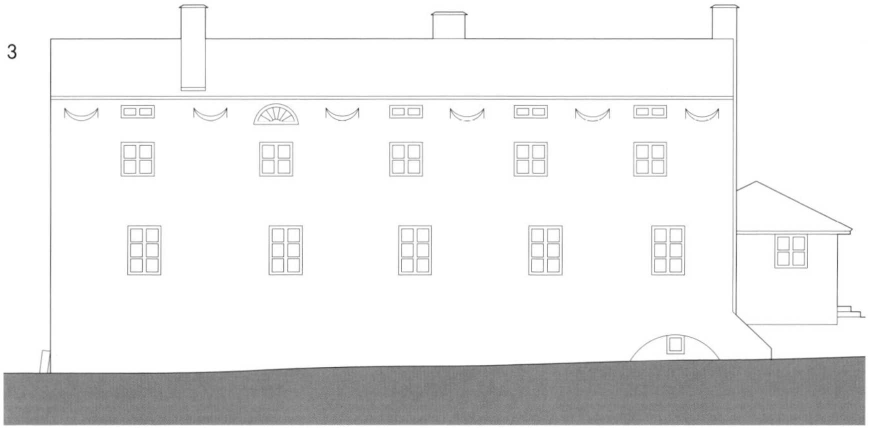

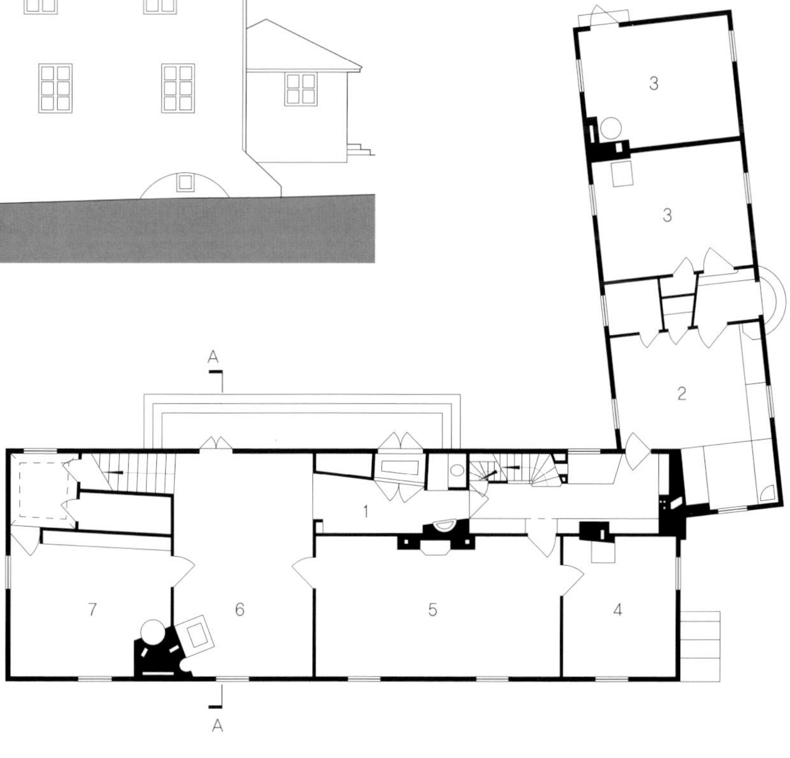

4 Section A–A

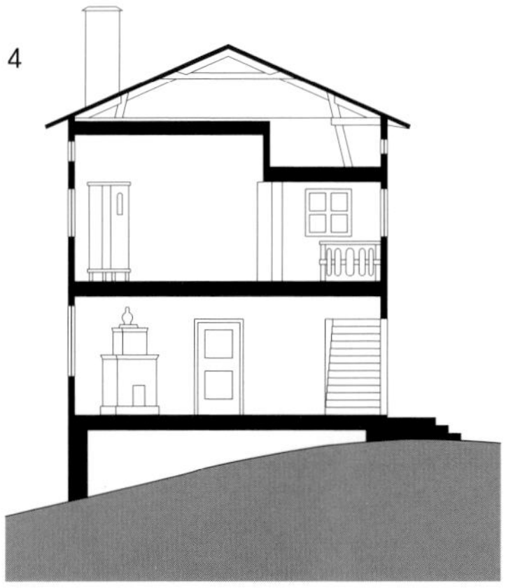

5 Ground Floor Plan

1 Entrance
2 Kitchen
3 Staff room
4 Sitting room
5 Dining room
6 Living room
7 Study

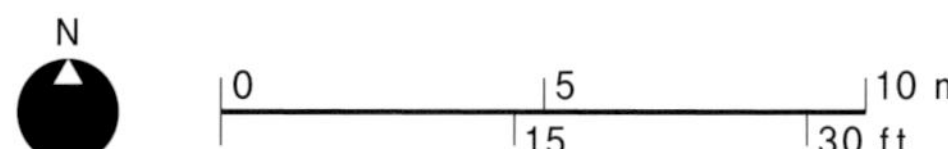

Villa Henny

Robert van' t Hoff, 1887-1979

Huis ter Heide, The Netherlands; 1915-19

로버트 반트 호프Rober van' t Hoff는 1887년 네덜란드의 로테르담에서 태어났으나, 버밍엄 아트 스쿨을 시작으로 런던 소재의 AAArchitectural Association 건축학교까지 영국에서 건축교육을 받았다. 1차 세계대전 이전의 몇 년간은 첼시 지역에 살면서 화가 아우구스투스 존Augustus John의 집을 비롯하여 몇 개의 아트 앤 크래프트Arts and Crafts 스타일 집들을 디자인하였다. 그는 1913년에 아버지로부터 건축관을 완전히 바꿔 버린 선물을 하나 받았다. 그것은 지금까지도 유명한 프랭크 로이드 라이트의 바스무스 작품집Wasmuth portfolio이었다. 작품집이 보여주는 혁명적인 새로운 건축에 깊은 감명을 받은 그는 화가 아우구스투스 존의 집들이 파티에도 참가하지 않고 서둘러 미국으로 떠났다.

미국에 있는 동안 반트 호프는 라이트와 버팔로 소재의 라킨Larkin 빌딩, 시카고 소재의 미드웨이 가든Midway Gardens, 오크 파크Oak Park 소재의 유니티 교회당Unity Temple을 포함하여 라이트가 디자인한 많은 건물들을 직접 방문하였다. 1914년에 네덜란드로 돌아와서는 후이스 테르 하이데Huis Ter Heide 지역에 벨루프 여름집Verloop Summer House이라는 빌라를 지었다. 이 주택은 규모 면에서는 별로 크지는 않지만 라이트의 프래리 스타일The Prairie Style 주택과 유사한 형태의 빌라이다. 그러나 건축 역사상 인정받는 작품은 A.B. Henny라는 암스테르담 사업가를 위해 후이스 테르 하이데 지역에 지은 두 번째 빌라이다. 그 이유는 이 빌라가 두 가지 면에서 혁신적이기 때문이다. 라이트의 영향력을 분명하게 보여 주는 유럽의 첫 번째 주요 건물이라는 것과 철근 콘크리트라는 새로운 재료를 사용했다는 점이다.

반트 호프의 디자인은 라이트의 디자인들과는 달리 다소 경직되고 딱딱하다. 빌라 헨리Villa Henny에는 잔디밭 가운데 있는 간결한 시설물인 정사각형의 작은 연못이 있다. 외관상으로 보면 두 개의 축이 대칭을 만든다. 이 대칭구조를 유지하기 위해 전체 평면은 약간 어색하다. 남쪽에 면한 거대한 거실공간이 바닥 층 면적의 반을 차지하고 있다. 이 거실공간에는 중앙 벽난로와 단을 높인 테라스에 면한 창문들이 있다. 다소 좁은 축 형태의 현관홀은 북쪽 면에 있다. 주어진 빌딩 외곽선에 최대한 순응하는 형태로 배치되어 있는 실들 사이에 자리 잡고 있다. 위층의 경우는 대칭구조를 더 엄격하게 지키고 있다. 침실, 욕실 그리고 서재 공간들은 비잔틴 교회를 연상시키는 십자가 평면 형태이다.

라이트의 영향과 철근 콘크리트의 구조적 특성은 건물 외관을 표현하는 방법에서 실질적으로 나타나고 있다. 이차원적인 것은 아무 것도 없다. 벽들은 단면상으로 보았을 때 내부에 면한 코너re-entrant corners들과 계단형태로 후퇴하면서 생기는 우묵한 공간set-backs들을 갖는다. 이러한 구조는 위쪽으로 발코니들을, 아래쪽으로는 식물을 키울 수 있는 박스 공간을 제공한다. 창문들은 3개씩, 4개씩 그리고 8개씩 짝을 이룬 동일한 창틀의 열로 만들어진, 모두 돌출되는 베이 형태bays들로 되어 있다. 그리고 정사각형의 평평한 판형인 지붕은 1919년에는 찾아보기 힘든 매우 대담한 방식으로 건물의 코너들 위로 캔틸레버를 만들어 전체적인 건물구조를 당당한 모습으로 마무리하고 있다.

반트 호프는 빌라 헨리로 얻은 평판 덕분에 아방가르드 데 스틸De Stijl 그룹에 가입할 수 있었다. 몇 편의 글을 그 기관지에 기고하기도 하고 몇 개의 프로젝트에서 예술가 테오 반 다즈버그와 함께 일하기도 하였다. 그는 또한 공산주의자가 되었는데, 실질적인 건물로 구현한 것은 거의 없지만 노동자들의 주거를 디자인하는 것에 관심을 가졌다. 1933년에 반트 호프는 철저하게 건축에 환멸을 느껴 영국으로 돌아왔으며 무정부주의자 공동체에서 거주하였다. 1979년에 그는 뉴밀턴의 햄프셔Hampshire의 한 마을에서 생을 마감했다.

1 First Floor Plan	**2 Ground Floor Plan**	**3 South Elevation**	**4 West Elevation**
1 Bathroom	1 Entrance		
2 Bedroom	2 Cloakroom		
3 Main bedroom	3 Kitchen		
4 Hall	4 Sitting room		
5 Study	5 Study		
6 Dressing room	6 Lobby		
7 Guest room	7 Storage		
	8 Living room		
	9 Terrace		
	10 pond		

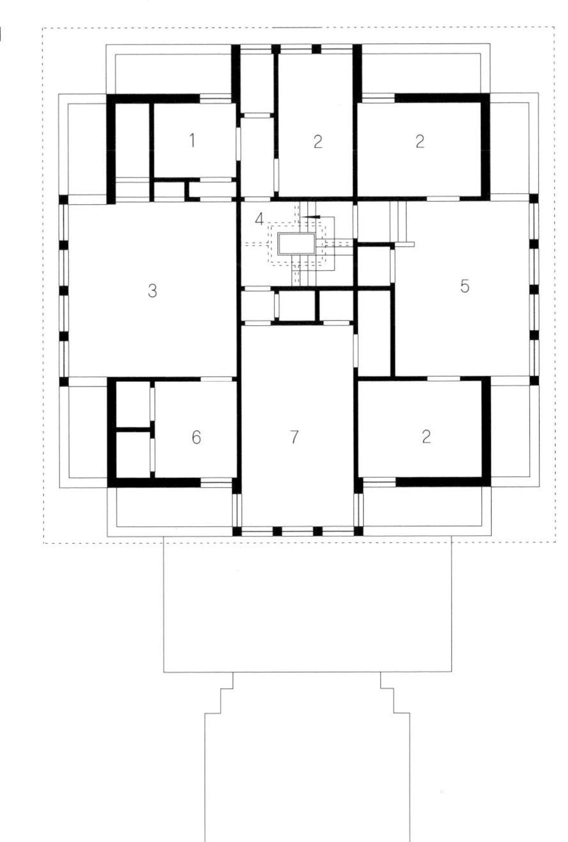

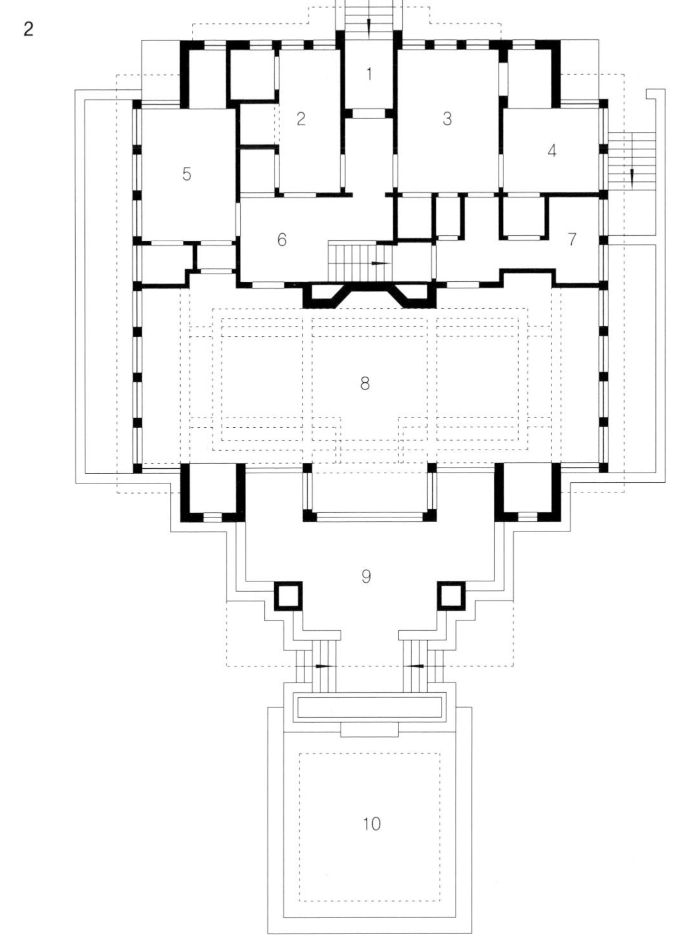

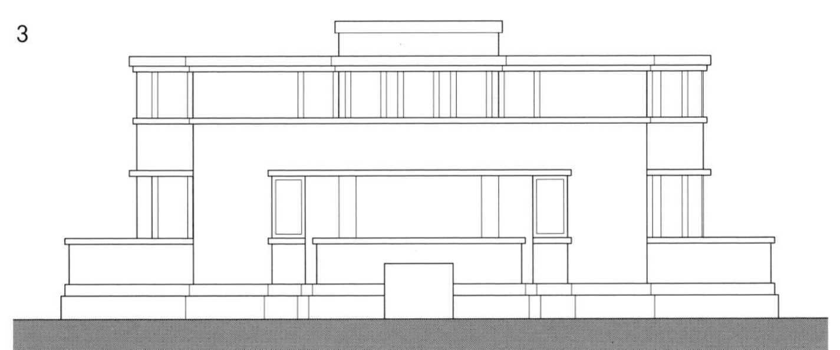

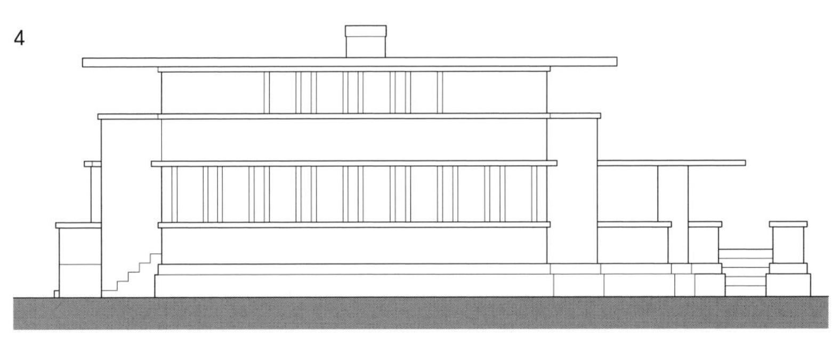

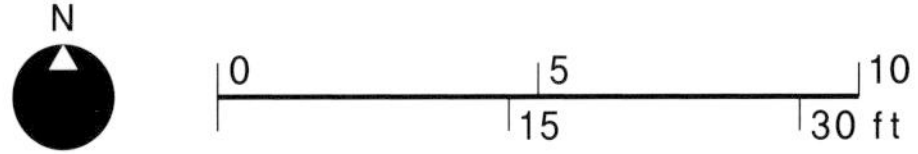

Barnsdall House

Frank Lloyd Wright, 1867-1959
Los Angeles, California, USA; 1917-21

애이라인 반스달은 부유한 상속녀이자 무대 연출가이며, 미혼모였다. 결혼을 하지 않고 1916년에 그녀는 시카고에서 로스앤젤레스로 이사 와서 3년 후에 올리브 힐이라고 하는 14.5 헥타르에 해당되는 도시의 한 블록 전체를 구입하였다. 그녀는 그 지역을 1,250 객석의 극장과 예술가들과 행정가들을 위한 아파트, 영화관, 할리우드 대로에 면한 상업거리 그리고 자신과 자신의 딸을 위한 넓은 집을 포함하는 극장촌을 개발할 계획을 갖고 있었다. 그녀는 시카고에서 만났던 프랭크 로이드 라이트를 극장촌 개발의 건축가로 지명하기를 원했다. 그러나 미국에서 라이트의 건축가 경력은 사생활의 비극과 추문들의 여파에서 아직 완전히 회복되지 않은 상태였고, 또한 당시 라이트는 동경에서 임페리얼 호텔 건설에 대부분의 시간을 보내고 있는 중이었기 때문에, 그녀가 설계를 의뢰하기에 좋은 시기는 아니었다. 마침내 라이트가 디자인을 완성했을 때에 그 디자인은 라이트의 국내적 건축 스타일을 완전히 바꾼 것이었다. 미드웨스트에서 그를 유명하게 만든 프래리 스타일이 사라지고, 꿈의 도시에 어울리는 스타일인 새로운 극적 낭만주의가 처음으로 그 모습을 나타냈다.

극장촌 아이디어는 곧 포기되었지만, 일반적으로 홀리호크 하우스로 알려져 있는 반스달 하우스가 지어졌다. 그것은 북서쪽 코너로 입구가 있는, 안마당이 있는 언덕의 정상과 대지의 중앙에 있다. 그러나 집의 정면은 바다를 마주보고 있는 대칭적인 서쪽 날개 구조로 중심에 거실이 위치하고 있다. 새로운 스타일을 제시하고 또한 집의 나머지 공간들의 건축양식을 보여줌으로써 독립건물을 돋보이게 하는 건물의 정면이 된다. 건물의 입면들은, 이 집의 닉네임인 접시꽃hollyhocks을 모티브로 만들어진 처마 돌림띠에 의해 분리되어, 거의 같은 높이의 지붕과 벽의 구역들로 나뉘어 진다.

프래리 스타일의 지붕들이 얕게 경사지고 길게 늘어난 형태와는 달리, 반스달 하우스의 지붕들은 평평하고 그리고 위로 갈수록 뒤로 약간 경사진 높은 흉벽으로 만들어졌다. 실제 이 흉벽은 목재 테두리와 치장 벽토로 만들어졌으나 그 모습은 견고한 돌을 닮은 기념비적인 이미지이다. 라이트가 인정하지 않더라도 사람들은 고대 마야의 신전들이 그 형태에 영감을 주었다고 생각한다.

거실은 벽난로가 특징적이지만 이 주택에서는 다르게 나타난다. 거실은 벽난로 위에 지붕 채광으로 빛나는 커다랗게 조각된 돌 장식선반이 있고, 난로 앞쪽으로 얕은 수영장이 있지만, 거실이 한때 위치 했을 것 같은 중심 동서 축 위에는 놓여 있지 않다. 거실은

안마당을 관통하는 길을 확보하기 위해 남쪽 벽으로 옮겨졌다. 안마당을 가로 질러 내다보는 사람들에게 맞은편 동쪽 날개 부분은 무대처럼 넓고 낮은 광장 위를 가로지르는 다리 형태이다. 그 광장 너머 무대가 있어야 하는 자리에 수영장과 함께 작은 반원형의 그리스 식 극장이 있다. 그러나 전체 안마당은 사실상 하나의 극장과 같다. 청중들은 안마당의 한쪽 코너에서 시작되는 계단을 타고 지붕 테라스를 거닐 수 있고, 거실 앞의 로지아 지붕은 높여진 무대의 역할을 한다. 집과 정원이 결합되어 단순한 한 채의 집이라기보다는 하나의 마을과 같은 앙상블을 형성한다. 남동쪽 코너에는 애이라인과 그녀의 딸의 침실이 환상적인 형태를 이루며 모여 있다. 이것은 고대 마야 문명 테마의 변형으로 목재 테두리가 있는 취침용 알코브와 스테인드글라스 창문들이 초기 스타일을 떠올리게 한다.

애이라인은 많은 의뢰인들이 그러했듯이 곧 그녀의 건축가와 사이가 나빠지게 되었고, 그 집에 6년 남짓 거주하였다. 그 집은 캘리포니아 아트 클럽의 본부가 되었다가, 1940년대에 한때 비어있는 상태로 거의 철거될 뻔하였다. 최근에 이르러 완전히 복구되어 대중에게 공개되었다.

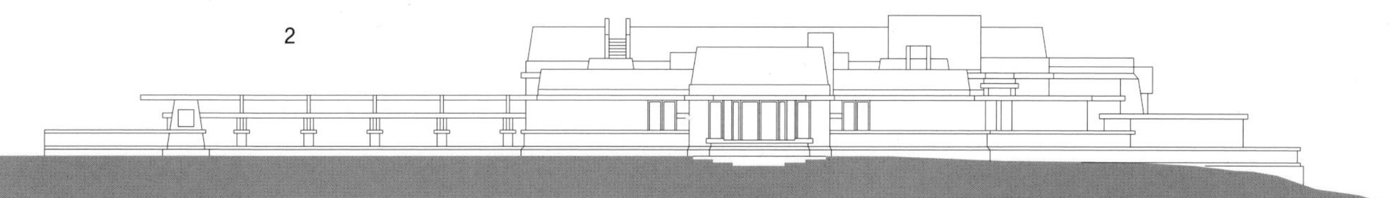

1 Section A–A

2 Elevation

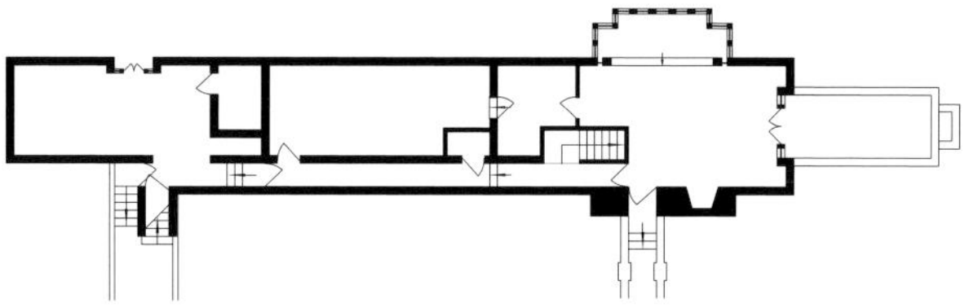

3 Second Floor Plan

1 Bedroom
2 Storage

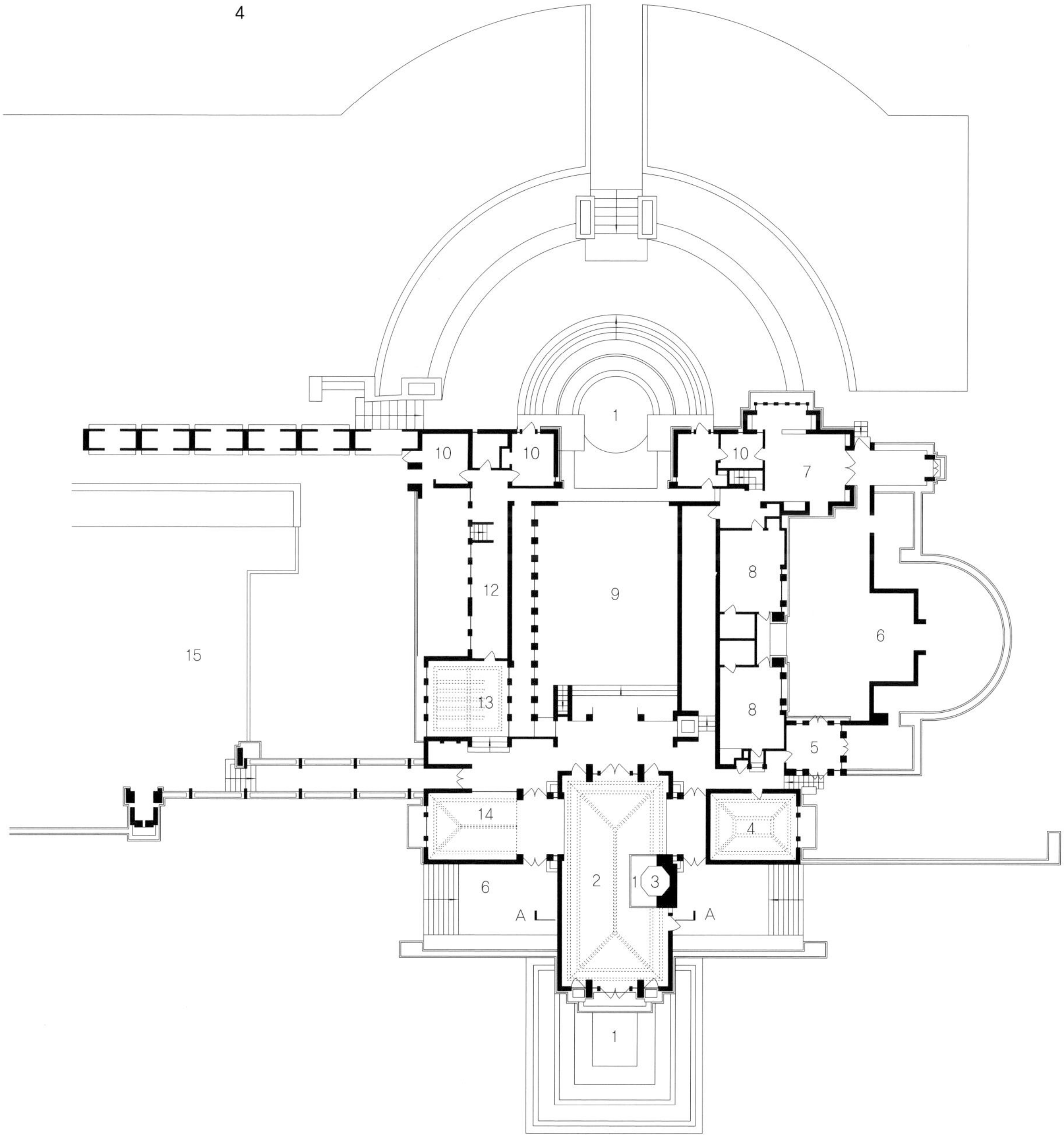

4 First Floor Plan

1 Pool
2 Living room
3 Fire
4 Library
5 Conservatory
6 Patio
7 Nursery
8 Bedroom
9 Garden courtyard
10 Staff rooms
11 Kennels
12 Kitchen
13 Dining room
14 Music room
15 Car court

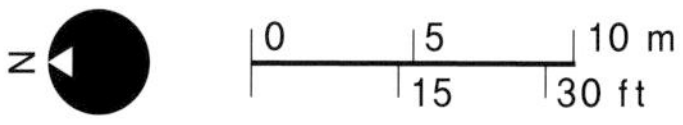

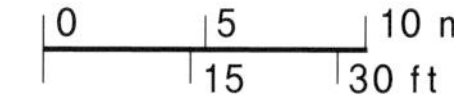

Ennis House

Frank Lloyd Wright, 1867-1959
Los Angeles, California, USA; 1923

평범한 콘크리트 블록이 높은 건축물을 만들 수 없을 것 같지만, 프랭크 로이드 라이트는 1920년대 어떤 한 시기 동안 콘크리트 블록을 미래 건축 기술로 믿었었다. 그는 미드웨스트Midwest에서 로스앤젤레스로 사무실을 옮겼고, 1921년에 이미 새로운 웨스트 코스트 스타일을 반스달 하우스에 낭만적인 고대 마야문명 형태들을 적용했다 p.40-41. 그러나 건축적 측면에서 보면, 그런 스타일은 필름처럼 얇은 피부 깊이밖에 안 되는 것으로 자연과 진실에 대한 라이트의 생각을 보여주는 것은 아니었다.

라이트에게는 피라미드와 지구라트ziggurat에서 나타나는 포장되고 조각된 땅에서 솟아나는 듯한 새롭고 견고한 건축물에 대한 비전이 있었다. 석조 건축물은 비용이 많이 들지만 콘크리트 블록은 표준화와 대량생산이 가능하고, 장식 블록이라고 해도 평범한 블록보다 많이 비싸지 않을 수 있었다. 처음에는 – 예를 들면 앨리스 밀라드 하우스에서처럼 – 블록들을 보통 회반죽을 이용해 쌓았다. 기술이 발달함에 따라 라이트는 짜여진 직물처럼 블록들을 함께 엮는 정교한 강철 강화시스템을 도입하였다. 이론상으로 그 시스템은 회반죽을 필요로 하지 않으며 벽이나 기둥들 뿐만 아니라 보를 만드는 데에 이용될 수 있었다.

에니스 하우스는 직물처럼 짜인 블록으로 만들어진 집들 중에서 제일 크고, 대단한 야심이 돋보이는 작품이다. 또한 새로운 복토 건축earth archi tecture의 비전을 가장 분명하게 보여준다. 0.5 에이커의 대지는 산타 모니카 산맥 기슭의 구릉지대까지 굽이치며 올라가서 글렌도워 대로에 U자형 도로의 만곡을 만든다. 그곳에서 도시를 내려다볼 수 있다. 또한 그것은 도시에서 바라볼 수 있는 높은 언덕이다. 찰스와 마벨 에니스가 남성용 의류 사업에서 돈을 벌었고 사회적으로 확실히 야심적이라는 것 이외에는, 이들에 대해 별로 알려진 것이 없다. 수줍고 내향적인 커플이라면 그러한 대지를 결코 선택할 수 없었을 것이다. 아래에서 보았을 때, 그 집의 첫 인상은 웅크리고 끝이 점점 가늘어지는 계단 모양의 덩어리들 군집이 모여 있는 자신감이 넘치는 절벽 또는 누벽 같다. 그것들은 피라미드나 지구라트는 아니지만 어느 정도 그러한 고대의 형태들에서부터 유래된 것 같다.

모든 것을 40㎝ 크기의 평범하거나 장식적인 정사각형의 콘크리트 블록들과 비대칭적 돋을새김 패턴을 연결하는 정사각형들로 만들었다. 하부의 누벽들이나 옹벽들을 집을 받치는 평평한 대를 만들기 위해 크게 강화하고 구멍을 채운, 사실상 분리된 구조체를 만들었다.

라이트의 블록으로 만든 다른 집들은 대다수가 아담하고 똑바로 선 구조이지만, 에니스 하우스는 북쪽의 좁은 정원이 내다보이는 35m 길이의 막힌 로지아가 지지하고 있는, 옆으로 펼쳐진 관절구조의 평면이다. 내부적으로는, 벽, 기둥, 심지어 평평한 천장까지도 모두 블록들로 만들어졌다. 가장 주요한 실내공간은 최고의 도시 전망을 가질 수 있게 남쪽 누벽 가장자리에 내밀은 형태로 만들어진 고품격 공간인 식당이다.

에니스 부부는 건축가와 사이가 나빠져 건설 후반부는 본인들이 직접 감독을 하였다. 이런 이유가 일반 개인의 집이 아닌 호텔이나 대사관 건물같이 크고 기묘한 특성을 가진 집을 모두 설명해 줄 수는 없다. 라이트로서는 이 집의 마무리 상태가 원래 디자인한 것과는 다르다고 당연히 주장할 것이다. 그러나 역사적으로 이 집은 40㎝ 블록 한 개에서 하나의 전체 도시 경관까지 다루는, 라이트의 비전의 깊이와 넓이를 보여주는 중요한 의미가 있는 예이다.

1 Main Floor Plan

1 Dining room
2 Kitchen
3 Pantry
4 Hall
5 Living room
6 Cupboard
7 Bathroom
8 Study
9 Bedroom
10 Balcony
11 Terrace
12 Garden
13 Bridge over entrance

2 Lower Floor Plan

1 Entrance porch
2 Motor court
3 Garage

3 Section A–A

4 Section B–B

5 East Elevation

6 South Elevation

7 West Elevation

8 North Elevation

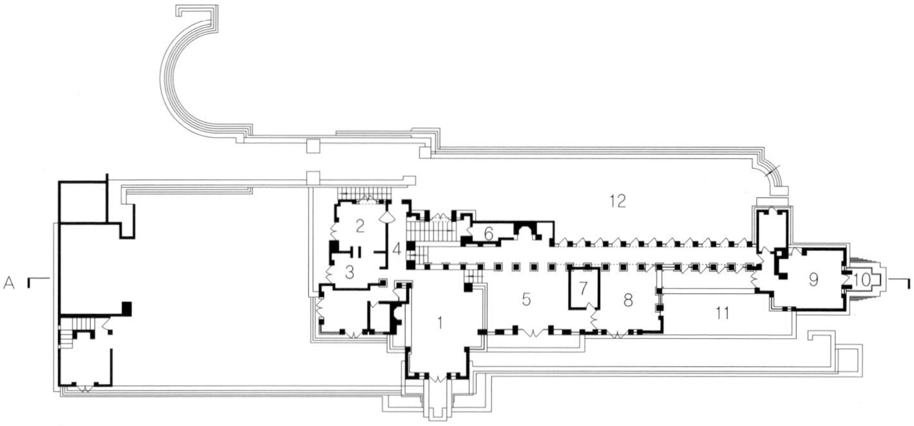

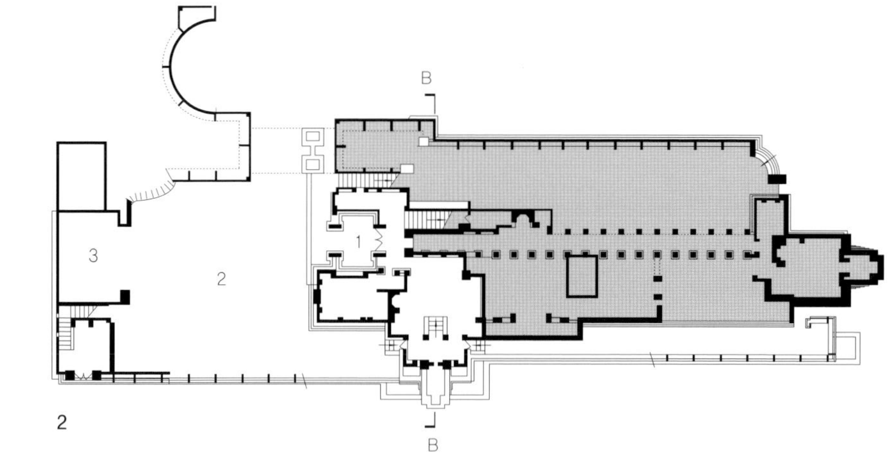

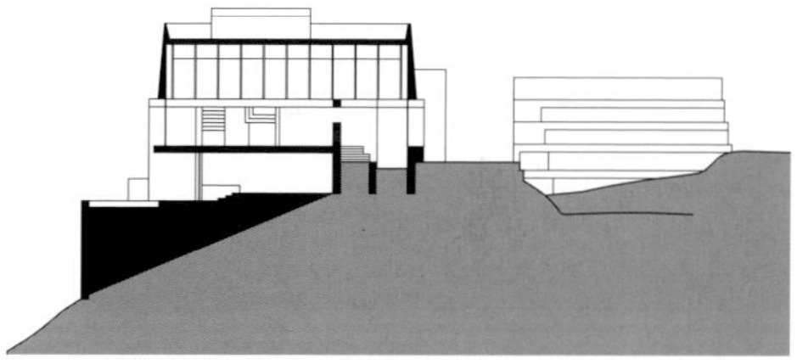

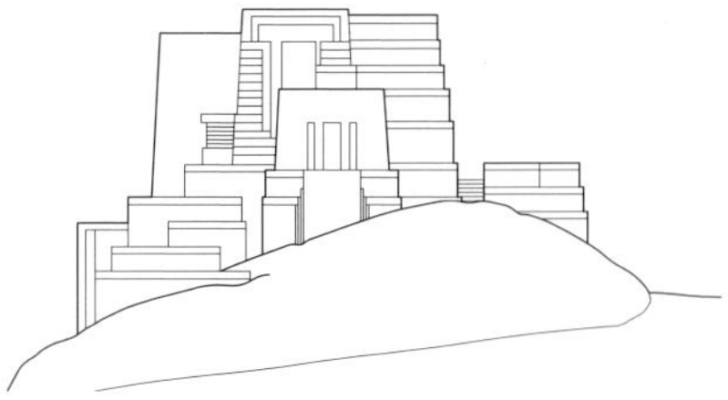

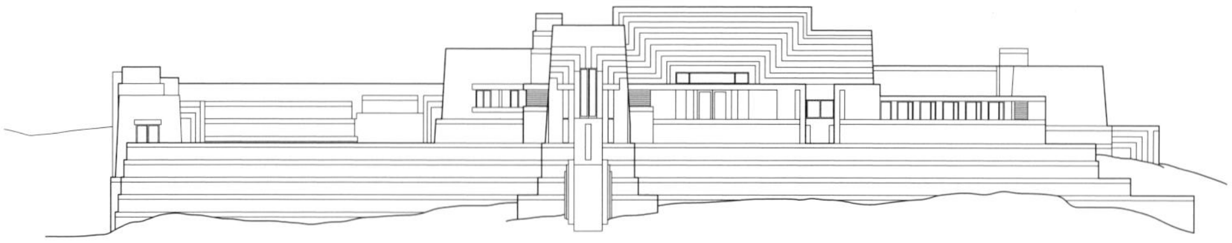

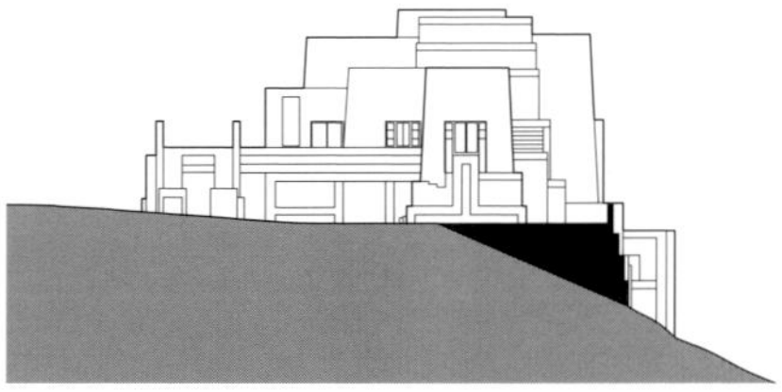

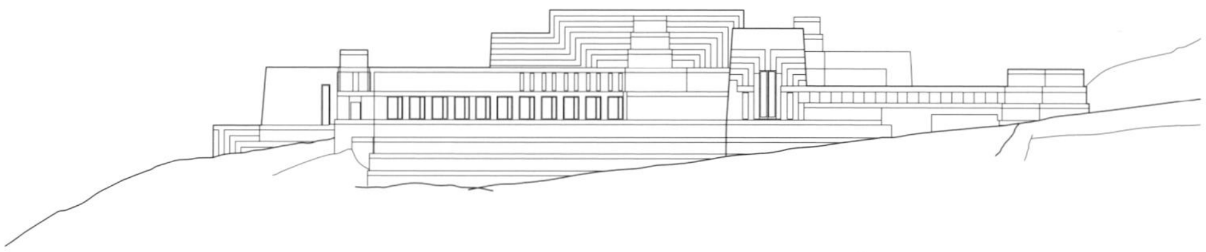

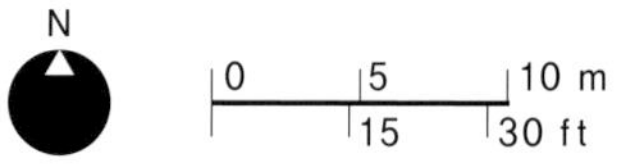

Schröder House

Gerrit Rietveld, 1888-1964
Utrecht, The Netherlands; 1923-24

모든 형태가 모두 직각이면서 떠돌아다니는 듯한 선, 면과 그리고 검정, 하양, 빨강, 파랑, 노랑으로 된 몬드리안Mondrian의 거대한 3차원 그림과 같은 세상을 상상해 보라. 슈뢰더 하우스는, 예술과 생활을 결합한 세계 미래 도시의 한 단편과도 같다. 이것은 1차 세계대전 이후에 아방가르드 예술가들의 그룹인 데 스틸De Stijl과 네덜란드에서 활동하던 디자이너들이 세운 비전이었다. 여기에 동참한 회원들에는 테오 반 다즈버그Theo van Doesburg, 우드J. J. P. Oud, 로버트 반트 호프Robert van't Hoff, 피에트 몬드리안Piet Mondrian이 있었다.

슈뢰더 하우스의 공동 디자이너였던 게리 리트휄트Gerrit Rietveld는 1919년에 데 스틸 그룹에 합류하였다. 그는 가구 디자이너로, 1918년 '요소주의적elementarist' 스타일을 보여 주는 목재 안락 의자를 만들었다. 그것은 처음에는 색상을 칠하지는 않았지만 1920년대 초에 몬드리안의 색상 체계를 받아들여 '적청 의자' 라는 이름의 유명한 의자를 만들었다.

리트휄트Rietveld는 가구와는 별도로 몇 개의 상점과 아파트 실내를 디자인하긴 했지만, 슈뢰더 하우스가 그가 디자인을 했던 최초의 완전한 건물이었다. 건축주는 트루스 슈뢰더 슈라더라는 교육받은 약사로, 진보적이고 기질적으로 예술을 사랑했던 사람

이었다. 변호사였던 남편이 죽었을 때, 트루스 슈뢰더 슈라더는 세 명의 아이들과 새 집에서 새로운 생활을 시작하기로 결심했다. 리트휄트는 그때 이미 그녀의 연인이었을 것이다. 그렇지 않았다면, 그 집을 공동으로 디자인을 시작했을 때 연인이 되었을 것이다. 그 대지는 매우 평범하였지만 – 벽돌집들의 단지 끝에 남아있는 작은 구획의 땅 – 마을의 경계 부분에 놓여 탁 트인 전원을 바라볼 수 있었다. 지금은 고속도로로 막혀져 전원을 볼 수 없다.

이웃은 벽돌집이었지만 슈뢰더 하우스는 완전히 그 이웃집과 다르다. 미래가 왔으며 과거는 무의미하다라고 말하는 것처럼 보였다. 그 집은 벽과 지붕으로 만들어 진 것이 아니라, 수평과 수직으로 흰색과 회색의 추상적인 직사각형의 면들로 만들어졌다. 그 면들은 콘크리트처럼 보이지만 실제로는 다듬어진 벽돌과 목재로 만들어졌다. 면들은 떠다니는 것처럼 보인다. 예를 들면, 남동쪽에 면한 발코니의 정면과 전체 판유리로 만들어진 동쪽 코너 위의 지붕이 특히 그렇다. 창문틀, 중간틀 그리고 강철 기둥에는 면에서 파생된 줄기처럼 검정, 빨강, 노랑과 같은 강한 색상이 있다. 창문들은 면들 사이에 존재하는 유리로 된 막이었다. 여닫이창들은 오직 두 방향으로만 – 90도 각도로 열거나 닫거나 –고정할 수 있다. 그곳에는 외

부공간과 내부공간에 대한 명확한 구분이 없다. '외부' 의 면들과 선들은 '내부' 에도 딱딱하고 채색된 표면으로 나타난다. 많은 것들이 붙박이 형태로 만들어진 가구는 같은 형식의 디자인들을 보여 주고 있다. 옷장들은 파티션으로도 사용되고, 책상들은 창턱들을 연장한 것들이며, 침대들은 단순한 박스 형태의 매트리스들이다. 아래층에서 면들은 각 실들을 구분하고 하중을 받는 벽으로서 꽤 보편적인 역할을 하지만, 위층에서는 창의적인 슬라이딩 파티션 시스템으로 일상생활에서 공간을 작게 구획하고 여가를 위해서 그 공간을 하나로 만들었다.

이 집은 하나의 예술작품이었으며 또한 기능을 충족시키는 집이었다. 트루스 슈뢰더 슈라더는 1985년 생을 마감할 때까지 이 집에서 살았다. 이제 슈뢰더 하우스는 예술적 비전을 보여주는 기념물로서 상징적인 이미지로 존재하고 있다. 그 비전은 오래 가지는 못했다. 그림에 과감하게 대각선들을 넣기 시작한 몬드리안이 반 다즈버그와 사이가 나빠졌던 1924년, 이미 비전의 끝은 시작되었다.

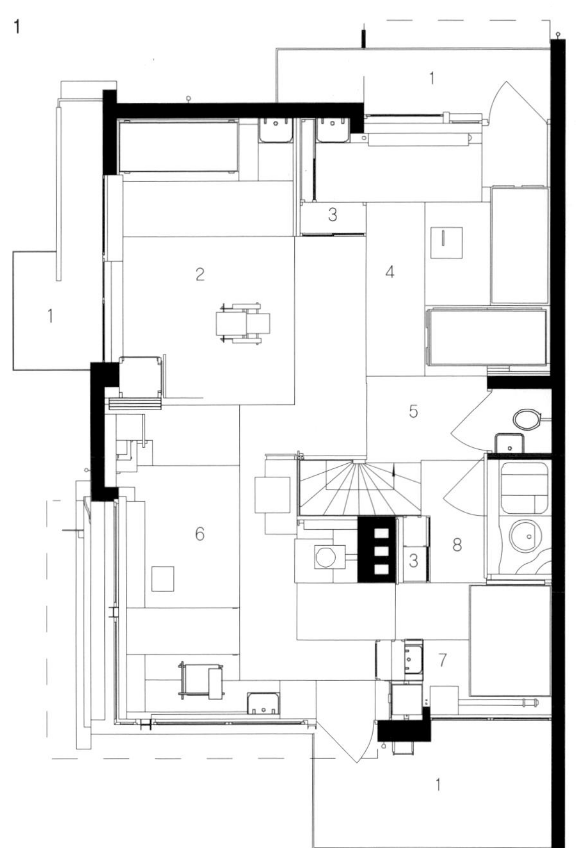

1 First Floor Plan

1 Balcony
2 Work room/bedroom
3 Storage
4 Work room/bedroom
5 Hall
6 Living/dining room
7 Bedroom
8 Bathroom

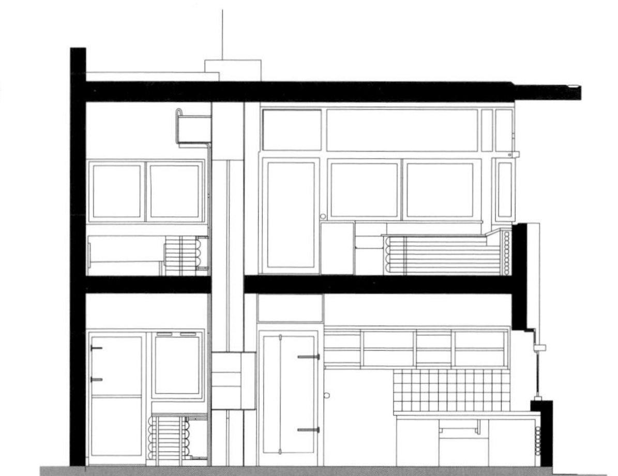

2 Section A–A

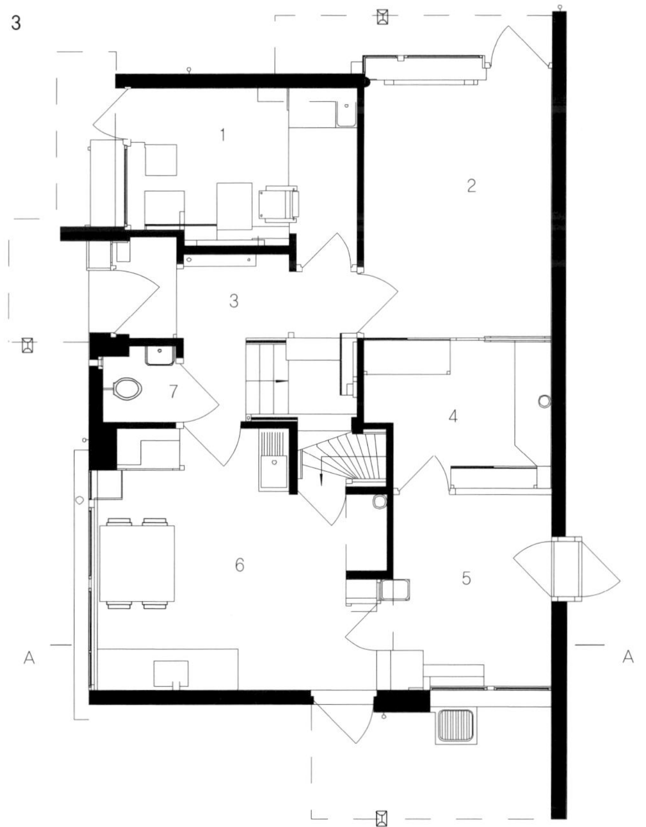

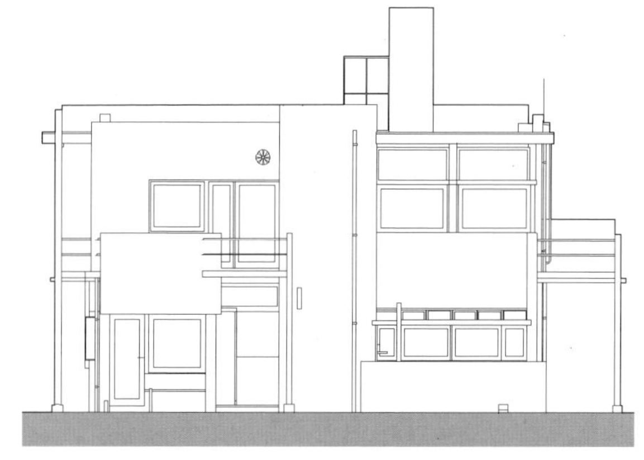

3 Ground Floor Plan

1 Reading room
2 Studio
3 Hall
4 Work room
5 Bedroom
6 Kitchen/dining/living
7 WC

4 Southeast Elevation

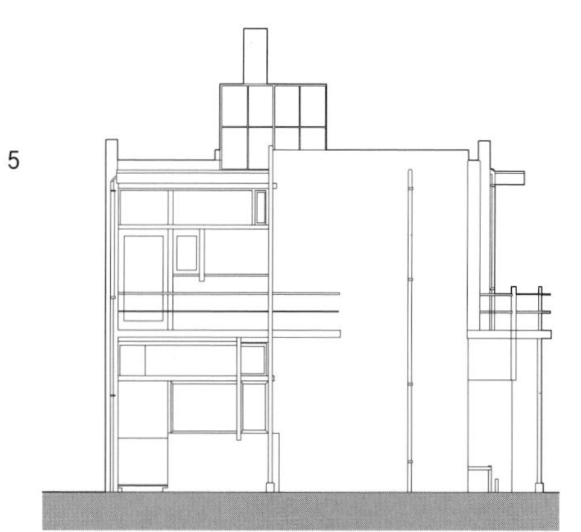

5 Southwest Elevation

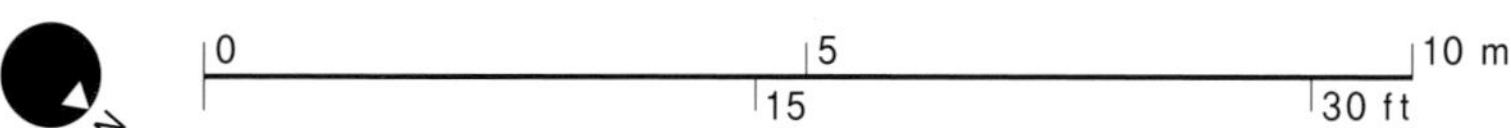

Villas La Roche-Jeanneret

Le Corbusier, 1887-1965

Auteuil, France; 1925

전통적이고 샬레chalet식 주택 디자이너인 찰스 에드와르 지너렛Charles Eduard Jeanneret은 1923년 파리로 거처를 옮기며 끝없이 야심에 찬 도시 모더니스트인 르 꼬르뷔지에로 이름을 바꾸었다. 그의 새로운 친구 중 한 명인 라울 라 로쉬는 스위스 은행가이자 든든한 후원자였다. 라 로쉬는 르 꼬르뷔지에의 작품을 포함한 현대미술품들을 수집하였다. 그것들을 전시할 수 있는 새로운 주택과 갤러리가 필요했지만 건물을 지을 부지를 갖고 있지 않았다. 그러는 동안 르 꼬르뷔지에는 오테유의 파리 근교에 있는 단지에 관심을 갖게 되었다. 까다로운 협상과 예비조사 끝에 그는 오테유 단지의 막다른 골목길 끝에 두 주택을 건축했다. 주택 하나는 라 로쉬를 위한 것이었으며 다른 하나는 그의 형제인 앨버트 잔느레와 그의 아내 로티 라프를 위한 것이었다.

자신의 일회성 집을 대량생산의 원형, 혹은 유형학적 실험체로 보았던 르 꼬르뷔지에에게는 일반화와 반복이 가장 중요한 개념이었다. 이것은 이 두 주택의 평면이 어째서 매우 다른지, 남측에 면한 파사드의 중간 부분이 왜 대칭적인지를 설명할 수 있으며 이 두 집이 한 쌍임을 연상시킨다. 주택의 남측 1층에는 정원을 놓을 수도 없고, 후방의 벽에 창문을 설치할 수 없을 정도로 부지 경계면에 바짝 붙여 건축했

다. 동시에 위의 두 층은 공용의 광정※#을 형성할 수 있게 1층의 작은 안뜰patio 위를 덮으며 튀어 나온 형태로 만들었다. 정원은 옥상에 더 넓게 설계되었다.

잔느레 주택 3층의 대부분을 차지하고 있는 3중 배치 거실과 같이 그의 집에는 훌륭한 인테리어가 있다. 하지만 공간을 가장 동적으로 표현한 곳은 라 로쉬 주택의 갤러리 부속건물이다. 이 공간은 예술작품을 감상할 수 있도록 디자인되기도 하지만 동시에 움직임을 중시하였다. 첫 번째 르 꼬르뷔지에식 건물이다. 동선은 갤러리와 주택을 잇는 후미진 곳에 위치한 복도 앞에서 시작한다. 조금 걷다 보면 갑자기 높은 천정이 돋보이는 홀을 만난다. 브리지 하나가 1층의 입구 위를 지나며 좌측의 한층 위에 발코니가 있다. 구석에 있는 계단참에서는 거기를 내려다 볼 수 있다. 층계참에서부터 주택의 식당을 잇는 브리지로 갈 수도 있지만 리본 창의 갤러리로 갈 수도 있다. 갤러리의 한쪽 구석에는 경사로가 좌측의 완만하게 굴곡진 벽을 따라 흘러내린다. 경사로를 타고 올라가면 밑에서 볼 수 있었던 발코니에 도달하게 된다. 서재로 꾸며진 이곳에서는 브리지와 그 밑에 있는 갤러리 입구를 돌아볼 수 있다. 이곳에 오기까지 길목에서 우리는 아름다운 그림들을 감상하였으며 다양하고 자극적인 공간적 경험을 즐길 수 있었다.

갤러리는 마치 다리처럼 땅 위로 올라 와 있으며 하나의 둥근 기둥이 지지하고 있다. 이 기둥은 단순한 구조물이 아니다. 이것은 공간의 자유로움을 상징하는 필로티이다. 자유로운 계획, 파사드, 그리고 리본 윈도우와 옥상정원과 함께 이 필로티는 새로운 건축양식의 요소이다.

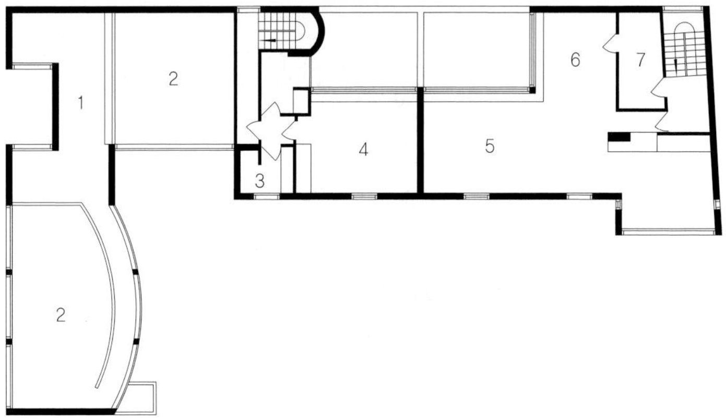

1 Second Floor Plan

1 Library
2 Void
3 WC
4 Bedroom
5 Living room
6 Dining room
7 Kitchen

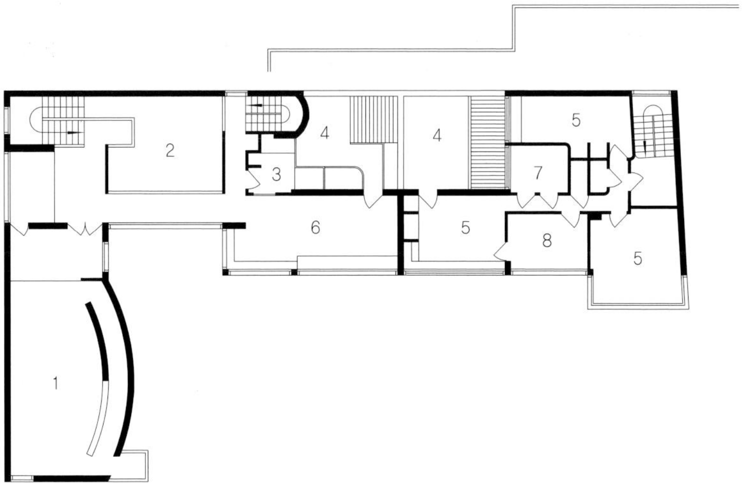

2 Firtst Floor Plan

1 Gallery
2 Void
3 Office
4 Terrace
5 Bedroom
6 Dining room
7 Bathroom
8 Studio

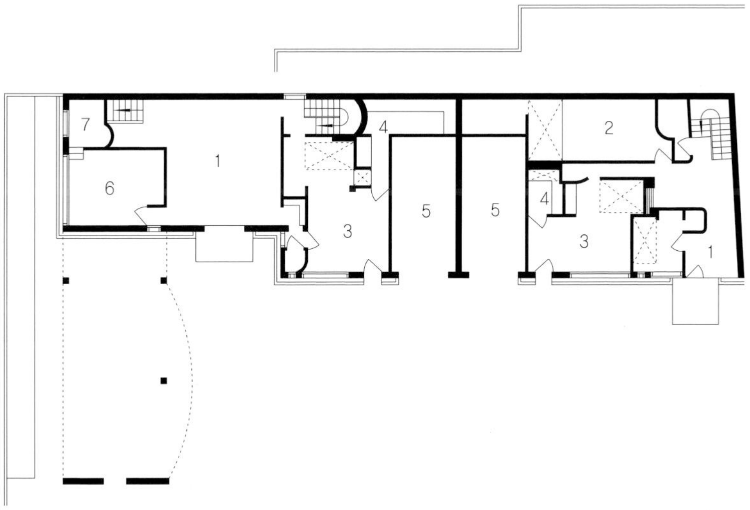

3 Ground Floor Plan

1 Hall
2 Studio
3 Dining room
4 Kitchen
5 Garage
6 Bedroom
7 WC

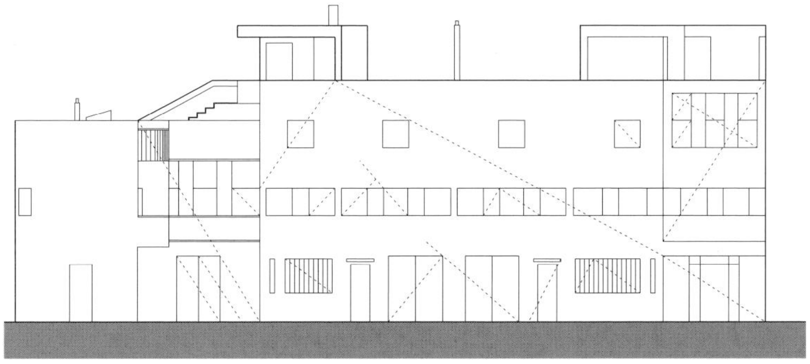

4 North Elevation

0 5 10 m
15 30 ft

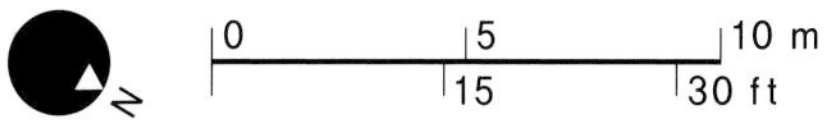

Pavillon de l'Esprit Nouveau

Le Corbusier, 1887-1965

Paris, France; 1925

1925 파리 예술 장식 전시회에 대한 르 꼬르뷔지에의 업적과 관련하여 사람들이 그가 '건축가를 위한 주택'을 디자인한다고 했을 때, 그가 디자인한 주택은 모두를 위한 것이라고 르 꼬르뷔지에는 반박했다. 그것을 증명하기 위하여 그는 단순한 주택뿐만 아닌 와인 글라스부터 3백만 명을 위한 새로운 도시에 이르기까지, 다양한 크기와 스케일의 공예품을 포함한 완전히 새로운 생활양식을 디자인하였다.

주택 그 자체는 다른 전시물의 천박함에 신중한 도전장을 내미는 단순한 상자에 지나지 않았다(이 전시는 Art Deco의 시발점이 되었다). 이 건축물은 전시 당시 완성되지 않은 것처럼 보였다. 외곽의 전원주택으로 팔리기는 했으나 이 주택은 빌 컨템포레인이라는 도시계획의 일부분이었으며 대량생산을 위한 아파트 형식으로서 이메블 빌라라는 8층 건물로 지어질 예정이었다. 그는 이러한 도시계획의 특수한 버전으로 18개의 십자가형 마천루 등 이전과 동일한 건축 스타일을 사용하여 파리의 도심지를 재개발할 계획을 세웠다. 그리고 그는 부아쟁Voisin 자동차와 비행기 제조사에게 스폰서가 되어줄 것을 설득하고 있었다. 빌 컨템포레인과 부아쟁 계획의 모델과 투시도dioramas는 전시 주택/아파트의 연장선으로 전시되었다. 이 파빌리온의 이름은 르 꼬르뷔지에와 아마디 오젠판트가 공동으로 편집을 맡았던 잡지의 이름을 따서 정해졌다.

이 황량한 상자 속으로 들어가면 방문자들은 완전히 새로운 주거 인테리어를 볼 수 있다. 평범한 파리지앵 예술가들의 스튜디오에서 영감을 받아 설계된 거실에는 높은 천장과 강철 틀의 공장생산된 창문이 있다. 침실은 잠자고 목욕하며 옷을 갈아입는 공간이라고 칭하는 것이 옳을 지도 모른다. 침실은 거실을 전망하는 갤러리에 있다. 식사를 하는 공간 즉, 부엌과 메이드를 위한 숙소는 이 갤러리 하부 공간에 있다. 본래 아파트의 다른 거주지로 통하는 공간이 되었을 한적한 복도는 아파트가 아닌 상태의 파빌리온에도 계속 존재하였으며 차도에서 보호된 현관의 역할을 했다. 하지만 이 건축물에서 가장 멋진 요소는 외부로 직접적으로 통한 공간에 지붕의 둥근 구멍을 뚫고 솟아 오른 커다란 나무가 있는 정원일 것이다.

르 파빌리온 드 에스프리 누보는 건축가를 위한 주택은 아니었다. 르 꼬르뷔지에의 말을 따른다면 이 주택은 '오늘날의 지성인'을 위한 집이었으며 금욕적이고 세련되게 꾸며진 주택이었다. 르 꼬르뷔지에 그 자신이 디자인한 기능성 수납공간은 서로 다른 공간을 특징짓는데 사용되었다. 순수주의자purist 그림들이 벽에 걸렸다. 의자들은 기본적인 벤트우드 소넷 bentwood Thonet 타입이거나 가죽을 씌운 '클럽'식 안락의자였다. 실험실용 플라스크를 꽃병으로 사용하였으며 와인글라스를 포함한 식탁용 식기류는 가장 단순하고 일반적인 범위 내에서 선택했다.

이 파빌리온은 전시에서 얻은 유명세를 타기에는 너무 늦게 완성되어 구개월 밖에 지속될 수 없었다. 또한 예산도 과하게 초과되어 르 꼬르뷔지에는 빚더미 위에 올라앉았다. 이 건축물은 동시대의 미스 반 데어 로에의 바르셀로나 파빌리언과 같이 건축 역사의 큰 아이콘이다. 1977년에 이탈리아의 볼로냐에 지어진 복제 건축물은 현재까지도 그대로 남아 있다.

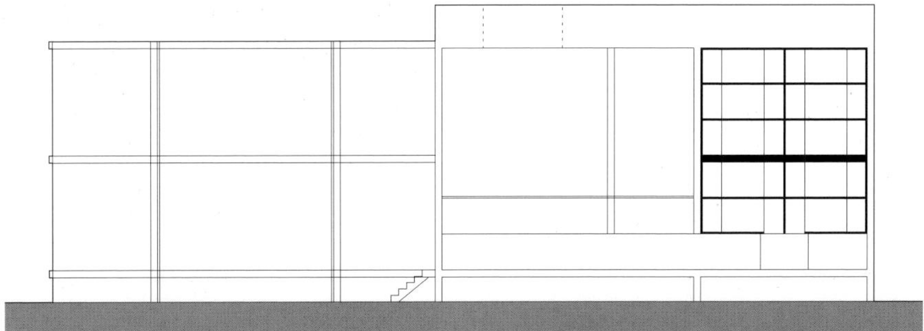

1 Elevation

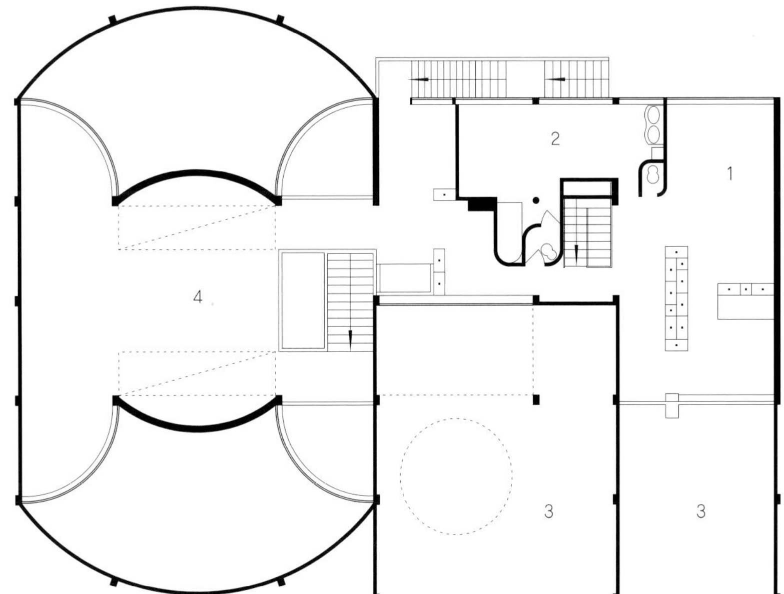

2 First Floor Plan

1 Bedroom
2 Dressing room
3 Void
4 Exhibition space

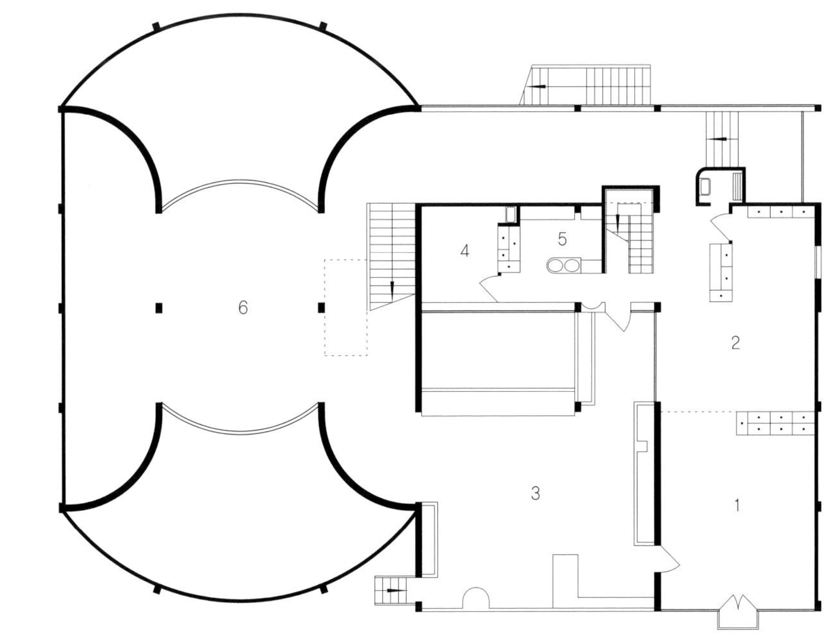

3 Ground Floor Plan

1 Living room
2 Dining room
3 Garden
4 Maid's room
5 Kitchen
6 Exhibition space

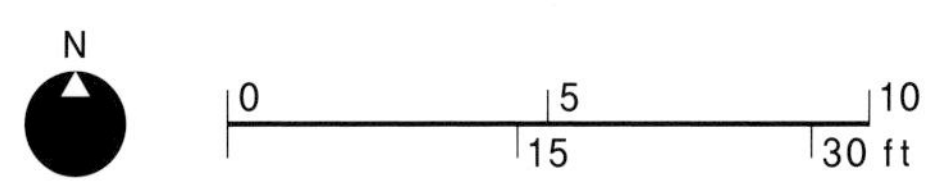

Lovell Beach House

Rudolph Schindler, 1887-1953

Newport Beach, California, USA; 1926

루돌프 쉰들러가 1914년 돈벌이를 목적으로 일자리를 얻기 위해 조국 오스트리아를 떠나 시카고로 이주하였을 때 그는 26살이었다. 그러나 젊은 나이에도 숙련된 건축가이자 설계자였다. 그는 오토 바그너와 아돌프 루스 밑에서 일한 바 있었으며 1910년에 발행된 바즈무스 포트폴리오로 진보적 성향의 유럽 건축가들에게 영감을 주었던 프랭크 로이드 라이트와 일할 수 있기를 원했다. 끊임없는 요청 끝에 1918년에 라이트는 그에게 일자리를 주었고 반스달 하우스 p.40-41의 공사를 감독하도록 LA로 보냈다. 이 건축이 끝났지만 쉰들러는 라이트 밑으로 돌아가지 않았으며 대신 자신의 이름을 걸고 일하기 시작하였다.

이러한 전기적 세부 경력사항은 쉰들러가 모더니즘의 역사에서 차지하는 위상에 대해 의구심을 들게 한다. 화려한 경력에도 불구하고 그는 주류에서 밀려났다. 물리적으로나 문화적으로 개척되지 않은 서부에서 활동한다는 것과 건축학적으로도 라이트와 협력했다는 점에서 말이다. 헨리 러셀 히치콕Henry Russel Hithchcock과 필립 존슨Philip Jonhnson이 1932년 뉴욕에서 국제주의형 전시회international style' exhibition를 개최하였을 때 그들은 쉰들러를 제외하였다. 1960년대까지 그의 진보적인 건축을 건축사학자들은 인정하지 않았다.

로벨 비치 하우스는 쉰들러의 명성을 되살리는 데에 기반이 된 건축물이다. 이 건물이 루스Loos와 라이트의 영향을 받았다는 것을 여실히 보여주는 것은 놀랄 만한 일이 아니다. 쉰들러가 자신의 디자인 원칙을 설명할 때 사용하였던 '공간 건축Space archi tecture' 이라는 말은 루스의 라움플랜Raumplan을 반영한다. 쉰들러에게 새로운 건축양식을 특징짓는 것은 구조나 기능이 아닌 공간이었던 것이다. 그러므로 이 집의 가장 중요한 구조물은 5개의 강화 콘크리트 포탈 프레임portal frame이다. 그러나 이것은 쉰들러의 전형적인 스타일이 아니어서 놀랍다. 하지만 상상 속의 콘크리트 덩어리의 종단면인 들보나 기둥처럼 축조적이지 않고 이것들은 훨씬 관념적이며 공간적이다. 목재 들보에 놓인 층과 지붕은 콘크리트 틀에 단순하게 끼워 맞춰져 있다. 이러한 틀과 플랫폼의 기본적인 구조는 이 주택에서 가장 중요한 요소이다. 가벼운 금속 틀에 맞춰진 커다란 유리와 벽과 같은 마무리 요소들은 부조요소이며, 외부 공간들은 내부 공간만큼 중요하다.

주차 공간과 샤워 부스를 제외하고서는 1층은 해변의 연장선상이라고 봐도 될 만큼 열려 있어 어른들과 아이들의 놀이터로 적합하다. 1층에는 2층의 북측 침실로 이어지는 갤러리에서 내려다 볼 수 있는 높은 천정의 거실이 있다. 각 침실은 외팔보cantile vered처럼 튀어나온 목재 차양canopy으로 보호된 취침용 베란다로 연결된다. 어떤 비평가들은 쉰들러가 계단을 디자인하는 재능을 갖고 있지 않다고 지적했으며 로벨 비치 하우스는 이를 보여주는 가장 좋은 예이다. 매우 가파른 계단과 완만한 계단 두 개가 존재하는데 북측의 현관을 표시하는 주축으로부터 각각 반대 방향으로 설치했다. 커다란 해변을 전망하는 캔틸레버 발코니와 만나는 계단은 구조적 통일성을 약화시킨다.

이 건축 디자인의 창의성과 대담함, 그리고 캘리포니아의 좋은 날씨를 즐길 수 있는 여가주택 'play house' 이라는데 의심할 여지가 없다. 건축주 필립 로벨은 지금으로 치자면 건강 전도사healthguru 였으며 이 주택과 쉰들러의 친구이자 동료인 리차드 노이트라가 설계한 건강주택p.68-69 등 그 시대의 중요한 모더니즘 주거양식으로 인정받는 두 주택을 설계한 사람이었다.

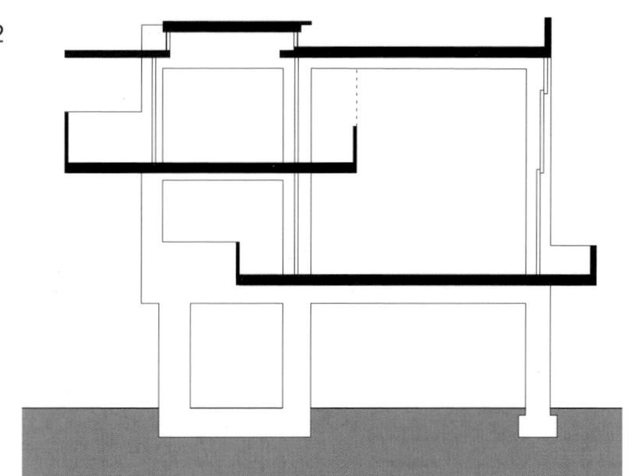

1 Second Floor Plan

1 Bedroom
2 Sleeping porches
3 Bathroom
4 Linen room
5 Balcony

2 Section A–A

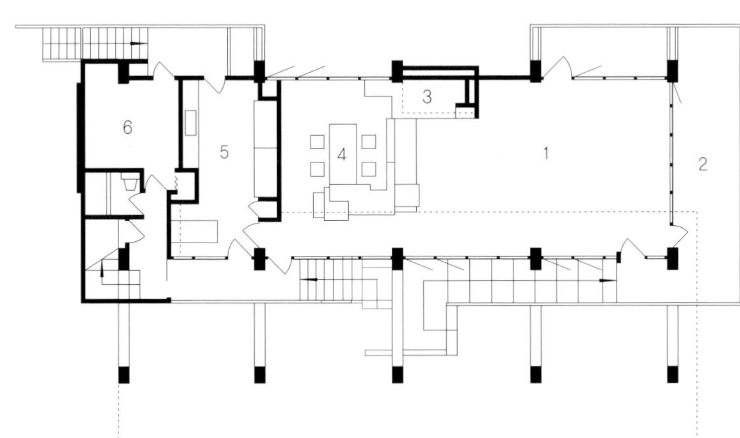

3 First Floor Plan

1 Living room
2 Balcony
3 Fireplace
4 Dining area
5 Kitchen
6 Maid's room

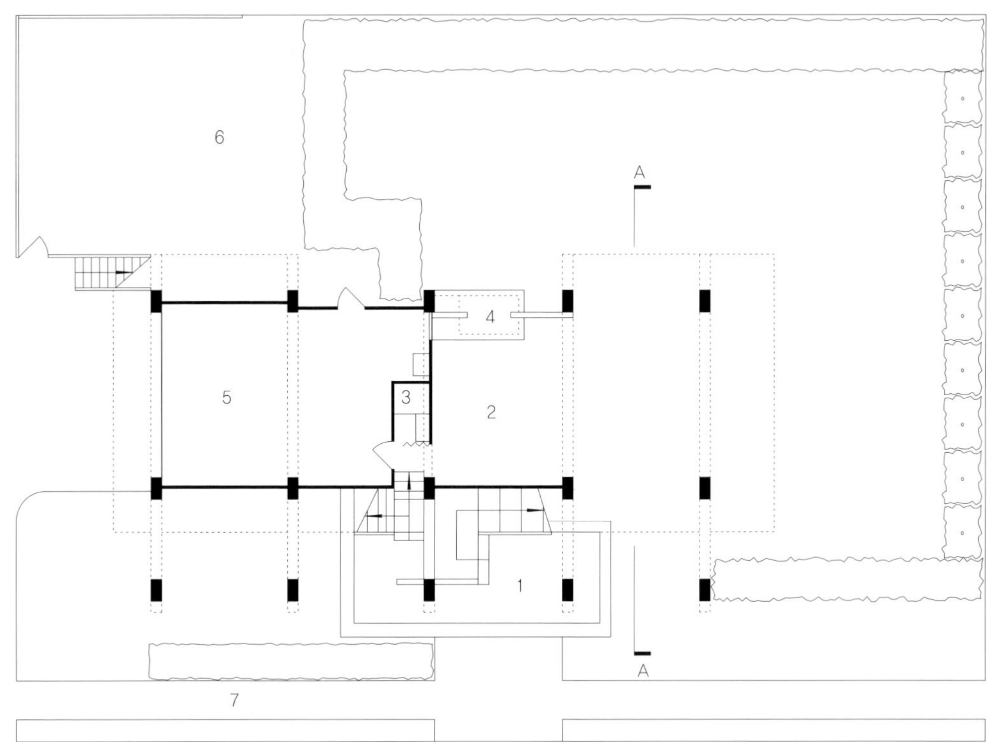

4 Ground Floor Plan

1 Main entrance
2 Playground sand
3 Shower
4 Fireplace
5 Garage
6 Garden
7 Pavement

0 5 10 m
15 30 ft

Bauhaus Staff Houses

Walter Gropius, 1883-1969

Dessau, Germany; 1927

1925년, 데사우Desau에 워터 그로피우스Walter Gropius가 디자인한 바우하우스Bauhaus는 초기 모더니즘 주거 중 가장 중요한 위치를 차지한다. 이 주거의 입방 구조cubic form, 외벽curtain wall, 그리고 추상적이고 비대칭적인 도면은 새로운 스타일을 선언한 것이다. 바우하우스 직원을 위한 주택들은 나무가 우거진 교외 도로에서 조금 벗어난 곳에 있다. 이 주택은 추상적이고 비대칭적이며 외벽과 같은 스튜디오 창문을 가졌다는 점에서 바우하우스를 꼭 닮은 축소물이다. 원래는 그로피우스 자신을 위한 감독 관용 주택과 건설 간부와 그 가족을 위한 3쌍의 세미 디태치semi-detached 주택을 포함하여 총 7개의 주택이 있었다. 맨 처음에 이 주택들을 지었을 때에 사회주의적 성향을 보이는 직원들이 주택이 너무 고급스럽다는 의견을 제기하였다.

2차 대전 때 폭격을 당해 없어진 감독관용 주택은 정숙함과는 거리가 멀었다. 지하에는 가정부용 공간이 있고, 지상에 손님용 방과 넓은 서재가 있는 독립된 별도의 주택도 시공했다. 하지만 내부는 단순한 상자와 같은 방들을 나열한 것이다. 르 꼬르뷔지에식 경사로는 아니더라도 높은 천정을 가진 공간도 없었으며 창문은 연속적인 리본 윈도우라고 말할 수 없는 벽에 뚫린 커다란 구멍에 불과했다. 주택은 2차원이라기보다는 입방적이었다. L자 모양의 2층이 직사각형의 1층에역자: 영국식으로 ground floor을 1층이라고 번역하고 first floor은 ground floor 위의 첫 번째 층, 즉 2층이라고 번역하였음 놓여 있으며, 1층은 테라스나 기초 위에 놓여있다. 벽들은 같은 공간을 차지한 것도 있고 그렇지 않은 것도 있다. 예를 들어 서측 벽은 1개 층을 연결하지만 남측 벽은 1층과 2층을 잇는다.

주택 중 하나가 폭격당하였으나 5채는 완전히 복구되어 아직도 남아 있다. 벽 하나를 공유한다고 건축 비용에 큰 차이가 있는 것은 아니지만 경제성을 고려해 쌍으로 지었다. Semi-detatched 주택들은 대칭으로 놓여 있다. 하지만 이런 요소는 이 새로운 스타일에는 잘 어울리지 않는 클래식하고 정적인 주택을 만든다. 이 문제에 대한 해결법은 무척이나 창의적이다. 주택 한 쌍은 총 3개의 블록을 만든다. 가운데 블록은 1층에 거실이 있으며 2층에는 파티 월party wall로 나뉜 작업실이 있다. 북측에는 2층이 캔틸레버처럼 튀어나와 있으며 작업실에는 커다란 창문이 있다. 1층에 부엌과 식당이 있고 2층에 침실이 있는 다른 두 개의 블록은 창문의 배치를 제외하고 첫 번째 블록과 다른 것이 없다. 대칭성을 피하기 위하여 각 블록을 중간 블록에 사선으로 반대편에 배치했으며 하나는 90도로 돌려놓았다. 이는 많은 후퇴벽, 돌출 공간,

캔틸레버 발코니 등을 만듦으로써 다양하고 극적인 형태를 연출하기 위한 것이다. 진보적인 형태와는 달리 구조는 진부한 면이 있다. 초벌칠의 콘크리트 블록이 그 예이다.

그로피우스를 제외하고 라즐로 모홀리 나기, 라이오넬 페이닝거, 지오르그 무체, 오스카 슈렘퍼, 바실리 칸딘스키와 폴 클레 등이 원거주자들이었다. 거주자들은 자신의 주택을 고유의 색으로 디자인하였으며 이 새로운 건축양식에서 사는 모습을 영화로 만들기도 했다. 하지만 이런 경쾌하고 창의적인 영혼들을 한 곳에 담는 형태는 많은 문제를 만들기 마련이다. 결과적으로 거주자들은 자주 바뀌었다. 또한 모든 거주자들이 단순한 장인만으로 살아가지는 않았다. 미스 반 데어 로에가 1930년에 관리자 주택에 머물게 되었을 때 그와 인테리어 디자이너인 아내 릴리 라이크는 하얀 장갑을 낀 집사를 고용하였다.

1933년, 이 위험할 정도로 대담하게 볼셰비키Bolshevik 건축양식을 따른 주택들을 나치들이 무기고로 의심하여 수색했을 때, 바우하우스의 이상을 다른 곳에서 펼쳐야 하는 것이 명확해 졌다.

1 Site Plan

1 Director's house
2 Staff houses

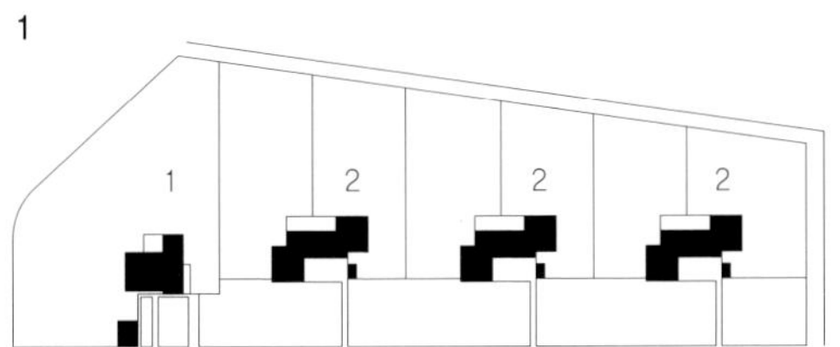

**2 Director's House:
First Floor Plan**

1 Landing
2 Guest room
3 Roof terrace
4 Studio
5 Storage
6 Maid's room
7 Laundry
8 Bathroom

**3 Director's House:
Ground Floor Plan**

1 Hall
2 Living room
3 Dining room
4 Terrace
5 Bedroom
6 Kitchen
7 Service pantry
8 Food pantry
9 Bathroom

**4 Staff Houses:
First Floor Plan**

1 Landing
2 Studio
3 Bedroom
4 Balcony
5 Bathroom

**5 Staff Houses:
Ground Floor Plan**

1 Hall
2 Living room
3 Dining room
4 Terrace
5 Kitchen
6 Storage

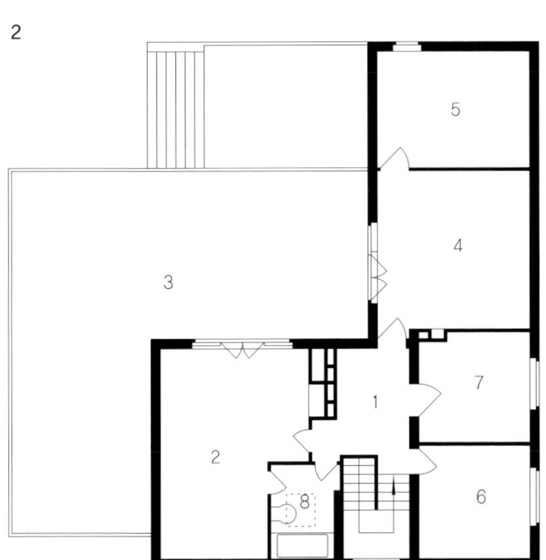

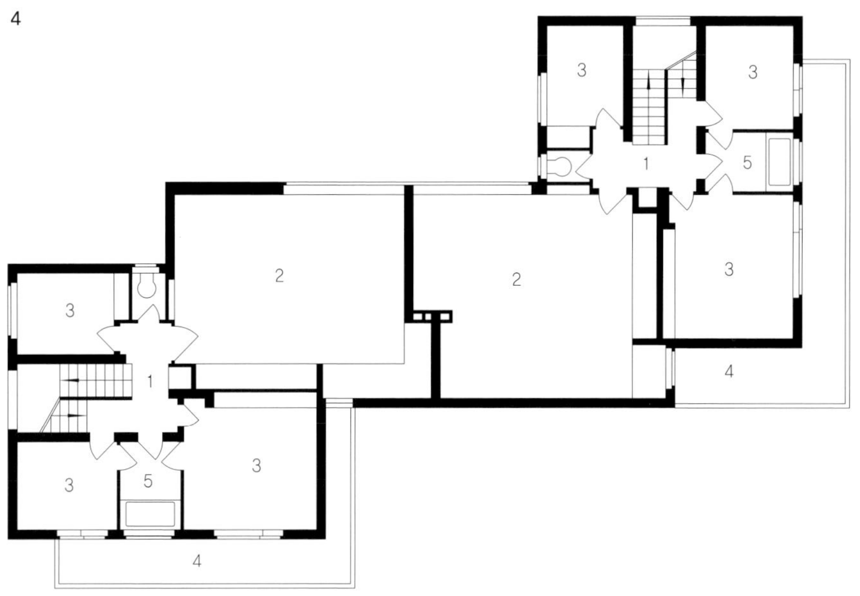

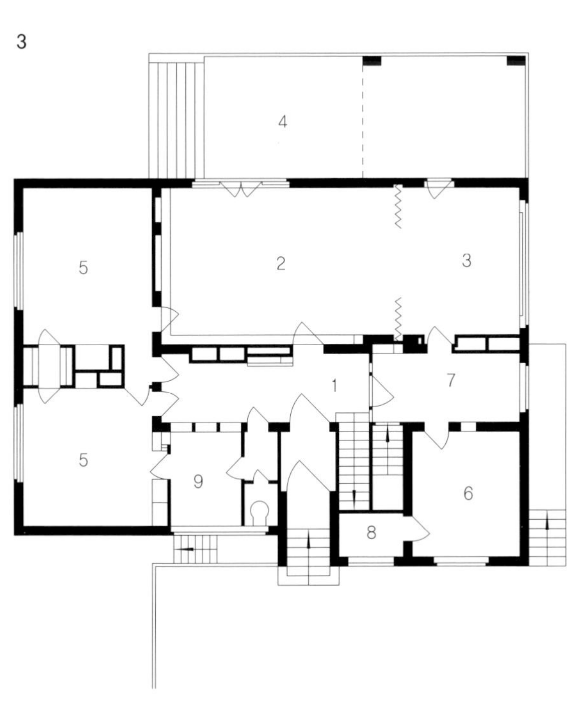

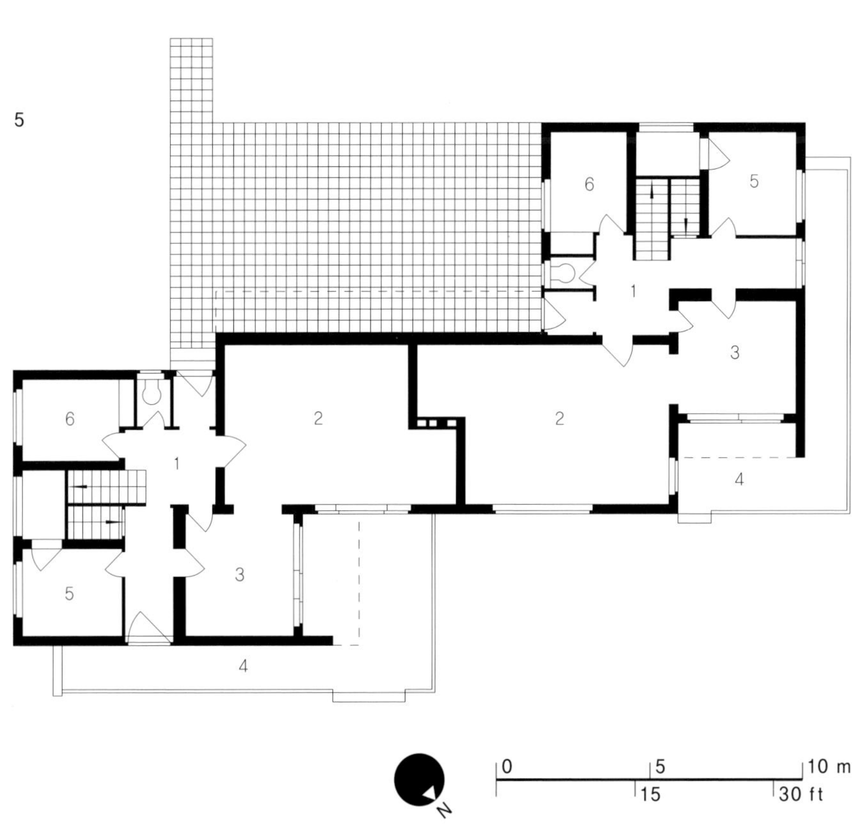

Villa Stein-de Monzie

Le Corbusier, 1887-1965

near Paris, France; 1927

콜린 로이Colin Rowe는 독창적인 논문 '이상적인 빌라의 수학'에서 빌라 스테인드 몬지에Villa Stein-de Monzie와 안드레아 팔라디오Andrea Palladio의 1550-60년 빌라 포스카리가 전체적으로 같은 비례-8유닛 길이×5.5유닛 깊이×5유닛 높이-와 같은 구조적인 배치structural layout-1칸single bay과 2칸 double bay의 ABABA 패턴-를 공유하고 있다는 것을 지적했다. 우리는 르 꼬르뷔지에가 팔라디오를 의식적으로 존경하고 있었는지를 확실히 알지는 못하지만, 실제로 르 꼬르뷔지에가 부자 건축주인 가브리엘 드 몬지에와 그녀의 미국 친구인 마이클 스타인과 사라 스타인이 플로렌스 교외의 르네상스 빌라에서 함께 휴가를 보낸 사실에서 르 꼬르뷔지에가 팔라디오를 좋아했음을 추정해 볼 수 있다. 깜짝 놀랄만한 근대성에도 불구하고, 빌라 스테인드 몬지는 본질적으로 클래식한 건물이다.

그러나 빌라는 또 다른 많은 특징을 갖고 있다. 가는 기둥에서 돌출된 캔틸레버 형태로 보가 없는 바닥 슬래브 구조가 지지하는 도미노Dom-ino 구조 원리가 발전된 모습이다. 또한 2층을 덮는 테라스가 있는 에스프리누보의 파빌리언p.48-49에서 보여 주었던 노동자들을 위한 아파트 디자인을 호화롭게 바꾼 것이다. 이 주택은 3차원적인 순수주의 회화와 같다.

즉, 직사각형 평면 안에 오브제의 컬렉션을 담고 있다. 둥근 계단실, 불룩한 벽과 타원형 기둥들을 담고 있는 오브제의 컬렉션이다. 평면은 스타인 가족과 몬지에 부인을 위한 스위트룸과 전체 일하는 사람을 위한 방으로 분리하여 복잡하지만, 방의 구획보다 더 중요한 것은 구조와 공간구성이다.

빌라 스테인 드 몬지에의 길고 좁은 사이트는, 파리의 중심에서 19킬로미터 떨어진 곳에 있다. 이 주택은 근대생활의 상징이다. 자동차를 운전하면서 마주치는 입면은 르네상스의 파사드처럼 세심하게 구성되어 있지만, 주 출입구의 캐노피와 종이처럼 얇은 최상층의 발코니를 제외하고 별다른 형태가 없다. 2개의 좁은 리본 같은 창ribbon window은 건물 폭 전체로 넓게 확장되어 있으므로, 벽은 비내력벽의 경량 스크린이다.

뒷면의 정원에 면하고 있는 입면은 훨씬 더 여유롭고 인간적이다. 여기에서 뒤에 개방공간이 있다는 것을 나타내기 위하여 스크린 벽을 부분적으로 제거했다. 개방공간으로 배의 굴뚝같은 갸름한 형태의 구조체가 있는 옥상정원원래는 지붕 위가 평평한 Sarah Stein의 회화스튜디오였다과 2층 높이의 테라스가 있다. 1층 레벨에서 정원으로 가기 위해서 통로 같은 계단실과 연결된 2층 높이의 테라스가 있다. 이 테라스는 2

층 레벨의 발코니와 옥상정원에서 볼 수 있다. 이 집의 공식명칭이 '테라스Les Terrasses'라는 것은 이상할 것이 없다.

이러한 다양한 레벨의 외부 공간과 비교하면, 내부는 정적이다. 1층의 중심이 되는 거실공간은 Z자 모양과 비슷하며, 부엌과 테라스 주변은 구불구불하다. 아래층의 주 출입구 홀이 보이는 바닥에 있는 피아노 형상의 뚫린 공간과 식당공간을 구획하는 곡선의 파티션은 나중에 설치한 것처럼 보인다. 르 꼬르뷔지에는 이것을 기본적인 고전적 조화에 대응한 필수적인 근대적 요소로 생각하였을 것이다. 이 집은 아직까지 남아있지만 근본적으로 변경되어 아파트로 개조되었다.

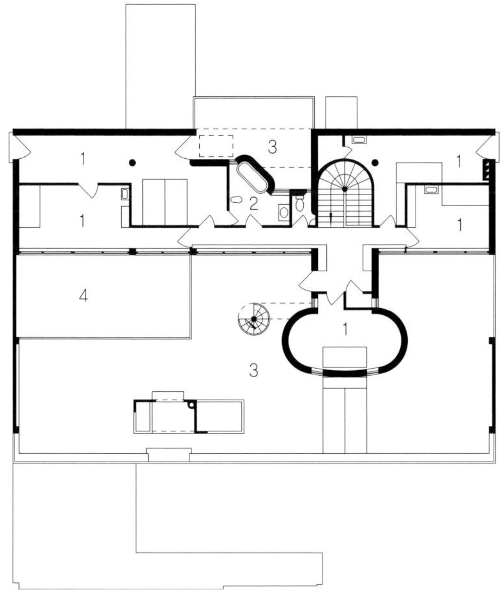

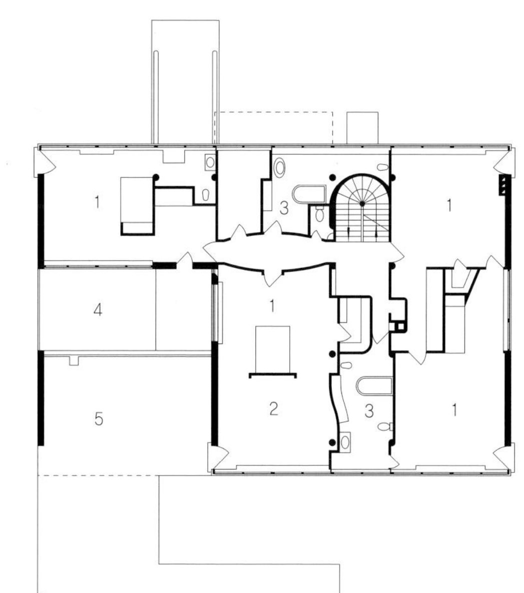

1 South Elevation

2 Section A–A

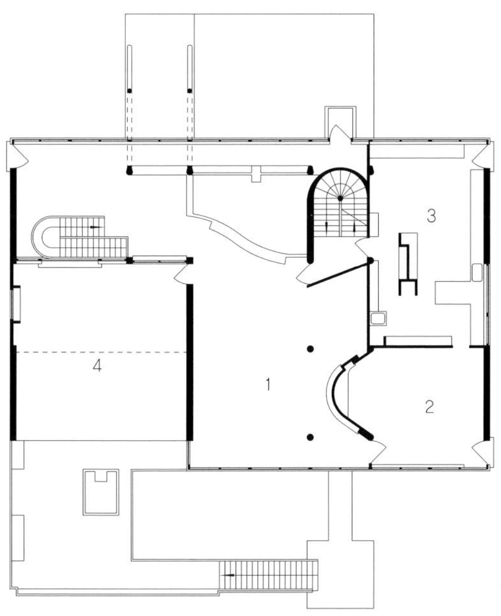

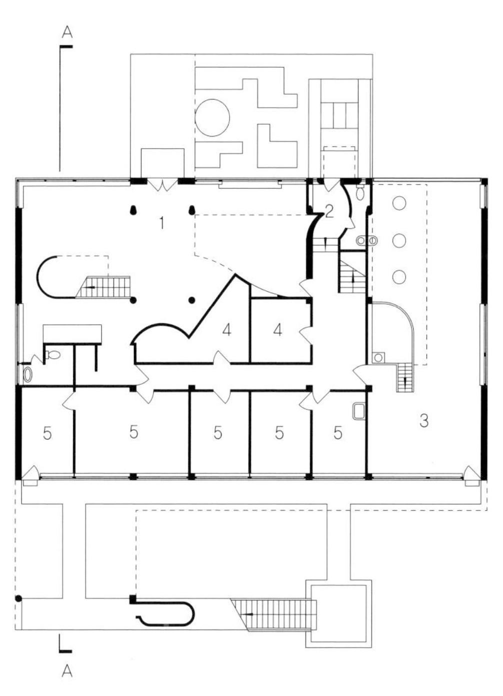

3 Third Floor Plan

1 Bedroom
2 Bathroom
3 Roof terrace
4 Void

4 Second Floor Plan

1 Bedroom
2 Dressing room
3 Bathroom
4 Roof terrace
5 Void

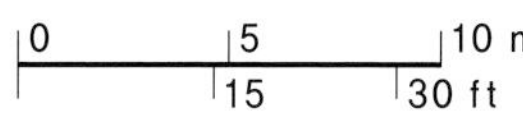

5 First Floor Plan

1 Living room
2 Dining room
3 Kitchen
4 Terrace

6 Ground Floor Plan

1 Entrance hall
2 Service entrance
3 Garage
4 Store
5 Staff room

Weissenhof House

Le Corbusier, 1887-1965

Stuttgart, Germany; 1927

르 꼬르뷔지에는 1927년 슈튜트가르트 바이젠호프 주택전시회에서 싱글 하우스와 더블 하우스 2개의 건물을 디자인했다. 싱글 하우스는 르 꼬르뷔지에가 1919년 이후 발전시켜 온 디자인의 유일한 사례여서 더욱 흥미롭다. 그것은 시트로앙 주택Maison Citrohan으로 그 이름은 자동차 제조업체인 Citroën을 약간 유머스럽게 표현한 것이다. 이 주택은 대중적이고 표준화되어 대량생산하는 자동차를 닮은 주택을 의미한다.

평평한 흰색 벽, 외부 계단실과 평평한 지붕 때문에, 비록 큰 공장에서 생산된 창문으로 빛이 들어오는 2층 높이의 거실은 일반적인 파리예술가의 스튜디오와 유사하다. 그러나 시트로앙 주택 디자인의 첫 번째 버전은 기계화된 공장 생산물이라기보다는 지중해 지방의 집을 더 많이 닮은 것처럼 보인다. 1922년 살롱 드 오톰네Salon d' Automne에 전시된 두 번째 버전은 좀 더 정교하고 현대적인 모습이었다. 집 전체가 철근 콘크리트 프레임 구조의 필로티 위에 놓여 있고, 계단실은 건물 본체 속에 들어있다.

바이젠호프 주택의 개념은 워터 그루피우스Walter Gropius, 마트 스탬Mart Stam, 오우드J.J Oud, 미스 반 데어 로에Mies van der Rohe를 포함하는 유명한 유럽 근대건축가Modernists의 주택과 비교해 볼 때 좀 더 정제되고 세련되었다. 르 꼬르뷔지에는 시트로앙2의 특징이었던 부자연스럽게 돌출된 테라스를 없앤 대신 2열row의 5개 필로티 위에 올려진 완벽한 구두상자 형태를 재현하고 있다. 그러나 그 형태는 계단실이 기둥 밖에 놓여 있어서 비대칭적이다. 계단실의 존재는 전면 파사드에 돌출되어 주 출입구의 작은 캐노피 발코니를 암시한다.

1925년 에스프리누보의 파빌리언p.48-49과 밀접한 관련성을 보이는, 2층 높이의 거실 또는 '현관 홀foyer'을 주 침실과 여성의 내실에 붙어 있는 갤러리를 통해서 내려다 볼 수 있다. 그러나 갤러리의 모서리edge는 약간 각이 져 있고 위층과 아래층 공간을 잇는 것은 기능적인 대상물-벽난로, 굴뚝, 난간과 일체화된 책상, 식당구역을 한정하는 기묘하게 매달려 있는 입방체cube-의 조각적인 집합이다.

최상층에는 반이 둘러싸인 2개의 침실이 더 있다. 나머지 반은 옥상정원으로, 한층 높이의 외부 벽과 유리가 없는 리본 모양의 수평 '창' ribbon window으로 둘러싸인 상자 속의 침실과 같다. 그 가운데 일부분은 평면의 계단실 구역과 줄을 맞춘 지붕이 있다. 침실처럼 처리된 외부 공간의 개념은 빌라 사보아Villa Savoye, p.80-81에서 좀 더 큰 규모로 반복되었다.

이러한 디자인의 몇 가지 요소는 르 꼬르뷔지에의 성숙한 스타일을 보여 주는 필수 구성요소이다. '새로운 건축의 다섯 요소' -자유로운 평면, 자유로운 입면, 필로티, 옥상정원, 리본모양의 수평 창- 는 바이젠호프 주택의 건설자가 배포한 브로슈어에서 처음 출판되었다. 시트로앙 주택의 흔적을 1920년대 건축된 순수주의자 빌라에서 발견할 수 있으며, 모서리 부분을 유리로 처리한 사각형 상자의 모든 아이디어는 자울주택Maison Jaoul과 아메다바드Ahmedabad의 제분업협회건물Millowners' Association building, p.132-33과 같은 다른 건물에서도 볼 수 있다. 심지어, 마르세이유에 있는 유니테 다비따시옹Unite d' Habitation의 2층 높이의 아파트도 시트로앙 주택의 버전으로 생각할 수 있다. 한 가지 분명한 사실은 이 주택이 대중적이고 표준된 주택이면서 대량 생산된 주택은 결코 아니었다는 점이다.

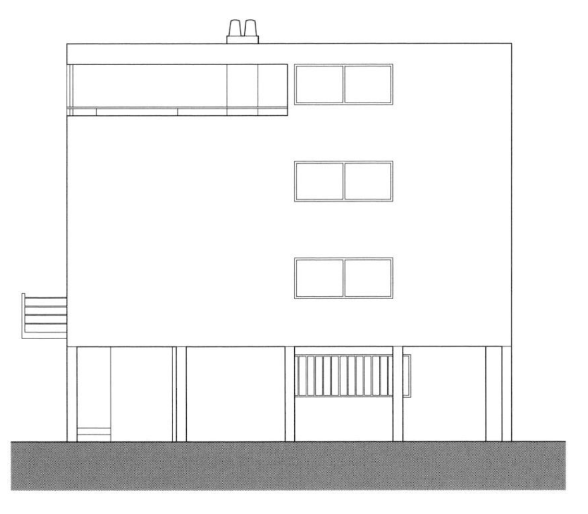
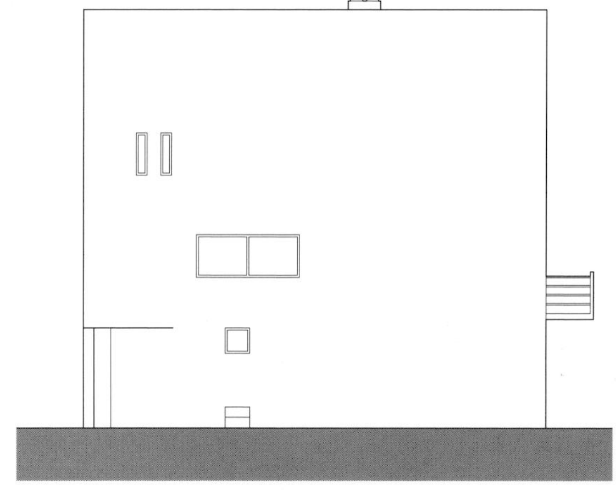

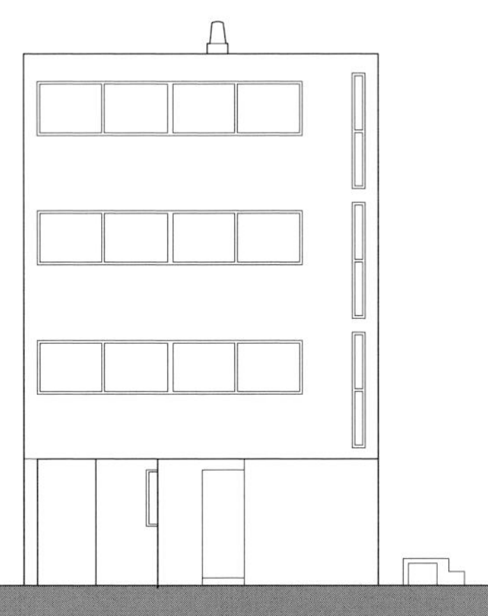
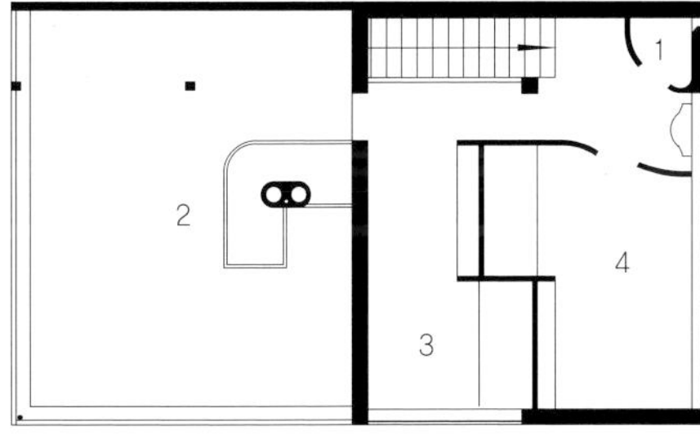
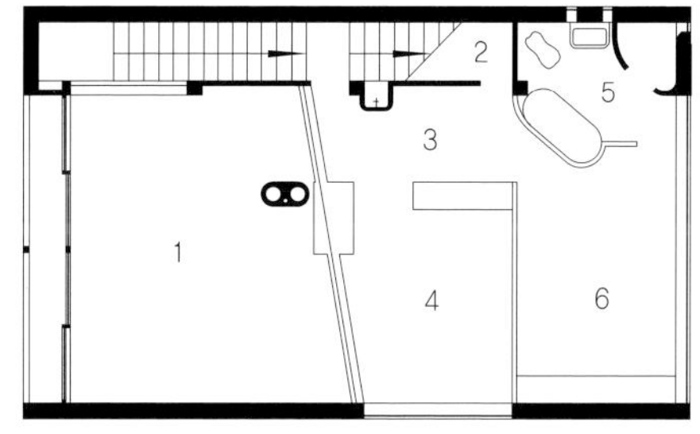
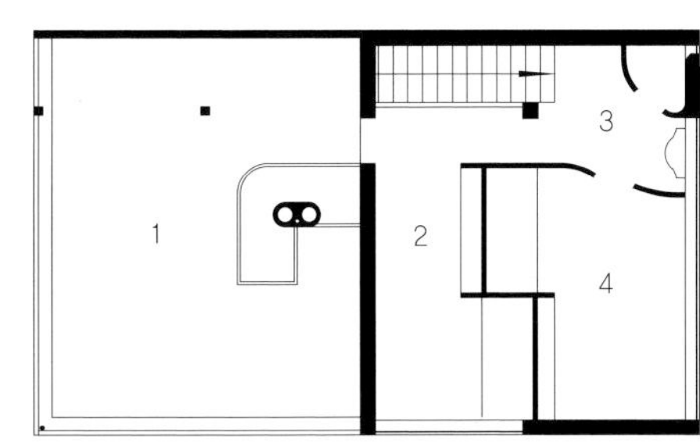

1 East Elevation

2 West Elevation

3 South Elevation

4 North Elevation

5 Section A–A

6 Third Floor Plan
1 WC
2 Terrace
3 Guest bedroom
4 Children's bedroom

7 Second Floor Plan
1 Void
2 Storage
3 Parent's room
4 Boudoir
5 Bathroom
6 Bedroom

8 First Floor Plan
1 Living room
2 Dining room
3 Kitchen
4 Maid's room

9 Ground Floor Plan
1 Boiler room
2 Coal store
3 Washroom
4 Storage

Wolf House

Ludwig Mies van der Rohe, 1886-1969

Gubin, Germany (now Poland); 1927

20세기에 가장 잘 알려져 있고 가장 영향력 있는 몇몇 건물 중 실제로 건설되지 않은 것이 있다. 그 중 하나는 미스 반 데어 로에의 1923년 주택 프로젝트인 브릭 컨추리Birck Country이다. 단지 2개의 드로잉 즉 평면 하나와 투시도 하나만 남아 있다. 그것은 원본 도면이 아니라 인쇄된 것이다. 평면과 투시도는 서로 정밀하게 일치하지도 않으며, 투시도는 미스가 그린 것이 아닐지도 모른다. 그럼에도 불구하고 그것은 아이콘이 되었다. 특히 평면은 초기 근대주의자의 공간디자인을 향한 개념적인 돌파구처럼 보인다. 이것은 평면보다는 그림— 특히 테오 반 다즈버그Theo Van Doesburg가 러시안 댄스의 리듬이라고 부르는 그림—을 오히려 더 닮았다. 다른 벽과 직각으로 배치되어 자유롭게 서 있는 많은 벽돌은 합병하거나 중첩된 공간의 그룹을 만든다. 3개의 벽은 마치 원심력이 작동한 것처럼 드로잉의 프레임과 가능한 한 멀리 떨어져 확장되어 있다. 투시도에서 벽의 일부는 2층 높이이며 지붕은 플랫 슬래브이며 캔틸레버이다. 주택의 외벽은 바닥에서 천장까지 유리벽으로 구성되어 있다. 침실은 없어졌고, 공간은 전례 없이 자유롭게 공간 속으로 흐른다.

울프 주택은 부동산 건축주와 대지의 엄격한 통제하에 재 디자인된 벽돌 주택Brick Country house 프로젝트이다. 건축주는 구빈Gubin 공장의 소유주인 에리히 울프Erich Wolf이다. 그는 진보적인 정신을 가졌고, 근대미술의 수집가이나, 침실이 없는 집은 그에게 조차 앞선 개념이었다. 따라서 타협이 필요했다. 이 시기의 대규모 독일 주택은 보통 식당, 거실, 음악실, 서재를 갖추고 있었다. 울프 주택도 예외가 아니지만, 여기의 실들은 다른 실과 연결되어 있다. 그러나 그 실들은 프레임이 있는 개구부를 통과하는 형식을 지키거나 축선 상에 배치되지 않아 단이 진step ped formation의 비대칭적인 형태이다. 각각의 공간에서 벽의 시작과 끝이 어디인지 말하기 어렵기 때문에 인접 공간과 벽 표면을 공유한다. 그리고 그 공간은 5번째 '실room'의 역할을 하는 포장된 큰 테라스에 연결된다. 식당과 테라스 사이의 경계는 한층 높이의 유리 문 위에 있는 큰 캔틸레버 지붕을 약화시킨다. 흐르는 공간 효과유동공간: flowing-space effect를 부분적으로만 만들었지만, 벽돌 주택 프로젝트는 언제나 미스 반 데어 로에가 생각할 수 있는 토양을 제공했다.

그러나 흐르는 공간Flowing space이 울프 하우스의 유일한 건축적 테마는 아니다. 3층 또는 4층으로 쌓아올려진 솔리드 입방체의 동적이고 비대칭적 구성도 울프 하우스의 건축 테마이다. 이러한 형태 중 가장 큰 것은 좁고 기울어진 대지 전체로 펼쳐져 있는 주택의 기초이다. 이것은 마치 경사로를 평평하게 하여 테라스를 만들기 위하여 디자인한 별도의(분리된) 조경 요소처럼 보이나, 이것 역시 주택의 한 부분이다. 이 옹벽은 동일한 벽돌로 만들어졌고 외벽을 형성하기 위해서 한쪽 면에서 위로 연속된다. 테라스에서부터 건물은 뒤로 두 번 계단식으로 물러나 있다. 거실 위에 지붕 테라스가 있고, 전체 구성은 직원의 침실을 포함하는 단순한 벽돌 상자로 둘러져 있다. 입구 쪽 면에서 건물은 엄격하고 접근을 막는 듯 한 모습을 하고 있다. 완벽하게 벽돌이 쌓인 넓은 영역에는 몇 개의 작은 창이 있고 부부침실의 코너 캔틸레버 콘크리트 발코니는 현관 입구의 역할을 한다.

울프 주택은 벽돌 주택의 건설된 버전에 도달할 수 있을 만큼 가까운 것이었다. 그러나 유감스럽게도 우리는 드로잉과 사진으로 만족해야만 한다. 이 주택은 2차 세계대전 중에 파괴되어 테라스의 부서진 조각만 남아 있기 때문이다.

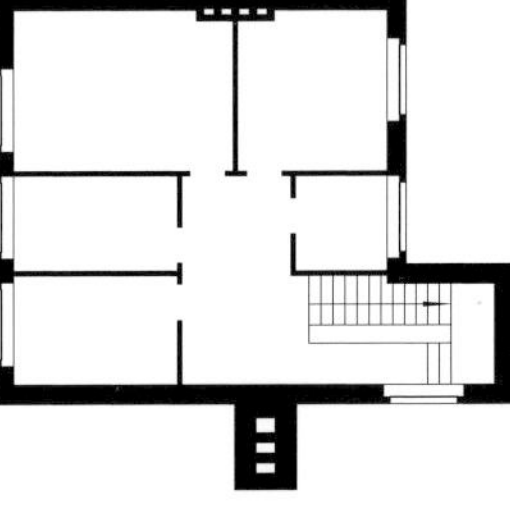

1 Second Floor Plan

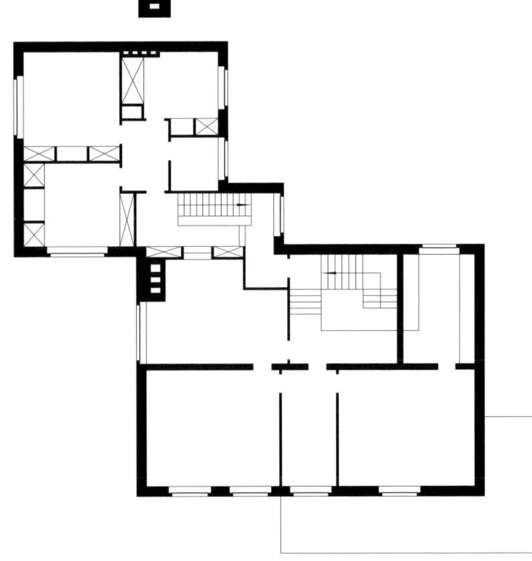

2 First Floor Plan

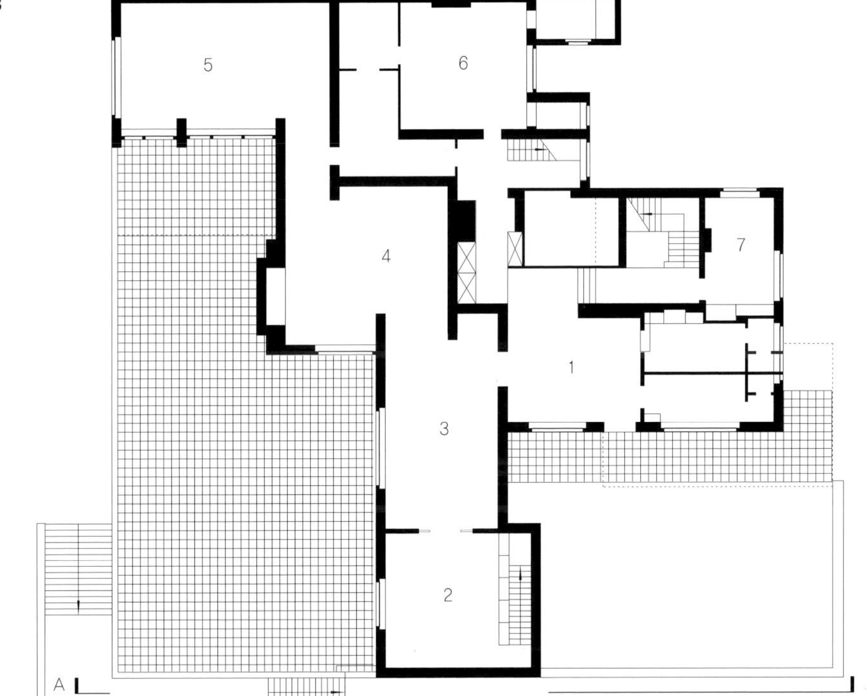

3 Ground Floor Plan

1 Entrance and stair hall
2 Study/library
3 Music room
4 Living room
5 Dining room
6 Kitchen
7 Parlour

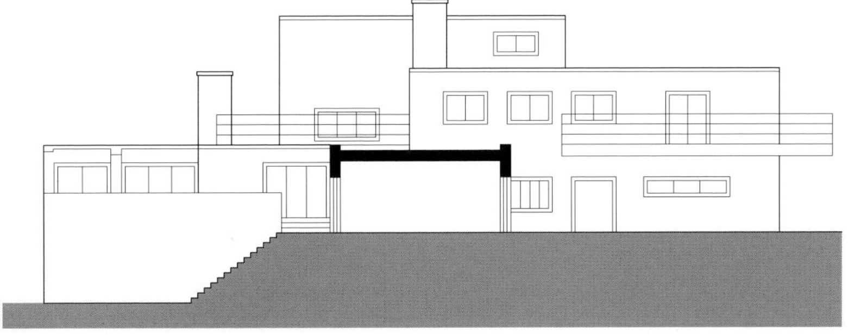

4 Section A–A

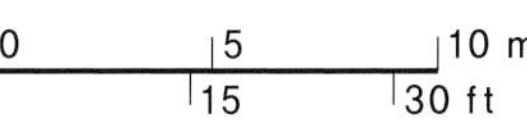

Moller House

Adolf Loos, 1870-1933

Vienna, Austria; 1928

라움플랜Raumplan은 아돌프 루스Adolf Loos의 구성 방법의 특징을 설명하기 위하여 비평가들이 사용한 말이다. 이 말은 루스의 첫 번째 전기 작가인 하인리히 쿨카Heinrich Kulka가 만들었으며, 단순히 도식화보다 공간적으로 3차원 속에서 디자인하는 것을 의미한다. 루스는 설계 작업에서 평면보다 모델을 사용했다. 이러한 방법은 크기가 다른 실들이 다른 천장 높이와 바닥 레벨을 갖도록 했다. 이러한 작업은 넓은 공간에서 쉽게 할 수 있다. 루스의 주택들은 콤팩트하고 도시적이고 다층건물이다. 실들은 높이와 수평의 불일치를 감추기 위해서 숨겨진 빈 공간void이나 가짜 벽false surface을 사용하지 않은 공간으로 통합된다nested. 공간은 실rooms로서 명쾌하게 구획되어 있으나 언제나 폐쇄되어 있는 것은 아니다. 일반적으로 작고 낮은 공간에서 한 번에 통합되고 분절된 복잡한 인테리어를 만드는 더 크고 더 높은 실을 바라볼 수 있다.

몰러 주택에서 중심이 되는 거실 영역은 5개로 분리되어 있으나 연결된 공간들은 즉, 중앙 홀, 앉을 수 있는 알코브, 음악실, 식당, 외부 테라스로 나누어진다. 식당과 테라스는 홀과 음악실보다 4계단 위에 있다. 그리고 앉을 수 있는 알코브는 훨씬 더 높은 곳에 있으며, 주 출입구 위에 캐노피를 만드는 캔틸레버

박스 속에 있다. 현관 홀 쪽으로 개방되어 있고 긴 수평창으로 햇빛이 들어오는 알코브에서 내부공간과 외부의 거리를 '볼 수 있다'. 비평가 브리아트리스 콜로미나는 이 공간에 성적 의미를 부여하고 있다. 이곳은 주택에서 여자들이 독서하거나 바느질할 때 적당한 창이다남자의 서재는 같은 높이지만 폐쇄된 상태로 인접해 있다. 그러나 이곳의 사용자는 극장의 칸을 막은 관람석 속에 있는 것처럼 느낄 것이다. 비록 그곳에서 무대에 오르는 음악 연주보다는 식당의 일상 활동이 일어나지만, 식당과 음악실 사이의 관계 또한 극장과 같다. 극장의 스테이지와 유사한 이곳은 2개의 공간을 연결하는 상설영구적인 계단이 없고 높다.

위에서 아래까지 집의 5개 레벨을 모두 직통으로 연결하는 계단실은 1개도 없다. 계단은 라움플랜의 미묘한 공간적 관계를 지원해야 할 필요가 있는 곳에 설치되어 있다. 예를 들면, 가로와 연결된 출입구에서 바로 위에 있는 앉을 수 있는 알코브까지 가는 데에는 8개의 90도 회전과 3개의 분리 계단을 통과하여야 한다. 계단 중의 하나는 급격하게 굽은 돌음 계단이다, 이 경로는 3개의 분리된 실을 통과한다. 즉, 붙박이 벤치가 있는 좁은 현관 홀, 반쯤 올라가 있는 로비의 휴대품 보관실과 음악실로 개방되어 있는 홀을 통과한다. 일반 계단은 홀에서 위에 있는 침실

층까지 올라가지만, 최상층과 지붕 테라스는 작은 나선형 계단을 이용하여 접근이 가능하다.

대칭은 라움플랜 방법의 중요한 두 번째 특징이지만, 그것은 결코 구성을 지배하지 않는다. 거리에서 바라보는 몰러주택의 파사드는 완벽하게 대칭일지라도, 그 뒤에 있는 공간은 근본적으로 비대칭적이다. 비록 처음에는 정원의 파사드가 비대칭으로 보이지만, 좀 더 가까이 가보면 용접한 것처럼 2개의 대칭적인 구성을 볼 수 있다. 루스는 대칭을 사용하지만 도식적인 프레임워크가 아닌 공간을 규정하고 안정시키는 수단으로 사용한다.

몰러 주택은 섬유공장 주인과 부인을 위하여 비엔나의 부유한 교외에 건설되었다, 지금 이곳은 이스라엘 영사관으로 사용되고 있어 대중에게 개방하지 않는다.

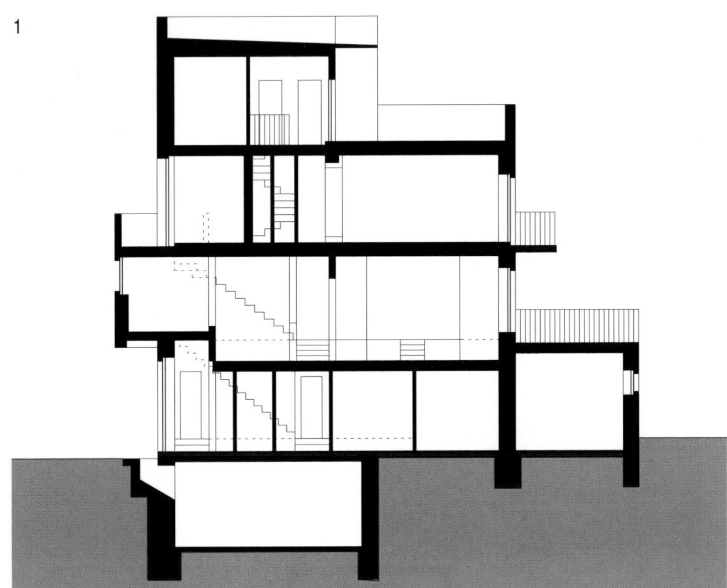

1 Section A–A

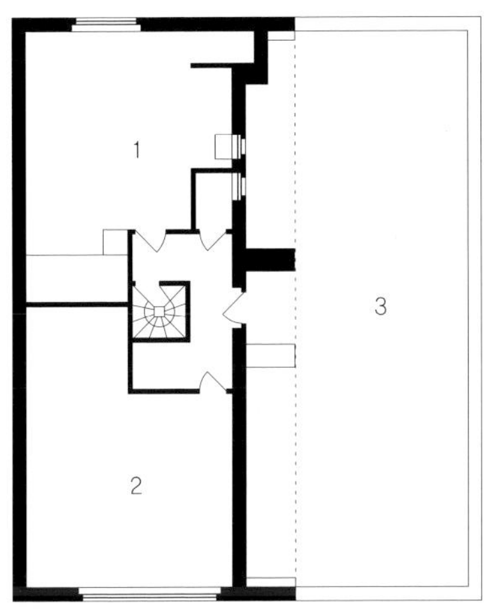

2

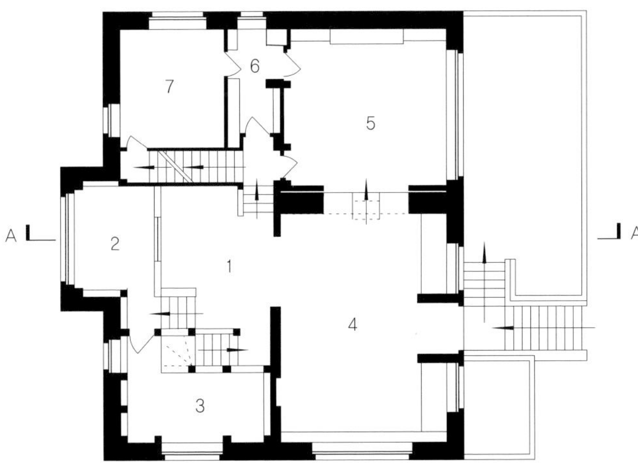

4

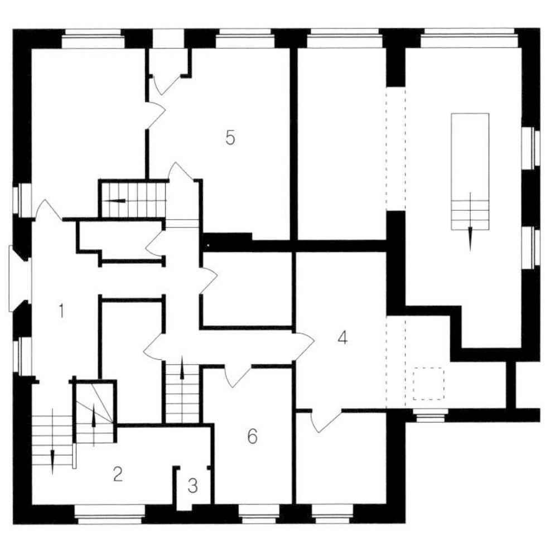

5

2 Third Floor Plan

1 Bedroom
2 Studio
3 Terrace

3 Second Floor Plan

1 Bedroom
3 Bathroom

4 First Floor Plan

1 Vestible
2 Sitting alcove
3 Library
4 Music room
5 Dining room
6 Servery
7 Kitchen

5 Ground Floor Plan

1 Entrance
2 Cloakroom
3 WC
4 Laundry
5 Caretaker's room
6 Staff room

Lange House

Ludwig Mies van der Rohe, 1886-1969

Krefeld, Germany; 1928

랑게 주택은 마치 형제처럼 이스터즈 주택과 이웃해 있다. 이 두 집은 동 시대 같은 양식으로 지어졌지만 아주 똑같지는 않다. 헤르만 랑게와 죠세프 이스터즈는 크레펠트의 실크직조 공장의 관리자들이었다. 이 집에 대한 프로젝트를 만든 랑게는 독일 노동조합의 일원이자 국립 베를린미술관의 후원자였고 근대 미술품을 수집하는 유명인물이었다.

그림 수집가인 랑게는 자기 집을 사적인 갤러리로 활용하고자 하였고 이러한 이유 때문에 랑게 주택에서는 아주 커다란 벽공간을 필요로 하였다. 그러므로 이 집은 같은 시기에 지어진 투겐다트 주택이나 바르셀로나 파빌리온처럼 급진적 개방감을 주거나 투명성을 지닌 공간과는 달랐다.

랑게 주택은 당시의 열성적 모더니스트들이 시도한 것들을 적용하지 않은, 오히려 무겁고 붉은 영국식 벽돌의 조적작업을 힘들게 한 주택이다. 이 집은 단일체적 공간으로서는 기념비적인 우수함을 지니고 있는데 높이와 폭이 서로 다른 큐빅 형태들이 비대칭적으로 배치되어 있고 가장 안에 숨겨진 철제 프레임은 돌출된 캐노피나 발코니에서는 오히려 드러나 있다.

정원을 향한 조적조 벽에는 대형의 조망 창문들이 뚫려져 있고 도로에 면한 북서쪽 입면에는 리본 창들이 줄지어져 있다.

이 집은 2층 주택인데 북동쪽 끝에는 서비스 영역과 분리된 지하 차고가 있으며 지하층에는 스탭들의 방이 있다. 주 출입구는 돌출된 캐노피가 있는 수수한 외짝문이며 작은 홀을 통해 가장 중요한 "거실 홀"로 이어진다. 여기는 주된 동선 공간으로 한쪽 끝에 계단이 있고 커다란 식사공간과 세 개의 좀 작고 분리된 방들—음악실, 응접실, 서재가 있다. 거실 홀의 최근의 사진에는 벽과 적절히 떨어져 있는 커피 테이블 주위에 4개의 안락의자만 놓여 있는 모습뿐이다. 확실히 이 집 거실의 주된 기능은 샤갈, 키르히너의 미술품이나 램브르크의 조각품, 혹은 중세의 마돈나 상들을 진열하고 전시하는 데에 있었다. 작은 방들도 모두 예술작품을 진열하였지만 정원 쪽 벽면 유리창으로는 바깥 테라스에 펼쳐진 풍광을 감상할 수 있게 만들었다.

집의 부지는 남동쪽의 완만한 경사지이다. 낮은 옹벽은 정원 테라스를 구획한다. 테라스와 주택은 하나의 단순한 사각형 평면을 만들고 있다. 여러 개의 요철을 만들고 있는 벽은 주택과 테라스를 양분한다.

실내외의 결합이란 집의 각 끝에 놓인 돌출 발코니로 규정되는 실질적인 방을 통해서만 강조될 뿐이다. 전면 후퇴는 단면뿐 아니라 평면에서도 나타나 2층에 있는 대부분의 침실이 전면의 옥상 테라스와 연결되어 있다.

이러한 단차계획은 아주 기능적인데 각 침실이 마치 호텔같이 복도의 동선을 이어 주고 여기에 부속된 욕실만도 6개나 된다. 이 중 3개의 욕실이 내부에 있지만 리본창 복도 측 낮은 지붕 위에 직선형의 좁은 채광창은 채광과 환기를 가능하게 한다.

랑게 주택과 이스터즈 주택은 지금 둘 다 좋은 조건에서 유지되고 있으며 대개는 예술작품 전시용으로 적절히 활용되고 있다.

1

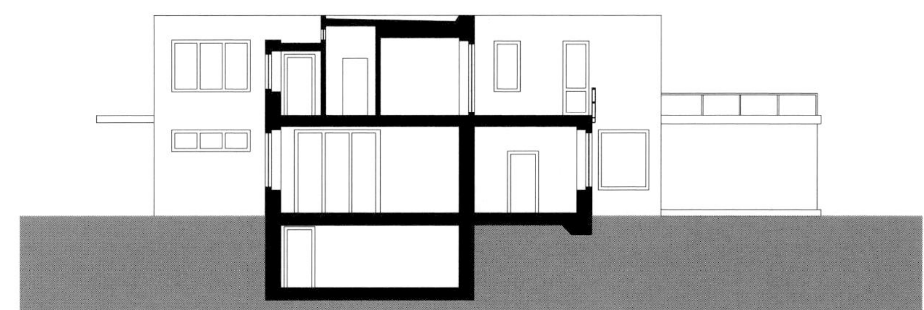

1 Section A–A

2

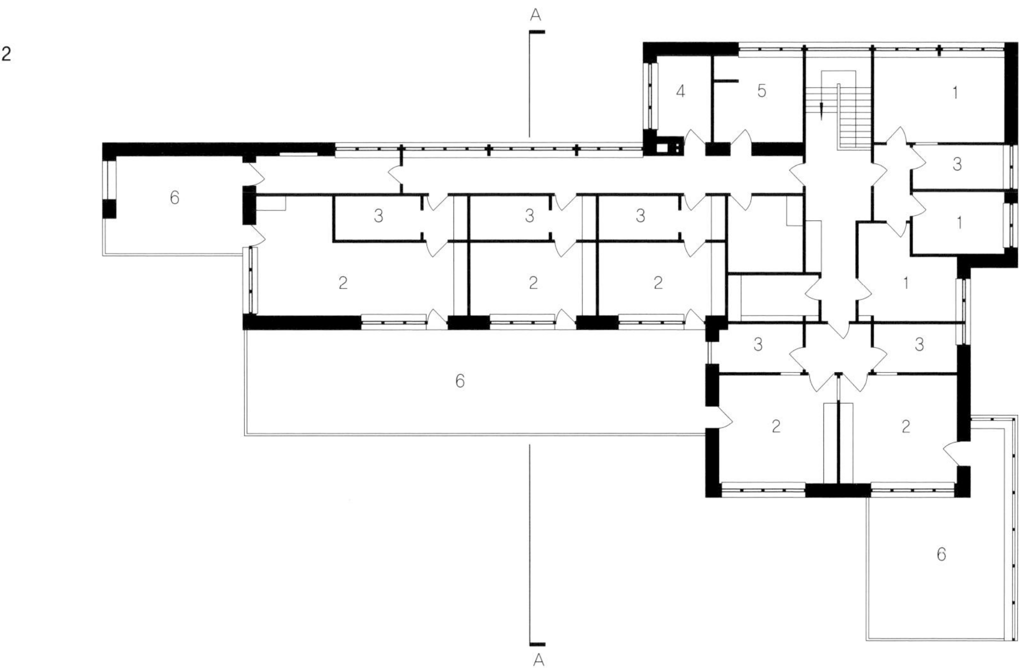

2 First Floor Plan

1 Staff bedroom
2 Bedroom
3 Bathroom
4 Storage
5 Laundry
6 Terrace

3

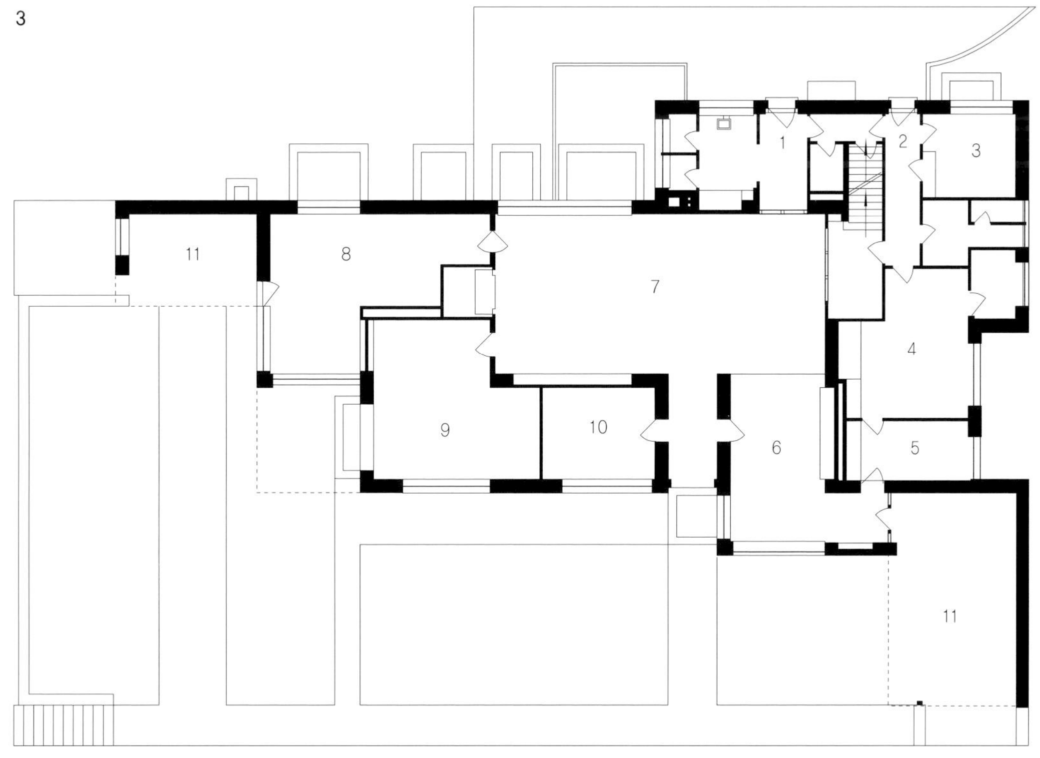

3 Ground Floor Plan

1 Entrance
2 Service entrance
3 Maid's room
4 Kitchen
5 Servery
6 Dining room
7 Living room
8 Study
9 Music room
10 Parlour
11 Covered terrace

N

0   5   10 m
  15   30 ft

Wittgenstein House

Paul Engelmann (1891-1965) and Ludwig Wittgenstein (1889-1951)

Vienna, Austria; 1928

1925년 예술 후원자이며 막강한 재산 상속자인 폴 엥겔만에게 비엔나의 저택 설계를 의뢰하였다. 아돌프 루스의 제자였던 엥겔만은 약간의 고전적 디테일을 지닌 모호한 루스 스타일loosian 주택을 계획하였다. 이 때 그가 만일 이 프로젝트를 마가렛의 오빠이자 철학자였던 루드비히 비트겐슈타인과 논의하는 실수를 범하지 않았다면 이 집은 결코 건축 역사에 등장되지 않았을지 모른다.

비트겐슈타인은 루스의 친구로 평소에 건축에 관심이 있었다. 그는 당시 교직에서 해고되어 쉬고 있으면서 철학에 관한 서적Tractatus Logico-Philosophicus을 저술 중이었다. 그는 이 주택 프로젝트에 힘을 행사하면서 결국에는 한 일원으로 참여하게 되었지만 후에는 엥겔만과도 사이가 벌어졌다.

역사는 20세기의 위대한 철학자 중 한사람이 디자인한 이 집을 결코 무시할 수 없었지만 1960년대까지는 그렇지 않았다. 이 집이 붕괴 위험에 처하게 되었을 때에야 건축계는 진지하게 관심을 갖게 되었던 것이다.

엥겔만의 설계는 비트겐슈타인이 힘을 행사할 때 이미 거의 완벽했다. 원래의 기본 배치가 최종 건물에서도 드러나 있다. 가장 높은 3층 구조는 서로 상호 침투된 큐빅 형태로 모아져서 개방적인 부지-비엔나의 빽빽하게 들어찬 건물지구와는 달리-에 배치되었다.

비트겐슈타인은 자신의 개인적인 건축이론에 의해 공간 배치를 하고자 하였다. 그러한 적용은 공간을 개선시키지도 못했으며 오히려 일부는 엥겔만의 절묘한 평면까지 상실시켰다. 예를 들어, 여동생의 방에 집 뒤 유리로 된 박공지붕에 벽돌 부벽을 보기 싫게 만들었다. 엥겔만의 절제된 계단을 오히려 불편하기만 한 유리 탑 내 계단과 승강기로 대체해 버렸다. 그러나 이러한 대체 요소들은 그리 매력적이지 않았다.

엥겔만은 1층의 주요 공간인 홀, 음악실, 식사실 및 서재 등에 대하여 조화로운 비율 및 대칭을 적용하였지만 비트겐슈타인은 이러한 질적 요소들을 강박관념으로 단정했다. 진회색의 장선들과 인조석 바닥들은 문이나 창문 등의 개구부들과 대조를 이루었으며 벽은 필요 이상으로 두꺼웠다. 접경부나 아키트레이브문, 창의 장식틀 혹은 덮개용 띠를 허용하지 않았으며 구조는 전체적으로 정확해야만 하였다.

당초 어린이와 집 안 고용인 그리고 스톤버러를 위해 위층을 더욱 여유 있게 계획한 것에 대해서는 어떠한 주의 깊은 배려도 보이지 않았다.

그러나 비트겐슈타인은 영국 멘체스터의 항공 공학 기술자의 훈련 덕분에 기계나 전기설비에는 아주 특별한 관심이 있었다. 그는 난방기와 에어그릴, 조명스위치, 창문 프레임과 도어 핸들 심지어는 승강기 기계조차 유리탑 안에서 훤히 볼 수 있게 계획하였다.

외부 쪽의 개구부들은 바닥 홈에서부터 올려지고 평형추로 균형을 잡는 철제 셔터에 꼭 맞았다. 조명기구들은 천정 가까이 달아 맨 전구들로 정확하게 중심에 놓였다. 전반적인 효과는 그럴듯하였지만 차가움과 딱딱함은 루스 인테리어의 안락한 풍만감과는 거리가 멀었다.

이 집은 걸작이라기보다는 호기심을 자극하는 것으로 만들어져 여러 가지 결함들이 있고 또 한 사람의 작업이 아니어서 디자인의 출처를 찾기가 어렵지만 비평가들은 계속해서 뭔가 이 집에서 위대한 정신적 작업의 흔적을 찾고자 했다. 심지어는 이 집을 트락타투스와 후기 철학적 탐색 사이의 철학적 가교의 한 종류로 해석하기조차 했던 것이다. 그러한 결과 때문에 바로 불가리아 문화협회Bulgarian Cultural Institute를 유치할 수 있었다.

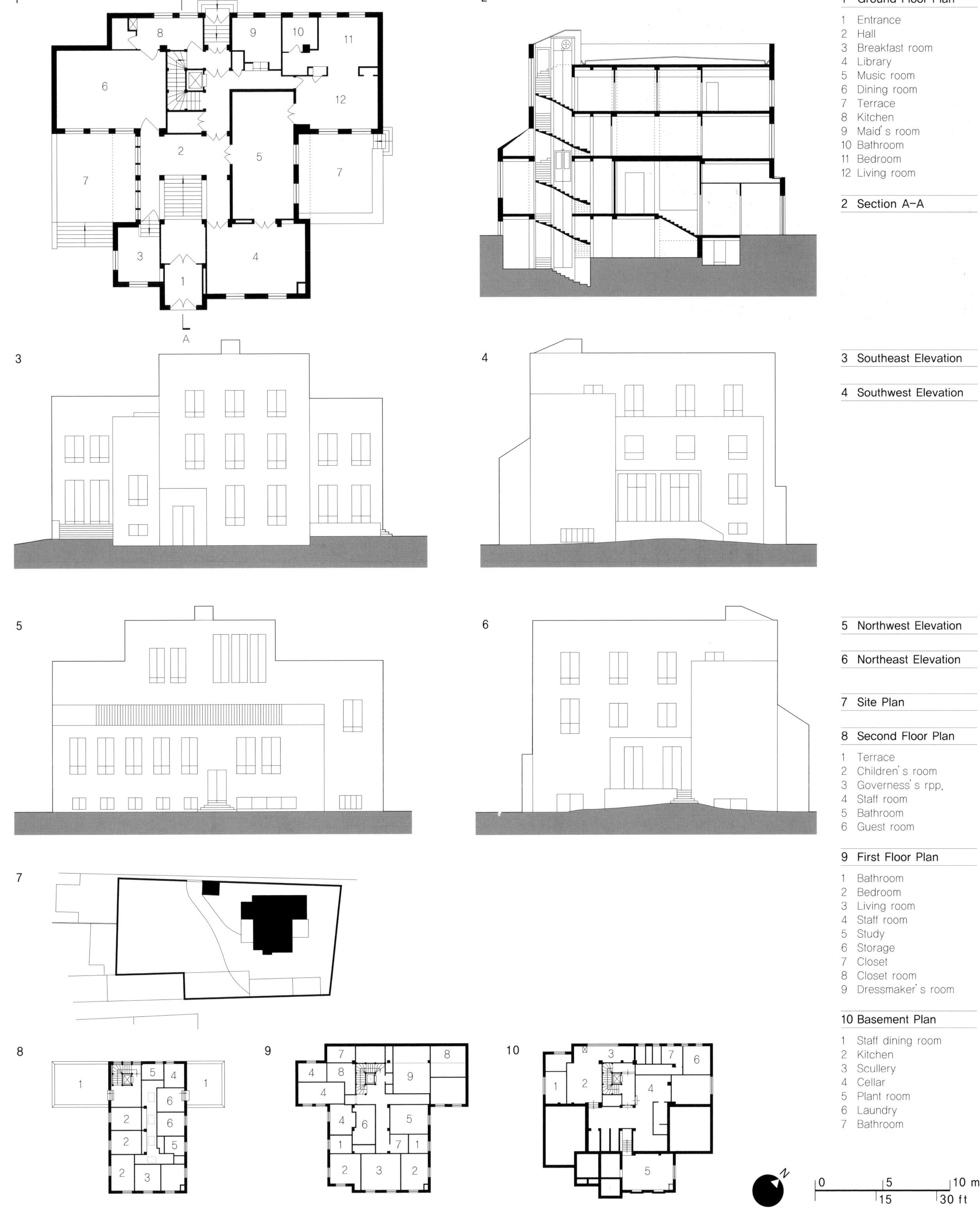

1 Ground Floor Plan

1 Entrance
2 Hall
3 Breakfast room
4 Library
5 Music room
6 Dining room
7 Terrace
8 Kitchen
9 Maid's room
10 Bathroom
11 Bedroom
12 Living room

2 Section A–A

3 Southeast Elevation

4 Southwest Elevation

5 Northwest Elevation

6 Northeast Elevation

7 Site Plan

8 Second Floor Plan

1 Terrace
2 Children's room
3 Governess's rpp,
4 Staff room
5 Bathroom
6 Guest room

9 First Floor Plan

1 Bathroom
2 Bedroom
3 Living room
4 Staff room
5 Study
6 Storage
7 Closet
8 Closet room
9 Dressmaker's room

10 Basement Plan

1 Staff dining room
2 Kitchen
3 Scullery
4 Cellar
5 Plant room
6 Laundry
7 Bathroom

0   5   10 m
15   30 ft

Melnikov House

Konstantin Melnikov, 1890-1974

Moscow, Russia; 1929

콘스탄틴 멜니코프가 그 자신과 가족을 위해 지은 이 집은 모스크바의 그리 눈에 띄지 않는 주거지역에 있는 특이한 건축물이다. 집이라기보다는 기하학적인 교회나 천문관처럼 보이는 이 집을 두고 평론가들은 마름모꼴 형태의 창문들로 구멍을 낸 원통형의 결합체에 뭔가 신비스런 상징이 있다고 생각하였다. 이러한 해석에 타당한 면이 있기도 하다. 멜니코프는 1925년 파리 장식예술 전시의 구소련USSR관 담당 디자이너였는데 독특한 아이디어들—예를 들면 영면 sleep과 건축적 영면 같은 개념을 갖고 있었다.

멜니코프의 침실은 본래 3개의 영구적 무덤과 같은 형태였다. 이것은 부드러운 회반죽 굳힘으로 형상화하여 대칭적인 배열을 바닥에 영구적으로 고착시킨 것이다. 이것은 부모님과 두 자녀를 위한 침대로 단 한 쌍의 짧고 고정된 파티션에 의해 가리워졌다. 그것은 마치 일련의 과학몽상 영화처럼 보일 수 밖에 없었다. 아마도 우주선의 가사불성 상태의 후미 공간처럼 보일 것이다. 1층의 위생설비 외에는 가구라고 할 만한 것이 아무 것도 없었으며 의류 수납은 1층의 큰 공동 갱의실에서 할 수 있었다.

그러나 다른 면에서 본다면 이 집은 완벽하게 합리적이다. 멜니코프가 집을 건축할 수 있었던 유일한 이유는 모스크바 당국이 이 집이 지닌 프로토타입으로서의 잠재력을 인정하였기 때문이었다.

집의 형태가 불러일으키는 논리적 분석은 주재료인 하중내력 벽돌에 대한 구조적 특징에서 나타난다. 원통형은 본래 매우 안정적인 형태로서 부벽이 필요 없으며 마름모꼴 형태도 벽돌벽의 개구부가 인방 대신 아치 받침대를 형성하면서 자연스럽게 만들어졌다. 이에 따라 벽체는 벽돌과 몰탈만 사용하는 것으로도 도형적 프레임으로 전환될 수 있다. 잘리지 않은 채 남겨진 벽돌들은 스터코나 회반죽으로 프로젝트를 진행시켜야 되는 과제를 안고 있었다. 기발한 장식적 고안과는 거리가 먼 구멍이 있는 원통형은 저렴하면서도 쉽게 지을 수 있는 벽체시스템이기 때문에 활용가능한 점들이 많다.

바닥 구조 역시 혁신적이다. 직경 9미터 평면은 본래 비경제적인 빔beam과 장선joints들로 구성됐다. 이에 멜니코프는 얇은 판재들을 겹친 격자차양 프레임을 고안하였고 방향이 다른 사개물림 판재로 천장과 바닥을 견고하게 받치도록 하였다.

이 집은 단면에서 뿐만 아니라 평면적으로도 공간에 대한 이해가 혁신적이다. 이중 높이를 지닌 2층 거실은 도로에 면한 큰 창문 때문에 환히 밝다. 이에 비하여 원통형의 다른 동일층에 있는 낮은 마름모꼴 창을 지닌 침실은 대조적이다. 침실 위 스튜디오 역시 이중 높이로 세 개의 연이은 마름모꼴 창이 있으며 갤러리가 있다. 여기서는 거실 옥상 테라스로 연결되어 진다. 테라스는 스튜디오를 건너 볼 수 있으며 스튜디오에서는 거실을 건너 볼 수 있어서 지속성과 분리 사이에서 멋진 균형을 만든다.

수직 동선에 대한 배치는 어색하거나 잘 해결되지 않은 듯하다. 나선형 계단은 거실과 스튜디오의 단차를 이어주고 스튜디오에서는 바로 아래쪽으로 출입구홀로 바로 가도록 되어 있다. 그 위로는 갤러리나 옥상 테라스로 연결된다. 그러나 평면의 논리는 멜니코프가 그 해에 설계하고 완성한 노동자들의 주택에 대한 두 개의 프로젝트에서 더욱 분명히 드러난다. 즉 석에서 시도한 것과 같은 집, 그의 작품들에서 볼 수 있는 것은 원통이나 나선의 일정한 리듬이다.

그러나 이러한 프로젝트는 결코 건축된 적이 없었고 그 시스템도 큰 규모에 적용한 적은 없었다. 이 집을 완성한 지 10년 후 모더니스트인 멜니코프는 강경 공산주의자 건축파들의 주류에서 밀려나 그림으로 삶을 근근히 꾸려 나갈 수밖에 없었다. 그는 1950년 부분적으로는 복권되었고 1974년 사망하였지만, 이후에도 이 집에는 그의 이름이 여전히 남아 있다.

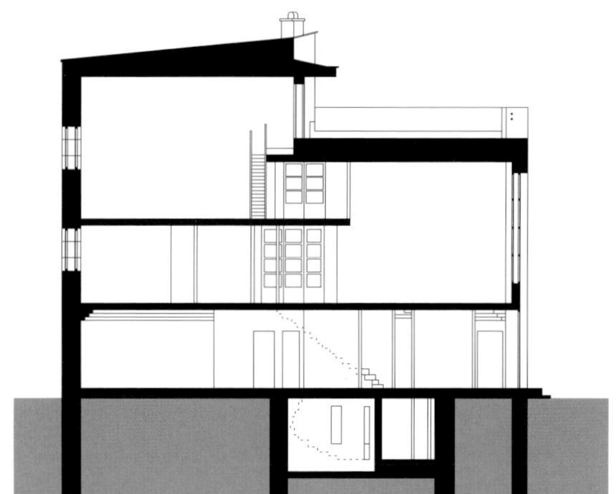

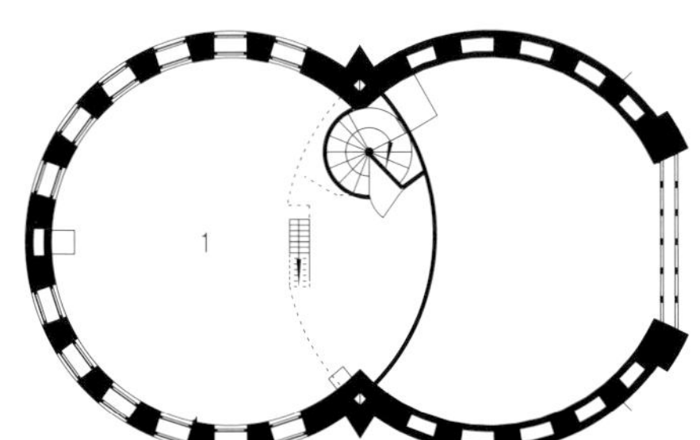

1 Roof Plan
1 Terrace

2 Section A–A

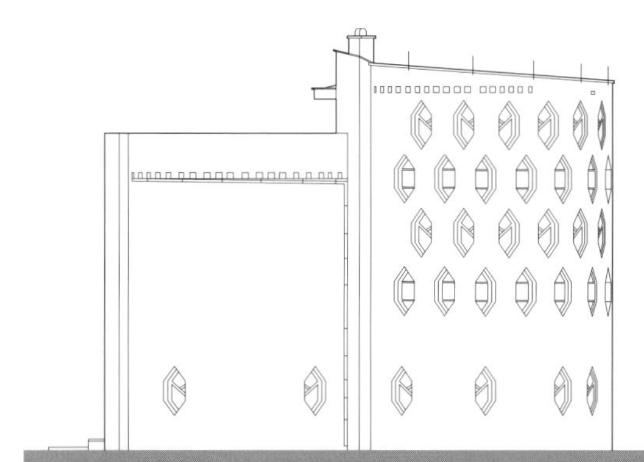

3 Second Floor Plan
1 Studio

4 East Elevation

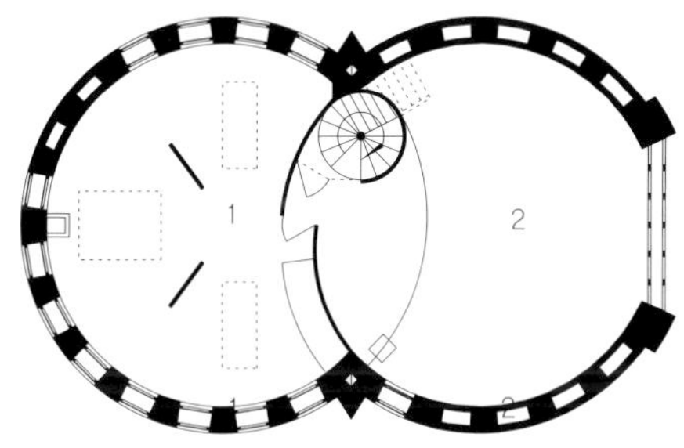

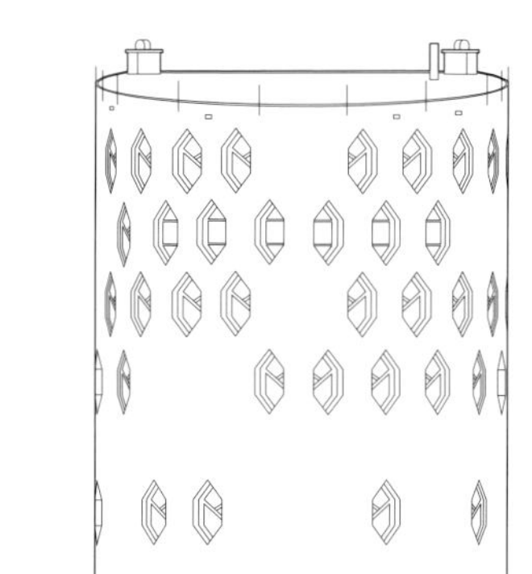

5 First Floor Plan
1 Bedroom
2 Living room

6 North Elevation

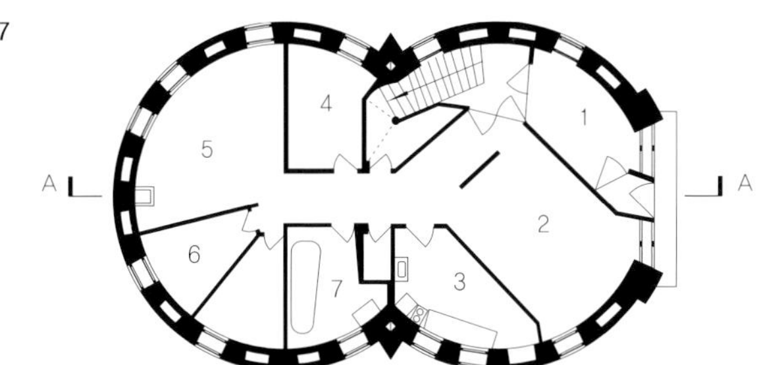

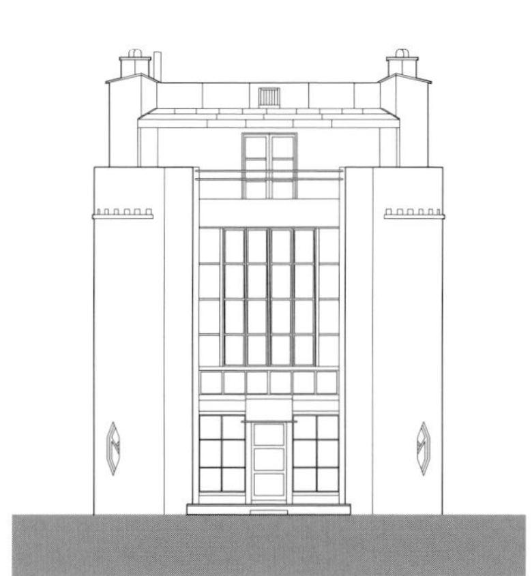

7 Ground Floor Plan
1 Hall
2 Dining room
3 Kitchen
4 Utility room
5 Dressing room
6 Day room
7 WC

8 South Elevation

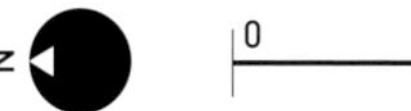
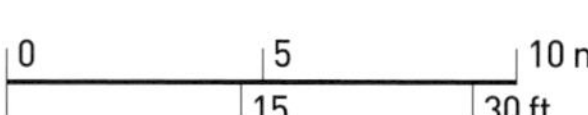

Lovell Health House

Richard Neutra, 1892-1970

Los Angeles, California, USA; 1927-29

건강한 삶은 1920년대 근대주의의 중요한 이슈였고 새로 지은 백색 건축물은 신선한 공기와 햇빛, 그리고 신체의 자유를 위한 공간을 나타내는 하나의 상징이었다. 그리고 필립 로벨은 바로 이 건강한 삶의 선두주자였다. 뉴욕의 물리학자인 그는 캘리포니아에서 캘러스태닉 운동이나 채식주의, 그리고 누드 노천욕의 판촉활동을 통하여 부를 끌어안았다. 그의 부인인 리아는 진보적으로 유치원을 경영하였다. 로벨은 LA 타임지에 건강과 미에 대한 글을 투고하면서 종종 건강주택 짓기에 대한 조언을 하였다. 그가 할리우드 언덕에 가족을 위한 새 저택을 지으려고 했을 때, 이 집에는 자신의 아이디어를 반영하지 않을 수 없었고 사실 이미 먼저 계획한 뉴포트 해안가에 지을 집 때문에 루돌프 쉰들러를 고용하고 있었다. 그러나 새 집을 계획하면서 그는 오스트리아 망명자인 쉰들러의 친구이자 이전의 파트너였던 리차드 노이트라를 고용하였다.

그 결과 이 집은 유럽 아방가르드 중 최고의 산물과 겨루게 되었다. 예를 들어 르 코르뷔지에의 주택은 추상적 형태나 개방적 평면을 현장 콘크리트나 평범한 블록작업과 같은 까다로운 재료들로 만든 것에 비하여 로벨의 건강주택은 공장에서 정확하게 만들어진 스틸요소들로 조립되었다. 이 집은 스틸 골조 창

문들의 표준화 및 문설주가 배가가 되게 기둥을 조밀한 간격으로 세운 경량골조이다. 바닥과 지붕은 격자 트러스가 지지한다.

이와 비슷한 구성은 20년 후에 지어진 임즈 주택Eame, p.106-107에서도 사용되었다.

타원형 벽은 금속망 위에 도포된 콘크리트로 만들어졌다. 이 기술은 당시 르 꼬르뷔지에도 실험하고 있었던 것이다.

이 집의 형태는 아주 작은 요소조차도 당시의 기술 발전에 의한 것이었다. 1928년에 새로운 것이란 "빼내기"를 한 기하형태였다. 남서부쪽에서 보면 사각 지붕의 평평한 형태가 언덕에 파고 들어간 3층 건물을 강조하는 주요 외관을 규정짓고 있다. 이 외곽선은 거의 지지가 없는 위쪽에 바닥이나 지붕과 떨어져 있는데 외벽의 단면은 이 외곽선보다 들어가 있다.

이것은 구조적으로 바닥을 돌출시켜 만드는 것이 아니라 지붕 빔에 매달리게 한 것이다. 가장 낮은 층에서는 휴식공간인 테라스와 절반 크기의 수영장이 있다. 우아한 열주들이 주택을 지지하고 있다. 흰 콘크리트의 띠들은 언덕을 향한 건물을 분산시켜 주고 벽을 따라 돌아가면 이웃한 리아의 유치원과 이어지고 있다.

주 출입구는 침실들이 있는 상층부에 있다. 침실에 신선한 바깥 공기가 통하게 하는 것은 로벨이 이야기하는 건강지표의 주요한 부분이었다.

모든 침실은 차면시설이 있는 포치가 인접해 있어서 남쪽의 로스앤젤레스를 조망하거나 홀 입구 북쪽에 있는 그리피스 공원의 자연 풍광을 조망할 수 있다.

이 출입구 홀의 넓은 계단은 비교적 길고 좁은 거실로 내려가도록 되어 있다. 식사실과 서재공간은 벽난로 주변에 집중된 가구배치 공간이 중요한 부분이다. 아마도 노이트라의 스승인 프랑크 로이드 라이트의 영향을 나타내고자 한 것 같지만 거의 규격화된 배경 속에서는 부자연스럽게 보인다.

계단은 남서쪽에 면해 높은 유리벽으로 감싸져 있는데 금세기 중 가장 사진이 많이 찍히는 근대적 인테리어이다.

집이 마감되었을 때 로벨은 신문칼럼에 아주 자랑스럽게 집을 홍보했으며 이어 방문객들이 몰려 들었다. 많은 이들이 이 집의 외래적 특성에 불쾌감을 드러냈지만 건축가들은 캘리포니아 모더니즘이 다른 길로 한 발 앞서 간 것을 주목하였던 것이다.

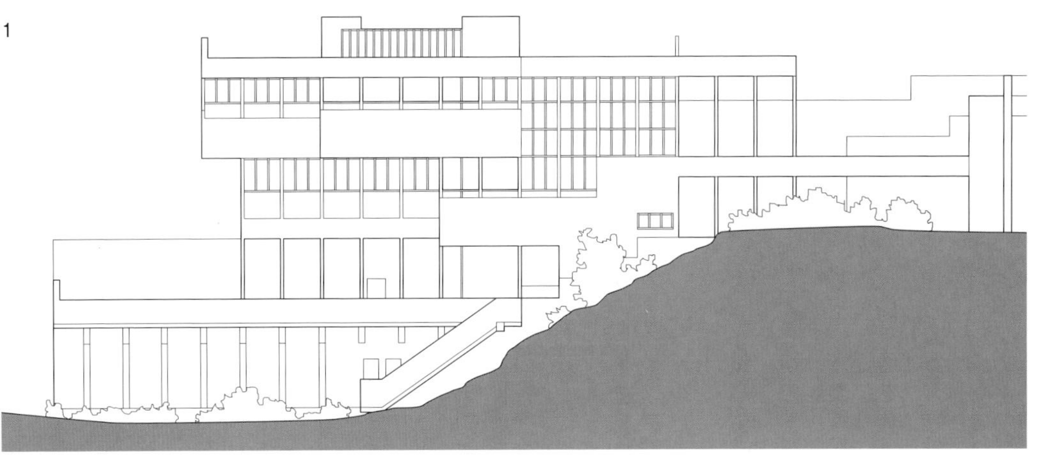

1 South Elevation

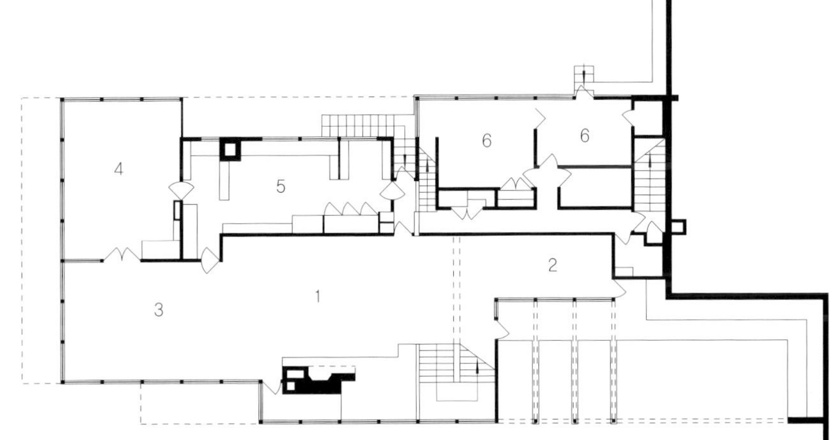

2 Entrance Level Plan

1 Entrance terrace
2 Entrance
3 Bedroom
4 Sleeping porch
5 Study
6 Bathroom

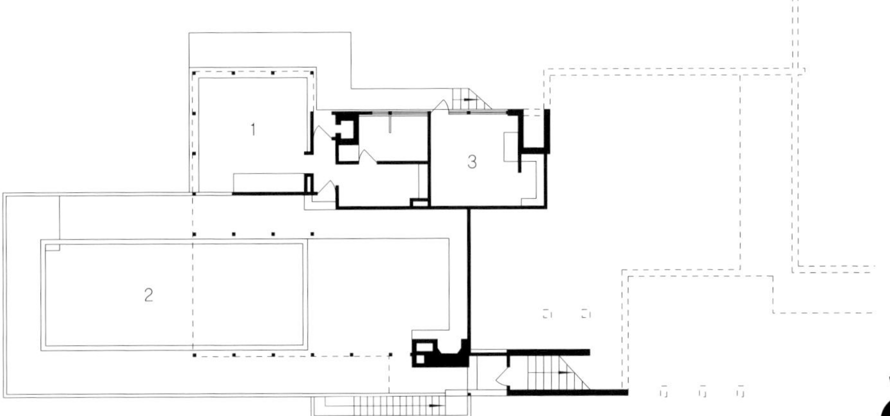

3 First Floor Plan

1 Living room
2 Library
3 Dining room
4 Porch
5 Kitchen
6 Guestroom

4 Ground Floor Plan

1 Porch
2 Pool
3 Laundry room

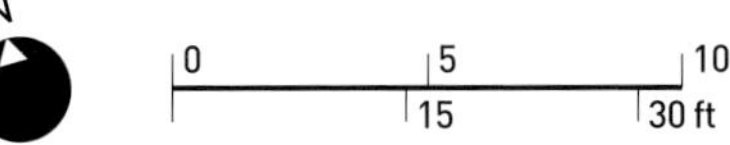

E1027

Eileen Gray, 1878-1976
Roquebrune-Cap Martin, France; 1924-29

아일린 그레이Eileen Gray가 자신과 건축비평가인 진 바도비치Jean Badovici의 의뢰를 받아 건축한 E1027은 아일린에서 'E', 진Jean에서 '10'J는 알파벳의 10번째 글자이다, 바도비치Badovici에서 '2', 그리고 그레이Gray에서 '7'을 유추하여 탄생시킨 주택이다. 이 집은 설계자의 지속적인 감독 하에 3년이나 걸려 지어졌음에도 불구하고 자동차나 비행기, 아니면 산업생산품과 같은 느낌을 주는 이름을 가졌다. 그레이는 모더니즘의 선구자이긴 하지만 차분하며 조심스러웠다. 그녀가 르 꼬르뷔지에의 영향을 받은 것은 사실이지만 결코 그의 양식에 얽매이지는 않았다. '집은 생활하기 위한 도구'라는 생각은 그녀에게는 낯선 것이었다. 그녀는 인간의 욕구에 맞춰 설계했을 뿐 추상적인 체계에서의 강박관념으로 설계하지 않았다.

아일랜드-스코틀랜드에서 태어난 그레이는 파리에서 가구 및 섬유 디자이너로 사회생활을 시작했다. 그녀의 철제 의자와 기하학적 무늬의 카펫은 건축적 성향을 잘 보여준다. 그녀가 궁극적으로 추구했던 것은 '자연스러움'이었다. 그녀가 젊었을 때 여행했던 적이 있는 프랑스 남부지역으로 이 집의 대지를 찾기 위해 그곳으로 돌아갔다. 접근로로 좁은 오솔길이 있는 가파르고 암석이 가득한 해안은 현대적인 가옥을 지을 환경으로 완벽했다.

이 집은 비교적 작았지만 실내의 방에서부터 외부의 테라스까지 자연스러운 공간적 흐름이 광범위하게 일어난다. 다용도의 거실은 넓은 발코니 앞에 바다에 면해 있는 전면창이 있는 직사각형의 박스 형태가 있다. 그 박스는 필로티가 있는 지면에서 들어 올려져 있고 대지의 경사 때문에 육지 쪽 방향의 현관으로만 직접 들어갈 수 있다. 발코니에는 철제 파이프 난간이 있으며 아래층의 테라스로 내려갈 수 있는 콘크리트 계단이 한쪽 끝에 있다. 발코니는 배의 갑판과 닮은 모습이다.

건물의 동쪽 끝 평면은 거실과 같은 층에 부엌, 욕실, 작업실 겸 침실이 있다. 그 아래층에 객실과 작업자의 방이 있다. 나선형의 계단실은 2개층과 상부의 평지붕까지 연결된다. 그레이는 '이 계획은 모든 사용자가 완벽한 자유와 독립성을 가질 수 있게 고안되었다'고 말했다. '그 곳에서는 진정으로 혼자라는 느낌을 가질 수 있다.' 이러한 것이 바도비치와 그녀와의 관계를 얼마나 잘 반영하고 있는가 하는 것은 숙고해 볼 문제이다. 왜 계단실과 부엌 등의 공간을 최소화하여 공유하고 있는지를 설명해 주고 있다.

이 집은 분명히 가구 디자이너의 작품이다. 아일린 그레이는 건축과 가구를 실제적으로 구별하지는 않았다. 그러한 많은 예 중에서 흔히 '야영' 생활방식이라고 이름 붙여진 것이 있다. 의상실은 옷장과 벽에 일체화 시킨 침대의 머리판, 스크린 또는 실구획의 역할을 하는 독립적인 벽장 등 특별한 기능이 있는 공간을 통합하여 만들었다. 이러한 것이 주는 전체적인 효과는 능률적이며 편안하고 상호배려적이다.

E1027과 관련된 다른 이야기로 르 꼬르뷔지에와 관련된 것이 있다. 1938년에 그레이는 그 곳에 살지 않았고 바도비치는 바도비치와 그레이, 태어나지 않은 아이를 상징하는 벽화를 포함하여 8개의 커다란 벽화를 르 꼬르뷔지에가 장식하게 했다. 그렇지만 그레이는 그러한 결정을 집을 파괴하는 야비한 행동이라 생각했다. 후에 르 꼬르뷔지에는 E1027을 볼 수 있는 곳에 작은 오두막을 지었다. 그 때문에 그는 이 집의 사생활을 침해하였다. 그는 이 집과 그레이의 작품의 옹호자라고 주장하였지만 그것은 좋지 않은 감정과 혼재된 것이다. 르 꼬르뷔지에는 1965년에 이 집과 가까운 바다에서 수영을 하다가 심장마비로 사망하였으며 그레이는 1976년에 사망했다. 현재 이 집은 예전의 모습으로 복구되어 있다.

1 Section A–A	2 South Elevation	3 First Floor Plan	4 Section B–B	5 Lower Floor Plan	6 West Elevation
	1 Entrance	1 Main entrance		1 Guest room	
	2 Japanese room	2 Living room		2 Servant's room	
	3 Bedroom	3 Wardrobe		3 Heating	
	4 Living/dining/kitchen	4 Shower		4 Workshop	
	5 Terrace	5 Alcove		5 Terrace under house	
		6 Dining area		6 Shed	
		7 Terrace			
		8 Bar			
		9 Bedroom			
		10 Bathroom			
		11 Service entrance			
		12 Winter kitchen			
		13 Summer kitchen			

1

2
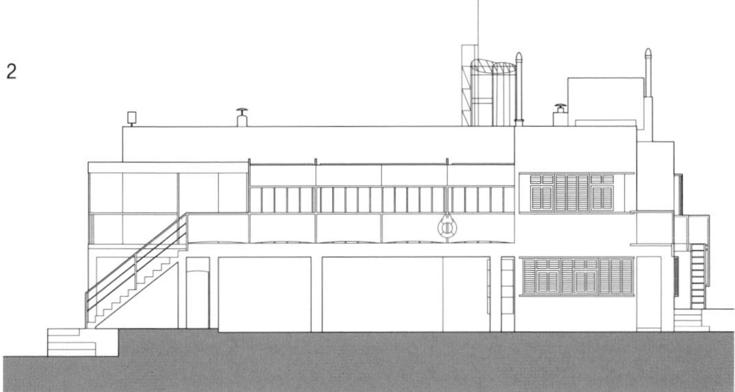

3
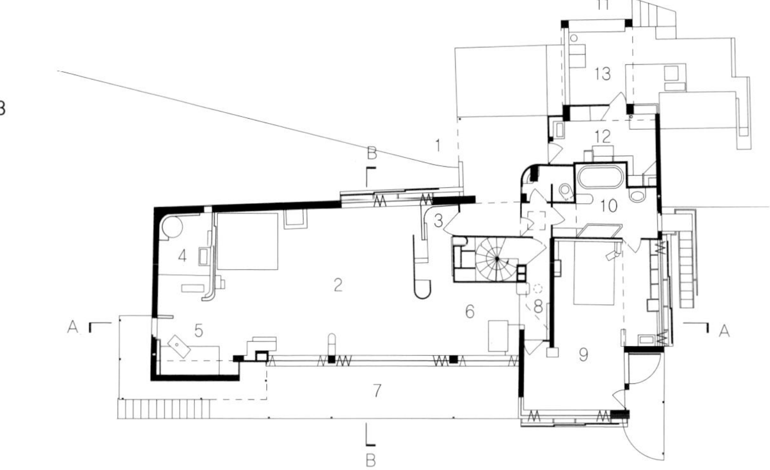

4
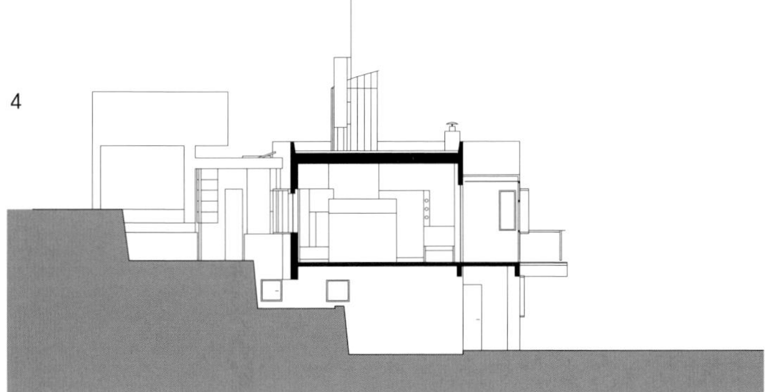

5
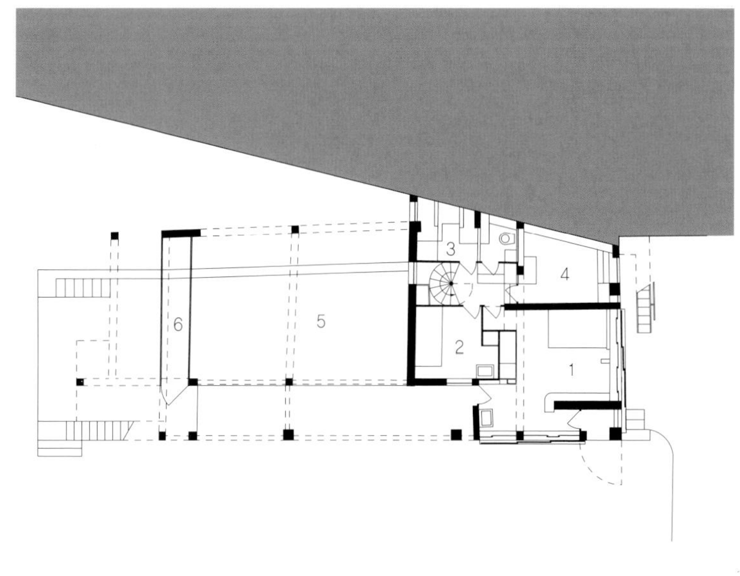

6
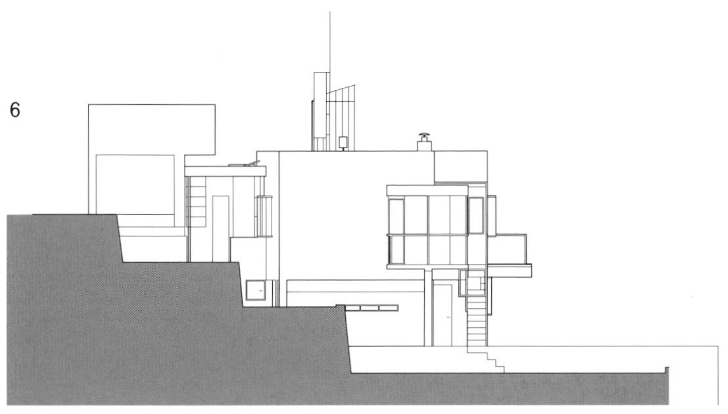

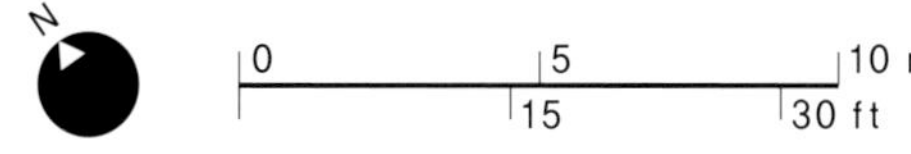

High and Over

Amyas Connell, 1901-80

Amersham, Buckinhamshire, UK; 1930

암야 코넬Amyas Connell은 1923년에 고향인 뉴질랜드와 영국 사이를 항해하는 증기선의 인부로 일했다. 3년후, 그는 버나드 애쉬몰Bernard Ashmole이 교장으로 있는 로마의 영국 학교에서 장학금을 받아 공부를 했다. 1929년, 버나드 애쉬몰이 35살일 때 그는 런던의 단과 대학 고고학 교수로 임용되었다. 그는 학교와 통근거리에 있는 작은 도시인 애머샴Amersham에 자신과 가족을 위한 전원용 저택을 짓기로 결심하였고 그 건물을 지을 건축가로 코넬을 선택하였다.

애쉬몰과 코넬의 회의를 통해서 결정한 조건들을 고려해 볼 때 이 집은 고전적인 양식의 집으로 최소한 전통적인 양식을 갖춘 주택을 기대할 수 있었다. 애머샴의 지역 주민들을 비롯하여 특히, 계획안의 허가기관이 보기에는 하이 앤 오버 High and Over 주택은 충격적인 것이었다. 이 건물은 'Y'자 평면 형태의 흰색 콘크리트의 평지붕으로 된 무장식적인 상자 형태일 뿐이었다. 그것은 영국에서 지어진 초창기의 순수한 현대적 주택작품 중 하나였다.

르 꼬르뷔지에는 큰 영향을 끼친 사람이었다. 코넬과 그의 동업자인 뉴질랜드인인 바실 와드Basil Ward, 그들은 후에 파트너관계가 되었다는 1925년에 파리에서 개최된 아르데코 전시회를 방문했었고 르 꼬르뷔지에의 에스프리 누보 전시관Pavilion de l'Esprit Nouveau, p48-49에 감명을 받았다. 작은 전시관은 그들을 감동시켰으며 전통적 양식을 포기하고 추상적 표현을 채택하도록 하였다. 그러나 다른 모든 관점에서 하이 앤 오버 주택과는 큰 차이가 있었다. 애머샴의 집은 탁 트인 언덕 대지의 전역에 걸쳐 기하학적 형상으로 펼쳐져 있는 전형적 정원을 가진 대저택의 원형은 아니다. 이보다는 이탈리아 르네상스풍의 주택이다. 그것은 마치 현대식의 형식과 비형식, 대칭과 비대칭을 결합하는 기묘함을 보여 주지만 여전히 기능에서 자연스럽게 도출된 형태는 아니다. 육각형의 코어에서 방사형으로 뻗어나간 3개의 날개를 가진 설계도는 거주자의 요구조건들을 충족시키기에는 다소 서투르고 어색하다. 지상층을 거실, 식당, 도서관의 3등분으로 나눈 것은 잘한 일이다. 그러나 이 때문에 다이닝 룸 설치 시, 부엌을 확장하는 것이 필요하였으며, 긴 복도를 필요로 하였다.

1층에 주인 침실과 손님방이 각각의 날개에 있다. 3번째 날개에 직원용 방이 있지만 직원용 욕실은 없다. 욕실은 주 현관 상부와 눈에 띄게 어울리지 않는 곳에 놓을 수밖에 없었다. 옥상에서 균제미를 거의 찾아보기 어렵다. 아이들의 침실들과 야간 육아방이 6각형 코어 최상부의 커다란 주간 육아방과 함께 직원용 날개부를 구성하고 있다. 옥상층의 다른 2개의 날개부에는 우아한 캔틸레버식 콘크리트 차양이 그늘을 만드는 테라스가 있다.

그러나 실내에 있어서 중요한 공간적 결과물을 만드는 것은 6각형의 코어이다. 3개의 자유로운 면 중 2개는 전면부와 정원입구를 조성한다. 세 번째는 2개 층에 걸쳐 모두 유리로 만들어진 계단부가 돌출되어 있다. 그것은 집의 중앙에 자연 채광을 유입시킨다. 1층의 원형구멍은 2개층의 높이 공간을 열어주고 복도회랑에서 조명장식의 분수를 볼 수 있게 한다. 집은 초벌 벽돌로 채워진 철근콘크리트 구조이다. 창문은 대부분이 르 꼬르뷔지에 양식의 긴 띠창이지만 주인방의 내민창처럼 간혹 세로창을 강조하고 있다.

이 집의 현대적인 특징들은 궁극적으로 완벽하게 개발된 것은 아닌 것 같다. 어쩌면 이 집은 결국 본질적으로 고전적인 집일지 모른다.

1 First Floor Plan

1 Bedroom
2 Dressing room
3 Bathroom

2 Second Floor Plan

1 Day nursery
2 Night nursery
3 Nurse's bedroom

3 Ground Floor Plan

1 Living room
2 Library
3 Dining room
4 Kitchen
5 Pantry

4 Site Plan

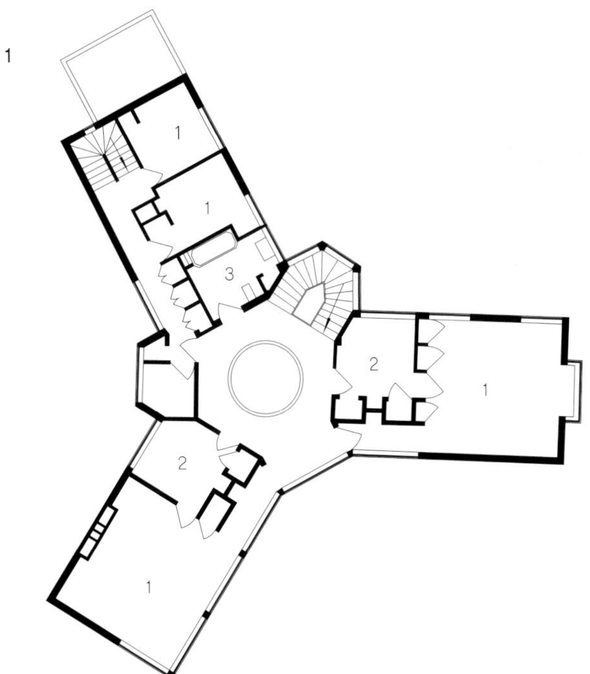

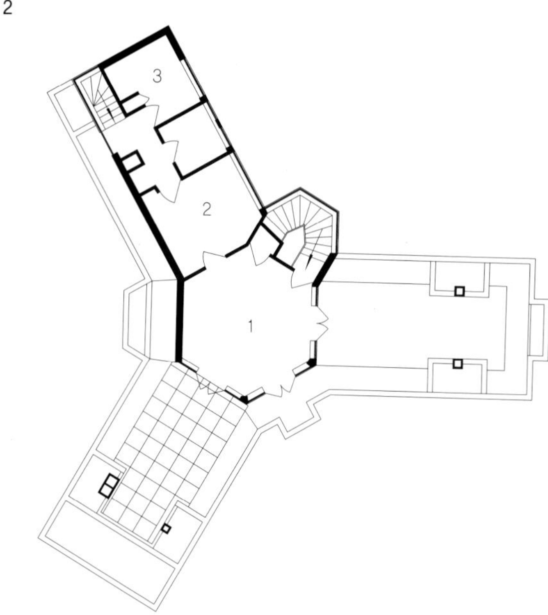

1
2
3 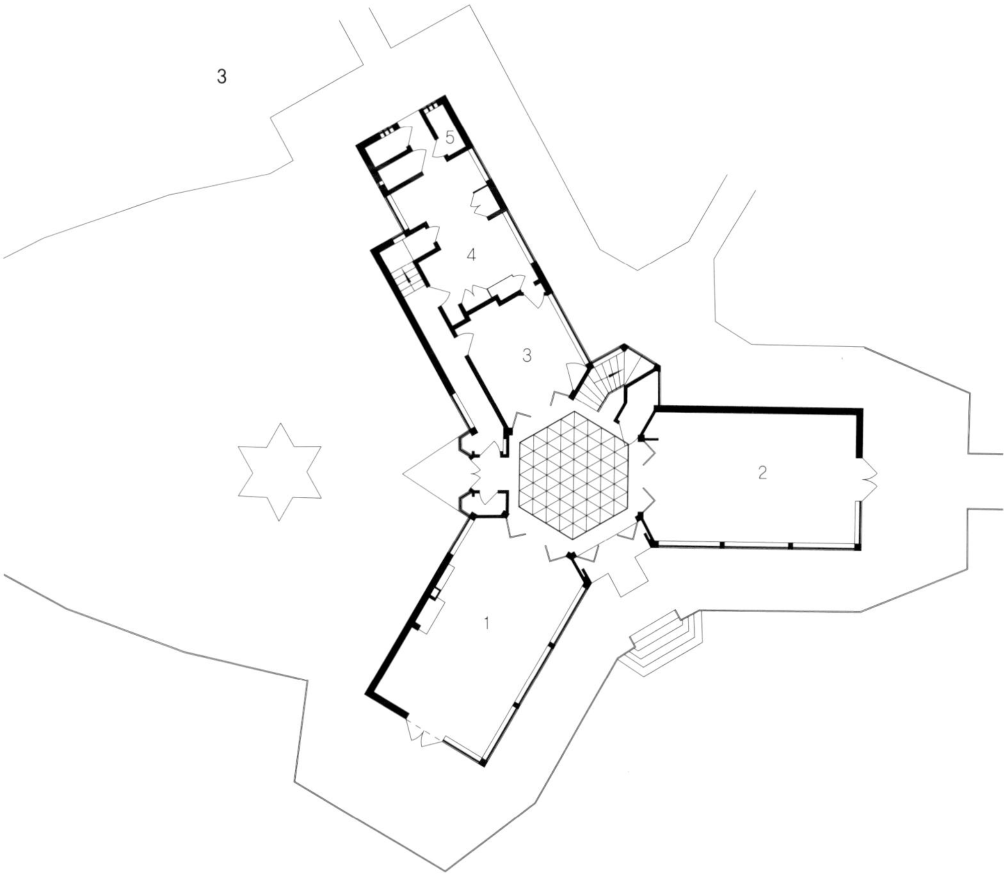
4
0   5   10 m
15   30 ft
N

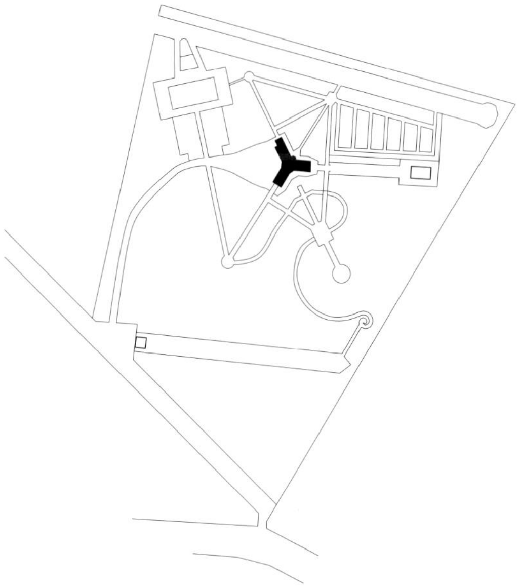

Müller House

Adolf Loos, 1870-1933
Prague, Czech Republic; 1930

케네스 프램톤Kenneth Framton은 뮬러 하우스가 '최고의 루스식 공간계획Raumplan'을 상징한다고 말한다. 뮬러 하우스는 1930년대 지어진 다른 주택과 비교하여 상당한 제한적 요소가 있는 경사진 대지에 있다. 오늘날엔 다시 프라하 근교의 부유한 교외주택이 되었다. 외관은 매우 간결하지만 – 작은 창으로 뚫어져 있으며 평이한 회벽칠을 한 박스형태 – 트래버틴 석석회암의 일종이 부착되고 움푹 들어간 현관포치porch는 화려한 실내장식을 연상시킨다. 짧은 복도는 비록 작을지라도 비율과 대칭성에 있어서 고전적인 형태를 띤 입구홀과 통해 있다. 멀리 있는 벽체의 뒷면에는 짧은 일자형 계단이 어느 정도 형식적이긴 하지만 전체 평면에서 회전축의 중심인 기반공간threshold space을 연결한다.

앞쪽은 멋지고 높은 직사각형의 거실이 놓여져 있는데 도면상으로는 2개의 정사각형이 합쳐진 형태이다. 루스의 균제미를 적벽돌의 벽난로와 방의 다른 끝단의 매입형빌트-인 소파, 긴 외벽의 3개의 키 큰 창문과 쌍천정 등에서 보여주고 있다.

어찌되었든 균제미는 위압적이지는 않다. 우리는 중심을 벗어나그러나 왼쪽의 창문에 조화되어 들어간다. 그리고 우리가 들어가며 보는 '벽체'는 비대칭적인 추상적인 구성이며, 단단한 고형체라기보다는 비어 있는 공간이다. 그것은 줄무늬의 푸른 운모 대리석 Cipolin marble으로 치장되어 있으며 그것은 단순한 벽 이상이다. 비록 그것이 3개의 균등한 간격bay;기둥과 기둥사이의 간격으로 나뉘어졌더라도 각각의 간격은 서로 다르다. 회전축 경계부의 오른쪽에 있어서, 계단실은 식당으로 연결된다. 식당은 계단실에 열려 있으며 운모 대리석벽의 마지막틈을 통해 아래층의 거실을 내려다 볼 수 있다.

건물 안에 수용할 것이 많아 식당을 외부로 돌출시켰다. 층의 상부는 침실의 외부 테라스로 만들었다. 경계부 좌측의 다른 계단은 여성들의 방으로 연결된다. 레몬나무로 실내를 장식한 작은 서재에는 좀 더 높은 높이에서 앉을 수 있는 작은 벽장이 있다. 거기에서 잉글랜드 중세 정원식 저택의 개인방의 들여다보는 구멍과도 유사한 창문을 통해 거실을 살펴볼 수 있다. 생활공간들이 결합한 이러한 것들은 하나의 복잡한 나선형 공간이다. 숙녀방 옆에 있는 서재는 실제로는 남성용 방이며 현대식 책상과 타일을 붙인 벽난로의 다른 쪽에는 남성용 마호가니재로 치장된 침대 겸용의 가죽 소파가 있다. 침실들은 상부층에 단순하게 배열되어 있다. 상부층은 평면 중심부의 상부채광이 되는 개방형 우물계단을 통해 접근할 수 있다. 루스는 양복장과 화장대, 침대탁자 등을 포함한 모든 가구를 매입형으로 설계하였다.

거주자는 아내와 어린 딸 하나를 둔 부유한 건설업자였다. 그래서 이 집에는 주인보다 일하는 사람들이 더 많았다. 옆에 승강기를 두고 완벽하게 분리된 서비스 계단은 지하실의 다용도실에서부터 거실과 침실층을 거쳐 옥상층의 일하는 사람들 방으로 연결된다. 사실 이 방들 중 하나는 수영장이 있는 커다란 평지붕의 일본식 방으로 가족들이 사용하였다.

이 집은 2000년에 외관상으로는 원래의 밝은 노란색 창틀을 제외하고는 놀랄 정도로 완벽하게 복구되었으며 지금은 대중에게 공개하고 있다.

1 Second Floor Plan	2 First Floor Plan	3 West Elevation	4 Upper Ground Floor Plan	5 Section A–A	6 Lower Ground Floor Plan
1 Bedroom	1 Bedroom		1 Living room		1 Entrance
2 Roof terrace	2 Dressing room		2 Dinning room		2 WC
	3 Bathroom		3 Servery		3 Storage
	4 WC		4 Kitchen		4 Boiler room
			5 Lady's room		5 Kitchen
			6 Library		6 Staff room
			7 From entrance hall		7 Garage

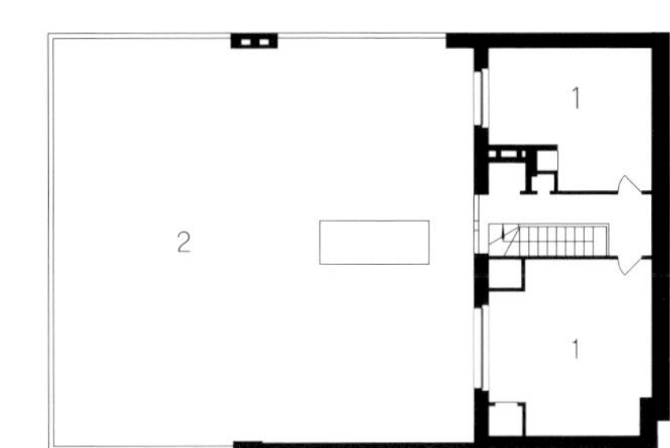

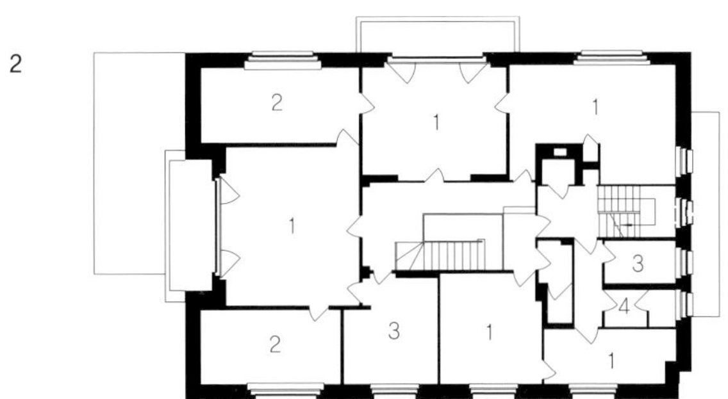

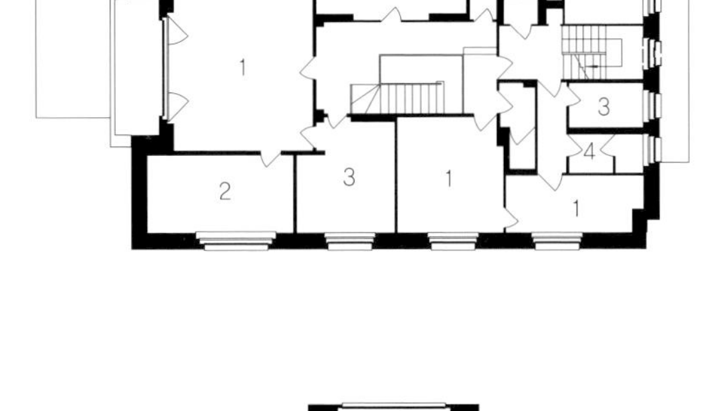

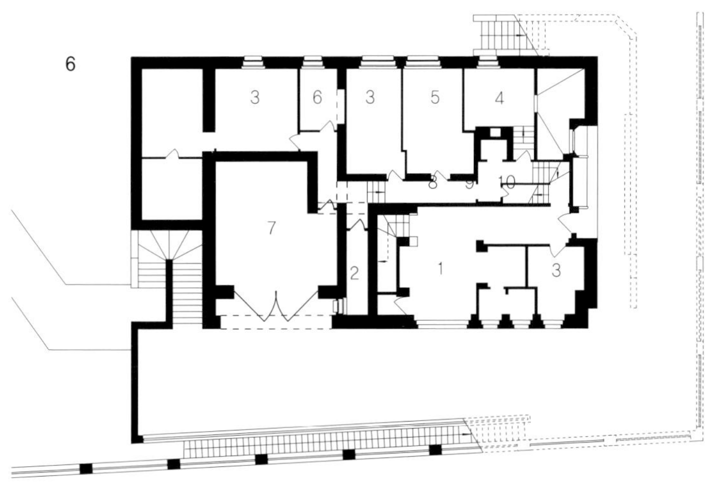

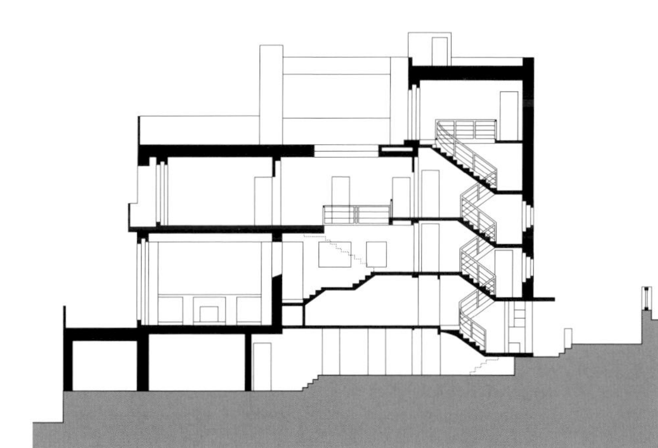

Houses at Am Rupenhorn

Hans Luckhardt, 1890-1954
Charlottenburg, Berlin, Germany; 1930

와실리와 한스 루카르트 형제의 초창기의 경력은 부르노 타우트가 이끄는 이상적인 협동 그룹 '글래스체인Glass Chain' 과 연관이 있었다. 그룹은 시인인 폴 쉐어바르트Paul Scheerbart의 새로운 '유리 건축론' 의 이상을 공유하고 있었다. '유리 건축론' 은 중세풍 대성당과 동등한 현대적 가치를 가진 건물들로 유럽 도시의 예술성을 통일시키고 전환시키려는 의도에서 시작되었다. 집과 공공건축물에 대한 와실리의 1920년대 초반 디자인은 각진 형상을 띠며, 투명하고 표현주의적이다. 그러나 1920년대 중반에 들어서 반종교적 변환을 한 뒤에는 정신적, 신비적인 것보다는 합리적이고 생산적인 시각으로 미래를 보기 시작했다. 1925년까지 그들은 베를린 다렘Dahlem지구에서 추상적이고 입방 형태의 테라스를 건축했다. 이러한 것들은 신즉물주의Neue Sachlichkeit, New Objectivity와 강하게 연관되어 있다. 다렘의 테라스는 전통적인 초벌 벽돌쌓기로 건축되었지만 건축가 형제들이 경량 철제 뼈대를 실험하면서 중단되었다.

베를린 캬로텐부르그의 루펜호른에 있는 2개의 철골구조 주택은 새로운 근대건축의 미를 분명하게 나타내는 것으로서 르 꼬르뷔지에의 초창기 집들에 필적한다. 둘 다 순백색의 직사각형 상자형태이며 하나는 도로와 평행하고 오른쪽의 다른 주택은 도로와 예각을 이룬다. 그러나 그것들은 하나의 주제를 변이 시킨 것이다. 그것들은 르 꼬르뷔지에가 1927년 바이센호프 시드룽에 지었던 시트로앙 주택Maison Citrohan을 연상시키지만 길에서부터 숲의 가장자리까지 경사져 있는 대지의 특성과 좀 더 긴밀한 관계가 있다.

경사를 극복하기 위한 한 가지 방법은 주 거실부에서 지면으로 바로 연결되는 것을 포기하고 르 꼬르뷔지에식의 필로티를 사용하여 집을 들어올리는 것이다. 대안 – 땅 속으로 그것들을 집어넣는 – 은 하얀 상자들의 순수성에 의해 절충되어졌다. 디자인은 경사지의 꼭대기에서 앞으로 돌출되고 포장된 테라스의 형태 속에서 인공지반을 만듦으로써 문제점을 해결했다. 부엌, 차고, 운전자방 그리고 저장고와 같은 서비스 기능들은 테라스 밑에 배치했다. 그리고 테라스 높이에서의 첫 번째 층 거의 대부분을 하나의 커다란 거실공간이 차지한다. 침실들은 바로 위층에 있으며 그 층에는 파고라와 르 꼬르뷔지에를 차용한 떠 있는 처마돌림이 외부실로 만든 옥상 정원이 있다. 두 개의 집들은 방위는 제외하더라도 서로 차이가 있다. 북쪽의 집은 작은 발코니 계획에서부터 주 출입구 상부의 수직홈에 이르기까지 좀 더 장식적이다. 그리고 북쪽에 있는 두 번째의 낮은 테라스를 곡선의 옹벽이 지지하고 있다. 두 개의 집들은 모두 동일한 기둥격자를 가진 경량 철제 뼈대를 가지고 있으며 그 뼈대는 그 상자를 서로 다른 2개의 공간들거주부분과 서비스 및 순환부분로 분할하고 있다.

기술은 시간에 따라 진보했다. 시공 중인 주택들의 사진들은 주로 건식공법 덕분으로 비교적 잘 정돈된 대지를 보여준다. 외부의 벽은 단열을 위한 코르크 패널과 외부 방수도장을 한 강철망을 내부에 채운 프리캐스트 콘크리트로 만들어졌다. 프리캐스트 콘크리트 패널은 철제보 사이의 간격을 가진 바닥에도 사용되었다. 창문과 문의 뼈대도 모두 철제이다.

공간적으로 집은 르 꼬르뷔지에의 집과 같이 조각적이며 동적인 특성 없이 단순하고 합리적이다. 그러나 이것들은 단순한 기술적 사례 그 이상이다. 예를 들어, 북측의 주거실은 세련되게 디자인되었다. 두 개의 독립 기둥이 지지하는 서재의 벽장alcove, 고전적인 조명 코니스, 이동난로, 그리고 테라스를 볼 수 있는 거대하고 아주 높은 슬라이딩식 유리패널 등이 바로 세련된 디자인의 예이다.

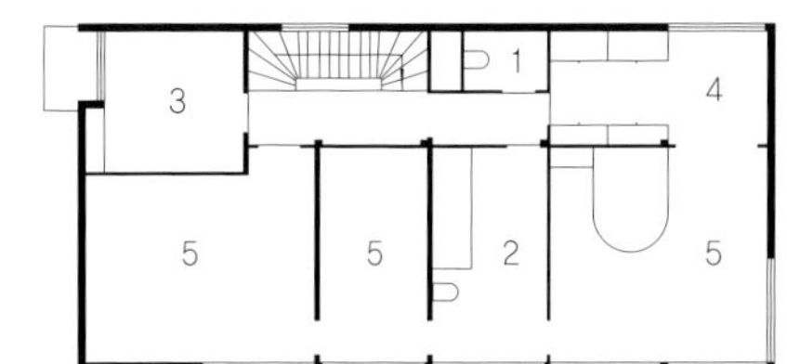

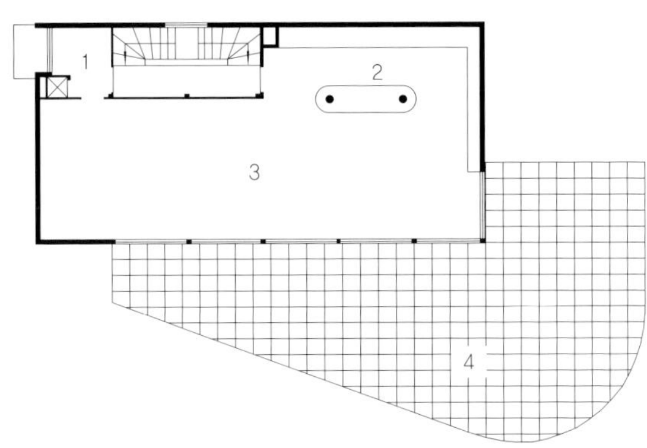

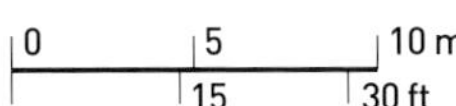

House 1

1 Second Floor Plan

1 Bedroom
2 Roof Garden

2 First Floor Plan

1 WC
2 Bathroom
3 Maid's room
4 Dressing room
5 Bedroom

3 Ground Floor Plan

1 Servery
2 Library
3 Living area
4 Terrace

4 Basement Plan

1 Hall
2 WC
3 Laundry
4 Plant room
5 Garage
6 Storage
7 Larder
8 Bathroom
9 Kitchen
10 Chauffeur's room

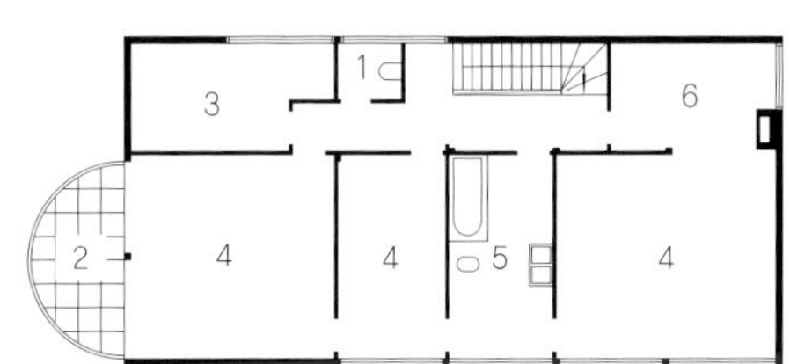

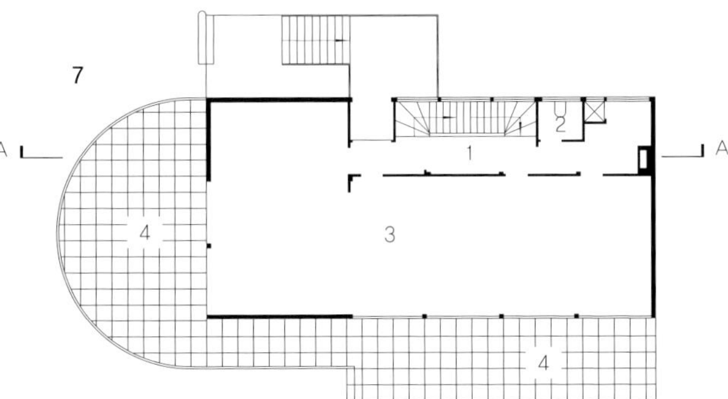

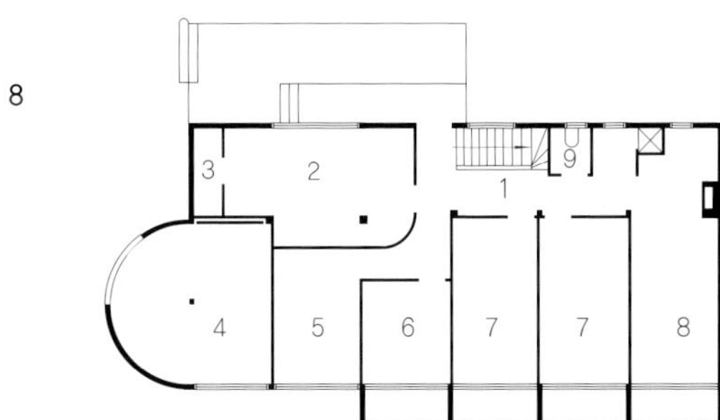

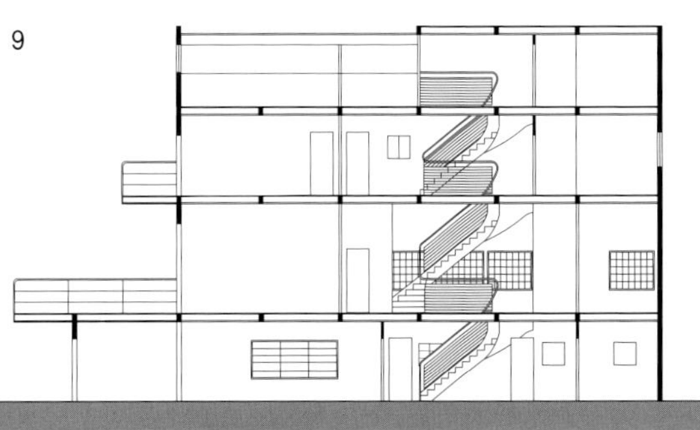

House 2

5 Second Floor Plan

1 Roof garden

6 First Floor Plan

1 WC
2 Terrace
3 Maid's room
4 Bedroom
5 Bathroom
6 Dressing room

7 Ground Floor Plan

1 Hall
2 WC
3 Living room
4 Terrace

8 Basement Plan

1 Hall
2 Kitchen
3 Larder
4 Garage
5 Chauffeur's room
6 Laundry
7 Storage
8 Plant
9 WC

9 Section A–A

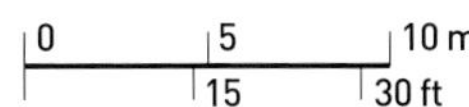

Tugendhat House

Ludwig Mies van der Rohe, 1886-1969
Brno, Czech Republic; 1928-30

'삶이란 줄 대리석onyx 벽면과 고급 목재장식을 바라보는 것 그 이상의 것이다.'

건축 비평가 로저 진즈버거Roger Ginsburger가 1931년 투겐다트 하우스를 보고 한 말이다. 그는 집이라기보다는 가구 전시장에 가까워 보이는 투겐다트 하우스를 좋아하지 않는 비평가 중의 하나였다. 통짜로 지어진 엄청나게 넓은 거실공간은 아늑한 맛도 없고 자신만의 공간도 없었으며 그림을 걸어 둘 벽 하나 없었다. 하지만 그레테 투겐다트와 남편 프리츠 투겐다트의 생각은 달랐다. 그녀는 철학자 마르틴 하이데거를 초기부터 추종했던 지성인으로, 이 집이 간소하면서 근본적으로 진지했기 때문에 사랑했다. '난 언제나 현대적인 집을 원했습니다. 공간이 널찍하고 형태가 단순 명확한 집 말입니다.' 그녀는 말했다.

사실 이 집의 설계도와 단면도는 복잡한 편이다. 남향의 가파른 경사면에 지어진 3층 건물로 출입문은 3층에 있다. 하지만 집의 중심은 2층에 있는 거실이며 다른 모든 공간은 거실의 부속물인 셈이다. 거실은 천장도 바닥도 아무런 높이의 변화 없이 단순한 하얀 리놀륨 바닥이 펼쳐지고 회칠을 한 편평한 천장이 마주 보고 있다. 남쪽과 동쪽 벽면은 반듯한 유리로 되어 있다. 아니 유리를 통해 보는 바깥 경관으로 이루어져 있다. 남쪽 창으로는 정원 너머 멀리 맞은

편 언덕의 스필버그 성Spielberg Castle이 보이고 동쪽 창으로는 좁은 겨울 정원의 초목들이 클로즈업 되어 보인다. 그러므로 거실을 꾸며 어떤 분위기를 만드는 것은 자연을 그린 그림이 아니라 자연 그 자체인 것이다. 북쪽과 서쪽 면의 구조는 좀 더 복잡하다. 벽단set-back과 반침alcove이 현관부, 서재, 그랜드 피아노가 놓인 공간 등을 느슨하게 형성하고 있다.

방 한 가운데에는 두 개의 두드러지는 물건이 공간을 의도적으로 구분하고 있다. 그것은 반원형의 목재 칸막이와 단단한 대리석 스크린이다. 목재 칸막이는 식탁을 에워싸고 있고 단단한 대리석 스크린이 나머지 공간을 대략 반으로 나누고 있다. 이들이 바로 진즈버거의 신경을 건드렸던 줄 대리석onyx 벽면과 고급 목재 장식이다. 마치 창문을 통해 보이는 살아 있는 자연을 화석화시켜 놓은 것처럼 이 두 물체의 표면은 강렬하게 두드러져 보인다. 비슷한 시기에 디자인 된 유명한 바르셀로나 전시관Barcelona Pavilion에도 이와 비슷한 구조물이 있다. 공간을 정방형 격자로 나누는 크롬을 입힌 십자 기둥도 마찬가지이다. 회칠로 가려져 있긴 하지만 투겐다트 하우스는 기본적으로 철골구조 건물인 것이다.

남쪽을 향한 유리벽은 두 짝으로 되어 있다. 각각 5 미터16 피트 너비이며 전기 모터로 바닥까지 내릴

수가 있다. 열린 창은 줄 대리석onyx 벽면과 고급 목재장식과 정확하게 균형을 이룬다. 설계 당시 '융통성 있는' flexible 공간을 만들고자 했던 이 집에서는 실제로는 대칭을 이루며 배치된 기둥, 스크린, 가구, 창문 멀리언mullion, 중간 문설주 등이 몇 가지 영역zone을 섬세하게 구분하고 있다. 남쪽 벽면의 서쪽 끝에 있는 문을 통해서 넓적한 돌을 깐 테라스로 나갈 수 있고 테라스에 있는 넓은 층계를 내려가면 정원이 있다.

이 집을 지을 당시에는 층계가 끝나는 곳, 그러니까 식사공간 정확히 맞은편에 커다란 버드나무가 서 있었다. 지금은 사라진 그 버드나무는 이 집의 설계 당시에는 디자인의 일부로 설계도에 포함되어 있었다. 그것은 전체 구도의 살아 있는 구심점이었다. 투겐다트 하우스는 오늘날 역사적 기념물이자 박물관으로 보존되고 있다.

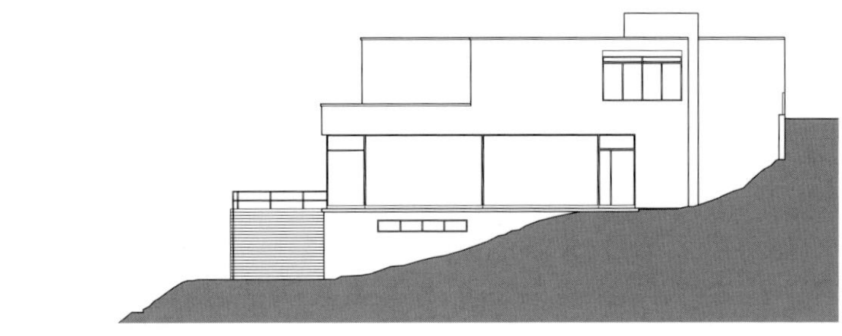

1 East Elevation

2 North Elevation

3 South Elevation

4 Second Floor Plan

1 Garage
2 Storage
3 Bathroom
4 Chauffeur's room
5 WC
6 Entrance
7 Bedroom

5 First Floor Plan

1 Staff room
2 Bathroom
3 Storage
4 Kitchen
5 WC
6 Study
7 Sitting
8 Dining area
9 Servery

Villa Savoye

Le Corbusier, 1887-1965

Poissy, France; 1931

최후이자 최고의 순수파 빌라인 빌라 사보와는 르 꼬르뷔지에가 십여 개의 프로젝트를 통해 다듬고 시험한 창작물을 과시하기 위해 디자인한 주택이다. 이 건물에는 '새로운 건축의 다섯 요소'라고 규정한 필로티, 옥상 정원, 자유로운 평면, 자유로운 입면, 수평띠창을 모두 표현했다. 보행 경사로와 차량회전 공간vehicle-turning circle도 추가했다. 이런 요소들은 기술적으로 완전히 성숙단계에 도달한 거장의 솜씨를 보여 준다. 이 작품 이후에 그는 또 다시 새로운 과제, 새로운 비전을 시도한다.

부유하고 개방적인 건축주가 공간적 제약 없이 설계해 달라는 조건은 걸작을 창조하는 데 큰 기여를 했다. 르 꼬르뷔지에로서는 처음으로 규모가 크고 사방에서 감상할 수 있는 독립적인 빌라를 디자인할 기회였다. 형태와 공간의 기본 배치는 매우 단순하다. 직사각형으로 계획된 좁은 박스형의 벽면은 네 면 모두에 긴 창문이 달려 있고, 필로티가 지면에 설치되어 있다. 벽면의 크기는 보행 경사로의 최대 경사각과 자동차의 최소 회차공간turning circle이라는 두 개의 고정 요소에 따라 결정되었다. 순수파 회화에 나오는 정물처럼 램프와 회차공간을 벽면이라는 액자틀 속에 포함시켜야 했던 것이다. 이러한 제약조건은 디자인을 발전시켜 가는 과정에 문제를 발생시켰다. 예산에

비해 너무 규모가 커졌다는 점이었다. 이 문제는 르 꼬르뷔지에가 작업을 할 때 자주 발생하는 상황이다. 비용절감을 해야 했다. 그 결과 당초 명품 스위트룸으로 계획한 2층 디자인 중에서 남은 것은 배의 형상을 연상시키는 곡면으로 둘러싸인 옥상의 일광욕실뿐이다.

완성된 건물 중 실제로 건축주가 사용할 수 있는 폐쇄 공간은 놀랄 만큼 적다. 1층의 차고와 스태프룸을 제외하면 응접실, 침실 3개, 여성의 거실boudoir, 욕실 2개, 부엌 하나뿐이다. 이 공간들이 다 같은 피아노 노빌레 층에 있다. 피아노 노빌레의 나머지 공간에는 천장 없는 방으로 처리된 테라스와 천장은 있지만 테라스로 열려 있는 여성의 거실이 있다.

공간들을 조화시키는 거장다운 솜씨가 이 집의 디자인을 매혹적인 것으로 만든다. 램프가 그 비결이다. 두 단계로 된 램프는 현관을 피아노 노빌레로 연결시킨 후, 테라스로 이어진다. 다음 다시 두 단계 램프를 따라가면 일광욕실을 만난다. 램프의 친구격인 아름다운 나선형 계단은 스태프만 이용할 수 있다. 이 공간을 제대로 즐기려면 천천히, 꾸준하게, 마치 의식儀式을 거행하듯이 걸으면 된다. 그 밖에도 세부적인 부분에 신경을 써서 보는 이를 즐겁게 해주고 있다. 예컨대 현관 바닥의 타일이 대각선으로 배치된 것, 응접실과 테라스를 구분하는 동시에 통합시키는

통유리 벽, 마담 사보와의 욕실에 있는 타일을 깐 라운지, 배의 굴뚝 모양을 한 계단벽, 그리고 일광욕실의 유리 없는 창을 통해 멀리 보이는 센느 계곡의 완벽한 풍경 등이다.

건축비용을 절감하려는 여러 가지 시도가 있었지만 최종 비용은 처음에 예측한 것의 두 배에 달했다. 또한 건축주는 준공 후 몇 년 간 여러 가지 결함에 대해 불평을 했다. 1930년대보다는 훨씬 상태가 개선된 지금, 이 건물은 전 세계 건축가들이 찾는 명소가 되었다.

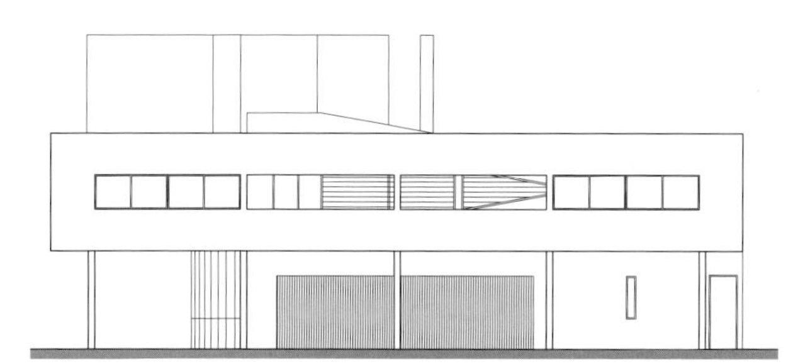

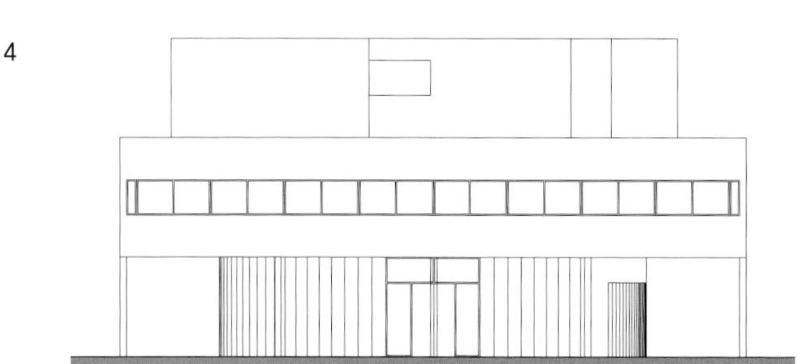

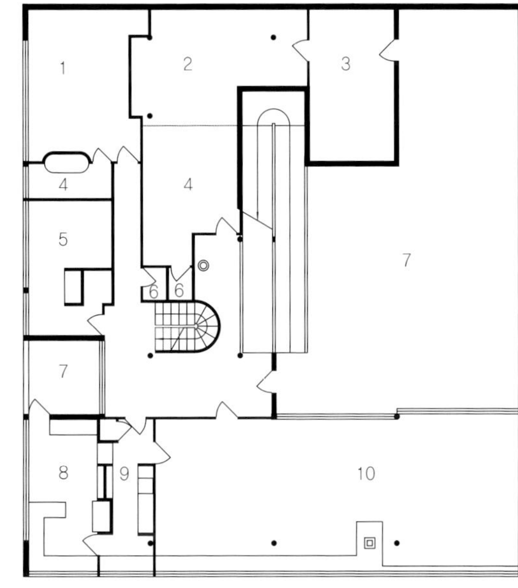

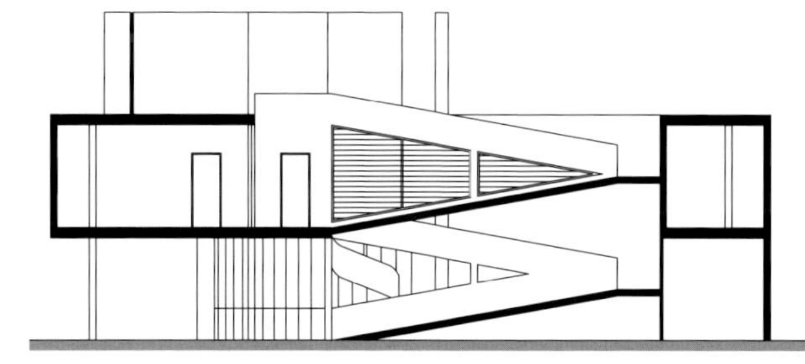

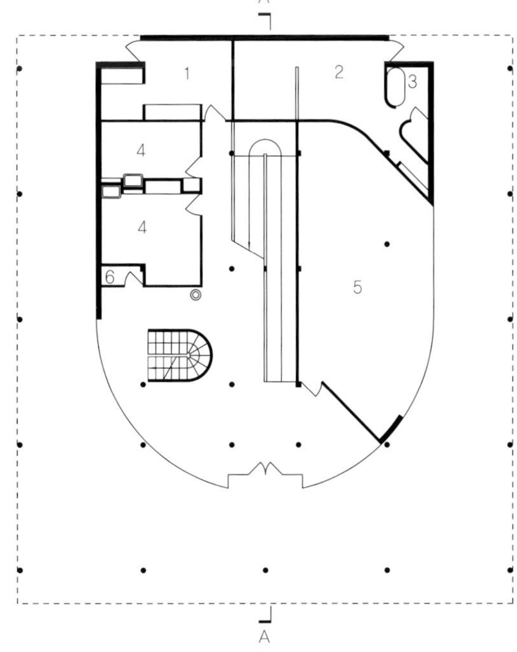

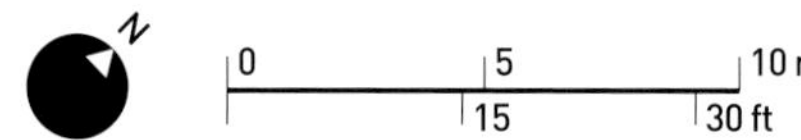

1 Second Floor Plan

1 Sun terrace

2 Northeast Elevation

3 First Floor Plan

1 Son's room
2 Madame's room
3 Boudoir
4 Bathroom
5 Guest room
6 WC
7 Terrace
8 Kitchen
9 Pantry
10 Salon

4 Southeast Elevation

5 Ground Floor Plan

1 Laundry
2 Chauffeur's room
3 Ensuite bathroom
4 Maid's room
5 Garage
6 WC

6 Section A–A

Aluminaire House

Alfred Lawrence Kocher and Albert Frey, 1885-1969 and 1903-98

Syosset (Planview), New York, USA; 1930-31

20세기 중반 미국에서 야심 있는 건축가라면 누구나 대량생산이 가능한 표준화 되고 저렴한 현대적인 주택을 생각했다. 대부분의 프로젝트들은 원형에서 크게 벗어나지 않았지만 콘라드 워크먼의 패키지 하우스와 버크민스터 풀러의 위치타 하우스p.104-105처럼 디자인의 독창성과 디자이너의 유명세에 힘입어 역사 책에 수록되는 경우도 드물게 있었다. 유명한 알루미네어 하우스는 건축가의 명성에 비해 그 명성이 잘 알려진 편은 아니라고 할 수 있다.

이 집은 1931년 4월 그랜드 센트럴 팰리스에서 열린 뉴욕 건축협회 50주년 기념전시회에서 최초로 풀사이즈의 원형을 선보였다. 당시의 기록을 보면 전반적으로 지루했던 전시회에서 유일한 볼거리였다고 한다.

전시회가 끝나고 난 뒤 건축가 월러스 해리슨이 개인적인 목적으로 이 집을 샀는데, 집을 해체하여 롱 아일랜드에 있는 자신의 부지에 다시 세웠다. 이듬해 헨리 러셀 히치콕과 필립 존슨은 뉴욕 현대미술관에서 열린 획기적인 국제 스타일 전람회에서 이 집의 사진과 그림을 전시했다. 전시회에 포함된 미국의 집은 알루미네어 하우스와 리차드 노이트라의 로벨 헬스 하우스p.68-69 두 개밖에 없었다.

하지만 이 집이 진정한 미국의 집이라고 할 수 있을까? 디자이너인 알베르트 프레이는 1928년에서 1930년까지 파리에서 르 꼬르뷔지에 사무실에서 일했던 스위스 이민자였다. 프레이는 빌라 사보아p.80-81의 시공 도면을 그리기도 했다. 이 점을 염두에 두면 알루미네어 하우스에서 보이는 몇몇 특징들이 어디에서 기원했는지를 쉽게 찾아낼 수 있다. 유일하게 수직의 지지대 역할을 하는 여섯 개의 기둥은 도미노 하우스 컨셉을 강하게 연상시킨다. 지층은 앞면이 개방되어 두 개의 기둥을 필로티로 노출시키고 있다. 또한 반쯤 가려진 옥상정원이 있다. 벽들은 하나같이 하중을 지지하는 기능이 없다. 천장이 2배 높은 거실의 한 벽면을 차지하는 유리 벽면을 제외하면 모든 창문은 연결되어 있다. 이 모든 특징들은 르 꼬르뷔지에의 순수파 레퍼토리에서 빌려온 것들이다.

프레이의 파트너인 A. 로렌스 코커는 캘리포니아 출신으로 건축가로 훈련을 받았지만 교사, 저널리스트로도 활동한 적이 있었다. 그가 잡지 아키텍추럴 레코드Architectural Record의 편집인이었으므로 알루미네어 하우스는 자연스레 잡지에 소개되었다. 그가 교외 주택의 배치계획에 대해 쓴 글에는 일러스트레이션으로 알루미네어 하우스 여러 개를 다른 방식으로 배열한 그림이 있다. 1929년에 완성된 르 꼬르뷔지에의 페삭 하우스Pessac House 부지로 착각할

정도였다.

알루미네어 하우스에 있어서 르 꼬르뷔지에적이지 않은 점이 단 한 가지 있다. 이름을 보면 알 수 있듯이 이 집은 콘크리트가 아닌 금속으로 되어 있다. 알루미늄과 경금속으로 프레임을 짰으며 외벽은 목재 프레임에 단열판으로 되어 있는데 주름진 알루미늄으로 덮여 있다. 당시 알루미늄은 비교적 새로운 재료였고 차도 아닌 집을 금속으로 짓는다는 아이디어 자체가 미래적이어서 대중의 이목을 끌었다. 아마도 투자자들의 이목도 끌었을 것이다. 디자이너들은 이런 집을 수십, 수천 개 지으면 채산성이 좋을 거라고 생각했다. 그러나 물론 실제로는 그런 일이 일어나지 않았다. 오늘날까지도 원형 한 채 이외에는 지어지지 않았다. 오늘날 뉴욕 기술원의 센트럴 아일립 캠퍼스에는 정성스레 복원한 알루미네어 하우스가 건재하고 있다.

1 Second Floor Plan	2 First Floor Plan	3 Ground Floor Plan	4 West Elevation	5 East Elevation
1 Living room	1 Living room	1 Garage	6 South Elevation	7 Section A–A
2 Library	2 Dining room	2 Hall		
3 Lawn	3 Bedroom	3 Storage		
4 Terrace	4 Kitchen	4 Heater		
	5 Exercise room	5 Porch		
	6 Bathroom			

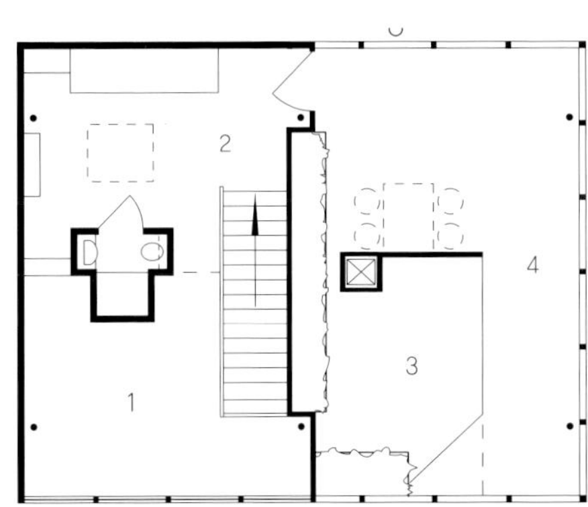

1

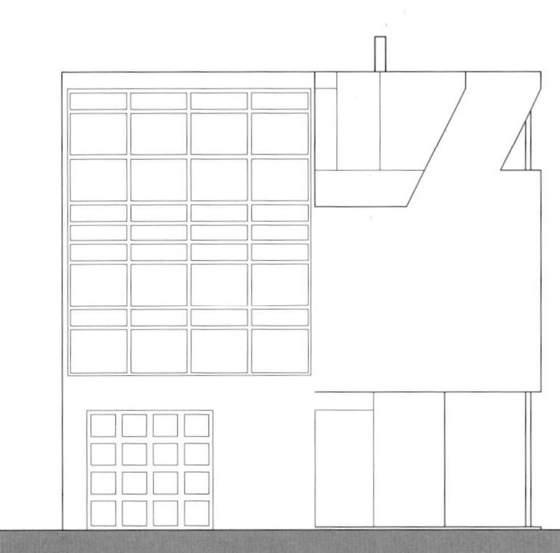

4

5

2

6

7

3

0   5   10 m
15   30 ft

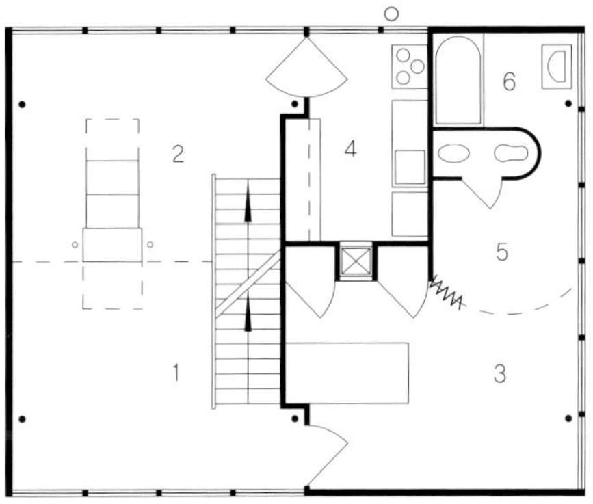

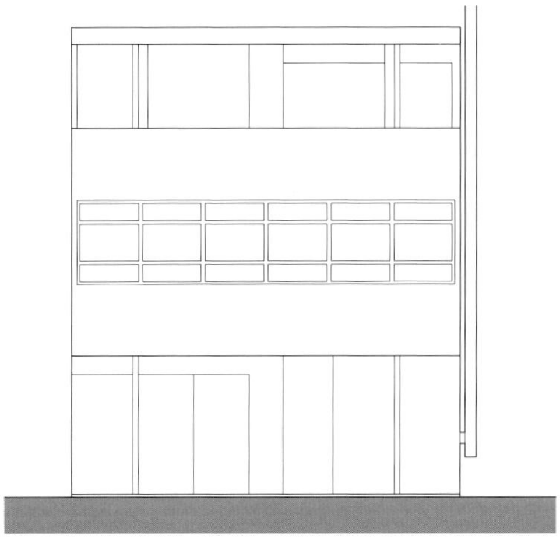

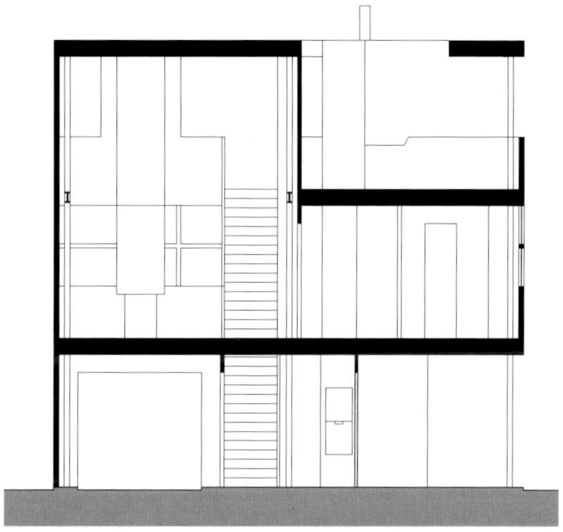

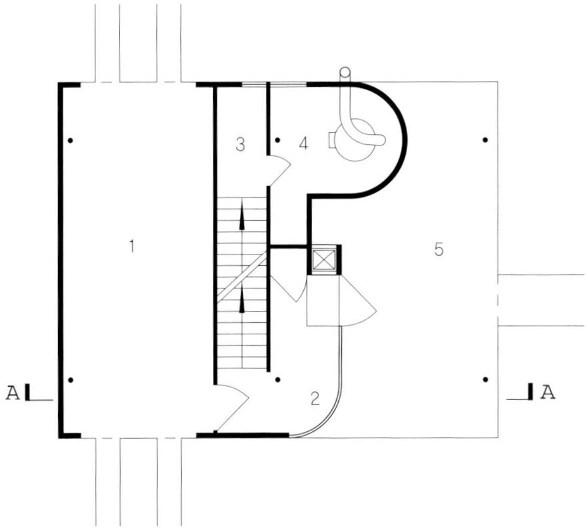

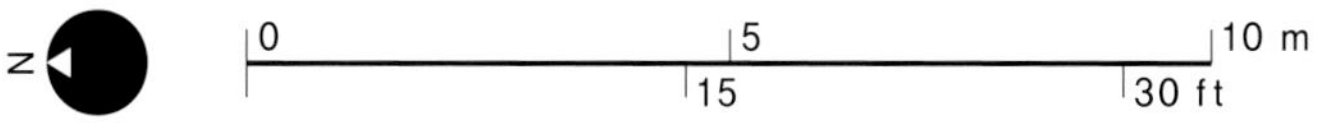

Schminke House

Hans Scharoun, 1893-1972
Löbau, Germany; 1932-33

건축가 한스 샤로운은 건축물의 형식와 공간은 고객의 요구사항과 그 장소만이 갖고 있는 특성에서 나와야 한다고 믿었다. 이러한 믿음은 어떤 점에서 1920년대와 1930년대 모든 독일의 모더니스트들의 믿음과 같았다고 할 수 있다. 그러나 모더니즘은 두 개의 조류로 나누어지기 시작했다. 루드빅 미스 반 데어 로에로 대표되는 첫 번째 조류는 추상성과 보편성의 경향을 보여, 형식과 기능 사이의 적합성을 고려하면서 부지를 압도하는 듯한 인상적인 건물을 세우려고 했다. 두 번째 조류를 대표하는 샤로운과 그의 스승 휴고 헤어링은 건축물은 그것의 기능과 물리적 환경에 적합하게 진화한 유기물이라고 보았다. 샤로운의 초기 작품 후반부의 대표작인 슈민케 하우스는 '유기적' 모더니즘의 발달 과정에서 중요한 단계를 차지한다.

부지는 독일 뢰바우 외곽에 있는 국수 공장 옆에 있었다. 공장 반대편인 북쪽으로는 경치가 보였고, 동쪽 경계를 이루는 길로 이어지는 경사면이 있었다. 이 부지 조건이 슈민케 하우스의 디자인을 결정했다. 북쪽으로 보이는 경치는 딜레마였다. 어느 방향으로 해야 하는가. 남향으로 하면 공장이 보이고 경치가 보이도록 하려면 북향으로 해야 했다. 샤로운은 집의 주 생활공간은 해가 잘 들면서 경치도 잘 보여야 한다고 생각했다. 그래서 집을 길고 좁은 형태로 정확히 북쪽과 남쪽 모두로 창문을 냈다. 그리하여 이 집을 동쪽 경계에 비스듬하게 놓았으며, 샤로운은 주특기인 경사면이 경우 26° 을 도입했다.

바로 이 각도 때문에 이 건물은 역동성을 띤다. 집의 동쪽과 서쪽 끝 모두 비스듬하게 되어 있지만, 그보다 더 중요한 것은 입구와 홀을 연결하는 메인 계단이 경사를 이루고 있다는 점이다. 이 계단의 형태는 우리를 거실로 인도한다. 거실의 남쪽 창은 비교적 좁고 가로로 긴 형태여서 햇볕을 들이는 동시에 그것을 통제하고 있다. 방의 북쪽 측면에는 햇볕이 너무 많이 들어올 위험이 없기 때문에 커다란 통유리를 테라스를 향해 설치하고 그 너머로 경치를 볼 수 있게 했다. 집의 동쪽 끝부분으로 가면 거실이 왼쪽으로 꺾이면서 유리로 된 일광욕실과 연결된다. 동쪽에는 작은 온실, 혹은 겨울 정원이 있다. 일광욕실은 돌출된 테라스로 둘러 싸여 있다. 이층에 있는 안방 역시 널찍한 테라스가 딸려 있고, 하나의 강철 기둥이 지붕을 떠받치고 있다. 메인 계단과 같은 각도의 계단 세 개가 테라스와 정원을 서로 연결하고 있다.

어린 시절을 바쁜 항구 도시 브레머하펜에서 보냈다는 사실에서 왜 그의 건축이 마치 배와 같은 형상을 띠고 있는지를 알 수 있다. 테라스는 갑판을, 금속 성 손잡이가 있는 외부 계단은 갑판과 선실 사이의 승강 계단을, 둥근 코너는 스틸 시트의 단면과 같이 생겼다. 심지어 입구 홀의 벽면에는 하역구가 있다. 전후 샤로운의 후기 작품을 보면 선박이라는 주제가 많이 두드러지지 않으나 유기적인 디자인법은 더욱 과감해진다. 1960년대 초에 이르면 이 두 조류의 모더니즘은 완전히 다른 양상을 띤다. 베를린에 거의 나란히 서 있는 다음의 두 건축물이 그 차이를 분명하게 보여준다. 바로 미스의 내셔널 갤러리와 샤로운의 필하모니 건물이 그것이다.

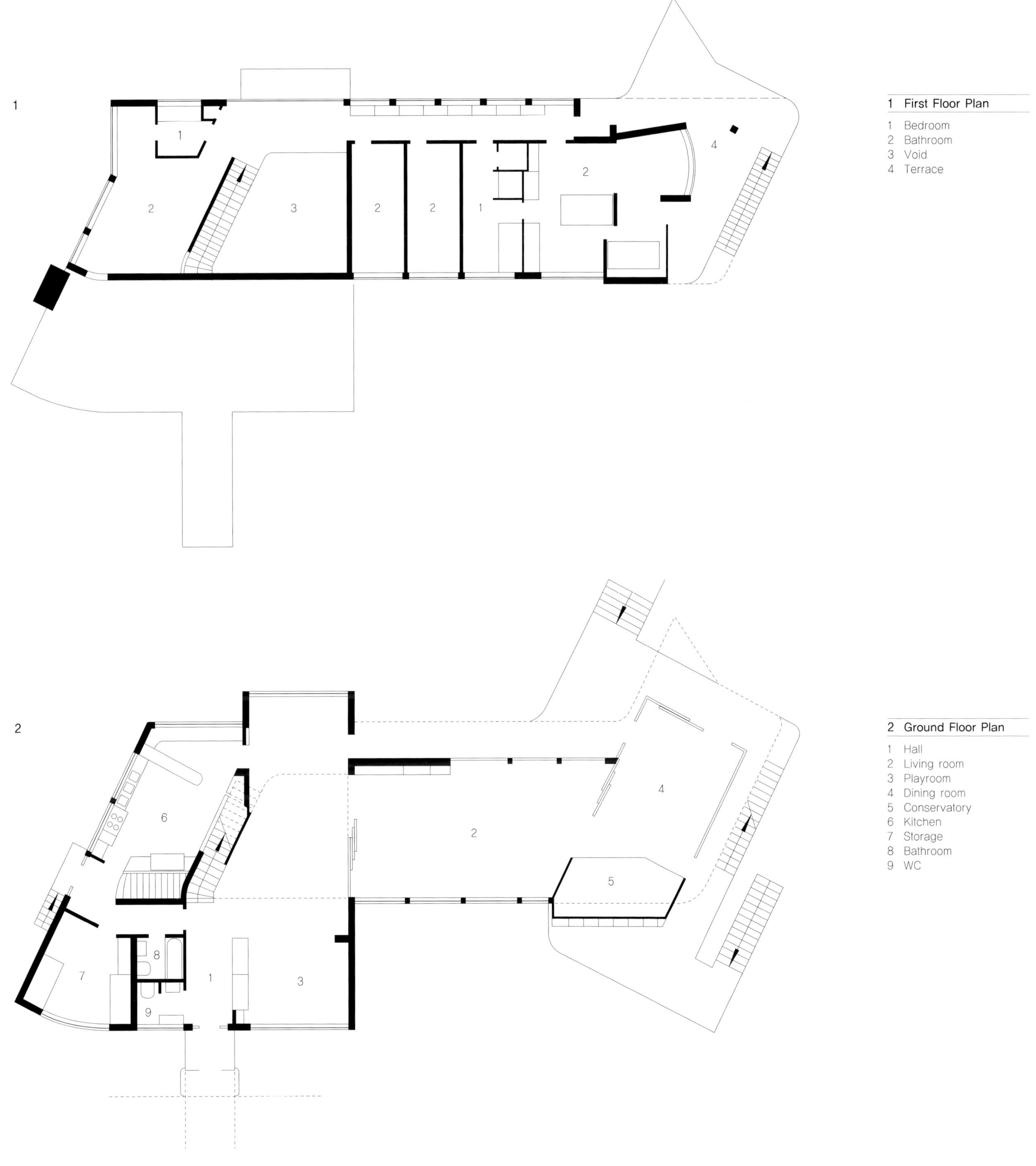

1 First Floor Plan
1 Bedroom
2 Bathroom
3 Void
4 Terrace
2 Ground Floor Plan
1 Hall
2 Living room
3 Playroom
4 Dining room
5 Conservatory
6 Kitchen
7 Storage
8 Bathroom
9 WC
0 5 10 m
15 30 ft

Villa Girasole

Ettore Fagiuoli, 1884-1961

Marcellise, Italy; 1935

기라솔레는 해바라기를 의미한다. 빌라 기라솔레는 해바라기처럼 하늘을 가로 질러 태양을 바라다본다. 이 빌라의 소유주이자 고안자인 앤젤로 인베르니찌 Angelo Invernizzi는 토목, 항해 기술자였다. 인베르찌는 다행히 제노아의 항구에서 이와 비슷한 작업을 해본 경험이 있어서, 베로나 북쪽 자신의 고향 근처에 스스로 전원주택을 마련하기로 결정을 했다.

지금도 마크리스 계곡은 평화로운 포도밭, 올리브 나무, 사이프러스 나무들과 어우러진 참나무들이 가득하다. 해바라기 주택의 낭만적인 아이디어는 주변 환경과 완벽하게 어울린다. 그러나 아이디어를 현실화시키기 위해서, 인베르니찌와 동료들은 수십 년 전에 미래학자들이 예찬했던 기계화된 수송 방식과 중공업 등 관련 다른 분야 기술자들의 도움을 받아야 했다. 사실 빌라 기라 솔레는 꽃이라기보다는 여행하는 기중기 또는 흔들리는 다리 같다.

빌라는 두 부분으로 나뉜다. 하부에는 언덕을 향해 붙박이처럼 고정된 3층 높이의 공간이 있다. 기능상 특별한 용도가 정해지지 않은 몇 개의 방과 계곡을 내려다 볼 수 있는 큰 전망대가 배치되어 있다. 스타코와 고전적인 노보 센토 스타일로 장식된 강화 콘크리트 구조물로 된 주택이다. 그러나 케이크 받침대 위의 케이크 조각 같은 빌라 하부는 지붕 위의 주택을 지지한다.

4분원꼴 형태의 플랫폼은 2개 층으로 된 L자형 주택을 지지하고, 전체는 3개 원형 레일 위에서 작동하는 15개의 바퀴로 보기bogy 위에 설치되어 있다. 외부 레일 위에 있는 2개의 보기는 이 주택을 9시간마다 완전히 한 바퀴씩 회전시키기에 충분한 기계 모터와 연결되어 있다.

이 주택의 구조 중에서 가장 대단한 부분은 주택이 회전하는 축, 선회축 부분이다. 이 부분은 개방된 회전 계단과 승강기를 담는 실린더 형태를 띤다. 최하단 부분인 지하실에는 거대한 중앙 롤러 베어링이 숨겨져 있다.

주택과 선회축의 구조는 철골조가 아니라 강화 콘크리트를 개선한 비렌딜vierendeel 틀구조이다. 상부에는 속이 빈 피봇pivot이 주택 지붕 위로 돌출되어 있으며, 등대처럼 생긴 전등이 피봇을 둘러싸고 있다.

건축적 측면에서 볼 때, 회전하는 주택은 정적인 주택과는 아주 다른 특색이 있다. 거침없는 현대식 건물로서, 시각적인 측면에서도 전통적인 소재가 아닌 알루미늄 패널로 덮여져 있다. 발코니 캔틸레버는 구석에서 돌출되어 있고, 축구 골대 형태의 페르골라는 지붕 테라스의 골조 역할을 한다. 전기에 의해서 작동되는 셔터는 창문을 보호한다.

내부 평면계획은 단순하게, 거의 일반적인 방식으로 구성되어 있다. 움직이는 테라스와는 달리 대부분의 실들은 동선과 주택 외부의 서비스 공간을 고려하여 내부를 향해 배치되어 있다. 이러한 내부공간들은 빛을 받기 위해 상부로 돌출된 나선형 계단실과 비교해서 공간적 측면에서 평범하다.

해바라기의 아이디어는 다소 부가적인 것일지도 모른다. 빌라 기라솔레는 콘크리트로 만든 시라기 보다는 기술자의 장난감 같다. 공동디자인 작업으로 완성한 만만치 않은 작품이다. 건축가인 에토르 파지우올리Ettore Fagiuoli는 이 주택이 독창적이며 우아하다고 말한다. 현재 이 빌라는 파손되고 있어서 가끔씩은 회전이 불가능하지만, 지역 대학들의 지속적인 관심 속에 향후 보수 계획이 수립되어 있다.

1 Lower Level Plan

1 Hall
2 Bathroom
3 Living room
4 Study
5 Storage
6 Kitchen
7 Meeting room

2 Upper Lever Plan

1 Bedroom
2 Bathroom
3 Balcony
4 Landing

3 East-West Section

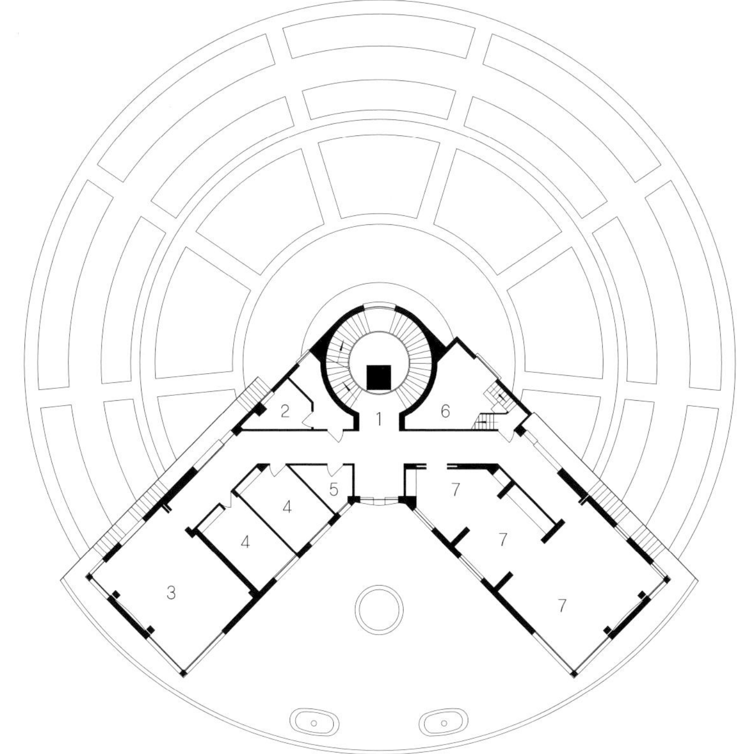

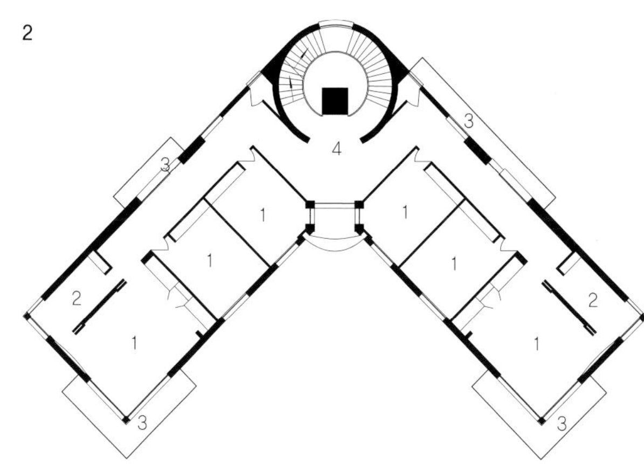

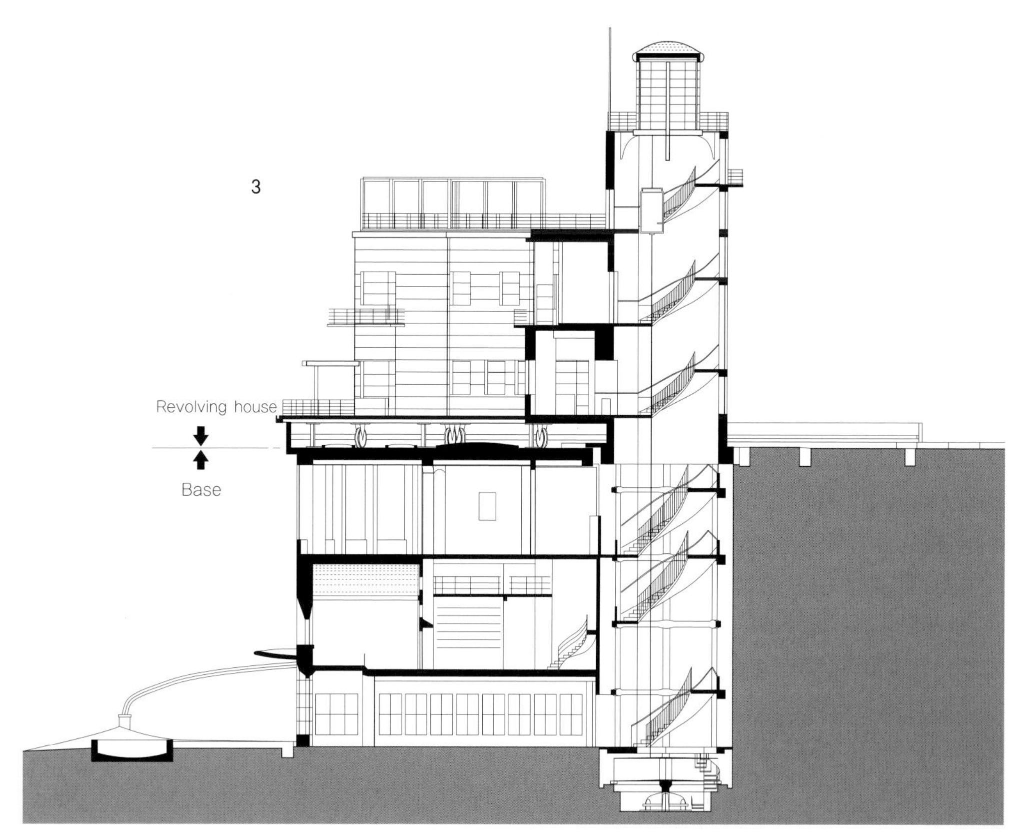

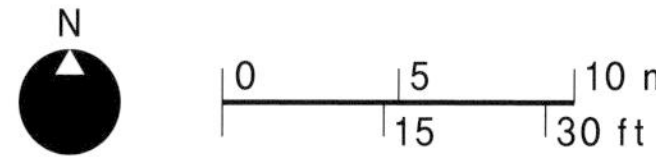

Sun House

Edwin Maxwell Fry, 1899-1987

Hampstead, London, UK; 1935

선 하우스는 런던에 계획된 첫 번째 모더니스트 주택 중의 하나였다. 맥스웰 프라이는 친구인 웰스 코츠 Wells Coates로부터 새로운 스타일을 소개받았고, 그는 1932년 유명한 MARSModern Architecture Research그룹을 설립하는데 도움을 주었다. 선 하우스가 건설되었던 당시, 그는 미국으로 이민가는 워터 그로피우스가 영국에 잠시 체류할 때 워터 그로피우스를 접대했다.

프라이는 르 꼬르뷔지에의 퓨리스트purist 빌라의 영향을 받은 것이 분명하지만 애호가는 아니었다. 프라이는 1924년 리버풀 대학을 졸업했고 남부 철도회사를 비롯하여 다양한 현장에서 일했다. 혁신적인 건설기술을 사용해서 예산을 절감하기 위해 다수의 공공주택을 계획했다. 이 모든 현장 경험을 바탕으로 선 하우스를 계획했고, 평면 계획과 단면 계획에서 많은 지혜로운 해결책을 보여 주었다.

대지는 남사면의 급한 경사지이며 런던 방향으로 좋은 전망을 갖는다. 그러므로 프라이는 우선 주요 생활공간을 상부에 배치하고, 전망을 고려해 전면창과 발코니를 계획하였다. 창고, 화원, 작은 현관 입구 홀은 경사면 아래에 배치하고, 회색의 옹벽은 발코니를 지지하고 있는 얇은 강철 기둥 뒤에 배치하여, 필로티를 설치한 것과 같은 느낌을 주었다. 2층 침실에는 남쪽에 면한 리본 창문이 있고, 꼬르뷔지언 선서에서 나타나듯이 평평한 지붕은 정원으로 계획하였다.

디테일한 부분을 보면 그 주택의 수준을 확실하게 알 수 있다. 예를 들어, 현관 입구의 홀에서 피아노로 연결되는 계단은 방문객에게 거실 문 방향을 알려 준다.

집에서 일하는 사람들의 공간 – 부엌, 가정부방 – 은 반대편의 두 계단 위에 있다. 그러나 부엌은 방문객의 뒤편으로 계단을 통해서 식당과 거실과 다시 연결된다. 그러므로 식당은 오픈 플랜 공간 내에서 완벽한 공간의 전환을 만들며 거실보다 두 계단 높은 곳에 있다.

거실 발코니는 단순히 전망을 위한 곳이 아니라, 동측 끝에서 사각형 형태로 외부공간으로 확장되도록 세심하게 계획된 기능적인 공간이다.

단일 기둥 위로 지나가는 얇은 콘크리트 캐노피는 비를 피할 수 있게 해 주고, 부엌으로 햇빛이 직접 들어오는 것을 막아 준다. 거실 뒤편에는 충분한 크기의 베이 윈도우가 있어, 안정적인 북측광 속에서 책을 읽거나 바느질을 할 수 있다.

그 위에는 침실이 약간 복합적인 3개의 부속공간을 구성한다. 옷장이 설치된 로비는 측면에 있는 욕실과 아래편의 더 큰 거실 발코니를 내려다볼 수 있는, 다른 쪽의 천장이 있는 발코니로 이어진다. 지붕정원은 실제로 편안한 파티오와 같은 곳으로 바람을 피할 수 있고, 2층 아래에 있는 부엌에서 완전히 떨어져 있다.

이 작품은 스타일적인 측면에서 초기 작품일지도 모르지만, 그럼에도 불구하고 장인의 성숙함이 느껴진다. 1차 세계대전 후, 맥스웰 프라이와 부인 제인 드루는 더운 기후용 건물 전문가로 발전하면서 서아프리카에 많은 교육용 건물들을 설계하였다. 1951년 그들은 찬디가의 새로운 수도 펀자비를 위한 선임 건축가로 임명되었다. 르 꼬르뷔지에 역시 그들이 추천하여 마스터 계획가로 임명되었다.

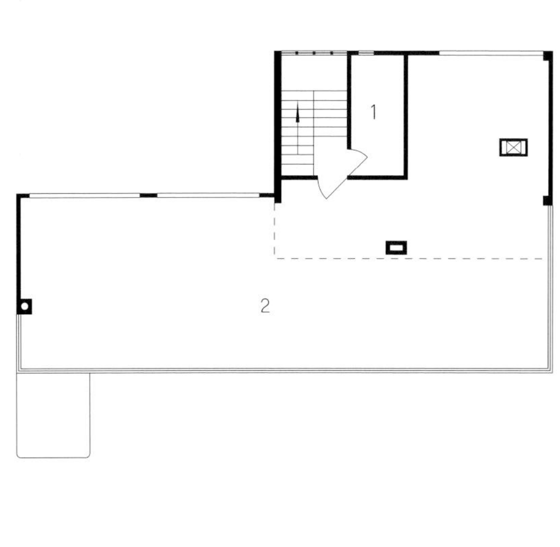

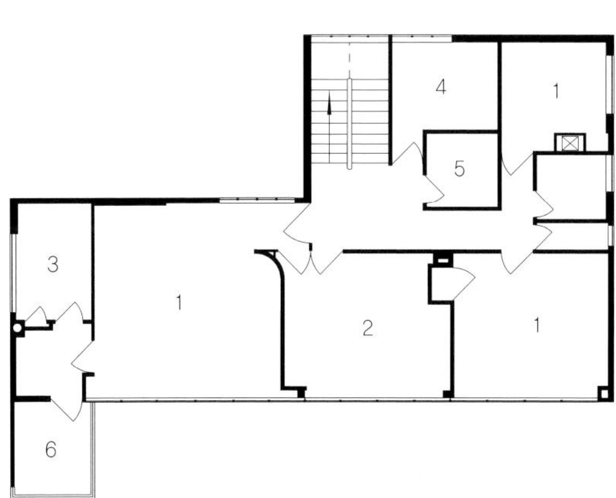

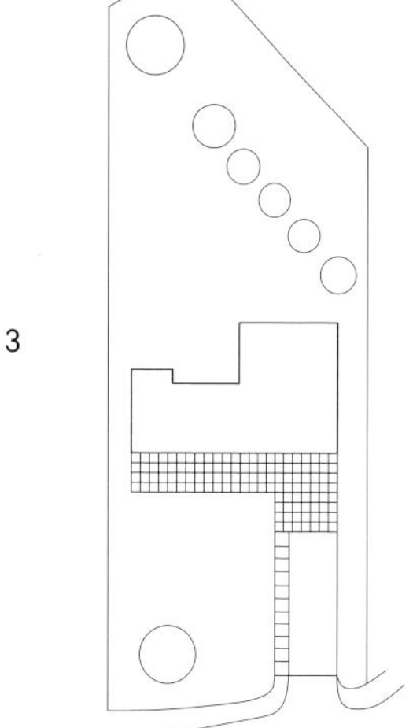

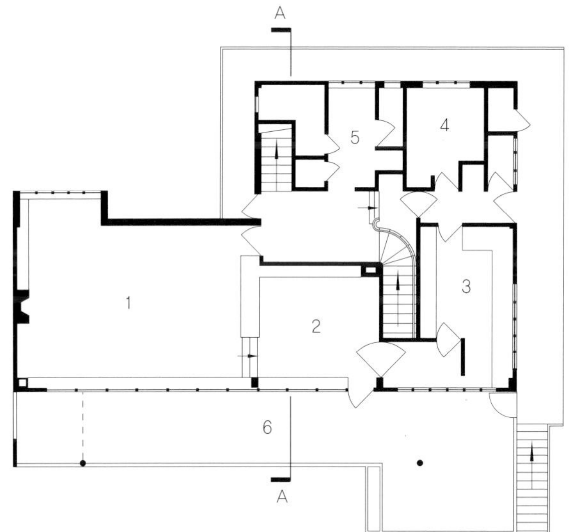

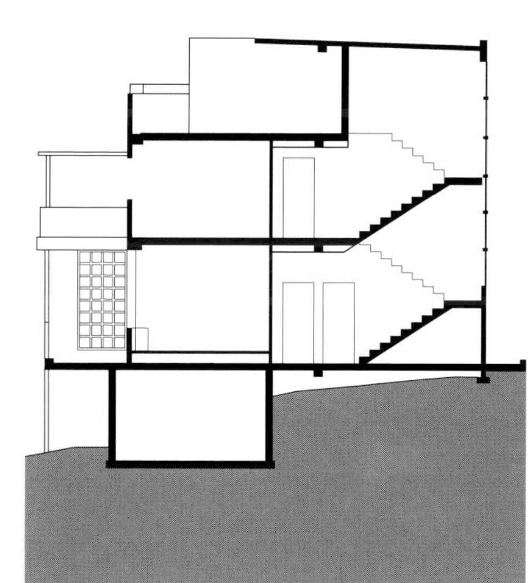

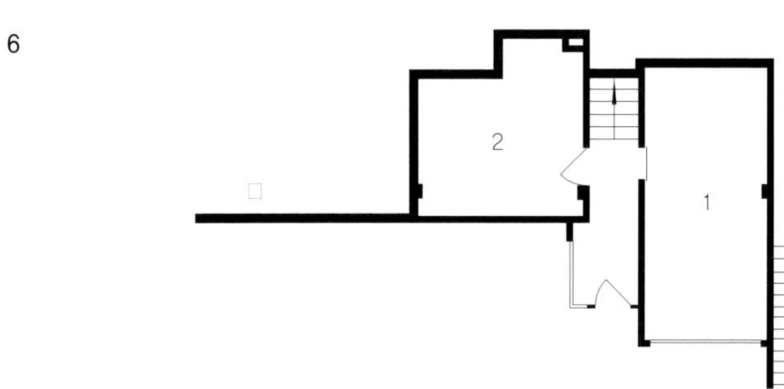

1 Roof Plan

1 Tanks
2 Roof terrace

2 First Floor Plan

1 Bedroom
2 Dressing room
3 Bathroom
4 Sewing room
5 Dark room
6 Balcony

3 Site Plan

4 Ground Floor Plan

1 Living room
2 Dining room
3 Kitchen
4 Maid's room
5 Cloak room
6 Terrace

5 Section A–A

6 Lower Ground Floor Plan

1 Garage
2 Heating room

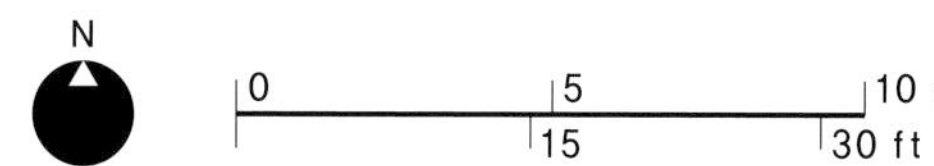

Jacobs House

Frank Lloyd Wright, 1867-1959

Madison, Wisconsin, USA; 1936

프랭크 로이드 라이트는 건축가로서 오랜 경력의 마지막 시기인 1930년대 후반부터 유소니언 주택이라 명명했던 26개의 개인적이며 비교적 저렴한 주택을 설계했다. 이 명칭의 유래는 명확치 않지만, 라이트에게 유소니아Usonia는 일종의 유토피아Utopia로, 모든 가족들이 교외의 단독주택에서 자동차를 소유하고 사는 이상적인 미국을 의미했다. 이는 미국의 실제 모습과 많이 다르지 않을지도 모른다. 그러나 유소니아는 프랭크 로이드 라이트가 디자인한 미국이었다. 제이콥스 하우스는 유소니언 중에서 최고였으며, 소규모 주택이 해결해야 할 문제점에 대한 라이트의 해결책을 가장 분명하게 보여준다.

전형적인 미국 교외의 주택은 2층 박스형 주택으로, 종종 전통적인 콜로니얼 또는 케이프 코드 원형의 버전이다. 주택이 대지의 중앙부에 위치하고, 정원을 분리하여 양쪽에 필요한 공간을 남겨둔다. 제이콥스 하우스는 다르다. L자형, 단층이며, 건물 후면이 가로에 접하도록 건물을 대지의 코너에 배치하여 정원을 하나의 공간으로 남겨 두었다. 내부계획은 완전히 충격적이다. 10년 전인 대공항 전에 제이콥스와 같은 전문 직업에 종사하는 가족들은저널리스트였을 가 정부를 고용했을지도 모른다. 부엌은 눈에 띄지 않게 배치했다. 1938년경에는 부엌공간은 그 집에서 가장

중요한 사람의 영역 – 그 집의 숙녀– 이 경우에는 제이콥 부인– 이 되었다. 그러므로 부엌이 거실과 침실 부분 계획의 무게 중심에 있다. 이전에는 다소 행사적인 공간으로, 가족생활과 오락 활동의 중심이었던 식당공간은 사라지고, 편안한 비공식적인 거실이 그 기능을 갖게 되었다.

라이트는 항상 공간을 분할하기 보다는 통합했고, 주택 전체로 자연스럽게 연결시키면서 솔리드한 벽난로를 이용해서 공간의 중심을 잡았다. 3차원적인 주택의 형태 역시 혁신적이다. 표준화된 형태를 사용했다기 보다는 건물 시스템의 응용이다. 전체 공간 규모는 $0.6 \times 1.2m$의 평면격자와 $0.33m$의 수직격자를 사용하여 조절하고 있다. 일본의 영향을 받은 것이 분명하다

3가지 형태의 벽 – 벽돌벽, 목재틀로 된 천장높이의 유리문, 소프트우드softwood와 하드우드 스트립hardwood strip을 번갈아 붙여서 만든 특별제작된 샌드위치 공법 플라이우드 쉬트 – 을 사용하고 있다.

지붕은 평지붕이고, 그 사이에 2층 높이의 연속된 채광층이 있다. 바닥은 통상 설치되는 지하실이 설치되지 않고 콘크리트 슬래브 형태로 단순하다. 난방은 혁신적으로 바닥 슬래브 사이에 온수 파이프를 설치했다. 이는 산업적인 의미의 빌딩 시스템이 아니다. 라이트는 유소니언 주택을 대량생산하기 위한 공

장을 세우는 것을 결코 생각하지 않았다. 그러나 이러한 방식은 격자방식과 표준 공법의 세부사항 일체를 병행하여 결과적으로 디자인 작업에 소요되는 시간을 절감시켰다. 이른바 라이트가 말하는 '공장작업'과 '현장작업' 사이의 경제적인 균형점을 찾는 것이 가능하였다.

유소니언 주택들은 상대적으로 소규모이며 저렴했고, 공장 근로자들을 위해서가 아니라 프랭크 로이드 라이트가 디자인한 주택을 소유하는 것의 가치를 포함해 금전적인 것과 사회적인 가치를 아는 중산층을 위해서 건설되었다. 그럼에도 불구하고 프랭크 로이드 라이트는 대중의 취향에 직접적인 영향을 미친 20세기에 몇 안 되는 위대한 건축가 중의 하나이다. 라이트의 디자인들은 간혹 주택장식 관련 잡지와 여성 잡지들에 소개되었다. 전후 유소니언의 특징 – 개방된 공간, 붙박이 옷장, 테라스 정원, 지붕만 있는 간이 차고는 미국 교외 문화의 아주 중요한 상징이 되었다.

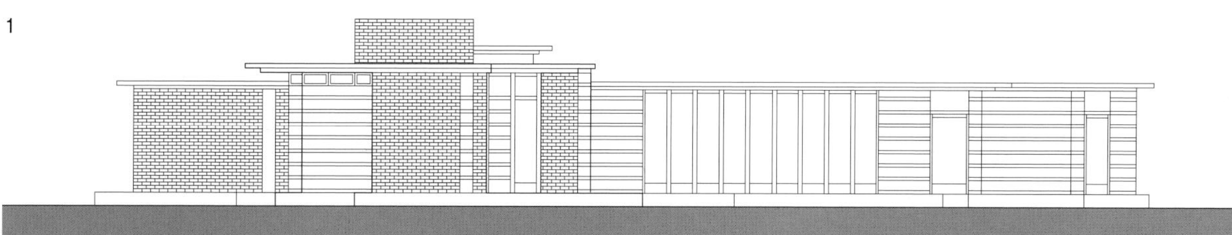

1

1 West Elevation

2

2 Section A–A

3

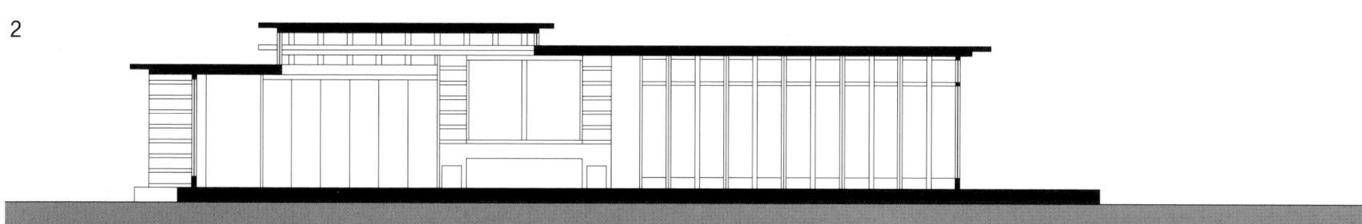

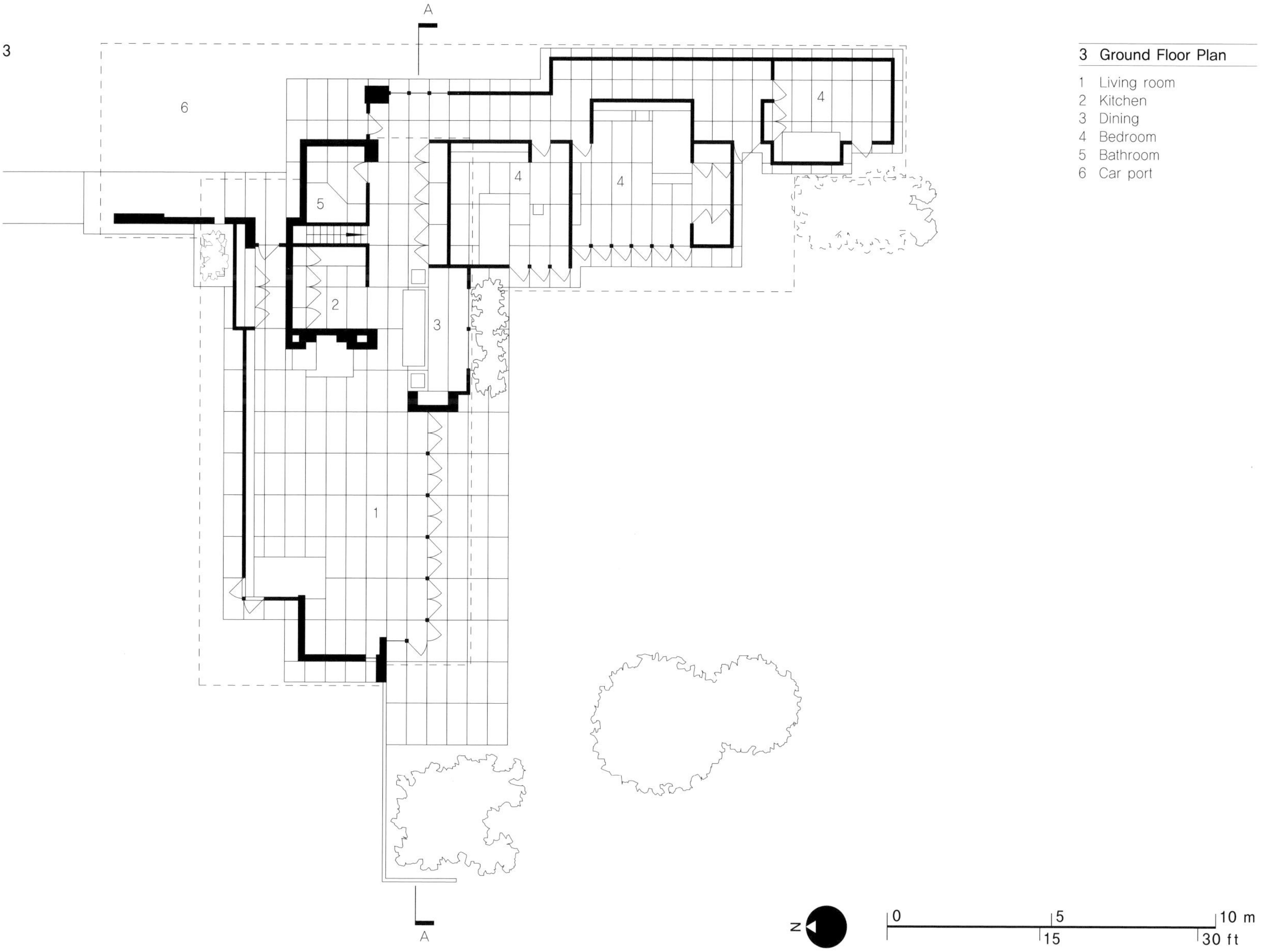

3 Ground Floor Plan

1 Living room
2 Kitchen
3 Dining
4 Bedroom
5 Bathroom
6 Car port

Fallingwater

Frank Lloyd Wright, 1867-1959

Bear Run, Pennsylvania, USA; 1935-37

프랭크 로이드 라이트는 마음속에 두었던 것을 확인하기 위해서만 도면을 그렸고, 모든 것을 머릿속에서 디자인했다. 1935년 가을, 라이트는 건축주 에드가 카프만이 약속된 기한을 넘긴 낙수장의 스케치 디자인을 보기 위해서 라이트 사무실에서 몇 시간 동안 같이 있을 것이라는 말을 듣고도 크게 걱정하지 않았다. 아직 아무 도면도 없지만, 라이트는 도면 책상에 앉아서 망설임 없이 배치도, 단면, 입면을 모두 완벽하게 그렸다. 카프만이 도착해서 디자인을 봤을 때 그는 전율했다. 상당한 기술적인 어려움이 있음에도 불구하고, 강렬한 느낌의 횡적 요소와 거대한 긴장감은 카프만을 이 프로젝트에 빠져들게 만들었다. 낙수장은 카프만의 여생 동안 일종의 영감 같은 것을 주었다.

카프만과 부인은 주말을 서 펜실베니아 숲속에 있는 산자락인 베어 런의 폭포 근처에 있는 경치가 좋은 곳에서 보내곤 했다. 작은 조립식 오두막을 대체할 수 있는 새로운 주택 디자인을 의뢰 받고, 라이트는 건축주가 낚시하고 수영을 했던 바로 그 바위 위에 주택을 짓는 것을 제안했다. 처음에 제안된 주택의 아이디어는 건축주의 존재 이유를 파괴하는 것과 마찬가지여서, 그 아이디어는 계획대로 실현되지 않는 듯 했다. 그러나 라이트는 자연스럽게 문제점을 개선할 것이라고 자신했다. 라이트의 해결책은 캔틸레버 원리

와 일반적으로 잘 사용하지 않았던 재료인 강화콘크리트를 사용하는 것이었다. 이 주택은 크고 공간감이 있는 주택이 될 것이었지만, 강둑 위가 아니라 폭포 바로 위 공간으로 넓게 펼쳐진 주택이다. 구조적으로 주택의 테라스는 강 위로 늘어 뜨려진 진달래 나무잎처럼, 또는 벽에 설치된 선반 형태의 버섯처럼 자연스럽게 보였다. 또 그 지방 채석장의 돌로 만들어진 벽과 창문 간벽의 형태로 시냇물 위에 자연스럽게 배치되었다.

당초 상상했던 모습은 성공적으로 구현되었다. 낙수장은 아름다운 주변 경치를 해치지 않았으며, 주변 전경을 인간과 자연이 조화되는 아름다운 전경으로 격상시켰다.

다른 곳에서는 낙수장의 대규모 테라스들이 공격적이고 다소 과장되게 보일지도 모른다. 그러나 여기에서 이 테라스들은 지금껏 알려지지 않은 원시종족들이 일상적으로 사용하는 집짓기 방식의 평범한 모델인 것처럼, 자연스러운 근원성을 느낄 수 있다.

공간구성 방식은 전통적으로, 크고 통일된 거실 공간과 4개의 침실이 있다. 이 실들은 건물에 부차적인 것으로 보이지만, 여러 층의 콘크리트 테라스와 돌들로 이루어진 유기체가 이 실들을 하나로 연결시키고 있다. 각 실들은 대리석으로 조각되어 있거나, 절

제된 최소한의 철재틀로 마감한 유리벽으로 둘러 싸인 테라스의 한 부분이기도 하다. 디테일들은 창조적이지만 단순히 눈길을 끌기 위해 사용되지 않았고, 전체적인 전경의 본질에 충실하게 조화를 만들었다. 계단은 거실 바닥에서 개울 상부 표면으로 내려가고, 3개의 나무 그루터기는 서양식 테라스 바닥에서 자란다. 벽난로는 자연 그대로의 암석들로 되어있다. 카프만이 단 한번 제안한 최종 디테일은 건축가가 온전히 실현시켰다.

그러나 거장 건축가의 작품을 건설하고 그 속에서 생활하는 것은 심리적으로 뿐만 아니라 금전적으로도 상당한 대가를 지불해야했다. 이 주택을 완성한 후 몇 년 동안 카우프만은 집이 삐걱거리고 처짐 현상을 보이자 구조적인 문제에 항상 신경을 써야 했다. 기술자들을 정기적으로 불러서 집을 점검하게 했고, 그들은 캔틸레버를 기둥 위로 버티게 할 것을 제안했다. 물론 이는 전체적인 경치를 손상시켰을 것이다. 카프만은 이러한 제안을 받아들이지 않았다. 낙수장은 대체로 처음 디자인된 상태대로 유지되어져, 지금은 서부 펜실베니아 관리위원회가 관리하고 있다.

1 Second Floor Plan	2 Elevation	3 First Floor Plan	4 Section A–A	5 Ground Floor Plan	6 Site Plan
1 Bedroom 2 Terrace 3 Study		1 Terrace 2 Entrance 3 Bedroom		1 Living room 2 Terrace	The guest wing (added later) is connected to the main house by a semicircular canopy.

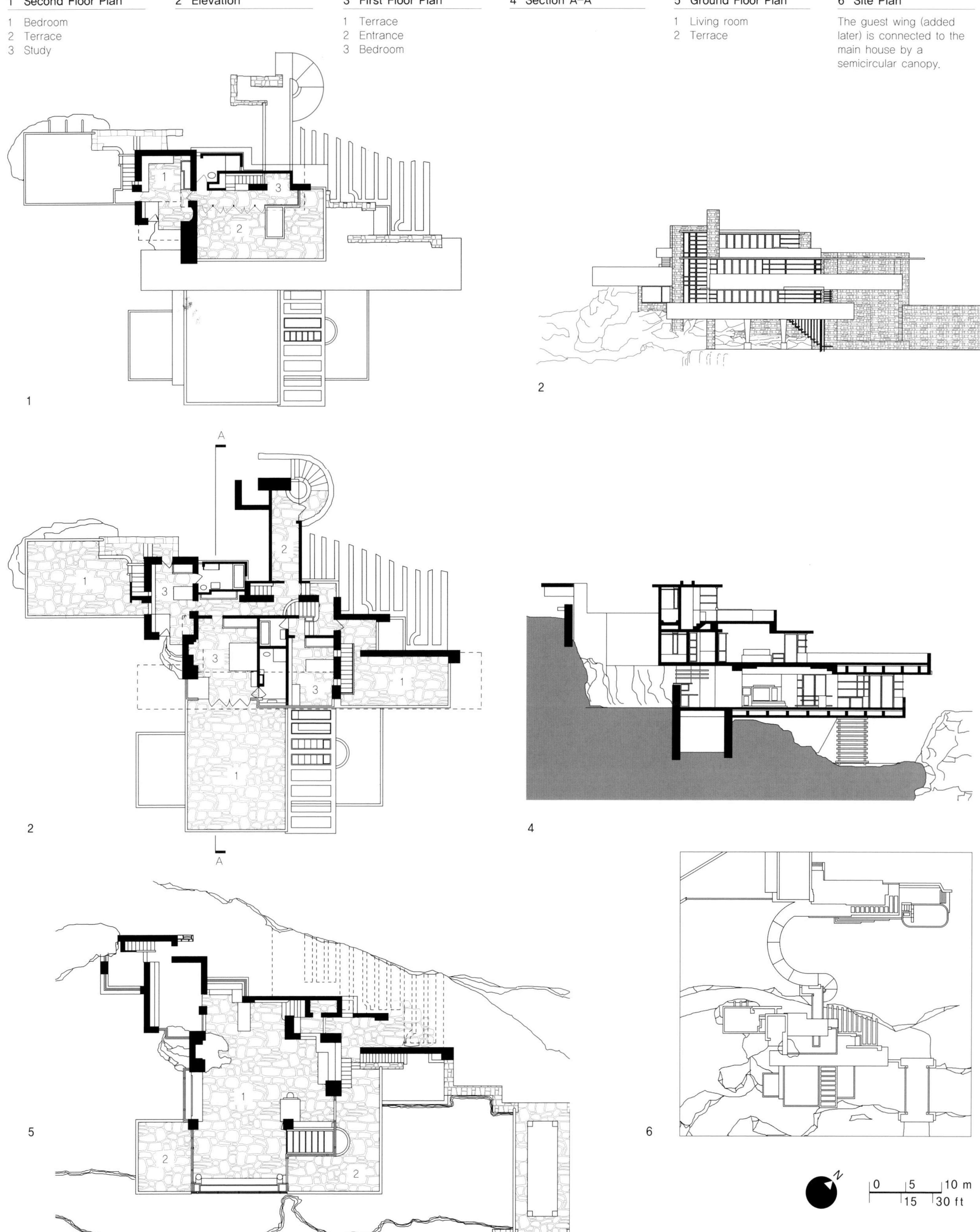

Villa Mairea

Alvar Aalto, 1898-1976

Noormarkku, Finland; 1938-39

알바 알토는 종종 자신의 작품이 모두 그림에서 출발했다고 이야기한다. 화가는 구조나 기능의 한계를 벗어나 형태와 공간을 자유롭게 표현한다. 알토는 건축은 시스템이어야 한다는 강박관념에서 벗어나서 화가들의 자유로움을 건축에 담고자 했다.

빌라 마이리아는 미래파의 콜라주 같은 느낌이다. 이 주택은 이미 어떤 의미를 갖고 있거나 기억을 연상시키는 사물을 자유롭게 병치시킨다. 기둥은 자라고 있는 나무이며, 각재와 판재로 구성된 벽은 오래된 핀란드 농장을 연상시키고, 난간은 일본의 절을 생각하게 한다.

빌라 마이리아의 디자인을 발전시키는 과정도 시스템적이지 않았다. 심지어 알토가 원래의 설계안을 마음에 들어하지 않아 다른 디자인을 하고 있을 때 시공이 시작되었다. 알토에게 관대한 건축주 해리Harry와 마이레 굴리치센Maire Gullichsen은 실패에 대한 두려움을 걱정하지 말고 어떠한 디자인이라도 실험적으로 접근하라고 알토를 격려하였다.

그러나 알토는 이전의 디자인을 없애고 새롭게 시작하는 것 대신에 평면은 파격적으로 바꾸면서 전체 외곽선을 유지하는 방법을 택하였다. 새롭게 제시한 평면은 시스템적이지는 않았지만 충분히 논리적이었다. 부 출입구와 식사실 영역으로 나누어지는 'L' 자 모양의 평면은 가족을 위한 공간과 직원을 위한 공간을 구성한다. 식사실의 지붕은 외부정원까지 연장되고, 중정의 주된 경관 요소인 수영장 옆의 전통적인 사우나 시설까지도 연결시켰다.

가족공간만 보아도 알토가 디자인한 특성들을 쉽게 파악할 수 있다. 1층에는 뱀 모양의 곡선에 따라 바닥 마감재가 변화하여 모퉁이에 있는 우아한 디자인의 벽난로를 만든다. 가족들이 둘러앉은 영역과 음악을 연주하거나 여가를 즐기는 벽난로의 공간이 있다. 여가를 즐기는 공간에서는 자동차가 들어오는 것과 외부손님이 도착하는 것을 내다볼 수 있으며, 다른 모퉁이에 있는 서재는 자유롭게 배치된 책장으로 영역을 명백하게 구별한다. 서재의 반대 모퉁이에 있는 실내 정원에는 채색된 벽돌벽이 있다. 획일성을 탈피하기 위해 자연적인 형태와 재료가 다양하게 변화하지만 이 1층 가족공간의 전체 외피는 정사각형이다. 규칙적인 그리드 위에 기둥을 배치하고 있지만 각각의 기둥 모양은 다르다. 하나의 콘크리트 기둥을 제외한 모든 기둥은 원형의 강재로 만들어져 있지만, 특별한 구조적 이유 없이 강재 기둥은 한 개, 두 개 또는 세 개의 합성형태로 변화한다.

2층의 어디에서도 시스템적인 요소를 찾아볼 수 없다. 외벽의 외곽선은 아래층의 정사각형 윤곽을 무시하며, 1층 평지붕의 넓은 부분을 개방된 테라스로 남겨 두고 있다. 한쪽 구석에 있는 마이레 굴리치센 스튜디오의 유기적이면서 통나무집 외피 같은 목재를 덧붙인 형태는 정사각형 모서리를 넘어 확장되고 있다. 한 개의 기둥과 또 하나의 이중 기둥이 쌍으로 되어 이 형태를 받치고 있다. 예상하듯이 2층 내부에는 1층에 있는 기둥들이 그대로 2층까지 연장되고 있지만 그 기둥들의 위치는 2층 평면과 전혀 연관성이 없으며 심지어 2층의 기둥 하나는 안방의 중앙에 세워져 있다.

어떤 면에서 알토의 미술가적 자유로움은 도시나 공장풍의 건축이라기보다는 호수와 삼림풍의 건축을 대변하는 전형적인 핀란드 스타일 일지 모른다. 그러나 이러한 알토의 스타일에 영감을 주었던 회화는 근대 회화였고 알토의 전원적 자유로움 또한 국수주의적 자부심에도 불구하고 당시 국제주의 운동의 한 부분이었다. 결국 빌라 마이리아 이후 근대주의자들의 건축은 더 이상 단순히 구조와 기능의 문제에 국한되지 않았다.

| 1 Southwest Elevation | 2 Southeast Elevation | 3 First Floor Plan | 4 Section A–A | 5 Ground Floor Plan |

3 First Floor Plan
1 Studio
2 Maire's bedroom
3 Upper hall with fireplace
4 Harry's bedroom
5 Terrace
6 Children's hall/playroom
7 Child's bedroom
8 Guest room

5 Ground Floor Plan
1 Swimming pool
2 Sauna
3 Winter garden
4 Living room
5 Library
6 Dining room
7 Entrance hall
8 Main entrance
9 Staff room
10 Office
11 Kitchen

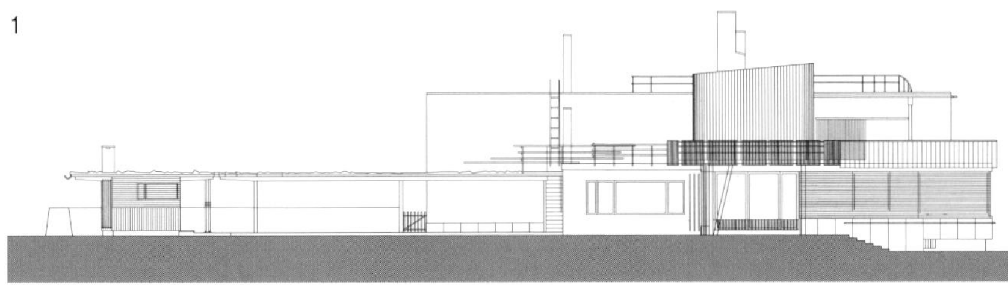

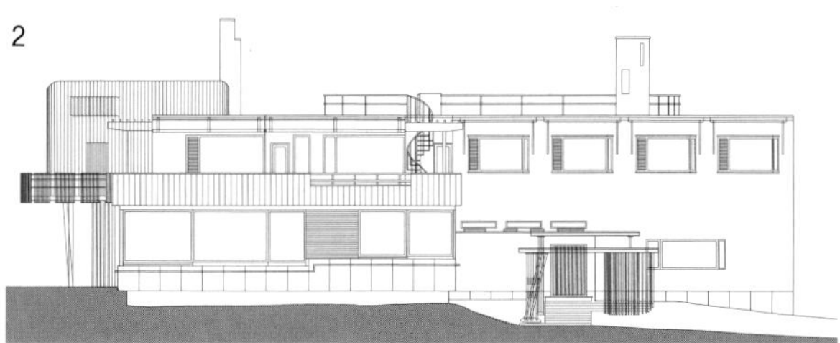

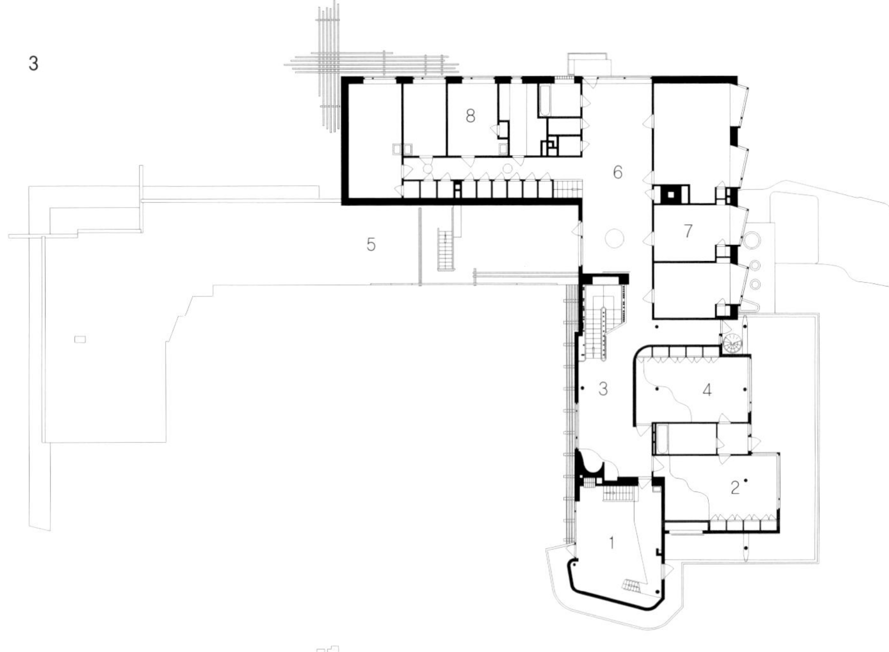

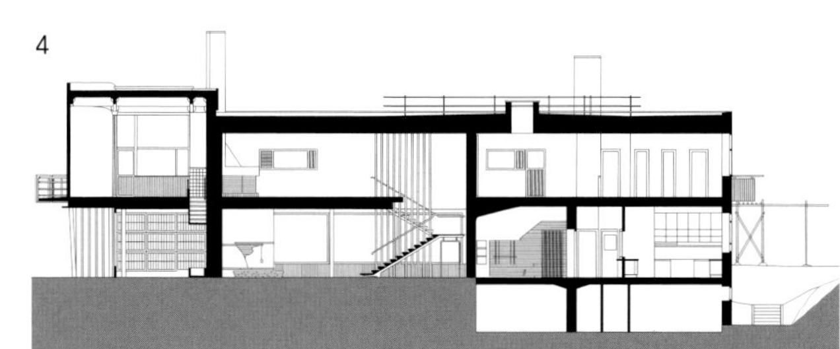

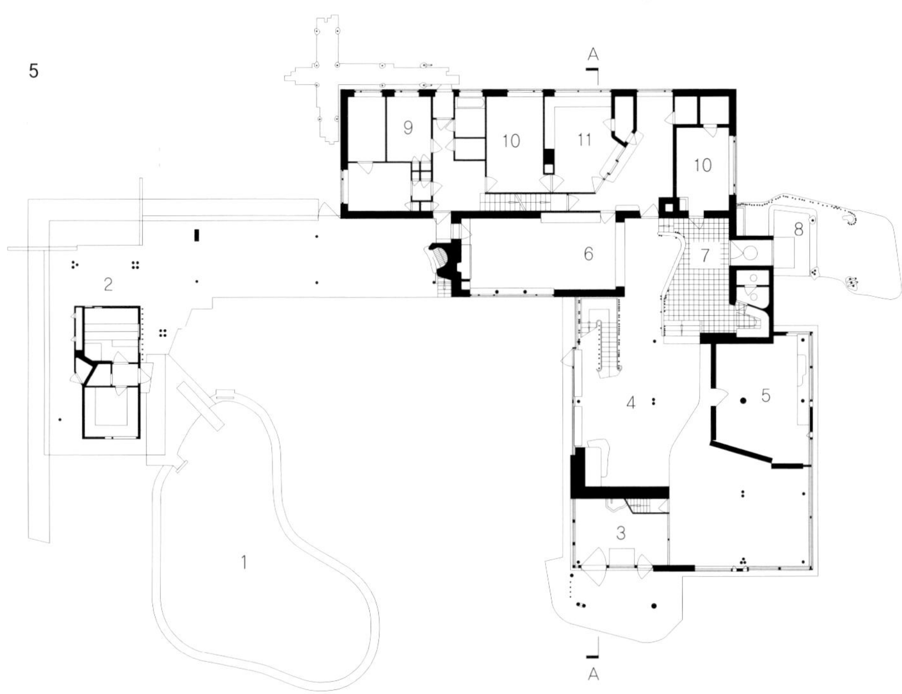

Willow Road

Ernö Goldfinger, 1902-87

London, UK; 1939

1939년 런던 북쪽의 윌로우 로드에 완공된 세 채의 주택은 파리에서 건축교육을 받은 헝가리 출신 건축가가 디자인하였다. 그러나 전형적인 영국적 전통을 변형시킨 것이라고 말할 수 있다. 에르노 골드 핑거 Erno Goldfinger는 당시 철근콘크리트 구조의 선구자인 아우구스트 퍼레Auguste Perret의 스튜디오에 참여하며 고리타분한 보자르 학풍을 반대했던 자기주장이 강한 학생이었다. 그러나 그가 1930년대 런던을 방문했을 때 골드핑거는 벽돌로 지은 건물과 조지안 건축의 정교한 균형에 매료되었다. 따라서 철근콘크리트와 벽돌이 완벽하게 조화를 이루는 윌로우 로드의 주택은 충분히 이해가 가는 해결 방법이었다. 골드핑거는 여전히 흰 상자모양만 주장하는 근대건축가는 아니었으며, 구조, 재료와 비례는 그의 절대관심사였다. 새로운 사업 영역에 골드핑거의 등장을 알리는 건축적 기념비가 윌로우 주택이었던 것이다.

골드핑거의 주택은 두 개의 작은 주택이 서로 맞대고 있다. 이 작은 주택 중의 하나는 팔렸고, 다른 하나는 임대되었다. 그러나 실질적으로 3개로 나뉘어진 주택은 외관상으로는 3층 높이의 건물처럼 보인다. 2층 레벨에 있는 큰 수평창을 통하여 해스테드 히스Hamstead Heath 너머 북쪽을 바라볼 수 있다. 건물의 정면구성은 위층의 벽돌벽을 지지하고 있는 1층

원형의 콘크리트 필로티와 함께 완벽한 고전적 대칭을 보인다. 정성스럽게 만든 2층의 큰 수평 창문에도 불구하고 이 건물은 가벼운 느낌의 외피가 아닌 구멍난 벽돌 상자와 같은 육중한 느낌을 준다. 이 느낌은 건물의 외피 뒤에 숨은 구조형식이 철근콘크리트라는 점에서 더욱 흥미롭다.

내부로 들어가면 외부와 달리 대칭적인 면을 찾아볼 수가 없다. 두 개의 차고 사이에 있는 현관은 중심에서 벗어나 있는 나선형 계단과 연결된다. 추가적인 통로공간이 없이 극도의 경제적인 평면으로 만들어진 주택이다. 2층의 좁은 계단참에서 정면으로 식당과 스튜디오로 들어가는 두개의 문과 후면으로 세 개의 계단을 올라가면 거실로 들어가는 문이 있다. 이 세 개의 공간들은 분리된 공간이지만 파티션을 접으면 레벨 차이가 나는 하나의 공간을 만들 수 있다. 이러한 평면은 아돌프 루스의 라움플랜 아이디어에서 나온 것이 확실하다. 아래층에 있는 차고와 현관의 천장을 낮게 만들어서 위층의 식당과 서재의 높은 천장고를 가진 피아노 노빌레piano nobile, 르네상스 건축물의 주요층 공간을 만든다. 햇빛이 잘 드는 거실의 외벽은 외부로 돌출되어 있는 발코니 쪽에 면해 슬라이딩 유리문이 있다. 3층의 북측에는 작고 정사각형 모양의 창문이 있는 침실들이 배치되고, 남측 면에는 육아실

과 유모방이 있다. 이 남측면의 공간은 파티션이 하나의 공간을 만들기도 하고 세 개의 공간을 만들기도 한다. 평지붕에 의해 3층의 욕실에는 천창이 있고, 나선형 계단 위에도 크고 둥근 천창이 있다. 대지는 남측으로 가파르게 경사져 있고 북측이 도로와 떨어져 있다. 정원이 있는 지하층 후면부에 서비스 관련실들을 배치하여 대지의 레벨차를 잘 이용하고 있다. 1층 후면부에는 부엌이 있는데 다른 층에 음식을 나르기 위해 화물용 엘리베이터를 설치하였다.

전체적으로 디테일은 단순하지만 아주 세련되게 처리되어 있다. 모든 문의 손잡이와 조명기구도 세심하게 선택하였고, 골드핑거 자신이 대부분 디자인한 가구는 공간에 완벽하게 어울린다. 이 주택과 근대운동가들의 중요한 예술작품까지 포함한 주택 내부의 모든 소장품들은 현재 내셔널 트러스트에서 소유하고 있으며 일반인에게 공개되고 있다.

1 Second Floor Plan	2 First Floor Plan	3 Ground Floor Plan	4 Basement Plan	5 Section A–A
1 Bedroom	1 Dining room	1 Garage	1 Garden room	
2 Bathroom	2 Living room	2 Dining room	2 Nursery	
3 Nursery	3 Studio	3 Kitchen	3 Workshop	
	4 Bedroom	4 Maid's room	4 Boiler room	
	5 Bathroom		5 Fuel	
			6 Box room	
			7 WC	

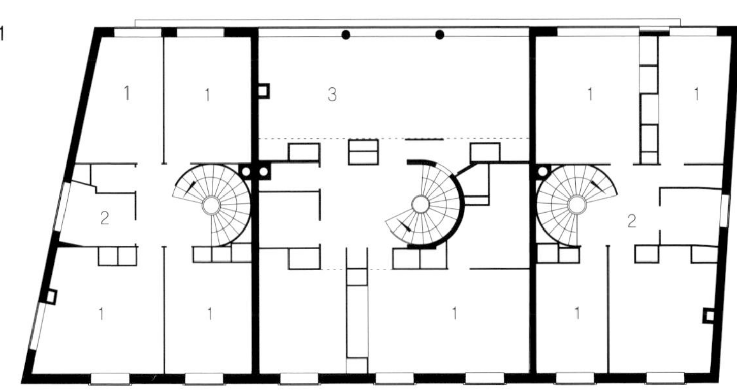

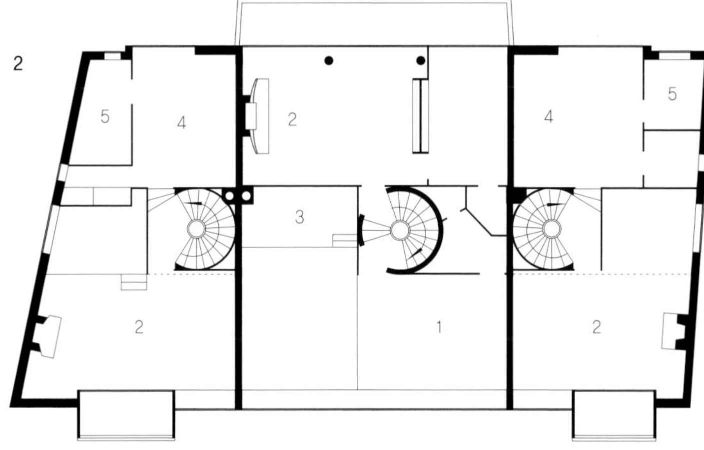

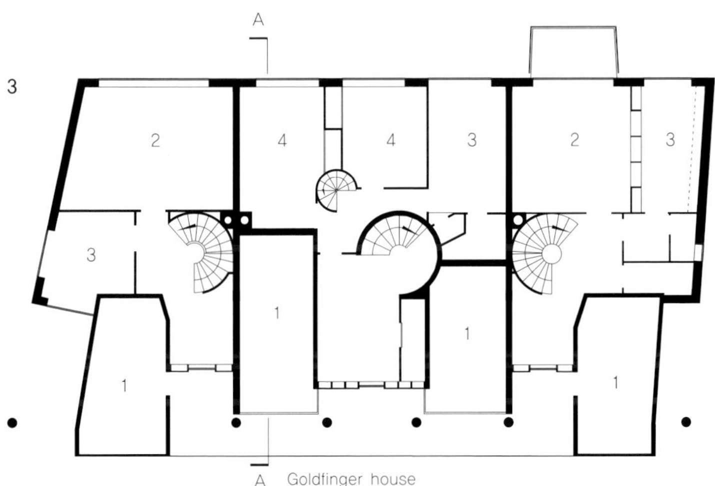

A Goldfinger house

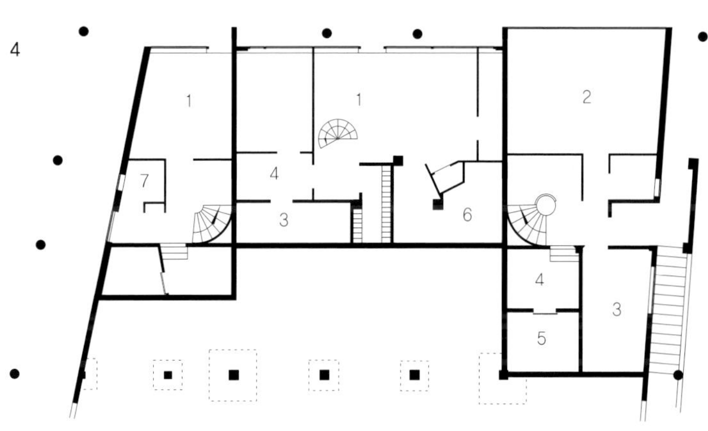

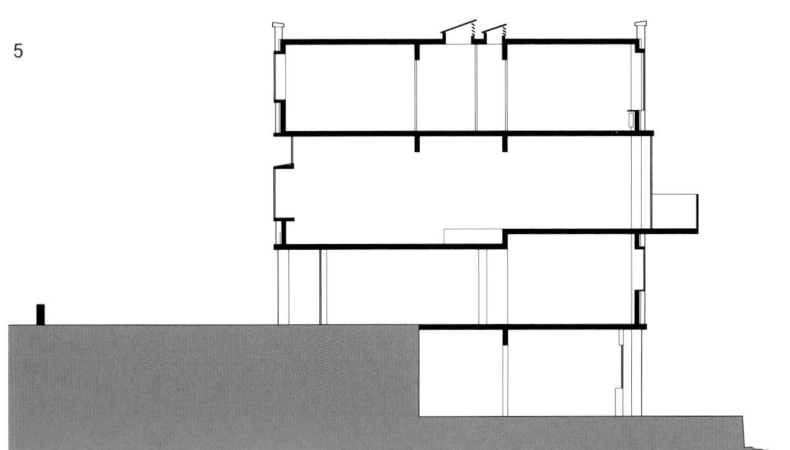

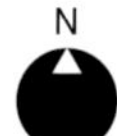

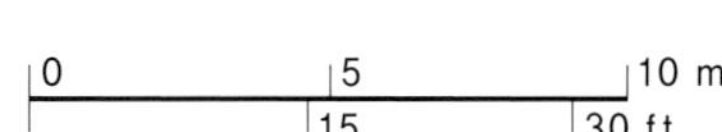

Newton Road

Denys Lasdun, 1914-2001

London, UK; 1939

데니스 라스둔은 런던의 사우스 뱅크South Bank에 있는 국립극장의 디자이너로 잘 알려져 있었다. 이 국립극장은 대중적인 사랑을 받으면서도 동시에 같은 정도의 비난을 받는 극단적인 평가를 받아 왔다. 웨일즈 왕자는 이 국립극장을 핵 발전소로 비유하였으나, 이 건물의 층별로 구분된 특징적인 형태는 아주 강력하고 전형적인 도시적 모범을 보여주는 것이라고 할 수 있다. 이 건물의 다양한 레벨에 설치된 개방형 데크를 통해서 극장 애호가들은 템즈 강의 전망을 즐길 수 있다.

1950년대부터 라스둔은 부자와 가난한 사람들을 위한 주택을 포함해서 다양한 빌딩 타입에 자신만의 고유한 모더니즘을 적용시켰다. 또 근대건축가로서의 명성을 높여 왔다. 그러나 2차 대전 이전까지 여전히 모더니즘 1세대 거장들을 모방하며 자기 자신의 건축세계를 구축했다. 예를 들어 1935년 콜로니얼 도미니언 스칼라Colonial and Dominion Scholars 학교는 르 꼬르뷔지에의 파빌리언 스위세Pavilion Sui sse를 모방한 것이 분명하다.

이 당시 세계의 근대건축 지도에서 보면 영국은 아주 소수의 건축가들만 활동하는 외진 변방이었다. 라스둔이 캐나다 사람 웰즈 코츠 사무실에서 일하고 있을 때 코웨이라 불리는 화가의 집과 스튜디오를 설계해 달라는 설계를 의뢰받았다. 이 주택은 패딩톤의 뉴톤 로드에 있었는데, 화가 콘 웨이는 현대적인 주택을 원했고, 라스둔은 예술적인 직감으로 르 꼬르뷔지에를 다시 한 번 모방하였으며 1926년 파리에 지어진 빌라 쿡이 모방의 원형이다. 이 빌라 쿡 주택은 4층으로 대략 정사각형 형태의 평면과 비어있는 측벽, 그리고 옥상 정원을 특징으로 갖는다. 라스둔의 버전은 훨씬 더 직선적이고 소박한 성향을 보인다. 이 주택의 직선적인 성향은 당시의 야경국가인 지방정부의 영향으로 판단되며, 이제 대학을 갓 졸업한 23살의 젊은 건축가 라스둔은 매우 열정적으로 모더니즘에 심취했다.

두개의 리본창, 최상층부의 로지아, 중앙부의 단독 기둥 뒤로 후퇴하여 필로티를 형성하고 있는 1층 평면의 후퇴 등의 특징을 갖는 이 주택의 정면 구성은 빌라 쿡과 동일하지만, 리본창 사이와 리본창 하부에 붙여진 갈색 타일은 훨씬 더 정돈되고 세련되어 보인다. 또한 빌라 쿡 주택이 중심에서 벗어난 계단, 곡선 모양의 칸막이 구획, 한쪽 편의 거실이 이층까지 뚫려 있는 것과 대조적으로 뉴톤 로드 하우스는 정사각형의 평면 구성과 원칙적인 대칭성을 유지한다. 현관 문이 1층 중앙 기둥 바로 뒤에 설치되어 있고 현관 홀을 들어서면 바로 후면부의 계단으로 동선이 유도되는 점이 다르다. 2층에 있는 커다란 거실에서는 근대적인 리본창과 화려하게 장식된 바로크풍의 벽난로 장식이 대조를 이룬다. 이러한 초현실적 조합 또한 꼬르뷔지에가 1929년 파리에서 보여준 베이스테구이Beistegui 아파트의 옥상 정원에서 그 뿌리를 찾을 수 있다. 3층에 있는 두개의 침실은 리본 창을 공유하고 있으며, 3층 모서리에 있는 작은 독립된 계단은 다락방 스튜디오로 연결된다. 4층의 다락방 스튜디오는 북측면의 매우 높은 창과 남측면의 선 테라스를 갖는다.

뉴톤 로드 하우스는 후퇴 배치되어 있다. 주된 생활공간은 땅과 직접적으로 연결되지 않았다. 후면부의 사적인 정원에는 직원 숙소를 배치하였다. 피아노 노빌레에 있는 거실이나 측벽에 사용한 벽돌 등은 전통적인 런던의 타운 하우스를 연상시킨다. 또한 르 코르뷔지에의 복사판으로 간주할 수도 있지만 분명한 것은 이 주택이 영국 모더니즘을 창조한 첫 출발점이라는 것이다.

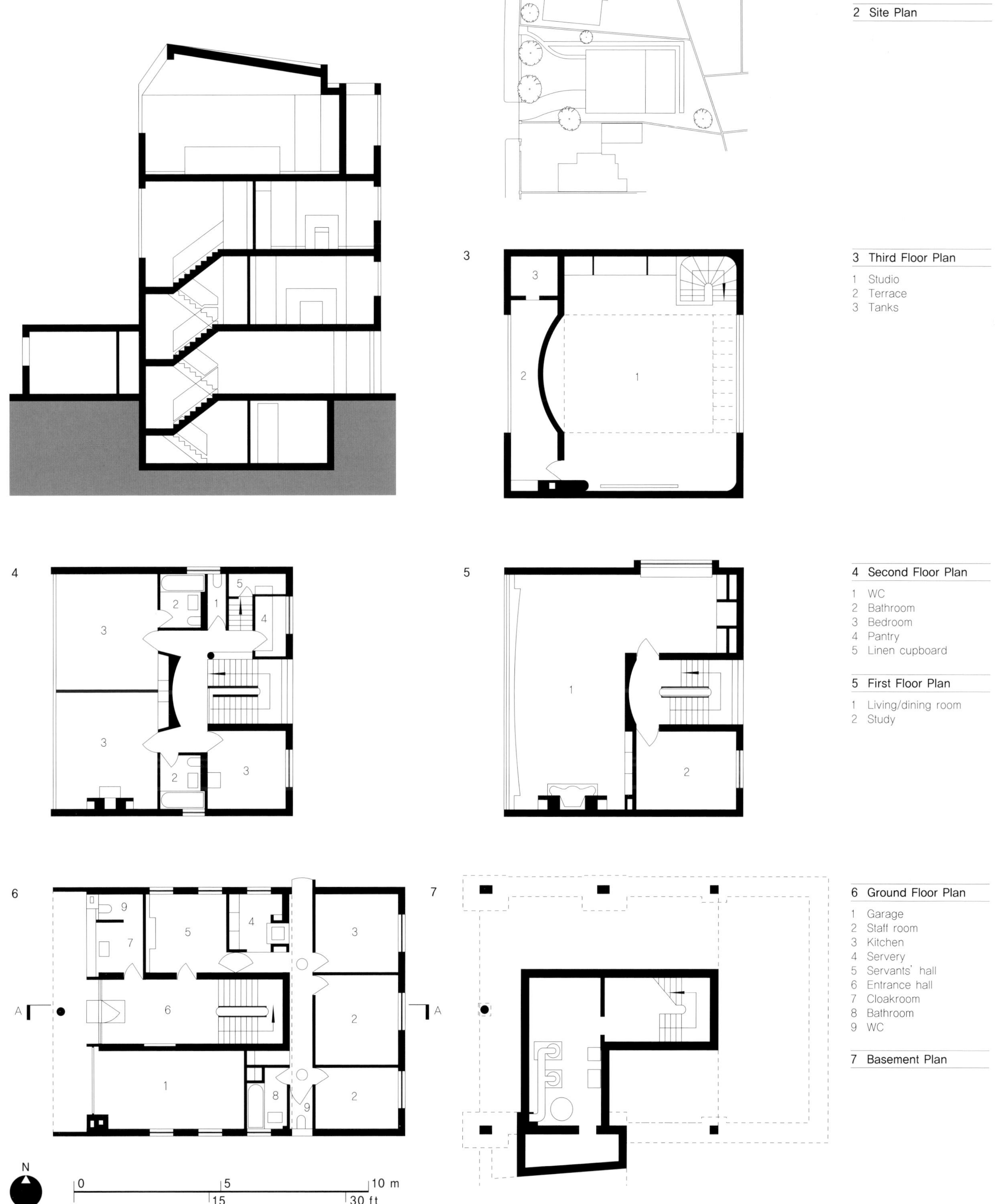

1
2

1 Section A–A

2 Site Plan

3

3 Third Floor Plan
1 Studio
2 Terrace
3 Tanks

4

5

4 Second Floor Plan
1 WC
2 Bathroom
3 Bedroom
4 Pantry
5 Linen cupboard

5 First Floor Plan
1 Living/dining room
2 Study

6

7

6 Ground Floor Plan
1 Garage
2 Staff room
3 Kitchen
4 Servery
5 Servants' hall
6 Entrance hall
7 Cloakroom
8 Bathroom
9 WC

7 Basement Plan

N

0   5   10 m
    15   30 ft
A

Casa Malaparte

Adalberto Libera and Curzio Malaparte, 1903-63 and 1898-1957
Capri, Italy; 1936-40

쿠르지오 말라파르테는 카프리섬 기암절벽에 건축된 외롭게 서 있는 주택을 '나와 같은 주택' 이라고 설명한다. 그는 자기 자신을 시인이나 왕 같은 신화적인 존재로 보고 있다. 사실 그는 저널리스트이면서 정치활동가이며, 2차 세계대전 전에는 파시스트에 의해서, 전쟁이 끝난 후에는 반파시스트에 의해서 감옥에 투옥될 정도로 중요한 인물이었다.

그러나 말라파르테는 성인은 분명히 아니었다. 그는 저널리스트에게 호의적으로 기부한 자금의 일부를 도용하여 이 주택을 짓는데 쓴 것처럼 보인다. 카프리 정부가 건축을 금지했기 때문에 가격이 쌌던 이 땅을 구입하여 그가 가진 정치적인 영향력으로 지방 정부의 건축규제를 무력화시켰다.

크기와 단순성은 건물의 힘을 느끼게 하는 비밀인데, 이 주택은 꾸밈이 전혀 없는 상자에 불과하여 마치 바위가 자연스럽게 솟아나온 것 같아 보이고 요새처럼 해안선을 볼 수 있다. 이 주택 초기의 설계안은 종종 로마의 합리주의 건축가 아달베르토 리브라의 영향을 받았다고 이야기되지만 리베라의 초기 설계안은 단지 시작에 불과했고, 그는 건물을 짓는 4년의 건설기간 동안 아돌포 아미트라노라는 시공업자와 함께 일하면서 이 주택의 디자인을 고치고 다시 고치는 반복 작업을 계속했다.

이 건물의 가장 두드러진 특징은 육지면에서 옥상 테라스로 올라가는 쐐기 모양의 계단이다. 이 계단은 말라파르테가 1934년 리파리라는 섬에 수감되었을 때 그 섬에 있던 안난지아타 교회 앞의 계단을 본 딴 것으로 보인다. 건설하는 도중 잠시 동안 이 주택의 주 출입구는 로마 원형경기장 관람석 밑으로 통하는 출입구처럼 쐐기 모양의 계단 중간에 있는 좁은 틈을 통해서 접근할 수 있었다. 이러한 배치는 아주 의례적이며 논리적으로나 기능적으로 대단히 자연스러웠다. 그러나 이 일상적 배치는 바람이 많이 부는 날에 바닷물이 출입구를 침수시킬 수 있었기 때문에 결국 실현되지는 못하였다.

이러한 이유로 좁은 틈을 통해 접근하는 출입구를 막게 되자 평면을 완전히 뒤바꾸었다. 주 출입구를 1층 그라운드 레벨의 한쪽 귀퉁이로 옮겨야 했고 이 터무니없는 귀퉁이에 내부의 계단을 끼워 넣게 되었다. 건물 끝에 있는 사적 공간에 두개의 같은 욕실과 T자 모양의 복도를 계획한 것으로 보아 말라파르테는 대칭 배열을 선호하는 것을 알 수 있다. 이 출입구를 없앰으로써 주된 거실 공간과 옥상 테라스 사이의 관계도 무너졌다. 따라서 이렇게 바뀐 상태로 지어진 집에서는 이제 하나의 층을 이동(거실공간과 옥상 테라스)하기 위하여 16계단을 내려가고 48계단을 다시

올라가야 하는 힘든 동선을 만들었다. 그러나 그에게는 이 주택의 이미지가 기능적인 평면계획보다 더 중요하였으며, 그가 그렇게 힘들게 수정하지 않았다면 특징이 없고 울타리가 없는 테라스가 될 뻔 했던 바람막이 벽을 휘몰아치는 배의 이미지로 만들었다. 대부분의 내부 공간은 작은 박스 형태인데, 이러한 실들과 달리 거대한 외부마당 같은 거실에는 페리클레 파찌니가 만든 단자라고 불리는 큰 부조 조각이 있다. 또 고대시대의 유적처럼 보이는 장식도 있다. 거실의 바닥은 로마풍 거리처럼 포장하였고, 이 거실에 설치한 거대한 전망창은 나폴리의 해안가를 호머풍으로 볼 수 있게 해 준다.

이 주택은 말라파르테가 세상을 떠난 지 6년이 지난 1963년 장-뤽 고다르Jean-Luc Godard가 감독하고 브리지트 바르도트Brigitte Bardot가 주연한 영화 르 메프리스Le Mepris, 경멸의 세팅장으로 사용되면서 처음으로 대중들의 관심을 끌었다.

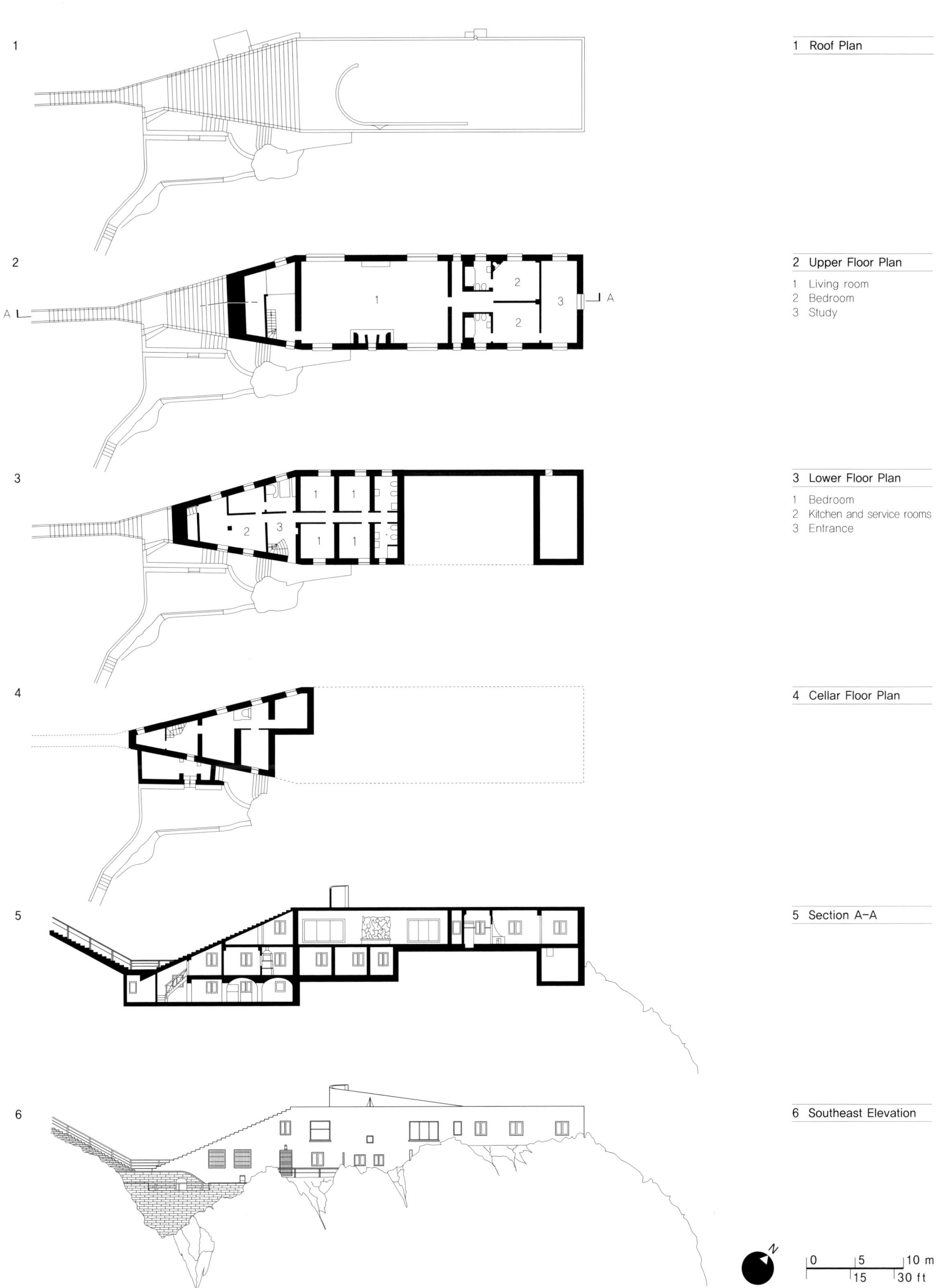

1 Roof Plan

2 Upper Floor Plan

1 Living room
2 Bedroom
3 Study

3 Lower Floor Plan

1 Bedroom
2 Kitchen and service rooms
3 Entrance

4 Cellar Floor Plan

5 Section A–A

6 Southeast Elevation

Chamberlain Cottage

Marcel Breuer, 1902-81

Wayland, Massachusetts, USA; 1940

비록 작고 단순한 형태이지만, 이 주말용 은신처를 고령의 커플은 건축학적으로나 구조적으로 꽤나 복잡하게 생각했을 것이다. 주요 생활공간을 포함하는 공간은 완전한 모더니즘 형식이다. 르 꼬르뷔지에의 흰 상자와 흡사한 구조로 지면에서 높게 들여 있으며, 한 쪽 끝에서 2.5m가 캔딜레버처럼 튀어 나와 있다. 그러나 이 집은 흰색이 아니며, 필로티 위가 아닌 반지하의 단단한 자연석 위에 세워져 있다. 가늘고 길게 만들어진 창문도 없으며, 여느 미국 교외의 평범한 집처럼 미송으로 덮인 벽을 뚫어 만든 강철 틀의 여닫이 창이 있을 뿐이다. 천연 재료의 사용과 현지 전통 건축물 특징을 병합함으로써 국제적인 스타일을 보완시킨 느낌이다.

브로이어는 지금도 미국의 표준으로 받아들여진 풍선형 구조balloon-frame의 주택 건축에 매료되어 있었다. 이는 촘촘하고 얇은 나무 못 틀로 만든 경량 패널에 물막이 판자를 대 형태를 만든다. 일반적으로 패널은 주로 널빤지 조각으로 지하실 벽에 연속적으로 덧대지만, 바우하우스에서 목공소 책임자였던 브로이어는 이를 더욱 강화시키는 방법을 생각하였다. 내부에 대각선으로 판자를 대고, 이를 한 층 높이의 보로 만들어 넓게 뚫린 공간을 연결시키고, 지지점에서 일정 거리까지 캔틸레버 역할을 하게 하였다. 이

것이 챔버레인 별장의 2.5m 캔틸레버의 비밀이다. 세로축으로 보를 지지하는 지하의 기둥이 스팬을 짧게 만들었지만 이 주택에 숨겨진 철골이나 콘크리트 프레임은 없다. 이 들보의 끝은 서쪽 정면에 목재 클래딩cladding의 미미한 하강stepping-down을 통해 나타난다.

내부의 주된 공간은 수직 보가 넓고 좁은 구역으로 나누며, 보의 한 쪽은 천창 높이까지 올라간다. 부엌, 화장실, 옷방은 좁은 구역을 차지하며, 거실, 식당, 침실은 넓은 구역을 차지한다. 하지만 가장 두드러지는 부분은 지하에서 솟아 오른 형상의 단독으로서 있는 자연석 난로와 굴뚝이다. 자연석을 좋아하는 브로이어의 취향은 영국에서 비롯되었을 것이다. 그는 파트너 워터 그로피우스처럼 독일에서 미국으로 이주하는 도중 영국에서 일 년 동안 머물렀다. 이때 에프 알 에스 요르케F.R.S. Yorke와 일하면서 그는 유리판과 코츠월드석Cotswold stone의 벽으로 만들어진 가구 전시실의 디자인을 맡게 되었다.

산장의 북측에는 메인 박스의 지붕과 바닥이 연결되어 있으며, 목재의 골대 프레임은 현관의 역할을 한다. 정원에서 짧은 경사로를 통과하면, 현관에 쉽게 이를 수 있으며 바닥에는 나무를 저장할 수 있는 충분한 공간이 있다.

미스 반 데어 로에의 주택은 이 우아한 캔틸레버 구조에서 영감을 얻어 강철로 재해석한 것이다 p.112-113. 그러므로 챔버레인 별장은 세 가지의 전혀 다른 구조적인 시스템을 채택하고 있다. 지하실의 내력 벽loadbearing wall, 주요 생활공간의 풍선형 구조, 현관의 포스트 빔post & beam 방식이 그것이다. 브로이어는 자신이 디자인한 100채 이상의 집들 중에 이 별장을 가장 아름다운 집으로 꼽았다.

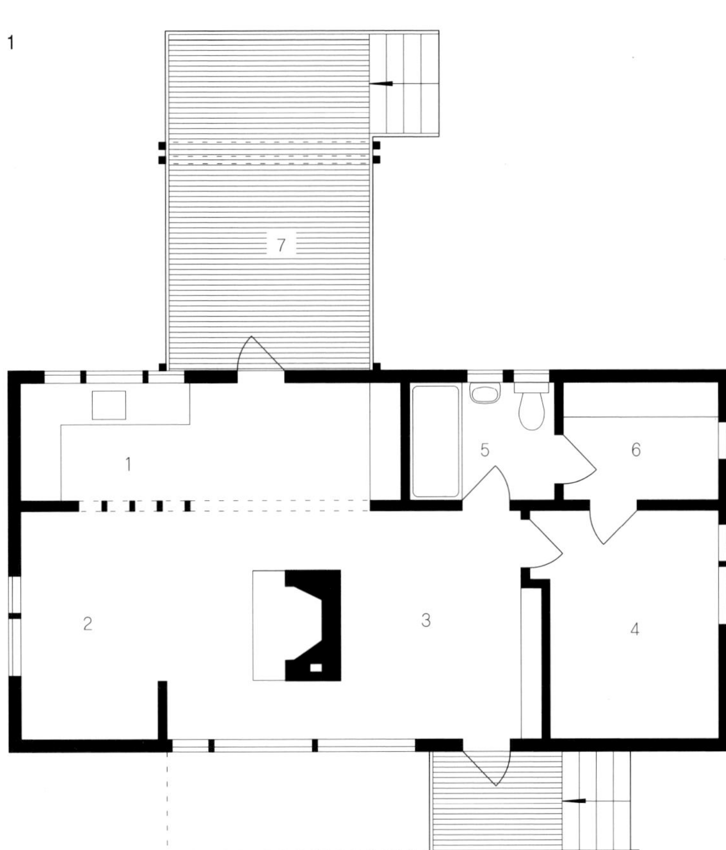

1 Ground Floor Plan

1 Kitchen
2 Living room
3 Dining room
4 Bedroom
5 Bathroom
6 Dressing room
7 Porch

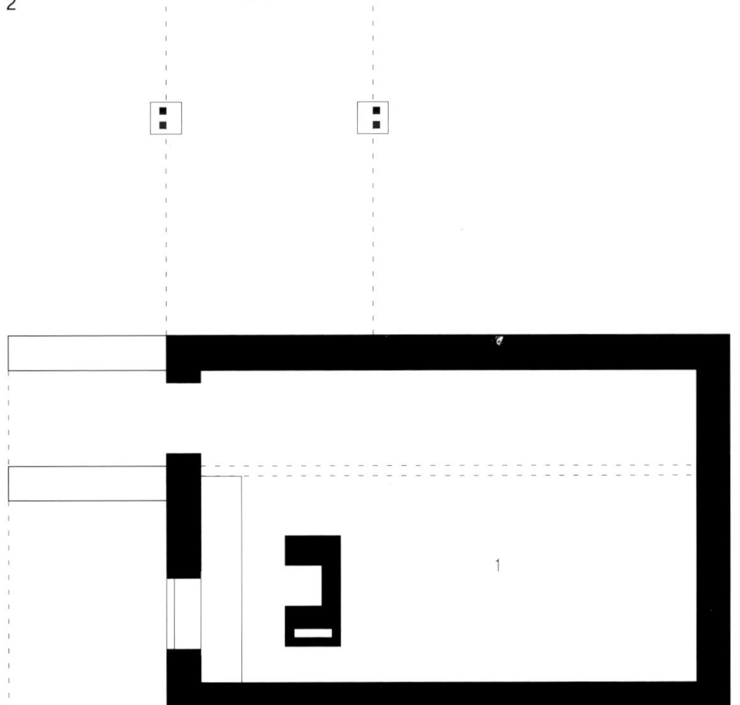

2 Basement Plan

1 Workshop

Wichita House

Richard Buckminster Fuller, 1895-1983
Wichita, Kansas, USA; 1947

1944년 세계 2차 대전이 거의 끝날 무렵 미국 항공기 제작소 직원들은 실업을 대비하여 다른 직장을 알아보기 시작하였다. 일을 끝마치기도 전에 실직할 위험이 있었지만, 만약 공장을 평상시전쟁이 없는 시기 물품 peacetime product을 만드는 곳으로 개조하면, 전쟁 후에도 직업을 유지할 가능성이 있었다. 게다가 공장에서 만들 제품이 트레일러에서 거주하는 일꾼들이 당장 필요로 하는 '집'이라면, 그들이 직업을 유지할 수 있는 확률은 더욱 높아질 수 있는 상황이었다.

미래파 예술가이자 발명가인 리차드 벅민스터 풀러는 그들에게 확신과 영감을 주기에 가장 적합한 사람이었다. 1928년에 풀러는 중앙의 기둥 위에 떠 있는 육각형 금속 집인 다이맥시온Dymaxion 집에 대한 특허를 출원하였고, 1936년에는 펠프스 다지 Phelps Dodge 법인을 설립하기 위하여 조립식 다이맥시온 욕실을 설계하였다. 이 두 개의 디자인이 모두 실제로 만들어지지는 않았지만, 1940년부터 풀러가 설계한 다이맥시온 유닛은 수 천 가지 형태로 제작되어 군용 레이더 초소로 사용되었다. 다이맥시온 유닛은 근본적으로 농업용 창고를 개조한 개념이었다. 이 세 가지의 아이디어의 통합으로 주택을 대량 생산하여 전쟁 후에 초래될 주택 부족 현상을 완화시켜야 할 시기가 온 것이다.

풀러는 캔사스 주 위치타에 있는 비치 항공기 제작소의 일부를 할당받아 그곳에서 위치타 주택의 설계를 완성하였다. 실제 제작만큼이나 홍보 또한 중요했기 때문에, 풀러는 고용자들과 그들의 아내들에게 미래를 책임질 새로운 집을 설명하였다. 집은 원형의 도면에 유선형의 측면으로 설계하여 공기 저항과 열손실을 줄였다.

풀러는 일반 건물보다는 공중에서 고속으로 달리는 자동차를 상상하며 위치타 주택을 설계한 것으로 생각된다. 실내 기류는 큰 바람개비처럼 생긴 지붕의 회전형 통풍공vent으로 조절하였다. 두 개의 다이맥시온 욕실을 포함한 모든 기계적인 장치는 중심부에 집중적으로 설계하였다. 그렇지 않으면 전체 도면이 회전형 저장 장치를 통합하는 큰 방사형의 파티션이 5등분의 케이크와 같이 분리되기 때문이다. 거실, 두 개의 침실, 부엌, 입구, 구조 또한 매우 혁신적이었다. 120명의 체중을 견딜 수 있도록 설계된 강철 바닥은 여러 개의 전선과 자전거 바퀴와 같은 압축링com pressionring들이 하나의 중앙 기둥 위에 떠있는 형상을 만들었다. 외부 클래딩cladding은 비치Beech 항공기를 만들 때 사용하는 광택이 나는 두랄루민duralumin이었으며, 플렉시 글라스plexiglass를 여러 개 고정시켜 햇살이 들어오도록 하였다. 집을 구성하는 모

든 부위는 화물차 한 대면 다 실을 수 있으며, 6명의 남자만 있으면 하루에 집을 세울 수 있을 것이라 예상했다.

두 원형 중에 처음 것은 잘 받아들여져서 꾸준히 주문이 들어왔다. 하지만 공장에 기기를 설비하기 위해서는 상당한 자금을 필요로 했다. 풀러 하우스사의 동료들은 끝까지 추진하기를 원했지만, 풀러 본인이 되레 겁을 먹고 결국 중단시켰다.

미래의 집은 정말 미래에 남게 되었지만 전략은 성공하였다. 그 집은 이미 제 몫을 다 한 셈이었다. 원본 중에 하나는 미시건주 디어본에 있는 헨리 포드 Henry Ford 박물관에 완벽하게 복원된 상태로 전시되어 있다.

1

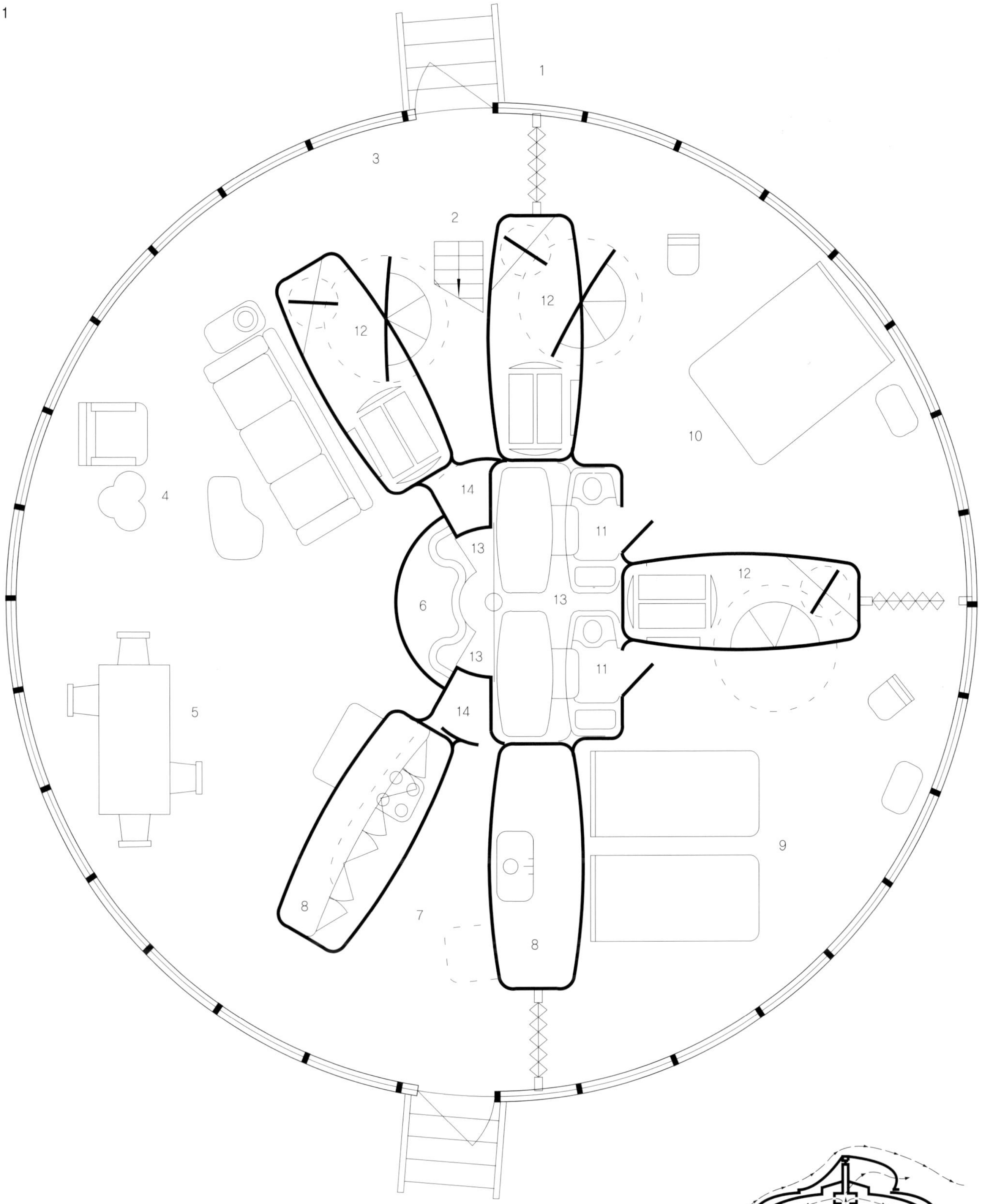

1 Ground Floor Plan

1 Front entrance
2 Folding stairs to
  optional balcony
3 Foyer
4 Living room
5 Dining room
6 Stainless–steel fireplace
7 Kitchen
8 Kitchen storage
9 Second bedroom
10 Master bedroom
11 Dymaxion bathroom
12 Customized clothes storage
   racks and shelving
13 Air ducts
14 Utility space

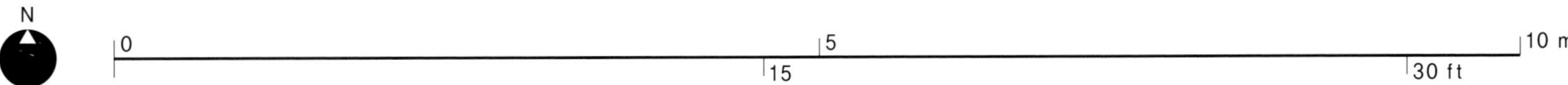

2

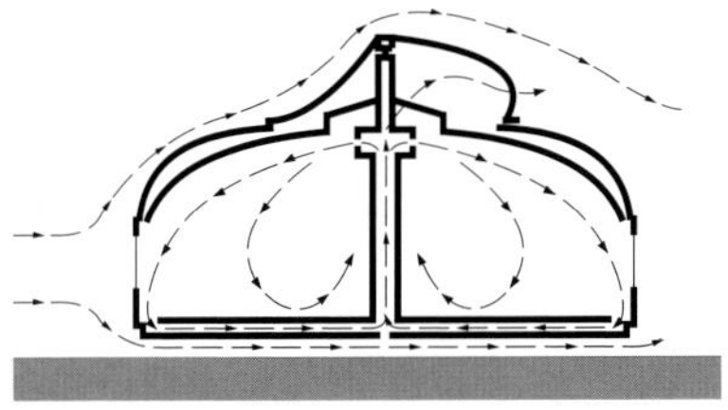

2 Diagrammatic showing
  air–flow

N

0 5 10 m
15 30 ft

Eames House

Charles and Ray Eames, 1907-78 and 1912-88

Los Angeles, California, USA; 1949

원래는 사례 연구 주택 8Case Study House No. 8이라 불리는 임즈 주택은 1940년대 후반에 예술과 건축 Arts and Architecture 잡지가 후원한 캘리포니아의 유명한 전시용 주택이었다.

찰스 임즈는 뉴욕의 미스 반 데어 로에 전시회에서 자신이 다리 형태의 집을 그린 미스의 스케치를 무의식적으로 모방한 사실을 깨달았다. 그는 산타 모니카로 돌아가서 화가인 아내 레이와 의논하여 다리와 관련된 아이디어를 버리고 전체 디자인을 새롭게 바꾸기로 결정하였다. 결과적으로 20세기의 가장 영향력 있는 주택을 탄생시켰다. 미시안Miesian 디자인은 단정적이며 기념비적이라 윤곽을 잘라내는 형식인데 비해, 새로운 디자인은 조금 더 부드러우면서 여성스러워 유칼립투스 나무들 뒤의 토양 둑에 근접해 있는 느낌이었다. 이는 매우 새로운 형식이었다. 그 전까지 누구도 사용하지 않은 재료와 방식인 강철, 유리, 색깔 패널의 이용은 편안하고 자연스러운 느낌을 주었다.

단순한 두 개의 이층 건물은 하나는 집, 다른 하나는 스튜디오이며 이 둘 사이에는 작은 안마당이 있다. 두 건물의 외측 끝에는 복층 공간이 있어서 교차 리듬을 발생시킨다. 안마당은 제 3의 복층 공간처럼 보인다.

전체 구성은 연속적인 콘크리트 옹벽이 만든다. 나머지 구조는 강철이다. 확실한 비 기념비적인 구조로서 평범한 강철 틀의 창문과 다양한 종류의 경량 패널이 있다.

다른 설계가였다면아마도 Mies van der Rohe 이러한 방식은 엄격하고 독단적으로 진행되어 집의 대칭성, 규칙성, 구조적인 명확성, 간결한 재료 등을 강조하였을 것이다. 하지만 이 집에는 전체적으로 합리적인 타협이 있다. 단단하고 투명한 패널은 추상적인 시스템에 의한 것이 아니라 내부에 미묘하게 움직이는 빛의 생성을 고려하여 배열하였다. 일본의 영향도 상당하게 나타난다. 격자 강철 기둥과 메탈 데크 등의 저렴하고 산업적인 제품 등을 사용하기도 했지만, 스튜디오의 목재 바닥이나 거실의 큰 목재 벽 등의 따뜻한 자연 재료 또한 상당히 많이 사용하였다. 도면은 어찌 보면 과도하게 편안한 느낌을 준다. 예를 들면, 주요 침실에는 아래의 거실로 개방된 갤러리가 있는데 이는 그림에서도 어색하지만 실제 공간에서 또한 어색하다.

임즈 주택은 너무나 유명해서 여러 가지 이야기들이 난무하다. 새로운 디자인은 원래의 디자인에 사용하려던 철강 작업을 교묘하게 재사용하였다는 이야기, 표준 목재 집보다 훨씬 가격이 저렴하다는 이야기, 세우는데 며칠밖에 걸리지 않았다는 이야기가 바로 대표적인 이야기이다. 이러한 이야기는 다 거짓이다. 가장 널리 알려진 이야기는 집에 사용된 물품들이 카탈로그에 있는 규격화된 요소들로 만들어졌다는 설인데, 이는 일부분 사실이다. 예를 들면, 창문들은 대부분 1m 폭의 표준 규격이었다. 건축에서는 역사적인 사실보다 아이디어를 높게 생각하며, 임즈 주택은 조립식 건축에 관심 있는 건축가 모두에게 영감을 준다.

1 West Elevation	3 East Elevation	5 First Floor Plan	6 South Elevation of House	7 Ground Floor Plan	8 North Elevation of Studio
2 Section A–A	4 North Elevation of House				

5 First Floor Plan
1 Upper part of living room
2 Bedroom
3 Dressing room
4 Hall
5 Bathroom
6 Work room
7 Upper part of studio

7 Ground Floor Plan
1 Living room
2 Dining room
3 Kitchen
4 Utility room
5 Courtyard
6 Dark room
7 Studio

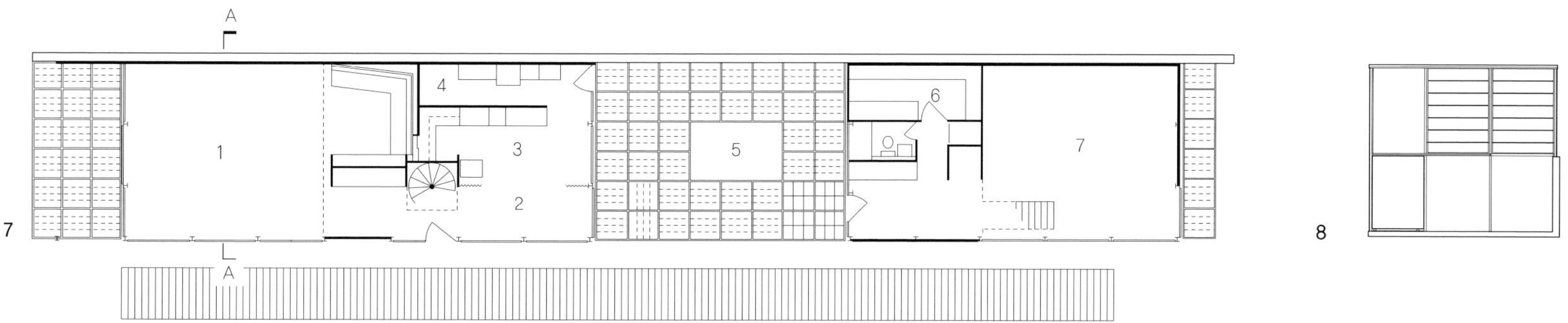

Johnson House

Philip Johnson, 1906-2005
New Canaan, Connecticut, USA; 1949

존슨 주택은 동시대의 미스 반 데어 로에의 판스워스 Farnsworth 주택p.112-113과 자주 비교된다. 필립 존슨은 미스의 친구이자 추종자였다. 비록 그의 집이 먼저 완성되긴 했지만 그는 판즈워스 주택 디자인을 매우 잘 알았다.

확실한 유사점들이 많지만 두 주택의 기본적인 개념은 다르다. 판즈워스 주택이 부유 상태의 면들로 이루어졌다면, 존슨 주택은 지면에 붙어 있는 건물이다. 가장 눈에 띄는 부분은 유리 덮개가 아니라 벽돌 바닥에서 솟아 지붕을 통과하는 난로가 딸린 원통형 벽돌 화장실이다. 이 무거운 수직 형상은 부지에 대한 권리를 주장하며, 외부의 주위 풍경에 대한 관심을 유도한다. 이러한 관점에서, 집은 미스 반 데어 로에보다 프랭크 로이드 라이트에게 더욱 영향을 많이 받았다. 존슨은 이를 자연을 편하게 관찰할 수 있는 캠프 camp라 설명하였다 – 불과 땅.

만약 이것이 캠프라면 상당히 문명화된 캠프이다. 1949년에 존슨은 이미 세계 건축에 영향력 있는 인물이었으며, 1932 국제 스타일 전시회의 운영을 돕기도 하였다. 그는 경제적으로 여유 있는 젊은 예술가로서 25세 이상의 학생으로 하버드 건축대학을 졸업한 지 얼마 되지 않은 상태였다. 그러므로 이 주택은 전문적인 건축가로서 그를 등장시킨 신호탄이었으며

예술에 대한 감각이 있는 사람을 위한 고급스러운 집이었다. '캠프'에는 금속 액자에 들어있는 니콜라스 푸송의 포키온의 매장Funeral of Phocion과 미스의 바르셀로나 의자Barcelona chair와 같은 유명한 예술품 등이 있었으며, 공간을 구분하기 위한 우아한 다갈색 수납장들도 있었다.

더 중요한 것은, 헤링본herringbone 벽돌의 '방수 깔개'는 온돌식 난방이며 유리벽이 뉴 잉글랜드의 바람과 눈으로부터 보호해준다는 사실이다. 판스워스 주택은 구조가 가장 관건인데, H형강이 기둥을 지지하고 있다. 그러나 존슨 주택에서는 철강 기둥은 유리를 지지하고 있는 틀에 불과하다. 디테일이 깔끔하고 미시안Miesian이지만, 구조적인 표현력은 뛰어나지 않다. 각 벽의 중간에 위치한 4개의 문은 모두 하나의 문짝을 가지고 있다. 이들은 통풍관의 역할을 하며, 더운 날 에어컨이 없어도 집을 시원하게 해준다.

어떤 측면에서 유리 집은 반쪽짜리 집이다. 손님들은 단단한 벽돌이 만든 다른 구조물에서 머문다. 동시대에 지어졌지만, 스타일의 측면에서는 다른 시대에 속해 있는 것처럼 보인다. 도면의 트리플 스퀘어 triple square 실내는 얕은 돔dome으로 된 조개껍질 구조로서 찌그러진 아치arch와 가느다란 기둥을 통합하고 있는 구조이다. 이는 런던의 존 소앤 주택에

있는 아침식사를 하는 방에서 영감을 받은 것으로 알려져 있다. 미스의 작품을 떠오르게 하지만, 지나고 나서 보면 뉴욕의 AT&T 타워와 같은 존슨의 후기 모더니즘 작품들을 이해 하는데 도움을 준다.

손님용 집은 유리 집을 단순화한 별관으로 만들었으며, 영국 정원에 있을법한 전형적인 예배당과 같다. 가파른 경사 위에 자리 잡은 대지는 아르코폴리스 Acropolis 모형의 파르테논 Parthenon과 흡사하다고 말하는 사람도 있다. 존슨은 이미 이러한 평가를 예상했었다. 나중에 그는 대지 주위의 땅을 더 매입하여 2 헥타르에서 16 헥타르5에서 40 에이커로 확장하여 몇 개의 건물을 추가로 세웠다. 1980년에 세운 스튜디오와 같은 기능성 건물과 경사진 강 옆에 있는 Tromple l'oeil 난쟁이 궁전과 같은 관상용 건물이다.

1

1 Plan

2

2 North Elevation

3

3 East Elevation

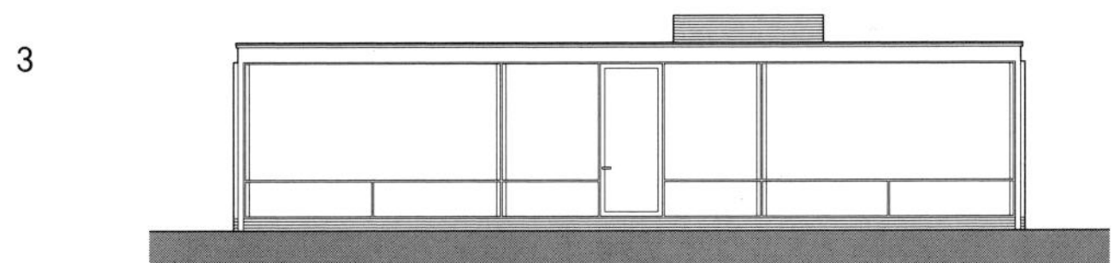

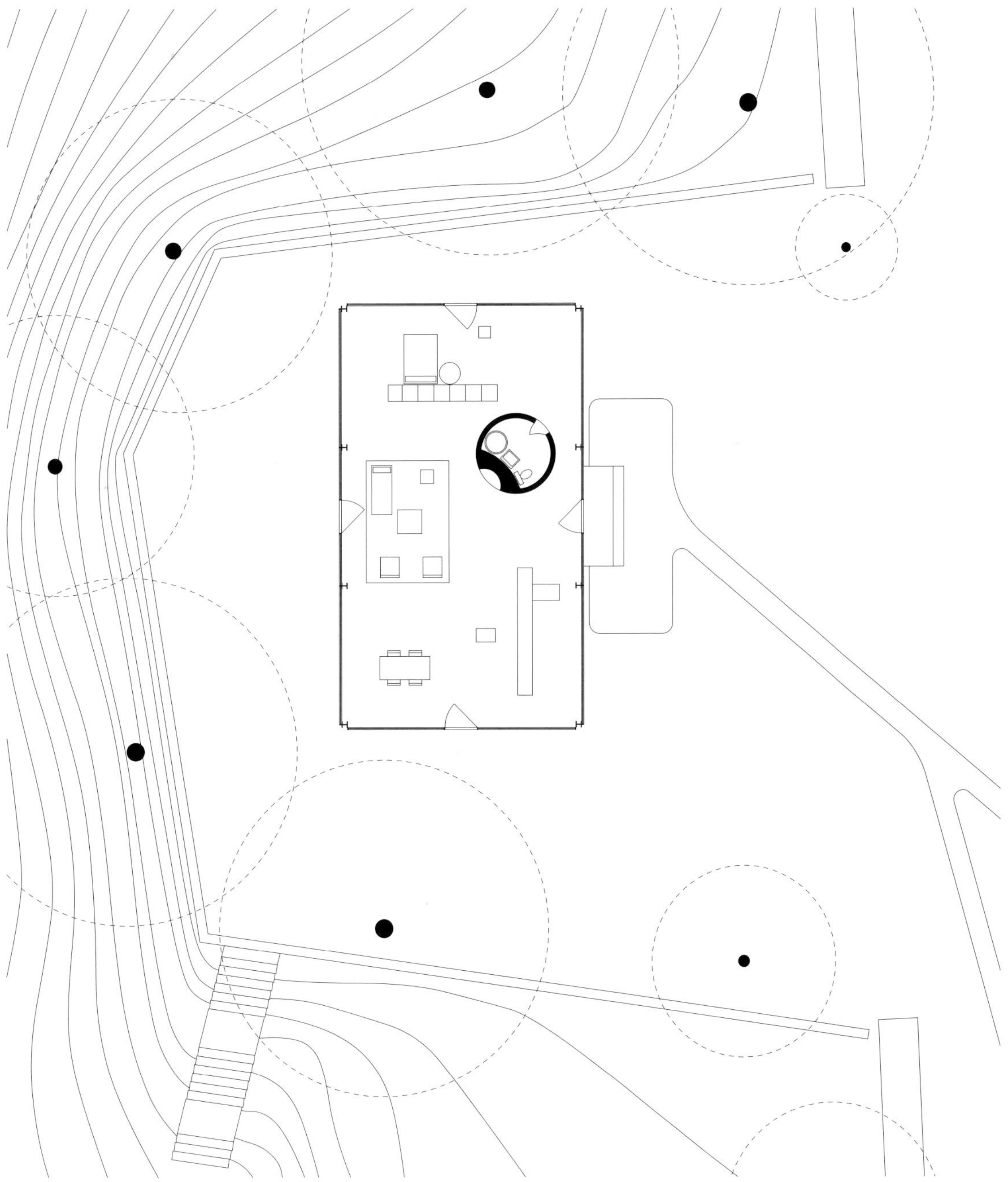

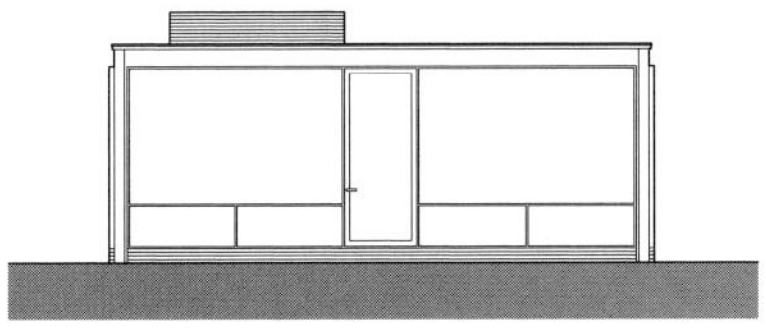

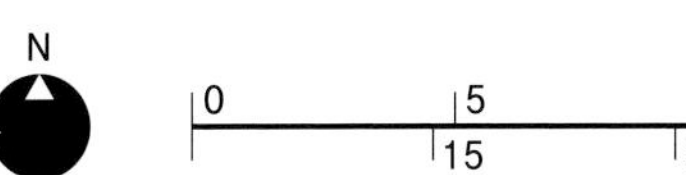

Rose Seidler House

Harry Seidler, 1923-2006

Turramurra, New South Wales, Australia; 1950

로즈 사이드러 주택은 건축적 장점이 걸출하다고 인정되어 1951년 존 술만 메달을 수상했으며, 호주의 건축발전의 초석이 된 바우하우스 모더니즘을 수용하는 신호탄이 되었다.

로즈 사이드러 주택은 모든 면에서 외국 것을 직수입했다. 건축가인 해리 사이드러 자신도 당시에 호주에 이주해 온지 얼마 되지 않았다. 그는 1923년 비엔나에서 태어났고, 영국과 캐나다를 거쳐, 하버드에서 워터 그로피우스 밑에서 공부했다. 1945년 졸업 후 마르셀 브로이어의 뉴욕 사무소에서 설계 경험을 쌓았으며, 이때 챔버레인 오두막p.102-103및 코네티컷 주의 뉴 캐넌New Cannaan에 있는 브로이어 자택을 포함하여 몇 개의 주택을 설계하였다. 그는 브로이어의 성실한 제자가 되었고, 그 후 자신의 부모님이 있는 시드니로 옮겨 와 살았으며, 부모님에게 브로이어 스타일의 주택을 지어 주었다. 이 주택은 그가 뉴욕에 있을 동안 톰슨과 함께 설계한 주택과 쏙 빼닮았다. 시드니 근교 투라무라에 있는 로즈 사이드러 주택은 그것이 단지 호주 땅에 서 있다는 인식 때문에 호주 주택일 뿐이다.

이 주택은 전형적인 브로이어 상자로 되어 대지에서 들어 올려져 있고, 또 기초에서 돌출된 형태구조와 U자 모양의 평면도를 갖는다. U자의 한쪽 날개 쪽에는 침실이 있고 다른 쪽에는 거실이 있다. 그 가운데는 다목적 가족 공간과 열린 테라스가 있다. 이 열린 테라스는 전체 상자에서 상당부분을 차지하고 있으며 마치 하나의 방과 같은 느낌을 준다.

이 주택은 모방한 디자인 임에도 불구하고, 아주 만족스러운 점이 있다. 그것은 주택과 대지 사이의 상호관계이다. 숲이 우거진 계곡을 멀리 내려다보는 북향의 가파른 경사지는 경사면 깊숙이 닻을 내린 모습 같은 자연석 옹벽의 안정된 모습을 보여 준다. 건물박스는 대지에서 1개 층 레벨 위에 떠있으며, 그 하부에는 차고와 스튜디오, 작은 현관홀이 있다. 현관홀에서 직선으로 뻗은 단순형태의 계단을 올라가면 위층 평면의 중앙부에 이르고, 이곳 옆에는 햇볕이 쏟아져 들어오는 목재 데크의 열린 테라스가 있다. 또 곧바로 정면에는 브로이어가 고안하여 인기를 얻은 장치, 즉 식사실과 거실을 구분 짓는 석재의 자주식 벽난로와 굴뚝이 있다. 이곳 가족실과 부엌에서는 좌측으로 언덕의 상부 레벨로 걸어 나갈 수 있다.

사이드러는 자신의 건축적 언어를 브로이어로부터 배웠지만, 역시 스승의 실수를 통해서도 배웠다. 뉴 캐넌에 있는 한 주택은 처참하게 실패를 한 경우다. 그 이유는 목재 골격의 캔틸레버 벽체들을 지나치게 낙관적으로 이용하였기 때문이다. 로즈 사이드러 주택도 역시 목재 골격의 벽체들을 갖는다. 그러나 이것들은 견고한 철근콘크리트 슬래브 위에 놓여 있고, 콘크리트 벽체와 홀쭉한 원형 철근 보가 지지한다. 콘크리트 캔틸레버 빔이 테라스 확장부분을 지지하고 있으며, 여기서 장 스팬 목재 경사로를 통해 전정前庭 쪽으로 내려간다. 이 상자의 입면들은 내부의 공간들에 맞추어 자유스럽게 구성되었으며, 벽체의 구성을 벽체로만 또는 유리 패널로만 하여, 때로는 일반적 창들처럼 구멍을 뚫기도 하였다. 컬러풀한 추상적 벽화가 테라스 '실' 의 한쪽 벽체에 그려져 있는데, 이것은 건축가가 그린 것이다.

유럽/미국에서 유명해진 이 주택과 함께 지위를 확보한 해리 사이드러는 호주에서 가장 권위 있는 건축가들 중 한 사람이 되었고 또 가장 눈에 띄는 몇 개의 고층건물 디자이너가 되었다.

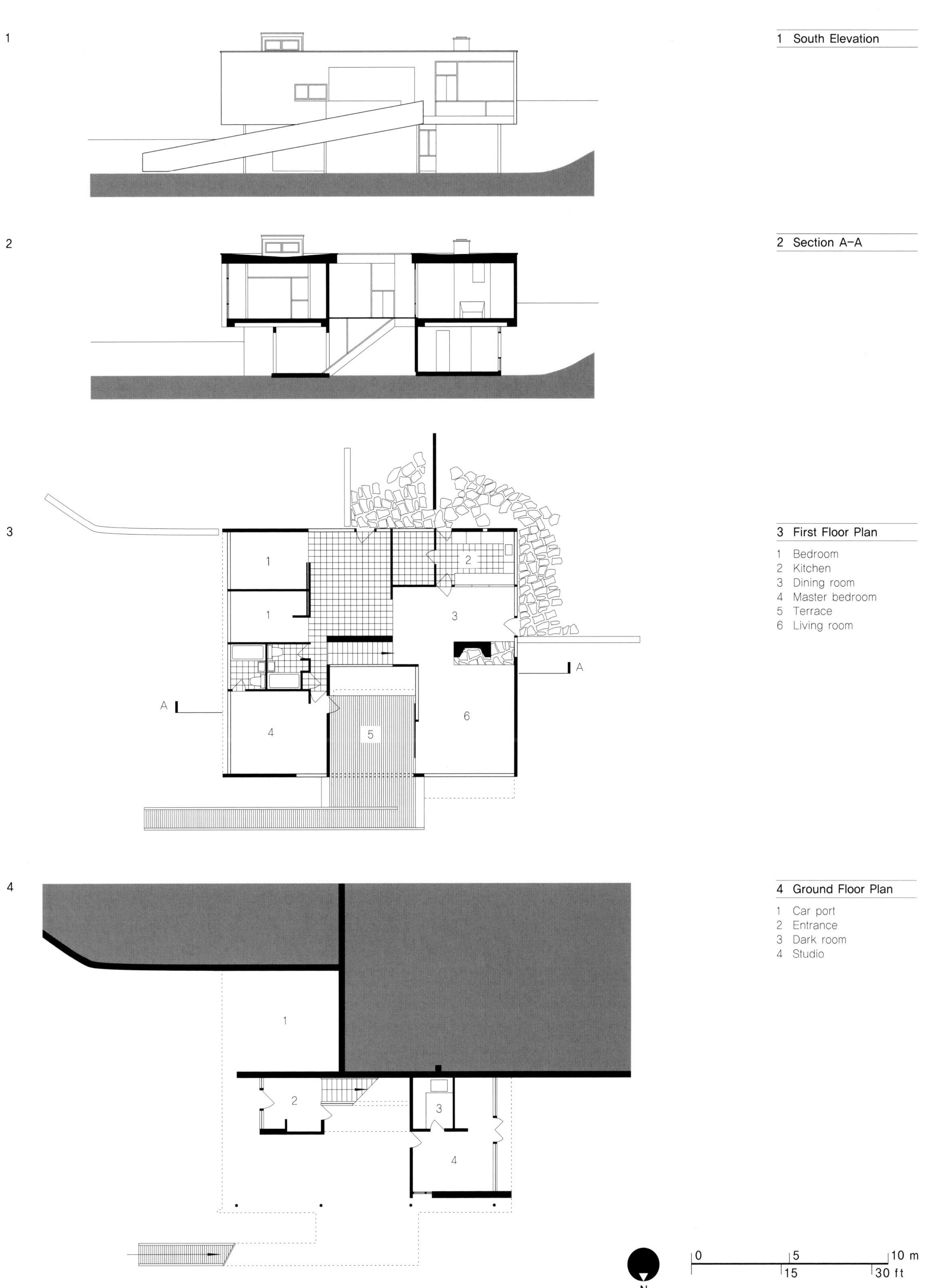

1   South Elevation

2   Section A–A

3   First Floor Plan

1   Bedroom
2   Kitchen
3   Dining room
4   Master bedroom
5   Terrace
6   Living room

4   Ground Floor Plan

1   Car port
2   Entrance
3   Dark room
4   Studio

Farnsworth House

Ludwig Mies van der Rohe, 1886-1969

Plano, Illinois, USA; 1945-51

미스 반 데어 로에와 건축주 에디스 판즈워스는 몇 가지 측면에서 로맨틱한 관계를 가졌던 것이 틀림없다. 그들은 이따금 함께 주택의 대지를 방문했다. 한번은 절반 정도 지어진 주택을 방문한 자리에서 미스가 에디스에게 '내가 당신을 바라볼 수 있도록' 포치에 올라설 것을 요구했다. 그녀는 올라서서 포즈를 취하고 웃었다. '좋아요, 방금 스케일을 체크하려고 그랬어요'라고 미스가 말했다. 이 주택은 그녀를 위해서라기보다 미스 자신을 위해서 디자인한 측면이 더 짙다. 미스 자신의 건축적 이상, 즉 완벽한 건물, 자기 스타일의 모델을 실현할 기회였다. 모든 조건은 좋았다. 대지는 큰 평지이고 강을 끼고 나무가 우거져 있는 등 간단명료하였다. 건축주는 독신이었으며 상당한 부자였다.

판즈워스 주택은 미스가 모더니스트적 구성Modernist composition의 다이나믹한 가능성들을 테스트했던 전 기간들 중 마지막 시기에 지어진 주택이다. 이것은 그가 신고전주의적 전통의 고요함과 격식을 갖추고 출발한 지점으로 되돌아온 것일 뿐이다. 이후 미스 건물들 대부분은 판즈워스 테마에 대한 변형체들로 볼 수 있다. 바르셀로나 파빌리언과 투겐다트 주택p.78-79의 비대칭과 과시적인 재료는 사용하지 않았다. 이때부터 철재 프레임을 고전적 질서처럼 사용했다. 바닥과 지붕은 직사각형이고 외관상으로 동일한 평판들이 보통은 4쌍의 H자 철재 기둥들 사이에서 지지되었다. 1층 바닥은 끝자락이 캔틸레버 구조이고, 범람하기 쉬운 지반 바닥보다 1.5미터 높다. 바닥판들 사이의 공간들을 구성하는 벽체 중에서 최소의 프레임만 갖춘 유리벽이 약 2/3를 차지하고, 한쪽 끝 부분은 열린 포치로 남겨져 있다. 다른 두 바닥판에 비해 작지만 동일한 비례를 갖고 있는 3번째 바닥판은 본체에 나란히 붙이고 레벨을 더 낮추어 진입용 테라스를 만들었다. 짧고 폭이 넓은 2개의 계단을 통해 지반과 테라스, 테라스와 포치를 연결한다. 주택 내부는 별개의 건물 내 건물을 두어 '가정부' 공간, 즉 부엌, 2개의 욕실, 다용도실을 할애하였다. 그 밖에는 고정된 벽체가 없다.

이 건물은 간단한 설명으로 거의 완벽하게 요약할 수 있다. 그 밖의 모든 것은 정교함이나 세련됨이다. 예컨대, 구성면에서 분명하게 나타나는 비대칭 - 바닥 슬래브와 닫힌 유리 벽체, 또는 주택과 테라스 사이의 상호관계에서 -은 복합체라든가 겹쳐진 대칭들에 대한 조사에 의해 알 수 있다. 기둥들은 공간을 제한하고 중재한다.

디테일 측면에서 주목되는 것은, 멀리언mullion은 어떻게 하였는지, 철재 바bar는 가능한 얼마나 얇게 하였는지, 큰 창유리를 어떻게 완벽한 사각형으로 나누었는지, 내 외부를 막론하고 모든 바닥에 동일한 흰색 대리석travertine은 어떻게 깔았는지, 그리고 서비스 코어의 단단한 목재로 만든 측벽을 천장에서 어떻게 멈추게 하여 거실공간의 일체성을 유지하였는지 등이다.

미스의 말처럼 이 주택은 사실 거의 완벽한 건물이지만, 그러나 예산을 훨씬 초과하였으며 거주하기도 어려운 주택이었다. 겨울에는 바닥 난방의 응결을 막지 못했다. 여름에는 참을 수 없을 정도로 덥고, 포치는 모기 때문에 방충망 없이는 사용할 수 없을 정도고, 방충망을 치면 모든 투명성 효과는 망가졌다. 결국 에디스 판즈워스는 스스로 속았다고 생각하여 미스의 청구서를 거절하는 결정을 내렸다. 둘은 법정에 섰으며, 결국 끝은 눈물로 이어졌다.

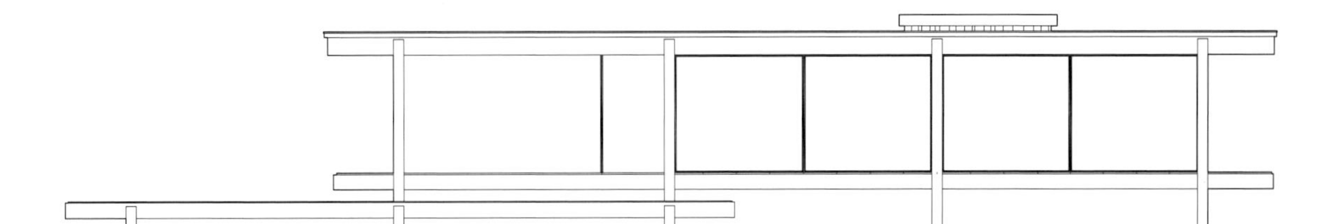

1 South Elevation

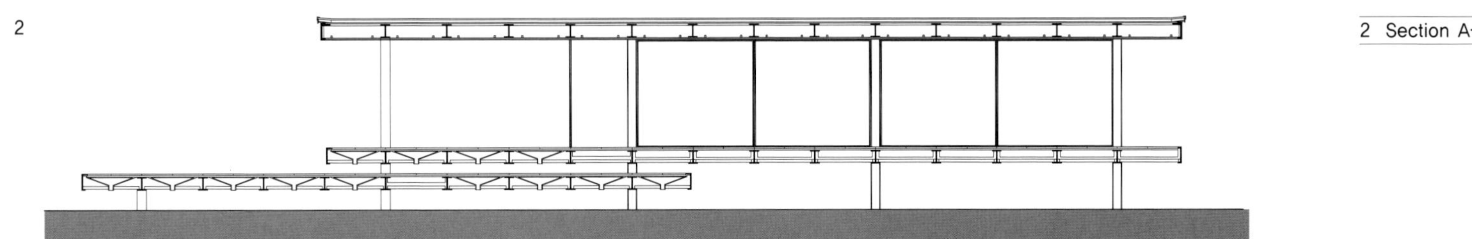

2 Section A–A

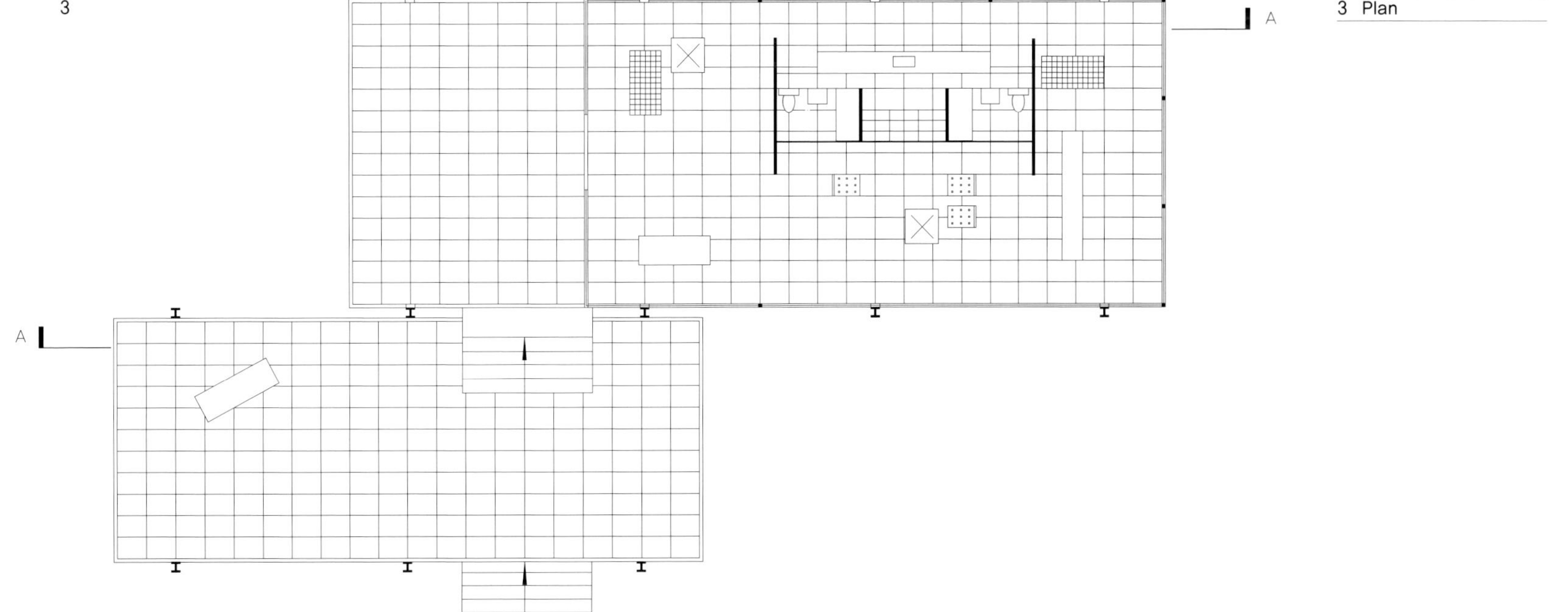

3 Plan

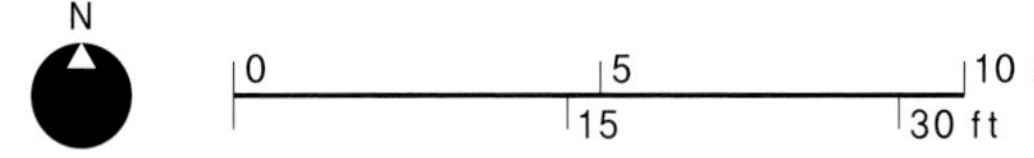

Lina Bo Bardi House

Lina Bo Bardi, 1914-92

Morumbi, near São Paulo, Brazil; 1950-51

리나 보는 1939년 25살에 로마 건축대학을 졸업한 후 선진 문화와 환경을 갖춘 도시 밀라노에 진출하여 건축가 겸 디자이너인 지오 폰티와 함께 일했다. 그녀는 그곳에서 전쟁 중임에도 불구하고 왕성한 활동을 하였으며, 건축뿐만 아니라 가구 및 산업 디자인 분야에서 유익한 경험을 쌓았다. 또 그녀는 잡지에 글을 쓰고 삽화를 그려 공헌하였고, 1944년에는 도무스Domus의 부국장이 되었다. 1946년에는 미술품 감식가이자 저널리스트인 피에트로 마리아 바르디Pietro Maria Bardi와 결혼하였다. 남편은 주세페 타라가니, 알베르토 리베라 등 전전 합리주의 건축가들을 지원하였고, 그 밖에 유럽의 모더니스트들과도 좋은 관계를 유지하였다. 1946년에 이 부부는 브라질로 이민을 갔으며, 리오 데 자네이로Rio de Janeiro를 시작으로 다음은 사오 파울로Sao Paulo에서 활동하였고, 여기서 바르디는 미술관 건립에 초대되었다.

리나 보 바르디가 자신과 남편을 위해 설계한 이 주택은 당시 사오 파울로 주변을 둘러싸는 열대우림인 마타 아트란티카Mata Atlantica의 끝자락에 있다. 이곳은 현재 모우람비라는 근교의 부자 동네이다. 초기의 사진에서 이 주택은 언덕 마루의 나무들 위에 떠 있으면서, 정지된 땅 자락을 내려다보는 우아한 시계탑 같았다. 열대 우림은 훨씬 더 변형되었으

며, 주택 주변에서 스스로 새롭게 단장하여 주택을 시야에서 벗어나게 만들고 있다. 이웃 사람들은 이것을 '유리 집'으로 부르고 있으며, 이 이름은 다른 세계적으로 유명한 유리 주택들, 존슨 하우스p.108-109와 판즈워스 하우스p.112-113에 필적하는 것에서 따온 것이다. 미스 반 데어 로에가 분명 영향을 미쳤지만, 르 꼬르뷔지에가 본질적 영감을 주었을 것이다. 본 바르디는 르 꼬르뷔지에가 루치오 코스타와 함께 설계한 리오에 있는 교육부 청사 건물을 굉장히 좋아하였으며, 이 건물을 '하늘을 배경으로 떠 있는 위대한 희고 푸른 배'라고 설명한다.

이 주택의 주요 부분은 엷은 철근콘크리트 슬래브에 가늘고 긴 원형 기둥들이 꿰어져 있는 것들 사이에서 샌드위치 된 수평적으로 얇은 조각이 난 공간이다. 둘러쳐진 유리벽과 무량판 슬래브는 르 꼬르뷔지에의 도미노 주택 프로젝트에서 착안한 것이다. 기둥들은 말할 것 없이 필로티로 만들어졌다. 이것은 건물 하부에 조경을 펼칠 수 있게 하지만, 그러나 르 꼬르뷔지에는 순수주의자 측면으로 옥상 정원을 주장해왔고, 이 주택의 지붕은 회화적으로 비틀었다. 출입은 흔들거리는 철재 계단을 거쳐서 하측면의 구멍 속에 오르도록 되어있다. 내부의 주요 거실 공간은 안마당 방향 또는 정원의 나무들이 커서 주택 심장부 속으

로 올라올 수 있게 만든 햇볕 우물 방향을 제외하곤, 거의 완벽하게 열려 있다. 각 기능에 따라 구분되어 있는데, 식사실, 서재, 독립식 벽난로 주변에 앉을자리 등이 그 예이다. 그러나 모든 것은 거대한 벽과 같은 공간을 둘러싸고 있는, 유리면 밖으로 펼쳐지는 숲의 조망으로 통합된다. 이론적으로 볼 때, 이 유리 패널은 수평적으로 열리지만 경관과 더 가깝게 접촉할 수 있는 발코니 또는 베란다가 없어, 본질적으로 이것은 바라보기 위한 것이다.

거실 공간은 주택의 절반 정도밖에 안 된다. 나머지 절반은 거실의 북쪽에 있는 언덕 위 지반에 앉혀져 있다. 줄을 선 침실들이 좁다란 안뜰에 면해 있고, 안뜰 건너편 가정부 영역의 단순 처리된 벽체와 마주한다. 분할된 두 영역을 연결하는 부엌이 유일한 공간이며, 이곳은 잘 디자인된 노동집약적 장치들을 갖춘 가정부와 여주인이 함께 사용하는 영역이다. 그러나 보 바르디를 단지 국내용 디자이너로 생각하려는 사람들은 그녀의 최근 빌딩들, 특히 1968년에 완성된 사오 파울로 미술관에서 볼 수 있는 사람이 살고 있는 다리를 봐야 할 것이다.

1 First Floor Plan

1 Entrance	11 Staff living room
2 Library	12 Wardrobe
3 Living room	13 Veranda
4 Courtyard	14 Patio
5 Fireplace	
6 Dining room	
7 Bedroom	
8 Clothes cupboard	
9 Kitchen	
10 Staff bedroom	

2 Ground Floor Plan

1 Storage

3 Section A–A

4 Elavation

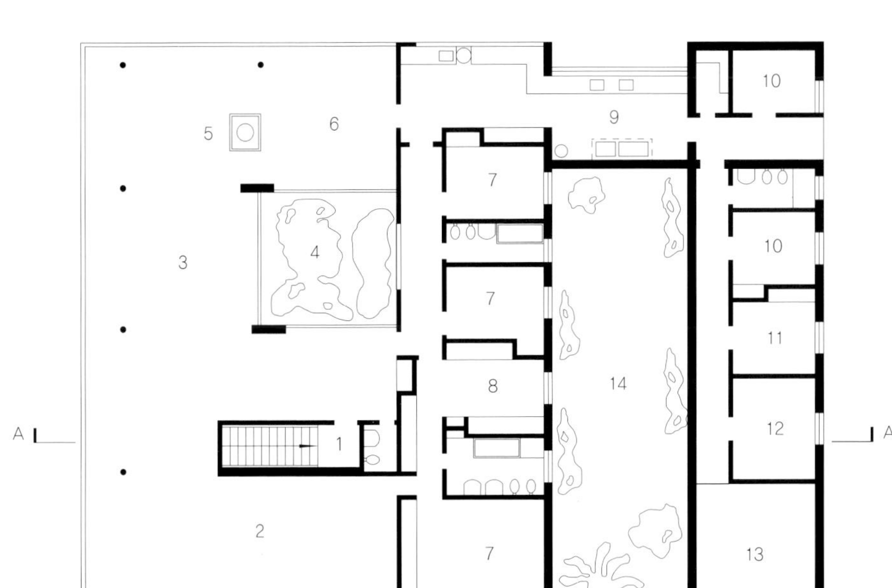

1

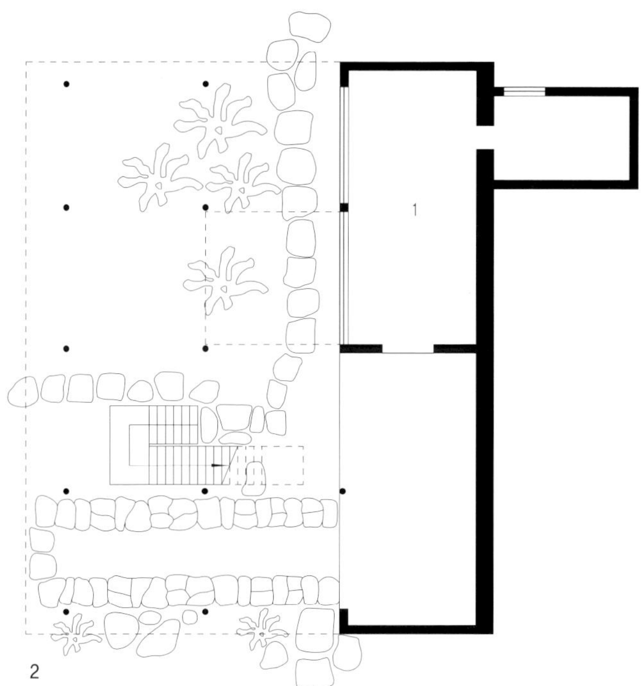

2

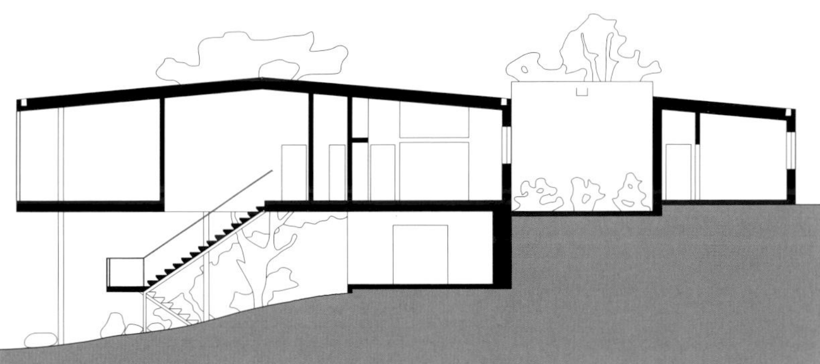

3

4

Casa Ugalde

José Antonio Coderch, 1902-81

Caldes d' Extrac, Spain; 1952

호세 안토니오 코데르치는 2차 대전 후 바르셀로나에 설립된 진보 건축가 모임인 그룹 알의 지도적 멤버였다. 비록 그는 분명한 모더니스트였지만, CIAM 모임에도 참석할 정도로 전쟁 전 개척자들의 무비판적인 추종자와는 거리가 멀었다. 그는 토속 건축과 카탈로니아의 경관에 아주 관심이 많아 자신을 엄격한 합리주의 내지 기능주의와 연관을 맺을 수 없었다. 까사 우갈데는 국제적 모더니즘이라기보다 전통과 특정 장소의 독특한 질적 요소들을 중시하는 지역적 모더니즘의 완벽한 사례이다.

에스퀴오 우갈데는 엔지니어이다. 그는 바르셀로나에서 약 30km 떨어진 갈데스드 엑스트랙 마을 가까이 바다가 내려다보이는 언덕 배기 대지를 좋아하게 되어, 친구인 건축가에게 그곳에 주택을 지어달라고 부탁했다. 말하자면 대지 때문에 디자인을 시작하였다고 볼 수 있으며, 이 대지는 바위와 소나무가 멋지고 특히 조망이 아름다워 디자인의 시작점이 되었다. 이것은 단순히 언덕에 있는 주택이 아니라, 언덕 마루를 벗어나 성장하는 주택이다.

등고선에 따라 설치된 사문석 옹벽은 아메바 모양의 테라스를 만들고 있고, 동쪽 끝자락에 있는 수영장과 함께 테라코타 타일을 붙였다. 보다 더 전통적인 코스타 브라바 주말 주택에서 이 테라스의 의미는 가정을 통합하는, 직선으로 둘러싸는, 그리고 경사 지붕 형태를 만드는데 기초가 되는 요소이다. 이 주택에서 일반적인 영역을 벗어난 곳에 있는 테라스는 의도해서 만든 것 같지 않고 안정적이지 않고, 뭐라 단정적으로 말하기 어려운 형태를 갖는다. 남쪽에 있는 각이 진 상자 모양의 손님방에서 외부로 나가면 테라스의 끝자락이 나오고, 테라스는 하나의 석재 벽이 지지하고 그 하부에는 차고가 있다. 북쪽의 또 다른 각이 진 상자에는 주 침실이 있고, 여기서 언덕의 상부로 올라 갈 수 있다. 그리고 서쪽에는 좁은 서비스 뜰과 주 출입구 진입 길 사이에 날개 형태의 가정부 영역을 두었다. 내부공간과 외부공간은 예견치 못한 방식으로 상호 침투한다. 테라코타 바닥은 주요 거실공간까지 동일하게 이어지며, 이것은 큰 창과 유리문과 함께 테라스의 일부분이 되는 것 같다. 한편 주인침실 아래 공간은 개념적으로는 외부공간이지만, 지붕을 올리기에 용이한 중정에 붙어 있어 유리를 둘러치기가 용이하다.

이 주택은 기본적으로 2층이지만, 엄밀하게는 그렇지 않다. 단면을 보면 평면만큼 난해하며, 2층의 대부분 방들은 바닥 높이가 다르다. 내부 주 계단 부분은 거실에서 시작되며, 외부 계단처럼 백화가 생긴 돌로 마감되고, 천정에서 내려 온 난간 동자들이 받치고 있는 키 높이의 목재 계단참으로 오른다. 이 계단참의 높이에 상응하는 보조 천정이 거실 한쪽 면에 자리하면서 거실에서 앉을 자리를 만든다. 알토의 빌라 마이레아 p.92-93가 코르데르치에 영향을 준 것은 의심할 여지가 없지만, 이 주택은 상하레벨 사이에 일체감을 보여 주지 못한다. 거실의 평지붕과 손님방을 주 건물에 연결하는 테라코타 재료의 얇고 날카로운 형상의 캐노피에는 난간이 없어, 결과적으로 이것은 또 다른 테라스 레벨이 된다.

만약 콘크리트와 돌이 이처럼 느슨한 구성을 통해 하나의 통일된 주제를 이끌어 낸다면, 이것은 본질적으로 건물을 바라보기 위한 장소로 봤기 때문일 것이다. 남쪽 면에 대한 전경은, 조심스럽게 분할되고, 수평면, 수직면을 구성하며 유리를 끼웠거나 끼우지 않은 두 가지 형식의 개구부들은 일종의 지중해 조망 갤러리를 만든다. 까사 우갈데를 본 사람들은 건축가인 코르데치를 완성한 사진사와 같은 건축가로 생각할 것이다.

1 Level Three Plan

1 Master bedroom
2 Bedroom
3 Study

2 Section A–A

3 Section B–B

4 Level Two Plan

1 Master bedroom

5 Section C–C

6 Section D–D

7 Level One Plan

1 Terrace
2 Pool
3 Guest room
4 Patio
5 Living room
6 Staff wing

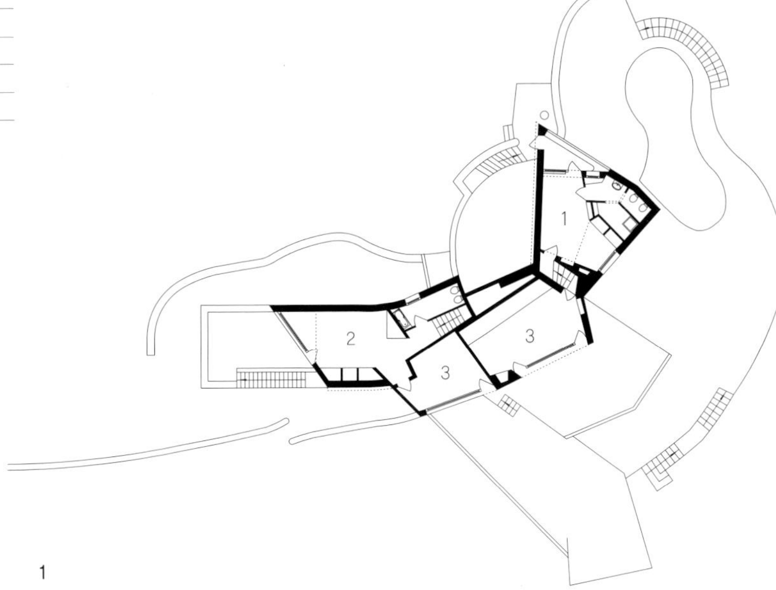

1

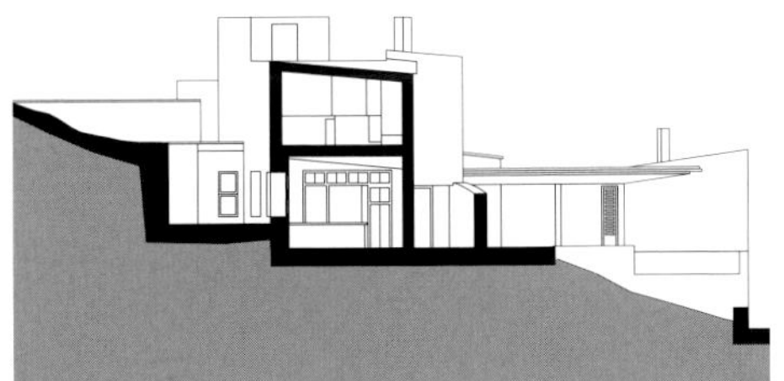

2

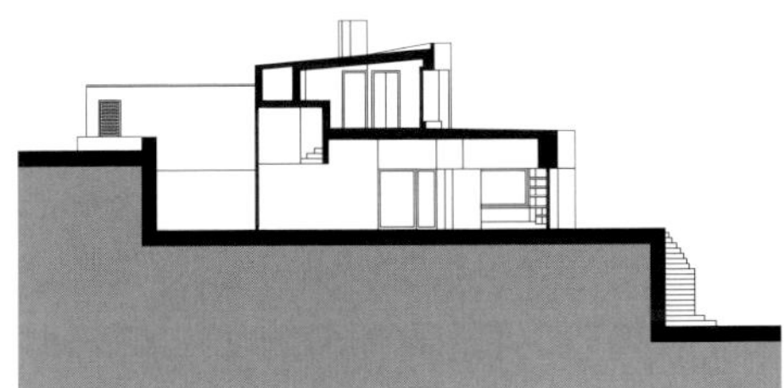

3

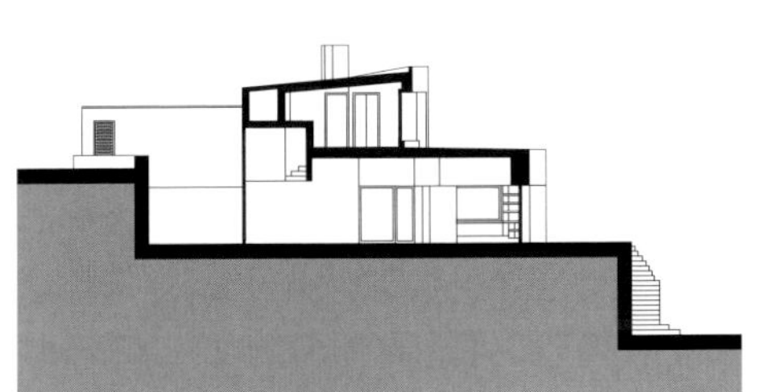

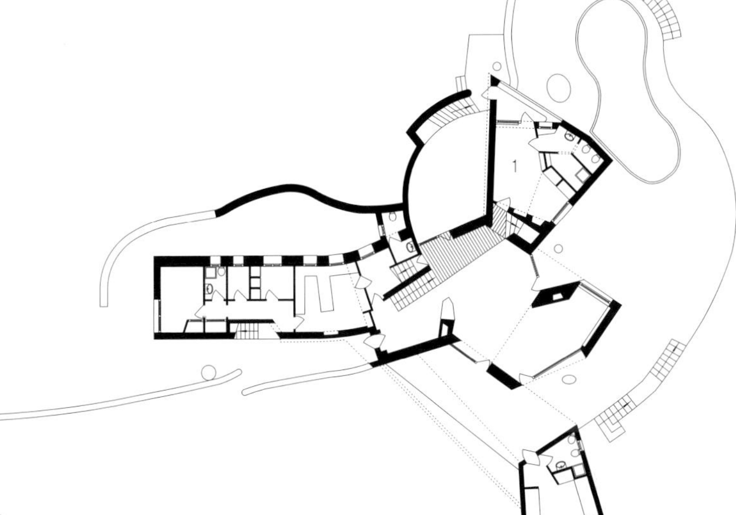

4

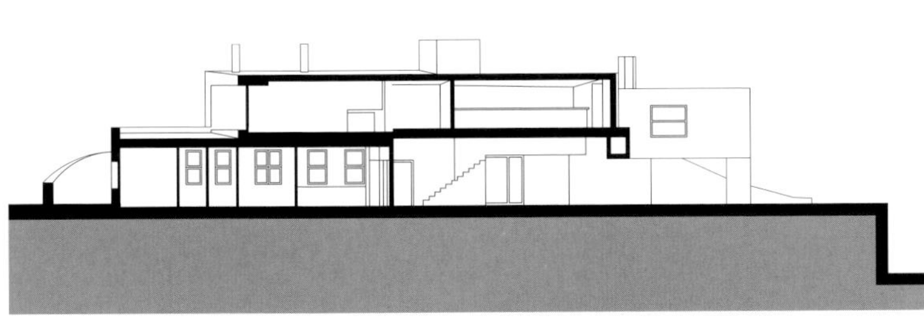

5

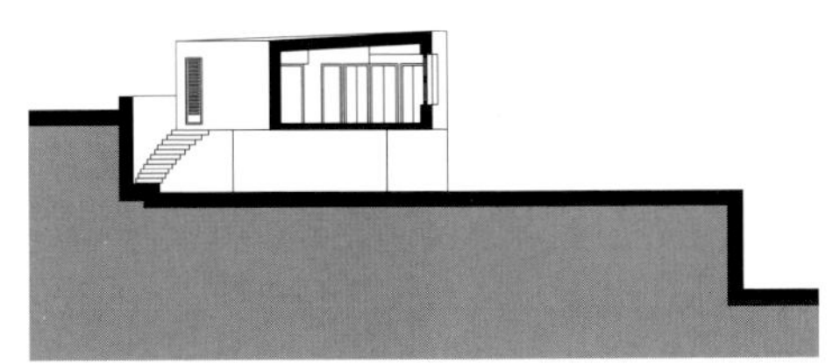

6

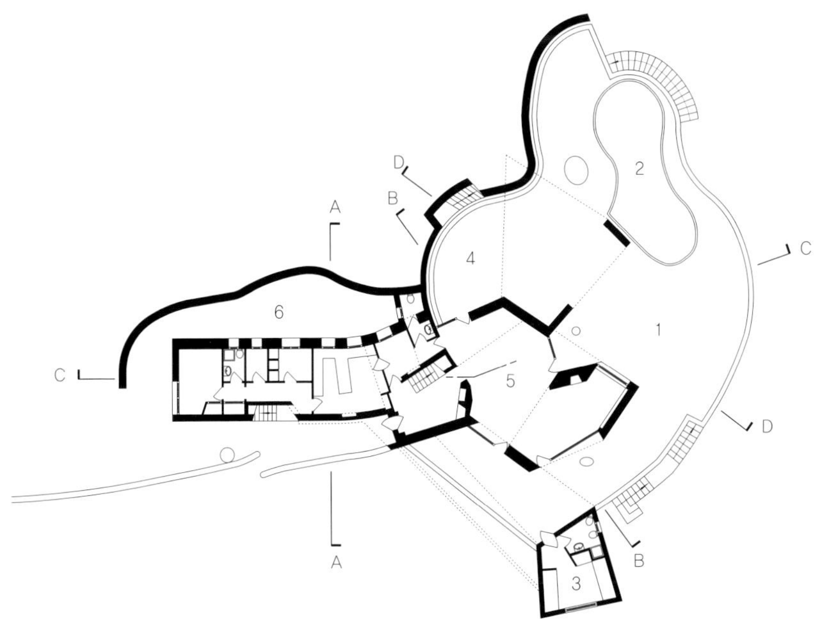

7

Utzon House

Jørn Utzon, 1918-

Hellebaek, Denmark; 1952

웃존은 2차 세계대전 동안에는 헬싱키에서 알바 알토 밑에서 일을 했으며 1949년 장학생으로 미국을 여행할 때에는 프랭크 로이드 라이트와 미스 반 데어 로에를 방문했다. 멕시코와 모로코를 방문해서는 비서구화된 전통 건축을 공부하는 등 네델란드의 주거건축이 현대화되던 1950년대 초, 요른 웃존Jørn Utzon은 이미 많은 공부를 한 상태였다. 1951년에는 그의 나이 32세였고 이미 결혼하여 세 자녀를 두었다. 웃존 가족은 집을 필요로 했지만 건축일 때문에 수입이 불확실하여 저렴한 주택을 택했다. 헬싱고르Helsingor 근처 수목이 울창한 지역 내 큰 대지를 발견하고 건축면적이 130㎡을 초과하지 않는 조건에 저금리 정부 융자를 신청하였다. 정식적인 건축도급을 주지 않고 친분이 있는 지역 건축가와 같이 디자인을 개발하기로 하였다. 그 결과물로 얻은 것이 덴마크 최초의 진정한 현대식 개방형 평면의 주택이다.

평면 중심에 부엌과 난로를 설치한 평지붕의 단층 주택은 1936년 제이콥스 주택p.90-91과 같이 라이트의 유소니언 주택의 영향을 받은 것이다. 그러나 중요한 차이점이 있다. 차고와 주택의 북측면 벽돌벽 사이에 걸쳐 있는 파고라 아래에 길게 펼쳐진 끝부분은 현관 입구를 만들기 위해 후퇴시킨 패널을 제외하고는 모두 비워져 있다.

이 집은 단층집으로 컨셉을 유지하기 위해 침실 벽에는 창을 내지 않고 천창을 두었다. 라이트는 그 정도로 원리원칙적이진 않았다. 직사각형의 큰 거실의 남측 벽은 유리로 되어 있으며 거실 내부에 독립적으로 세운 벽난로 굴뚝 뒤 남동쪽 코너에는 부엌을 두었다. 이런 개방성이 미국 교외 지역에서는 대중화되기 시작하였으나 보수적인 덴마크에서는 여전히 혁신적인 것이었다. 그러나 개방의 수준을 신중하게 조절하였다. 거실에 설치된 벽난로는 색다른 형태의 거실공간을 만들었다. 즉, 시야는 열려 있으면서 식사공간의 알코브 및 벽난로 근처 아늑한 영역을 만들었다. 벽돌로 쌓은 굴뚝에 숨겨진 미서기문은 필요시 부엌 작업대를 가리기 위해 닫을 수 있다.

당시 조립식의 가능성에 대해 알고 있던 진보적인 건축가 사이에서는 치수를 일치시키는 것에 대한 관심이 컸었다. 라이트의 유소니언 하우스는 0.6 × 1.2m의 그리드에 기초한 키와리Kiwari 모듈 시스템으로 건축된 일본의 전통주택과 많은 관련이 있다. 웃존 하우스에서 사용된 모듈은 실내 · 외에 사용한 작은 벽돌이었다. 모든 치수가 120mm덴마크벽돌두께에 접합몰탈을 포함한 치수임의 배수였다. 바닥 타일과 도로 포장용 벽돌 및 대들보도 모두 이 그리드를 적용했다. 웃존은 연속적인 수평면과 수직면을 좋아했기 때문에

창과 문을 싫어했다. 그래서 내부 문을 분할하지 않은 것처럼 보이기 위해 최고 높이로 하고 비내력 패널로서 동일한 수직판을 붙였다. 벽과 천정 경계의 어두운 '그늘지는 곳shadow gap' 은 분할의 재배열을 보여준다.

이 주택의 또 다른 중요한 특징은 남쪽에서 볼 수 있다. 견고한 벽돌로 된 플랫폼 위에 세워진 가벼운 목재를 사용한 특징, 혹은 건축 이론상의 특수 용어에서 보면 특정 모양으로 절단된 고형물로 이루어진 기초에 축조된 상부 구조물이 그것이다. 이런 아이디어는 중국 전통 건축물에서 영감을 얻은 것으로 웃존의 후기 작품의 중심 주제가 되었으나 그를 유명하게 만든 시드니 오페라 하우스 건축물에서는 전혀 나타나지 않았다.

1 South Elevation	2 Ground Floor Plan

1 Entrance
2 Living room
3 Kitchen
4 Bathroom
5 Bedroom
6 Study
7 Garage
8 Terrace

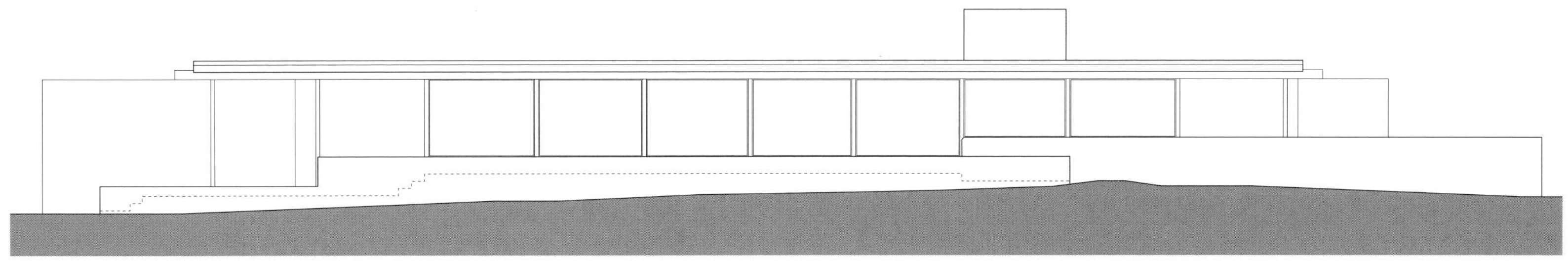

1

2

Case Study House No.16

Craig Ellwood, 1922-92

Bel Air, California, USA; 1953

크레이드 엘우드는 건축학교에 다닌 적은 없으나 디자이너로서 경쟁자들보다 더 유리한 위치에 있었다. 초기 그의 꿈은 헐리우드 배우가 되는 것이었고 금융, 마케팅 및 건축분야를 섭렵하기 전까지는 모델 일까지 하였다. 이런 모든 경험들은 건축가의 경력을 쌓는 데 도움이 되었다. 1940년대 후반 그는 토건업자인 람포트 카퍼 짤쯔만LCS 밑에서 평가업무를 하였다. 엘씨에스LCS는 임즈 하우스p.106-107와 잡지사 편집자인 존 엔텐자의 주택을 포함하여 예술과 건축 잡지사가 후원하는 유명한 사례 주택을 건축하였다. 이것은 엘우드가 엘씨에스를 떠나 자신의 고객을 위한 주택 디자인을 시작할 수 있는 사업적 교류로 이용되었다.

존 에텐자는 1951년 엘우드에게 2단계 사례연구 프로그램이 포함하는 주택의 하나를 제안할 것을 요청하였다. 엘우드는 엘씨에스의 이전 고용주인 헨리 살쯔만이 의뢰하였던 실험 주택을 선택하였다. 개발업자가 주택시장에서 판매할 주택으로 건축적으로는 진보된 주택을 의뢰했다는 사실은 전후 로스앤젤레스에서 모던 스타일이 어느 정도 인기가 있었는지를 가늠하는 척도이기도 하다.

사례 연구 주택 16Case Study House No.16은 침실 2개, 욕실 2개, 부엌, 아주 개방된 거실영역을 포함한 단층의 단순한 상자 형태이다. 이 집은 비좁은 언덕에 부자연스럽게 자리 잡고 있으나 정원으로 확장된 프레임 및 벽과 지붕은 주위 환경과 조화를 잘 이룬다. 북쪽에는 얇은 지붕판이 주차장까지 뻗어 있고 서쪽에는 얇은 프레임이 루버 형태의 차양을 받치는 패시어띠 모양의 벽와 연결되어 있다. 남서쪽 코너에는 바비큐를 할 수 있도록 돌로 된 벽난로를 테라스까지 연장하였다. 주 출입구 옆에는 나무로 된 북쪽 벽을 침실을 가리기 위해 확장하여 독특한 특징을 만들었다. 건물 동쪽 끝에는 불투명한 유리가 끼어진 정교한 강철 프레임의 펜스가 있다.

평가자로서 엘우드는 조립식의 잠재적 이점과 자재값 변동 고려 시 그 중요성을 인식하였다. 그는 디자인을 결정하기 전에 하청업자나 공급자의 의견을 물었다. 사례 연구 주택 16Case Study House No.16은 1.2m 그리드와 2.4m 간격의 강철 기둥과 보를 이용하여 계획하였다. 엘우드는 공간에 방향성을 강조하기 위해 보를 노출시키곤 했으나 이 주택에서는 서쪽과 남쪽으로 면한 거실에서 전망을 이용하기 위해서 사용하지 않았을 것이다. 즉, 강철보는 지붕 데크 안에 감춰져 있고 지붕 데크의 플랜지는 회반죽 칠이 된 천정에 오목하게 들어간 라인을 만들었다. 기둥도 이와 마찬가지로 벽보다 들어가 있어서 프레임에

패널을 끼운 것처럼 혹은 연속되는 수평판과 수직판을 연속적으로 구성한 것처럼 보인다. 목재나 유리로 된 외벽 패널은 기둥과 기둥 사이의 폭 전체 그리고 최대의 높이로 되어 있으며 내부 패널은 비내력 상태를 강조하기 위하여 밑부분은 오목하게 들어가게 만들었으며 윗부분은 판유리를 끼운 형태이다.

부분적으로는 미니멀리스트의 형태에 대한 능숙함을 보여주는 완벽한 사례이기도 하고 사례 연구 주택 16은 전형적인 엘우드 주택이다. 그는 항상 실제 건축과 마케팅에 관심이 있었으나 후반에는 건축적 결정을 학교 교육을 받은 파트너에게 맡기곤 하였다.

그의 스타일이 쇠퇴했던 1971년에는 건축일에서 은퇴하고 투스카니에서 그림을 그리는데 더 많은 시간을 보냈다.

1 Plan

1 Entrance
2 Dining room
3 Kitchen
4 Scullery
5 Bathroom
6 Bedroom
7 Living room
8 TV room
9 Master bedroom
10 Service yard
11 Children's play area
12 Parking
13 Living terrace
14 View terrace
15 Courtyard

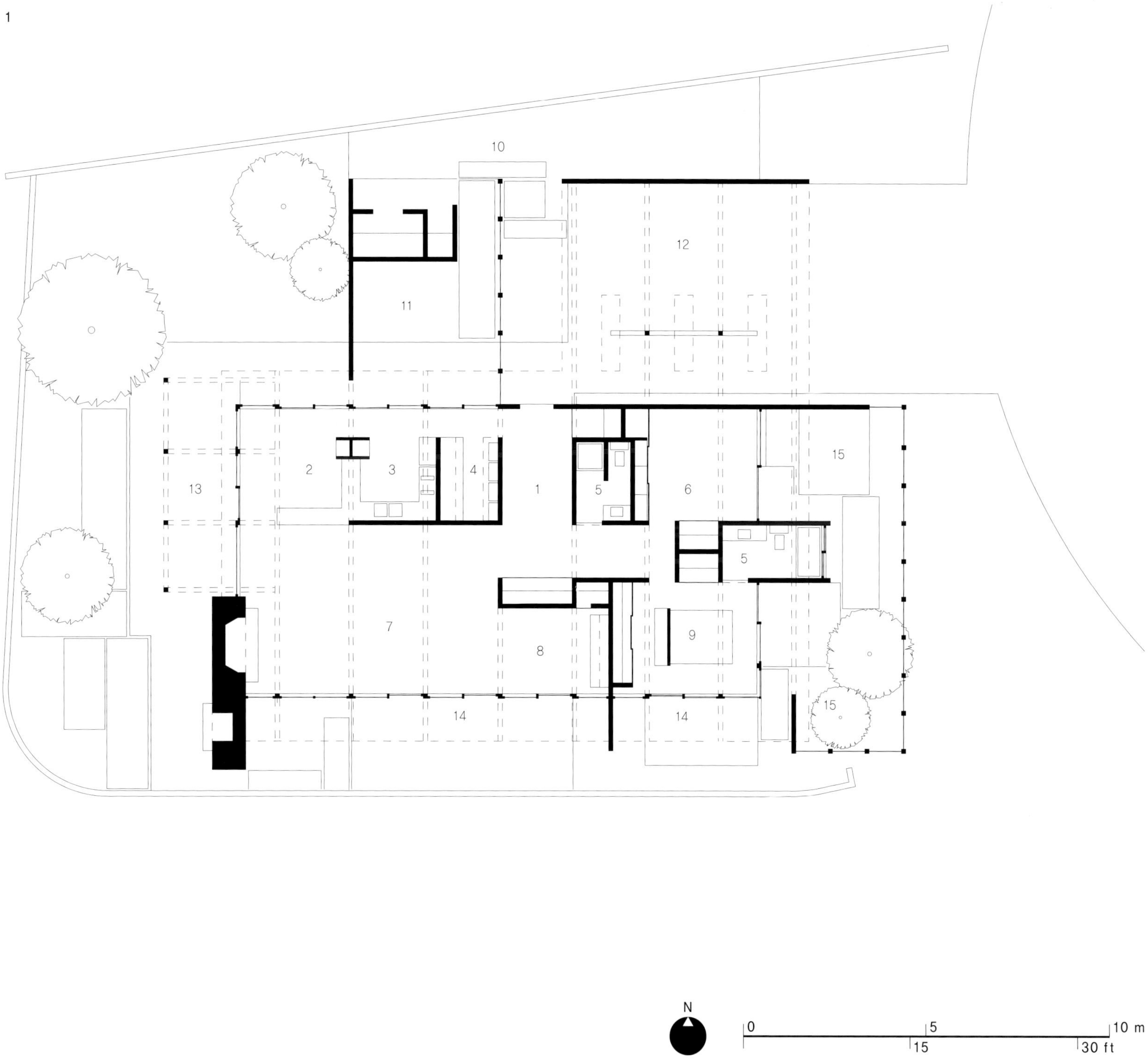

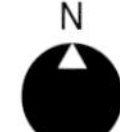
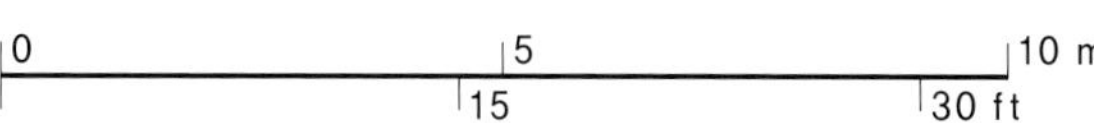

Experimental House

Alvar Aalto, 1898-1976

Muuratsalo, Finland; 1952-54

알바 알토는 애매모호함의 대가였다. 그는 도식적인 것이나 너무 분명한 것, 혹은 쉽게 설명되는 것들을 비판하였다. 대부분의 건축가, 특히 모더니스트들은 자신의 디자인을 위한 합리적인 정당성을 찾으려 했고 필요하다면 조작도 하였으나 알토는 직관에 의지하는 것과 예측 불가능한 연출을 위한 공간에 만족해했다. 무라트살로의 수목으로 뒤덮인 섬 바위 위에 있는 그의 여름별장―사각형 안뜰을 형성하는 방이 3개인 L자 형태의 집―은 어떤 점에서 보면 아주 단순한 건물이다. 그러나 애매모호한 표현이 많고 복잡함은 이를 내포하고 있다.

예를 들어 안뜰은 정말 안마당인가? 안뜰에는 지붕이 없지만 마치 지붕이 있을 것 같아 보이거나 혹은 원래 지붕이 있었는데 이미 황폐화되었거나 다른 계절을 위해 치워둔 것 같이 보인다. 이런 생각을 하게 하는 것은 2층 높이의 거실을 덮은 경사진 지붕 모양을 따라 형성된 엄청나게 높은 벽이 건물 전체가 하나의 큰 경사진 블록같이 보이게 하기 때문일 것이다. 이것이 진정으로 하나의 안뜰로 계획됐다면 주변의 방들과 직접 연결되는 것을 기대할 수 있을 것이다. 즉 정원으로 출입하는 두 짝의 문이 베란다나 주랑 중간에 있을 것이다. 큰 창문이 거실 벽면에 있는 것은 사실이나 안뜰로 나가는 다른 개구부는 헛간문과 비

슷한 단순한 외짝문이다.

핀란드에서 베란다를 기대하는 사람은 없지만 다른 공간들로 통합 수 있는 공공 공간으로서 안뜰을 생각하지 않았다는 것은 불가사의한 일이다. 안뜰은 원래 하나의 방이었을 것이다. 중간 문설주 흔적이 있는 서쪽 편의 큰 창은 어떻게 설명할 수 있을까? 그리고 없어진 내부의 기능을 지원하지도 않는데 왜 창문에 문지방을 두었을까? 또한 안뜰 중앙에 있는 노는 알토의 전후 원숙한 작품 중 가장 영향력 있고 가장 유명한 작품으로 거의 동시기 작품인 Säynatsälo 타운 홀의 회의실과 같은 의식용 홀의 옛터였음을 나타내는 것 같다.

한편으로 재료들을 보고 또 다른 해석을 할 수 있다. 보통은 내벽에는 페인트를 칠하고 외벽은 그대로 두는 벽돌 벽을 생각할 것이다. 그러나 여기 이 경우는 반대이다. 그래서 안뜰은 항상 외부공간으로 계획했었는지 모른다. 그러나 이 벽돌쌓기는 혼돈스러운 질문으로 쩔쩔매게 한다. 벽과 바닥포장도 색깔이 있는 세라믹 타일이 의외의 곳 여기저기에 들어가 있고 서로 다른 질감과 서로 다른 패턴이 있는 사각형 조각의 벽돌을 함께 이어 사용했다. 이런 샘플 패널처럼 실험적인 것이 있을까?

알토는 사실 여러 가지 건축 기법을 실험했던

장소였던 무라트살로에 있는 자신의 여름 별장에 대한 세금감면을 주장하였고 주택 동쪽편 부지에 몇 가지 실험을 부분적으로 진행하였다. 그러나 조각보를 모으는 듯한 작업은 분명히 그에게 지속적인 영감을 주었던 모더니스트의 추상화와 콜라주와 같은 예술 작품이다.

그래서 알토 작품에는 창조의 자유, 그리고 우리가 그것을 자유롭게 해석하는 것처럼 자유로운 느낌에서 파생되는 애매모호함이 여전히 남아있다.

1 Ground Floor Plan   2 Section A–A   3 Site plan   4 Section B–B

1 Living room
2 Kitchen
3 Bedroom

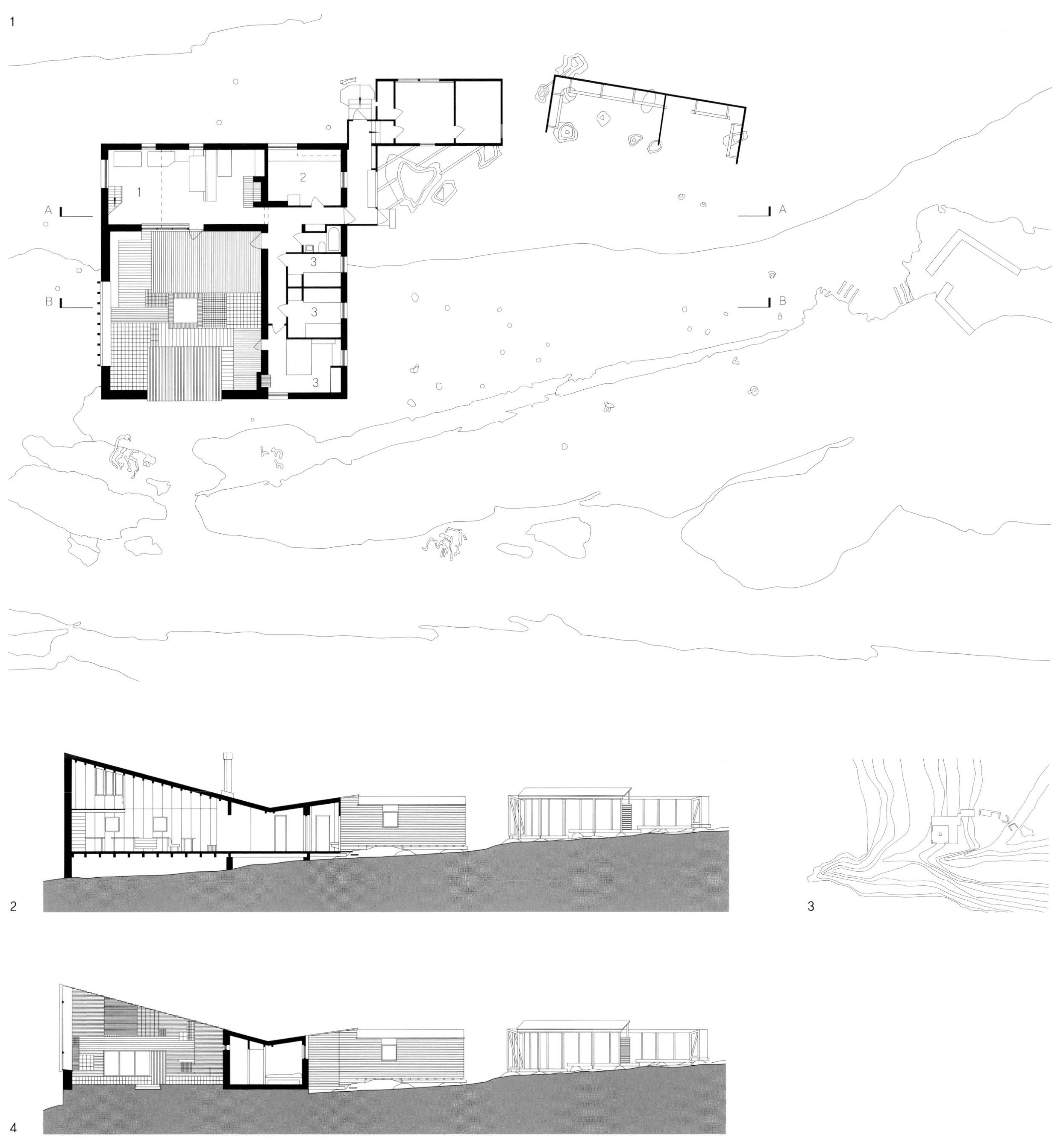

Maison Prouvé

Jean Prouvé, 1901-84

Nancy, France; 1954

장 프루베는 처음 로버트 마레 스티븐스와 토니 가녀 같은 유명한 건축주를 위한 가구와 비품 등을 제작하는 금속공예가로 출발하였다. 그 후 1930년대에는 종종 바우도우인과 랏즈 등의 건축가와 협력하여 취미삼아 건축물을 디자인하기 시작하였다. 전형적인 조립식 주말 주택, 빨리 지을 수 있는 몇 개의 군용 막사, 그리고 파리 교외의 뮤돈에 있는 반영구적인 조립식 주택 단지 등이 있다. 건축가로서 프루베는 사무실이나 스튜디오가 아니라 워크숍에 의지하는 보기 드문 건축가였다. 재료와 제조방법에 대한 풍부한 지식은 디자이너로서 그의 기술에서 비롯된 것이다. 건축적 이론이나 관례 등은 그에게 아무 의미가 없었다. 예를 들어, 미스 반 데어 로에의 판스워스 주택p.112-113과 그것을 모방한 작품 등에서 투명성으로 표현되는 구조 틀과 비내력 인필infill간의 일반 건축적 특성은 너무 추상적이어서 프루베의 흥미를 끌지 못했다. 그는 보다 단순하게, 보다 빨리, 보다 실용적인 해법으로써 건축을 하지 않았다.

낸시 맥스빌에서 있었던 프루베의 워크숍은 대형 알루미늄 제련회사인 알루미늄 프랑스와l'Aluminium Français의 재정적 지원을 받았다. 1953년, 자신들의 투자에 더 큰 이익을 얻고자 했던 모회사는 초기 프루베의 독자적 영역이었던 것을 간섭하기 시작하였고 결국 그를 실직시켰다. 실직 때문에 좌절했던 그는 중단된 프로젝트에서 남은 것을 이용하여 자신의 집을 짓는데 온 힘을 기울였다.

대지는 건축을 하기에는 부적합한 남쪽으로 가파르게 경사가 진 좁은 땅이었다. 주택은 보통 생각할 수 있는 일자형 평면으로, 기본적으로 북쪽 면을 따라 난 좁은 편복도 형태였다. 주택에 사용되는 건축기법과는 아주 다른 경우였다. 알루미늄 판으로 된 뒤쪽 벽은 작은 강철 프레임이 끼우고 있는 나무로 된 인필을 받쳐 주었고 수직 안전판처럼 직각을 이루었다. 이것들은 건물 전체에 걸쳐있는 연속된 수납공간을 구획하는 벽을 형성하였다. 남측 면의 외벽은 천정까지 긴 거실의 유리벽, 침실과 서재의 얇은 널판과 유리 그리고 서비스 공간의 벽에 사용한 작은 유리 포창이 있는 알루미늄 판 등 세 가지 다른 형태의 내력 패널을 구성한다. 그러나 양 측면은 구조적 안정성을 주기 위해 무거운 석조와 콘크리트로 만들었다. 거실의 서측벽은 큰 피봇이 달린 강철 프레임이 있는 하나의 큰 유리문이다. 넓은 방위를 지나는 지붕 스판을 계속 연속시키기 위해서 구조 프레임이 아니라 한 개의 강철 지붕 빔을 사용하였다. 지붕 데크는 아주 드문 형태이다. 즉, 데크는 세 겹을 적층시킨 소나무 합판의 1m 폭으로 되어 있다. 주택의 주 건물 밖으로 얇은 반원

통형 둥근 천정을 만들기 위해 완만한 곡선을 사용했다. 그러나 지붕 빔에서 연장된 부분은 다른 형태로 곡선을 이루었다. 데크는 들보없이 자체로 지지가 되며 알루미늄 패널로 덮여 있다. 내부 칸막이는 대부분 목재로 되어 있으며 이 패널들에 완전히 분리된 모서리를 둥글린 문이 달려 있다. 욕실 벽은 방음 효과를 잘 내기 위해서인지 콘크리트로 되어 있다.

메종 프루베는 지저분한 몽타주같다는 소리를 듣지만 다양한 요소들 자체는 모두 우아함을 지닌 아주 독창적이고 실용적인 것이다. 이 주택은 건물이라기보다는 배나 하나의 운송 수단같이 느껴진다. 프루베는 10년 이상 이 주택을 존속시키려 하지 않았으나 그에 대한 많은 관심이 이 주택을 보존할 수 있게 만들었다.

1 Plan   2 Front Elevation   3 Back Elevation

1 Living room
2 Bedroom
3 Bathroom
4 Kitchen
5 Study

1
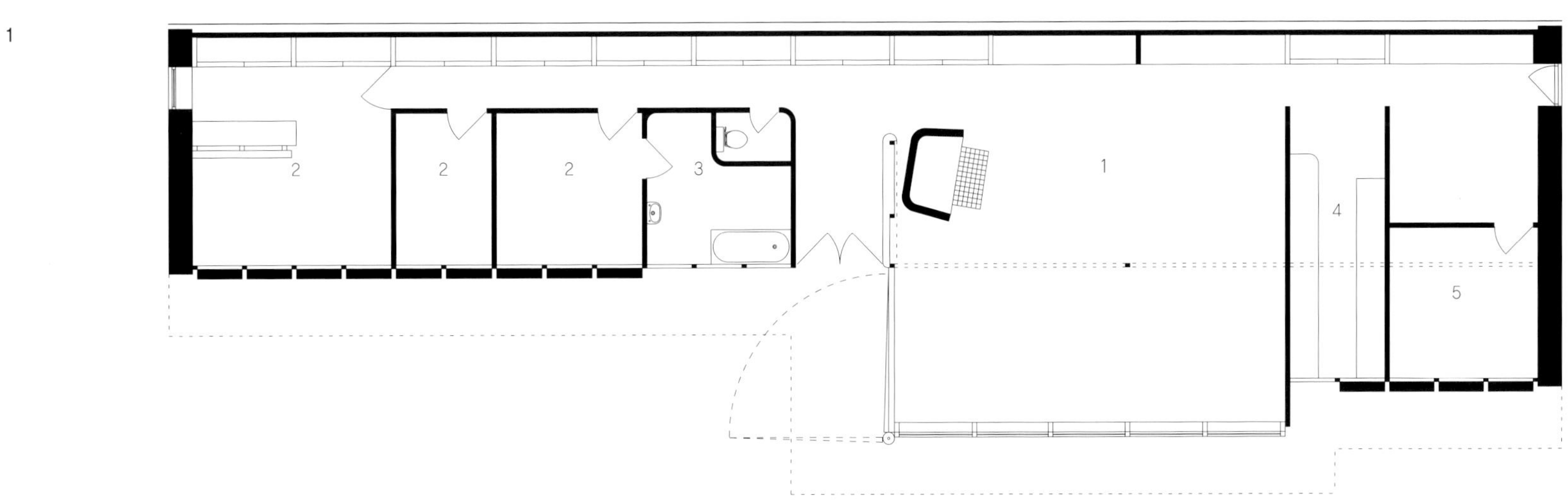

2
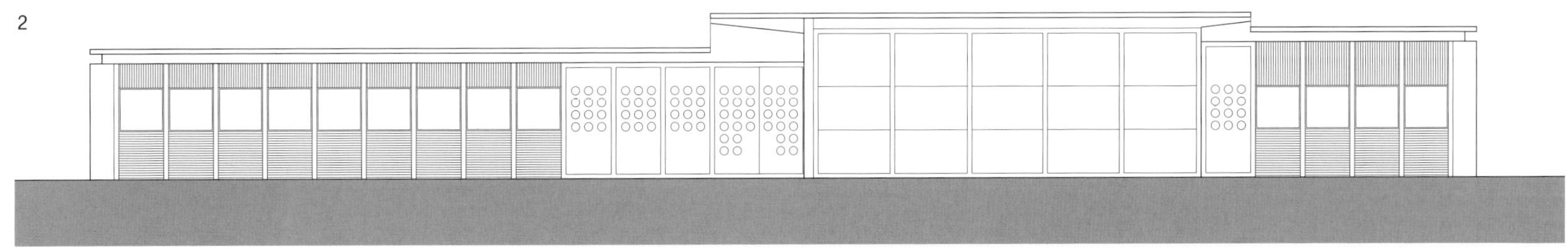

3
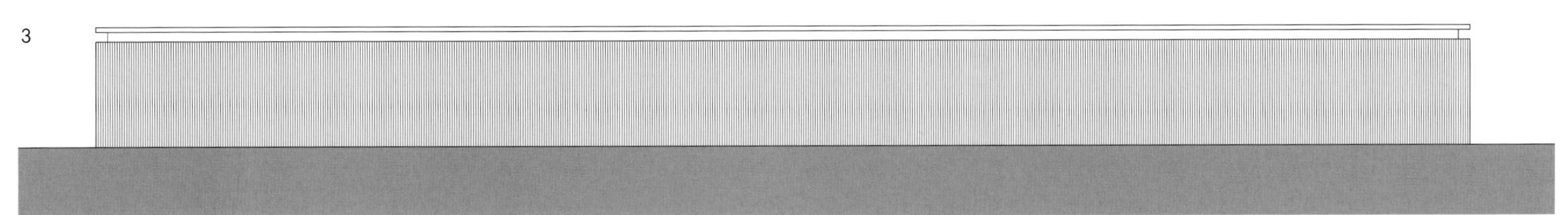

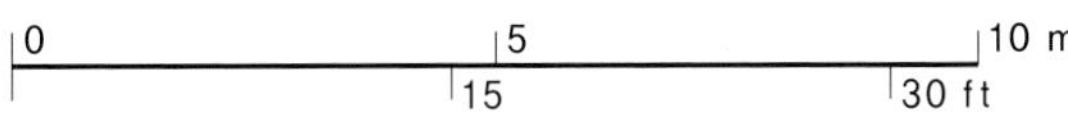

Bavinger House

Bruce Goff, 1904-82

Norman, Oklahoma, USA; 1950-55

배빙거 주택에는 진부한 면이 전혀 없다. 이 집은 안과 밖이 분명히 나뉘어 있지 않다. 나선형의 돌담이 상대적으로 개방된 공간과 상대적으로 폐쇄된 공간을 부드럽게 형성한다. 유리벽이 외부와 내부를 추상적으로 분리하고 있지만 양쪽 모두 돌로 만들어진 길이 있고, 무성한 덩굴들은 끊이지 않고 계속 연결되며 잡석으로 세워진 벽의 거친 표면에도 변화가 없다. '내부'에 들어가면 큰 물고기 연못이 있다. 벗겨진 사과 껍질과 유사한 모양의 지붕은 벽이 아닌 중앙의 철 기둥에 부착된 케이블을 지지한다. 전형적인 창문도 찾아볼 수 없다. 햇빛은 지붕과 벽 사이의 유리 이음새를 통하여 들어온다.

나선의 중앙 부분에 전형적인 부엌을 나타내는 공간이 있다. 하지만 침실들은 어디에 있는 걸까? 비행접시 같은 모양으로 허공에 매달려 있다. 천장에 매달려 있는 접시에서 잔다면, 옷과 다른 물건들은 어디에 보관하나? 답은 인접한 곳의 천장에 매달려 있는 회전성 원통형 찬장에 보관한다는 것이다. 비행접시들은 '부모님', '자는 공간', '노는 공간' 등의 관습적인 이름을 갖고 있으며, 바닥의 오목한 부분들은 휴식 또는 식사를 위한 공간이다. 그런데 그 공간에서 무엇을 하는지가 정말 중요한 것일까? 이는 반자연적인 quasi-natural 환경이며 모험적인 놀이터이다—혹은

세상의 한계를 벗어나 동떨어진 에덴동산과 같은 곳이다.

그러나 배빙거 주택은 기하학이 지배한다. 나선은 엄격히 로그에 입각하고, 각각의 회전성 찬장을 가지고 있는 비행접시는 나선형 층계참에 일정한 거리를 유지한 채 있다. 나선이 좁혀질수록 비행접시와 이들의 위성들은 둘러싸여진 벽을 따라 매달려 있다. '스튜디오'라고 명명된 마지막의 가장 높은 접시는 성의 포탑turret과 같은 돌출된 원기둥이다.

진과 낸시 배빙거는 브루스 고프가 건축학부의 학과장으로 있는 노만, 오클라호마의 대학에서 가르치는 화가였다. 이들은 신념이 강한 고객이었다. 이들은 집을 짓는데 5년이 걸린다는 사실에 개의치 않았으며, 고프의 학생들에게 약간의 도움을 받았지만 대부분의 일은 스스로 했다. 집을 완성하자 건축가와 지역 주민들을 포함한 많은 방문객들이 몰려왔다. 배빙거 부부는 입장료를 1달러씩 받아 집을 짓는데 사용된 비용을 충당하였다. 배빙거 부부는 이 집에서 40년 넘게 살았다.

브루스 고프는 스스로 독학한 건축가로서 문체의 연속성과 개발 등의 개념을 경멸하였다. 그는 시간에 대한 특이한 관념을 갖고 있었다. 그의 관심은 과거나 미래가 아닌 '연속되는 현재'라고 말했다. 그의

건물 몇몇은 외형만 봐서는 설립 연도를 파악하기 힘들다. 배빙거 주택은 대표적인 예이다. 자연으로의 회귀이지만 후퇴라고 볼 수는 없다. 비록 약간의 공상적인 요소는 있지만 미래지향적이라 단정 지을 수는 없다. 다시 말해, 건축가의 친구이자 멘토인 프랭크 로이드 라이트 외에는 건축가와 집 모두 그 누구에게도 빚진 것이 없다.

1 Upper Lever Plan

1 Parent's sleeping area
2 Play area
3 Child's sleeping area
4 Studio
5 Revolving cupboard
6 Bridge

2 Section B–B

3 Lower Level Plan

1 Outside terrace
2 Entrance
3 Visiting area
4 Pool
5 Fireplace
6 Kitchen
7 Breakfast area
8 Mechanical equipment area

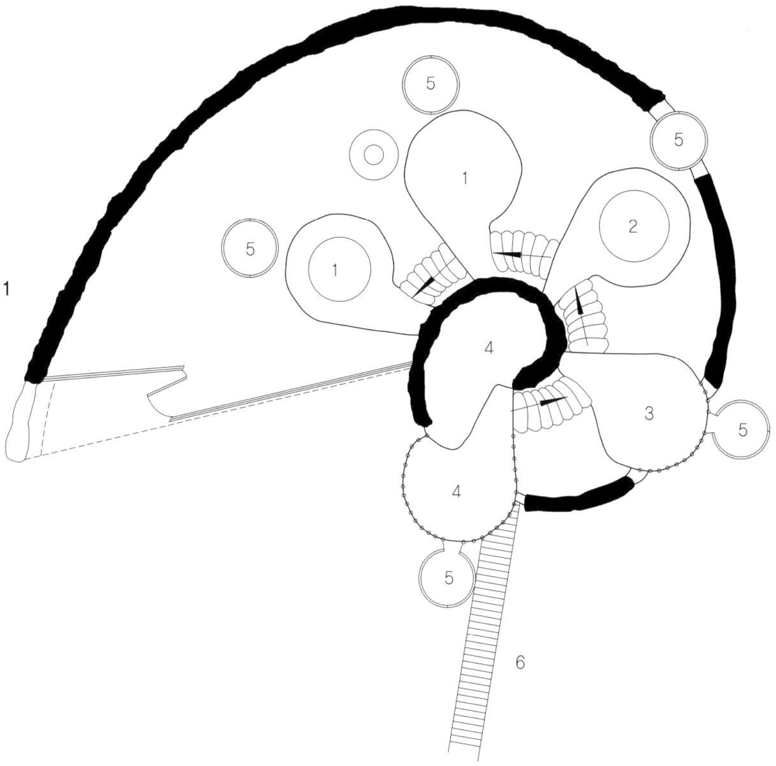

N

0   5   10 m
   15   30 ft

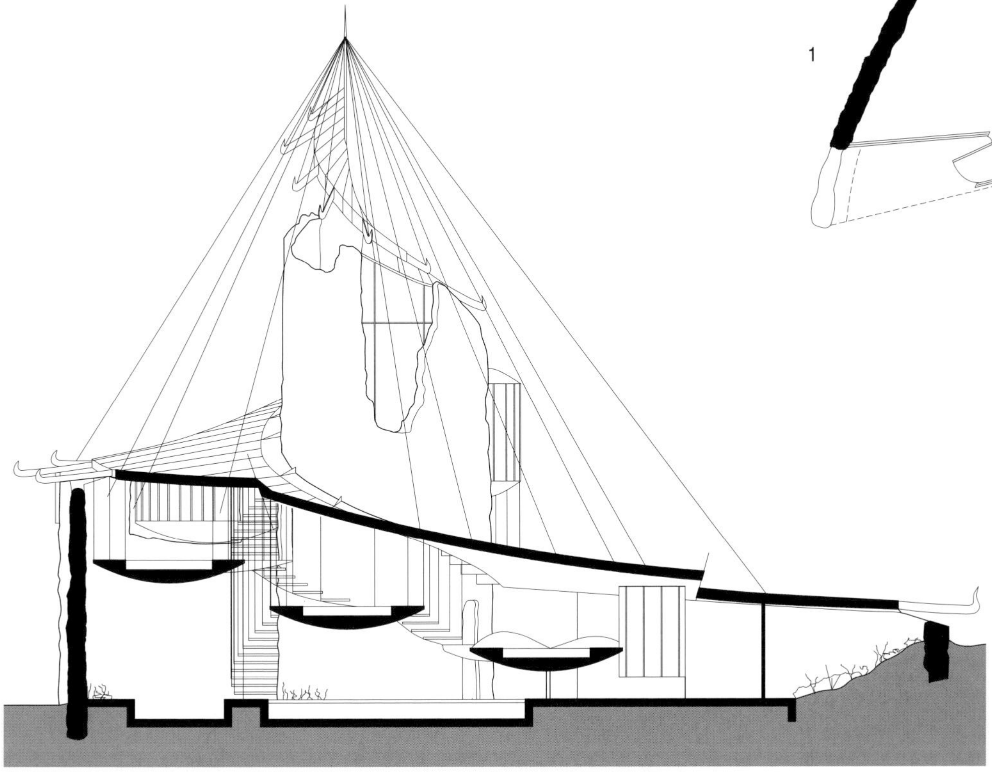

Sugden House

Alison and Peter Smithson, 1928-93 and 1923-2003

Watford, UK; 1955

'나는 평범하면서 단순하지만 한편으로는 급진적인 집을 원한다고 말했습니다.' 이는 불가능한 바람 같았지만, 건축가이자 추후에 존경 받는 음향학자가 된 데렉 서그덴은 그가 원했던 집을 갖게 되었다. 서그덴 주택은 급진적인 형식의 평범한 집이다. 단순하게 보면 이 집은 다른 수천 개의 집들과 마찬가지로 교외의 벽돌로 지어진 방 4개짜리 단독 주택이다. 그러나 이는 전후 postwar 영국 건축 역사에 확고한 입지를 차지하고 있으며 진지한 젊은 건축가들에게 아직도 영감을 주는 건물로 남아있다.

그러나 건축가로서는 단순함을 표현하는 것이 쉬운 일이 아니며, 디자인 또한 어렵게 완성되었다. 첫 스케치 도면에는 나비 지붕에 좁은 창문이 있었다. 이는 명백한 '건축' 작품이었다. 서그덴과 그의 아내 진Jean은 이를 마음에 들어 하지 않았으며, 이를 표현함으로써 앨리슨 스미슨을 '매우 화나게' 했다.Sugden의 말은 Dirk van den Heuvel과 Max Risselada에 의하여 편집된 책인 Alison과 Peter Smithson—미래의 집에서 현실의 집으로에서 찾을 수 있다.

피터 스미슨은 화를 풀고 최신 유행하는 지붕과 창문 없이 재수정한 도면을 가지고 왔다. 서그덴 부부는 이를 즉각 수용하고, 추가적인 변경 없이 집을 지었다. 디자인에서 '건축 작품성' 으로 이야기될 수 있

는 요소들은 다 사라졌다. 그러나 이 집이 주는 교훈은 건축이란 형식과 행위가 아닌 관심과 판단이라는 것이다. 스미슨 부부는 최근에 Norfolk, UK 에 있는 외관이 단순한 미시언 후스탠튼 학교를 완공하였으며, 이는 브루탈리즘Brutalism이라 일컫는 스타일과 연관성이 있다. 당대의 비평가들은 건축가들의 대중 이미지에 맞지 않는 서그펜 주택을 보고 당혹스러워 했다. 그러나 스미슨 부부에게는 브루탈리즘이 '직접성' 외에는 다른 의미가 없었다. – 일상생활을 자의식 미술의 개입 없이 단지 건축을 통해 직접적으로 접하는 것. 그러므로 '건축의 작품성' 을 버리는 것이 당연하였다.

하지만 서그덴 주택이 그냥 평범하기만 하다면, 왜 특별한 관심을 받게 된 것일까? 왜냐하면, 어느 관점에서 보면 이 집은 전혀 평범하지 않기 때문이다. 예를 들면, 도면은 극도로 정교하다. 거실과 식당을 나누는 벽이 거의 존재하지 않지만, 이 둘의 존재는 층계와 난로의 위치를 통하여 제시된다. 양측의 천장 높이는 서로 다른데 이는 독립성을 강조하기 위하여 위층에 있는 두 개의 주된 침실이 층계참에서 두 단계 높게 있다는 것이다. 마감재혹은 마감재의 부재 또한 정교하다. 어떤 벽 표면에는 회반죽이 칠해져 있고 어떤 벽은 벽돌 자체로 남겨져 있다. 장선 바닥은 아래층에

모두 노출되어 있으며 지붕 밑을 채우는 공간이 없다. 그러므로 침실들은 경사진 목재 판자 지붕을 가진다.

외부의 평범하면서 특별한 수수께끼는 더욱 흥미롭다. 지역의 권위 있는 계획자들은 처음에는 '멋대로' 놓인 표준 철강 틀의 창문을 마음에 들어 하지 않았다. 그들은 전통적인 건축가가 지은 집과 같이 깔끔하게 정렬되고 장식성 창틀로 연결될 것으로 예상하였다. 사실 창문의 정렬은 매우 계획적으로 설계되었다. 창문의 크기와 위치는 정원의 경관과 인테리어의 특정 공간적인 효과를 위하여 신중하게 설계된 것이었으나, 외관상으로는 매우 잘못된 것처럼 보인다. 이는 건축가들이 상당히 즐기는 방법이다. 하나의 작은 디테일은 전체의 모호함을 포괄한다. 그 좋은 예가 공장에서 제작된 굴뚝을 뒤집은 것이다.

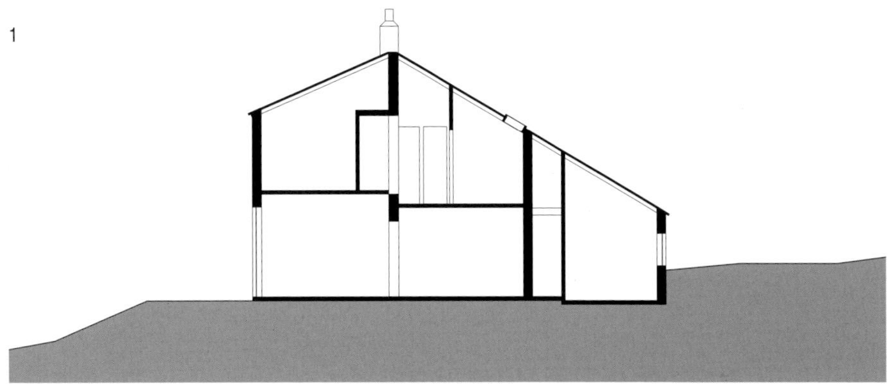

1 Section A–A

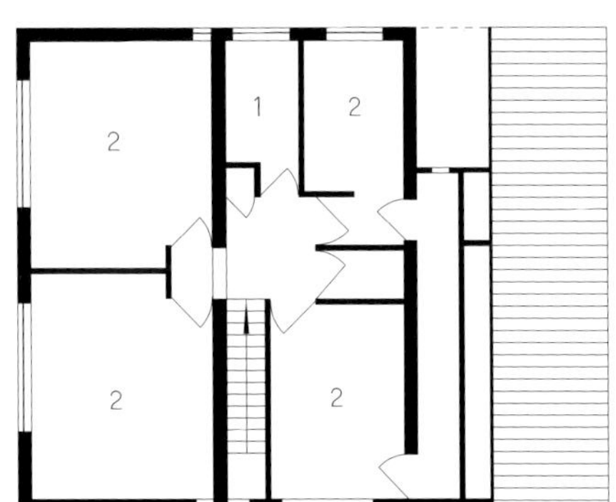

2 First Floor Plan

1 Bathroom
2 Bedroom

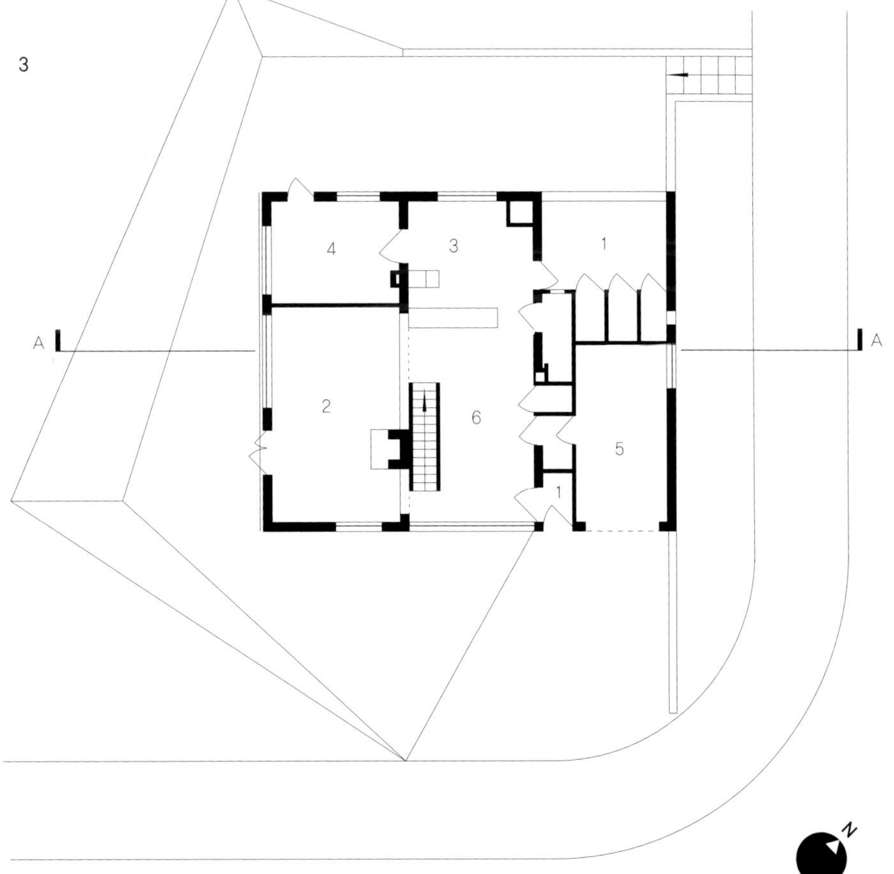

3 Ground Floor Plan

1 Entrance
2 Living room
3 Kitchen
4 Study
5 Garage
6 Dining room

Villa Shodan

Le Corbusier, 1887-1965

Ahmedabad, India; 1956

르 꼬르뷔지에는 아메다바드Ahmedabad 내 4개의 빌딩을 디자인하기로 하였다. 집 2개, 박물관, 방직협회 건물이 그것이다. 그의 고객들은 모두 아메다바드의 긴밀한 사회 엘리트층으로, 방직으로 부를 축적한 사람들이었다. 빌라 쇼단은 원래 방직협회의 비서인 40대 후반의 미혼남인 스리 서로탬 후씨싱을 위하여 설계하였으나, 후씨싱은 결혼하여 4명의 자녀를 둔 다른 회원인 스리 시야무바이 쇼단에게 완성된 디자인을 팔았다. 쇼단은 빌라를 다른 부지에 세우자고 제안하였다. 르 꼬르뷔지에가 설계한 집의 소유주라는 명성은 그 어느 것보다도 크게 작용한 것으로 보였다.

르 꼬르뷔지에는 이 집이 25년 전에 설계한 빌라 사보아와 유사하다고 말하였다.p.80-81. 유사한 점으로는 4개의 층으로 된 보행 경사로, 사각형의 설계면, 구조가 닫힌 공간보다는 개방된 공간을 더 많이 포함하고 있다는 점 등을 들 수 있다. 그러나 이 둘의 차이점이 더욱 인상적이다. 두 빌라의 설계 시점 사이에 르 꼬르뷔지에의 건축은 변화를 거쳤다. 영감의 원천을 기계에서 자연으로 대체하였으며, 절제된 순수주의Purist의 물체 종류의 구성은 기계적인 것보다는 좀 더 거칠고 울퉁불퉁한 콘크리트 구조물을 조립하는 것으로 변화하였다.

빌라 쇼단은 과감하고 공격적인 구성을 가지고 있다. 북향의 밋밋한 대규모 콘크리트 벽, 마치 상자 같은 남향의 큰 태양차단벽brise soleil, 안에 구멍이 있는 두껍고 납작한 캔틸레버 콘크리트 판 모양의 파라솔 지붕 등이다. 비록 태양 경로를 세심하게 고려하여 설계하긴 했지만, 빌라는 교외 주위의 지형에 영향을 받지 않는다. 그럼에도 불구하고 르 꼬르뷔지에는 지역 내 건축물들의 베란다, 그늘진 안뜰, 번개무늬 장식의 칸막이fretwork screen 등에서 많은 교훈을 얻었다. 빌라 사보아가 햇빛을 받기 위해 설계되었다면, 빌라 쇼단은 햇빛을 차단하는 동시에 지나가는 미풍을 느끼기 위하여 설계되었다.

빌라 쇼단의 내부 정렬은 말로 표현할 수 없을 정도로 복잡하다. 많은 공간들이 복층 혹은 세층이며 부분적으로 서로 겹쳐진다. 그러나 집은 기본적으로 1층에 큰 거실과 식당, 2층에 손님방과 서재, 3층에 두 개의 침실이 있다. 거주가 가능한 외부 공간이 이렇게 많은 집에서는 '인테리어'라는 개념 자체가 어쩌면 무의미하다. 집에서 가장 규모가 큰 곳은 3층짜리 베란다 혹은 '매달린 정원'으로 이는 2층에서 파라솔 아래까지 쭉 뻗어 있다. 수평 태양 차단막의 역할을 하는 안에 구멍이 있는 콘크리트 테이블이 베란다에 있다. 테이블까지는 도달하기 어렵지만 침실 위의 복층 지붕은 좁은 층계를 통해 접근할 수 있다. 여러 층으로 이루어진 베란다 공간은 기능이 없는 놀이터라고 느끼겠지만, 인도의 이 지역에서는 지붕 위에서 자는 것이 일상적이라는 사실을 알고 나면 생각이 달라질 것이다.

빌라 사보아는 기사와 가정부의 방들을 집의 주요 건물 안에 포함하고 있지만, 빌라 쇼단에서는 별개의 단독 건물 안에 부엌을 포함하고 있다.

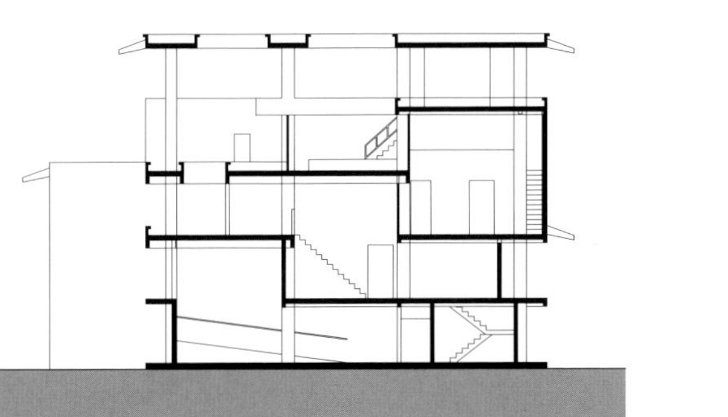

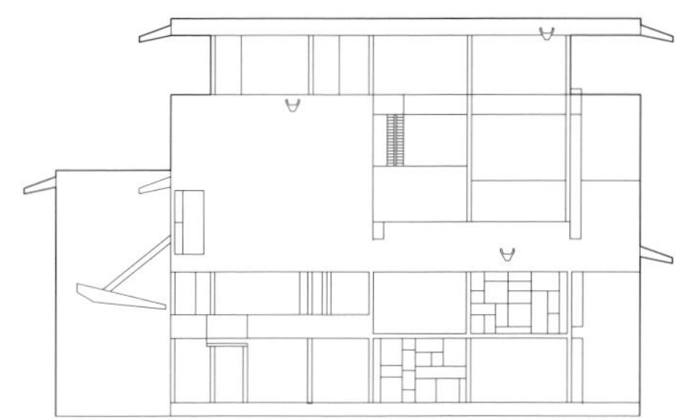

1 Section A-A

2 Northeast Elevation

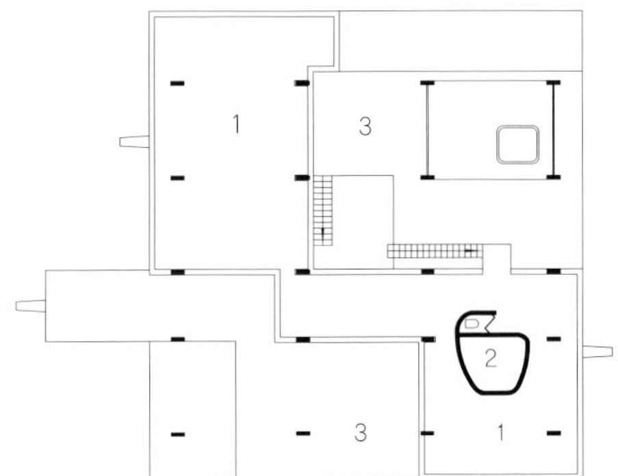

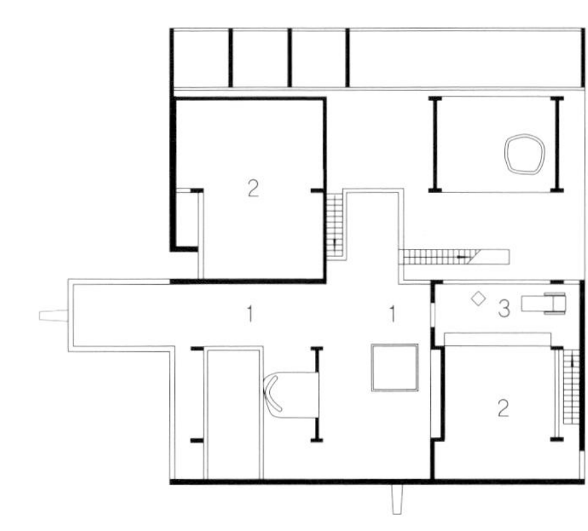

3 Fourth Floor Plan

1 Veranda
2 Water tank
3 Void

4 Third Floor Plan

1 Veranda
2 Void
3 Gallery

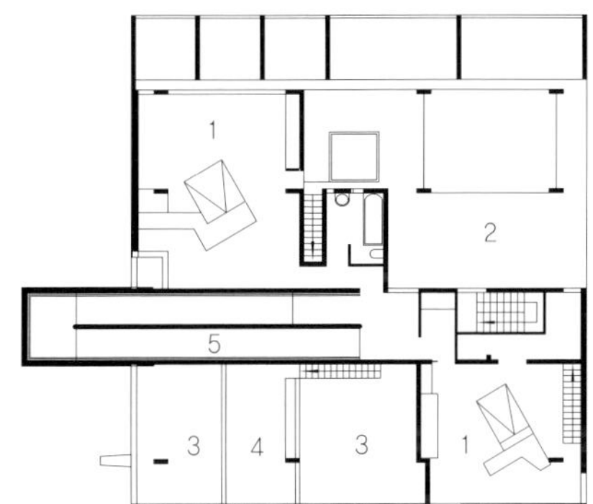

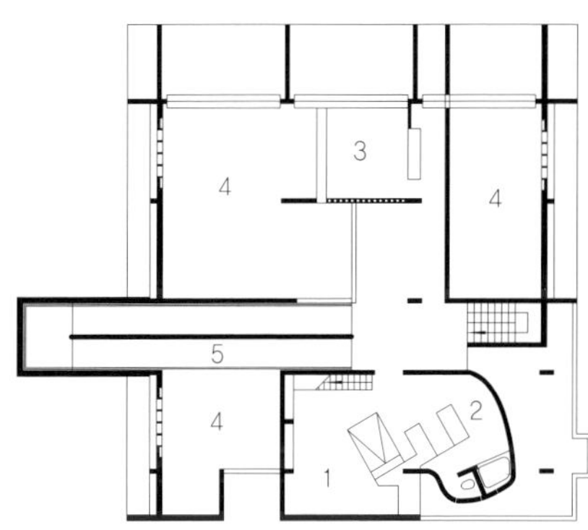

5 Second Floor Plan

1 Bedroom
2 Veranda
3 Void
4 Gallery
5 Ramp

6 First Floor Plan

1 Share room
2 Bathroom
3 Study
4 Void
5 Ramp

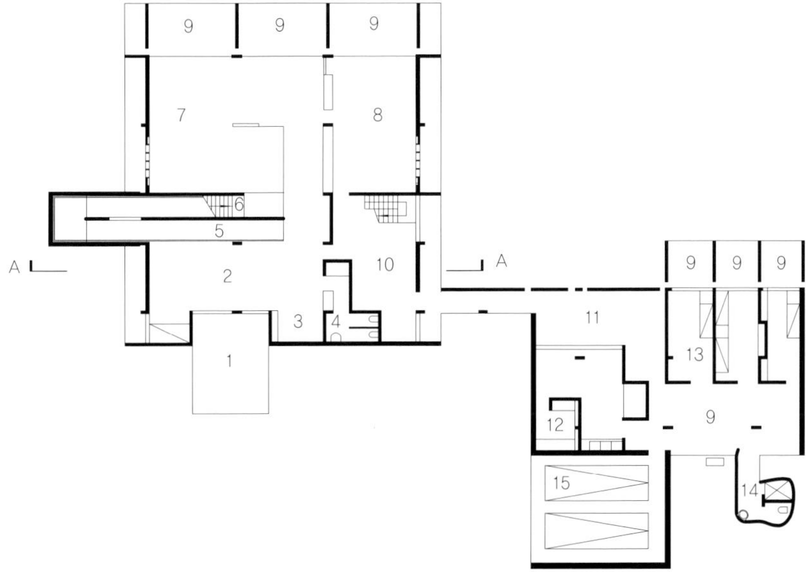

7 Ground Floor Plan

1 Entrance
2 Entrance hall
3 Cloakroom
4 WC
5 Ramp
6 Basement stairs
7 Salon
8 Dining room
9 Veranda
10 Servery
11 Kitchen
12 Larder
13 Staff room
14 WC
15 Garage

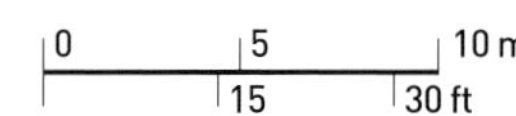

Maisons Jaoul

Le Corbusier, 1887-1965

Neuilly-sur-Seine, Paris, France; 1956

건축물 비평가들은 처음에 메종 자울을 보고 당황해했다. 기계 시대의 선구자이자 순수주의Purism의 개척자인 르 꼬르뷔지에가 어쩌다 이런 원시적인 설계를 한 것일까? 필로티, 지붕 정원, 리본 창문들은 다 어디로 사라진 것일까? 벽돌 벽, 타일로 만든 둥근 천장, 잔디로 덮인 지붕 등은 대체 무엇이란 말인가? 그것도 파리에서! 이는 마치 모더니즘Modernism에 대한 배신을 보여주는 것 같았다.

1955년 9월의 건축 평론 Architectural Review에 실린 글 중에 영국 건축가 제임스 스털링은 '모더니즘의 기본인 합리적인 이론을 따르지 않은 것 같아 실망스럽다' 라고 표현하였다. 그러나 1년 후에 스털링Stirling 또한 새로운 원시적인 벽돌과 콘크리트 스타일로 아파트를 짓고 있었다Surrey의 Ham Common에서.

비평가들이 당혹스러워 했다는 것은 사실 납득할 만한 반응은 아니었다. 르 꼬르뷔지에는 1931년에 빌라 사보아p.80-81를 완성한 후부터 계속해서 이러한 방향으로 전환하고 있었다. 예를 들어, 1937년도의 페테이트 주말 저택에는 거친 돌로 만들어진 벽과 잔디를 덮은 둥근 아치 모양의 지붕이 있었다. 그러나 그가 메종 자울을 그의 새로운 전후 스타일로 확정짓는 선언으로 생각한 것은 사실이다. 교외에 위치하는 중간 크기의 집 두 채를 위해 셀 수 없을 정도의 많은 버전의 디자인과 500개 이상의 스케치를 했다. 두 채를 서로 연결하기 위해 상당한 설계 시간을 썼지만, 최종 디자인에서는 두 채를 분리시켰다.

안드레 자울과 그의 아내 수잔을 위하여 세운 집 A는 부지의 앞쪽에 있으며, 이들의 아들과 아들의 가족을 위한 집 B는 집 A의 오른 쪽 뒤편에 있다. 부지는 원래 도로 쪽을 향해 경사져 있기 때문에, 집의 일층이 반 층 정도 높이 있고 그 아래 공동으로 사용하는 주차장이 있다. 두 채 모두 설계도에서 직사각형 모양이며 거의 복층 형식이지만 세층을 형성하기 위해 약간 높은 부분이 존재한다. 직사각형은 넓고 좁은 구획으로 세로로 나뉘어지며 이 때문에 방의 폭이 세 가지이다. 이는 유사한 시스템으로 각 집마다 살짝 다르게 적용되어 있다. 예를 들면, 집 A의 거실에는 일층의 특정 부분을 없애고 복층 높이의 공간을 만들었는데, 집 B에서는 이 공간을 침실로 사용한다.

구조적인 시스템은 원시적으로 보일 수 있으나 이는 사실 전통적인 기술을 세련되게 변형시킨 것이다. 카탈로니아 아치Catalan vault, 테라코타terra cotta 타일의 둥근 아치는 거푸집 공사 없이 접착식 모르타르mortar로 만들었다. 여러 층의 타일을 더 붙여서 구조를 강화시키거나 폭을 넓히는 경우도 있다. 여기에서 아치는 평행한 콘크리트 기둥을 이어주고 콘크리트 바닥의 영구적인 거푸집의 역할을 한다. 평평한 판으로 간주되는 벽돌로 만든 벽으로 기둥을 지지하는데 이는 집 A의 입구 끝에서 인접한 벽을 모서리에 만나지 않게 하기 위해서이다.

어색하게 구부러진 지붕과 의도적으로 모르타르를 칠한 벽돌 때문에 거칠고 심지어 난폭하기까지 한 느낌이 든다. 그러나 모든 르 꼬르뷔지에 건물이 그렇듯이 미묘하며 애매모호한 면이 있다. 실내에는 공간들이 서로 다 연결되어 있고 여러 방향에서 들어오는 햇빛 때문에 자연적인 원료들에서 빛이 난다. 벽돌, 테라코타, 나무, 콘크리트, 몇 안 되는 물감 칠한 벽이 그 예다. 이것들에는 원시적이며 시적이지만 모던함이 있다.

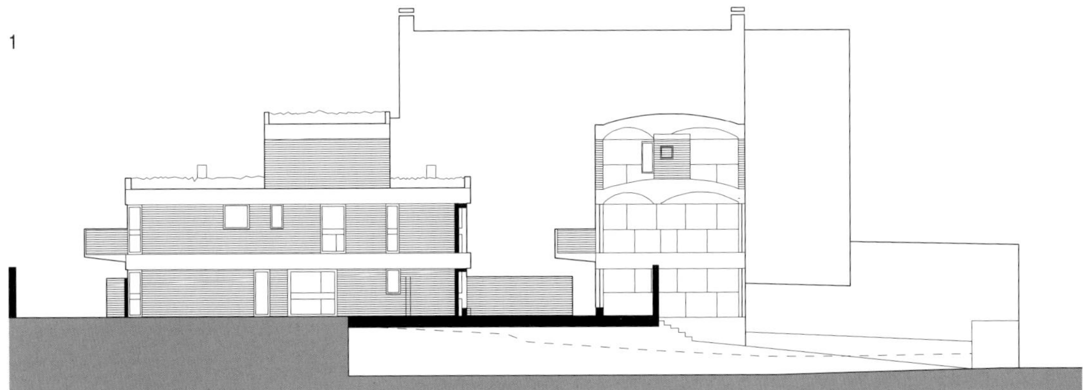

1 Northeast Elevation

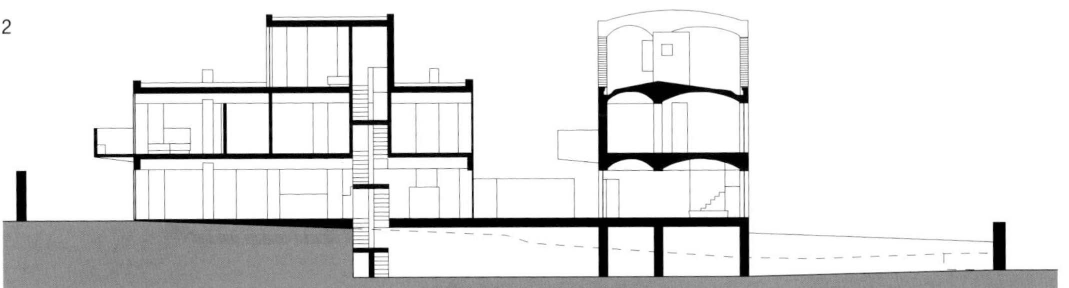

2 Section A–A

3 Ground Floor Plan

1 Entrance hall
2 Dining room
3 Living room
4 Study
5 Kitchen
6 Garage

4 First Floor Plan

1 Bedroom
2 Bathroom
3 Void

5 Second Floor Plan

1 Bedroom
2 Bathroom

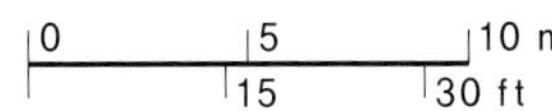

Case Study House No.22

Pierre Koenig, 1925-2004
Log Angeles, California, USA; 1960

피에레 쾨니그의 철과 유리로 된 주요 작품들은 존슨 하우스p.108-109 및 판즈워스 주택p.112-113과는 다르다. 그들이 대단히 고전적이고 약간은 호화로운 유럽풍의 건축이론으로 고민하고 있는 것에 비하여, 사례연구 주택 22Case Study House No.22는 원만하고 격식을 차리지 않는다.

그것은 아직도 약간은 지배적이라 할 수 있는 방법인 권위에 눌리지 않고, 집이 지어지기 이전에 있었던 아름다운 저녁의 느낌을 그대로 간직했다.

건물 자체로는 주의를 끌만한 아무 것도 찾을 수 없는 오히려 과묵함으로써 훌륭한 건축이다. 그것은 마치 삶이 더 중요하다고 말하는 듯하다. 그리고 1950년대 후반의 생활이란 벅Buck과 카로타 스탈Carlotta Stahl과 같은 중산계급인 앤젤리노스에게는 즐거운 것이었다.

그때, 실제로 이 대지는 불안정한 토질을 갖고 있었으며 적절한 크기의 뜰을 가질 수 없을 정도로 협소하였기에 집을 짓기에는 충분하지 않다고 생각했다. 스탈이 그 부지에 대한 가능성에 투자를 했는지 모르지만, 그들은 조망 때문에 대지를 구입했다. 그리고 건축가에게 의뢰할 때 270도 전망의 어느 부분도 가리거나 모호하게 만들어서는 안 된다고 말하였다.

쾨니그는 도로에 면하는 부드러운 북쪽 벽을 따라 서비스 스페이스를 모으고, 조망을 위해 유리로 된 거실을 앞으로 밀어냈다. 기둥들은 캔틸레버의 콘크리트 지중보가 지탱하는 것으로 문제를 해결하였다. 거실을 조망의 한쪽에 놓지 않고 마지막 끝부분에 놓은 것은 침실도 조망을 가질 수 있다는 것을 의미한다. 또한 L자형의 평면은 안뜰과 수영장을 닫혀진 곳으로 만들어 대지의 오픈 스페이스를 통합시킨다.

집의 입구는 지극히 비정상적이다. 건물 서쪽 끝의 차고로부터, 입구는 수영장에 연결된 두 개의 연못을 건널 수 있게 만든 보도를 따라가다 침실 앞에서 왼쪽으로 꺾인다. 정문은 'L'의 안쪽 코너에 있다. 하지만 그것은 사실상, 외부의 벽 대부분을 차지하는 아주 높은 파티오문테라스문과 같은 크기이다.

부엌은 더 큰 거실 내의 오두막 같은 독립 구조이다. 원래 부엌은 조명을 가진 천장과 개폐식의 미닫이문을 가지고 있다. 하지만 그것은 오픈된 조리대와 Bar로서 최적의 구조이다. 거실과 식당을 분리시키고 있는 굴뚝은 구조를 관통하는 또 다른 독립적 구조이다.

비정상적인 것으로 보는 이유는 강철 프레임때문이다. 그것의 30cm 깊이의 보와 10cm 크기의 사각 기둥은 깨끗하게 용접처리한 조인트 때문에 충분히 단정하다. 그러나 프레임은 비일상적인 것으로 보인다. 오히려 그들은 시각적인 개방과 공간의 흐름을 허용하면서 길에 노출되어 있다.

기둥은 6.7m의 스팬으로 미닫이문의 프레임과 거의 같은 두께로 되어 있다. 보가 지탱하는 지붕 골판재보다 가끔 길게 된 약식의 캔틸레버를 갖고 있다. 그리고 데크는 남쪽과 서쪽의 유리면에 그늘을 만들기 위해 필요한 것만큼 캔딜레버로 되어 있다.

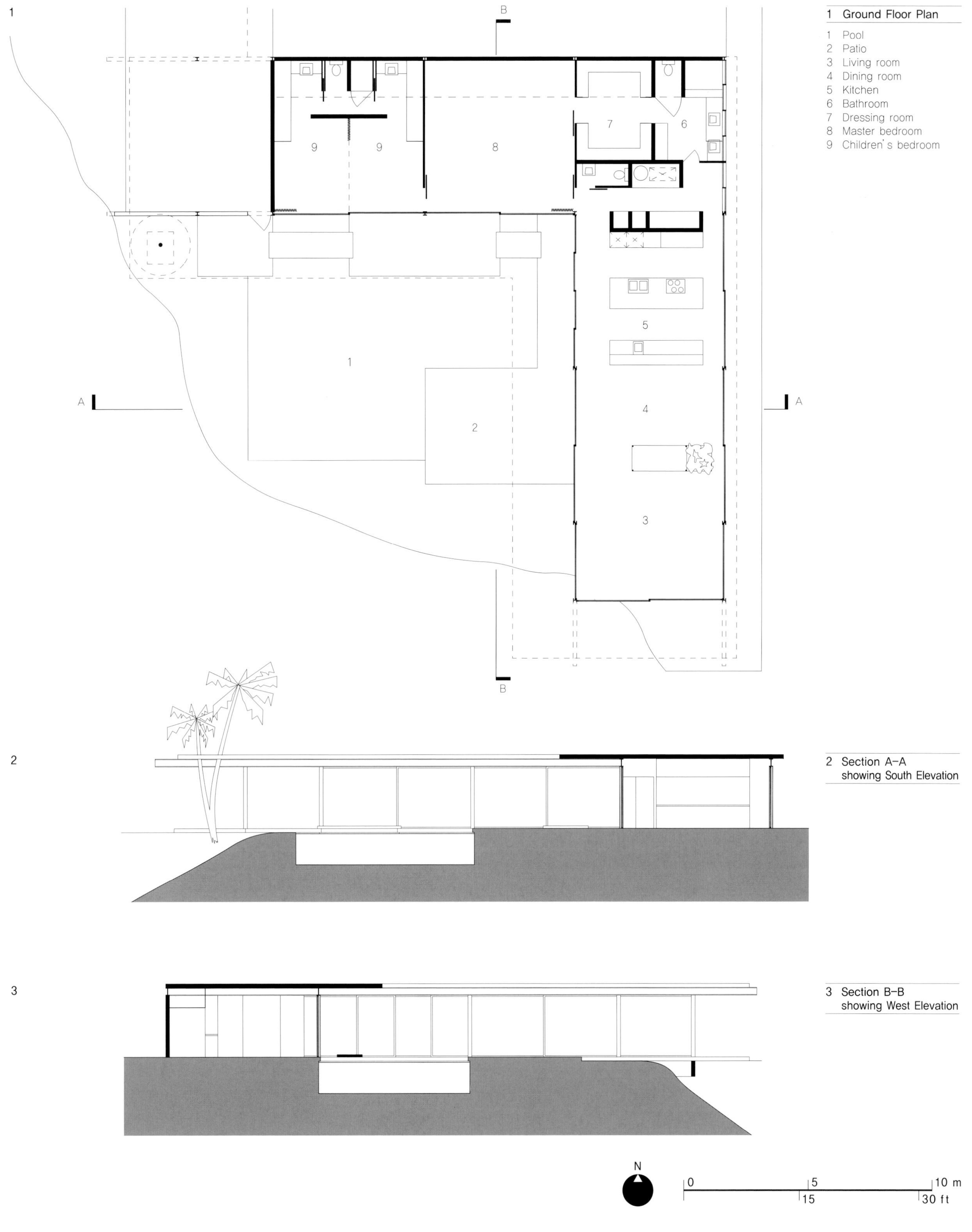

1 Ground Floor Plan
1 Pool
2 Patio
3 Living room
4 Dining room
5 Kitchen
6 Bathroom
7 Dressing room
8 Master bedroom
9 Children's bedroom

2 Section A-A
showing South Elevation

3 Section B-B
showing West Elevation

N
0   5   10 m
15   30 ft

Malin Residence

John Lautner, 1911-95
Los Angeles, California, USA; 1960

분명치 않은 이유 때문에, 할리우드 힐에 있는 말린 주거는 적당히 과학적이면서 비행접시처럼 보이는 집이라는 뜻인 '케모스피어'라는 이름을 갖는다. 하지만 이것은 환상적이거나 초현대적인 디자인이 아니다. 젊은 항공기 엔지니어인 건축주는 가파른 경사지에 건설하기 위한 실질적인 해법으로서 구체화된 디자인이라는 것을 숙지하고 있었을 것이다.

레이너 밴험은 저서 '로스앤젤레스, 4가지 생태 건축'에서, 도시 북쪽의 산기슭이라는 가치 있으면서도 어려운 땅에 주택을 짓기 위한 다양한 기술을 분석하고 있다. 거기에는 두 가지 공통적인 방법이 있다. 그것은 땅을 평평한 대지로 만들기 위해 절토·성토하거나, 집을 노출된 강철 구조물로 지지시키는 것이다.

말린 주거지의 디자인은 이러한 두 가지의 방법 모두를 거부하고, 대신에 하나의 콘크리트 기둥의 상단에 그 집을 올려놓았다. 그 기둥은 지면에 묻혀진 상당히 큰 기초를 가지고 있지만 그 외의 산중턱모습, 지표수, 식생 등은 흐트러짐 없이 평온을 유지하고 있다. 비용은 옹벽과 지면 하수구를 가지게 되는 전통적인 방법의 반 정도가 될 걸로 예측하였다.

집 자체는 8각형으로 된 단층이면서, 대각선의 강재 지주가 우산 모양으로 바닥을 받치고 있다. 놀랍게도 그 콘크리트 기둥은 지붕을 지지하기 위해 연장되지 않는다. 지붕 중앙부에는 기둥이 있었을 크기 만큼의 둥근 천창이 있고, 이는 비교적 깊이가 있는 평면의 중앙부에 밝기를 더해 주고 있다. 상부구조는 강철과 목재로 이루어져 있다.

콘크리트가 좀 더 안정적일 수도 있을 것이다. 그러나 건축적으로 이러한 지진 다발지역에서는 너무 무겁거나 불안정하다. 그 강재 우산 지주는 바닥 가장자리의 보 끝을 지지한다. 지붕은, 지주의 끝부분에서 올라와 천창 둘레를 따라 둥글게 마무리되는 합성목재의 곡선 문틀이 지지한다.

그 결과 내부 전체는 기둥이 없는 가변적인 공간이다. 그것의 반은 roof-light의 아래 중간쯤의 앉는 자리를 포함한 벽난로 구역과 함께 오픈 플랜의 부엌/식당/거실이 차지하고 있으며, 나머지 반은 마치 파이의 조각처럼 침실로 나뉘어진다. 바닥판과 지붕 받침이 비스듬히 내려와 만나는 주변에 대한 처리는 매우 사려 깊다. 바닥의 받침과 지붕의 받침이 서로 만나는 둘레의 처리는 특별히 고려한 부분이다. 창은 현기증을 감소시키기 위해서 문틀 사이에 모아 놓았다. 하지만 한 곳에서는 유리판이 아래 인방에까지 다 다르게 함으로써 아래쪽 차고까지 시선을 확보하게 하고 있다.

출입에 대한 의문이 남아 있다. 위로부터 단단한 지면에서 부엌 옆의 입구까지 좁은 교량이 걸쳐져 있고, 부엌의 외벽은 발코니에서 후퇴 되어 있다.

존 로트너는 로스앤젤레스에서 대부분의 삶을 살면서 남쪽 캘리포니아에 백 가구가 넘는 집을 설계했었다. 하지만 그는 그 지역에 대해 그다지 많은 애정을 보이는 것 같지는 않았다. 그는 프랭크 로이드 라이트와 함께 수습생으로 일했었고, 자신이 얄팍한 이미지 메이커가 아닌 유기적인 건축가라고 보았다. 아무튼 할리우드가 찰스 앤젤스와 바디 더블Charlis's Angels and Body Double을 포함한 몇 가지 영화에서 말린 주거지가 보여 줬던 인상적인 이미지를 기억하고 있다.

1

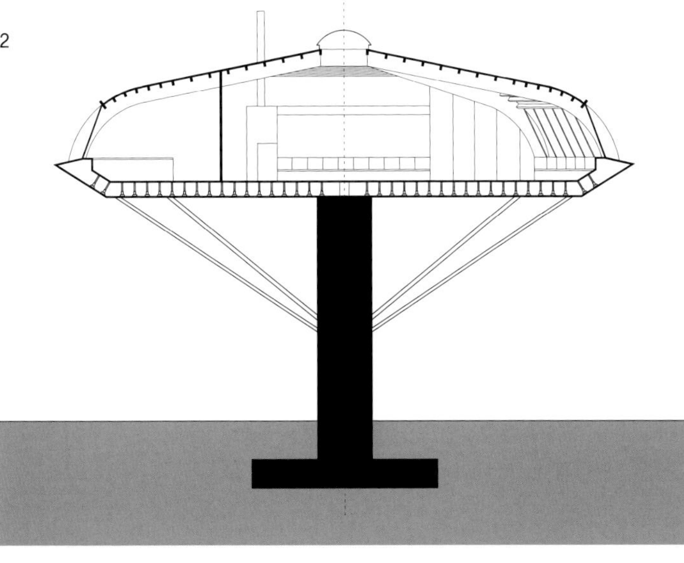

1 Plan

1 Carport
2 Hill-a-vator
3 Living room
4 Dining room
5 Kitchen
6 Laundry room
7 Bedroom
8 Bathroom

2

2 Section A–A

1 Living room
2 Kitchen

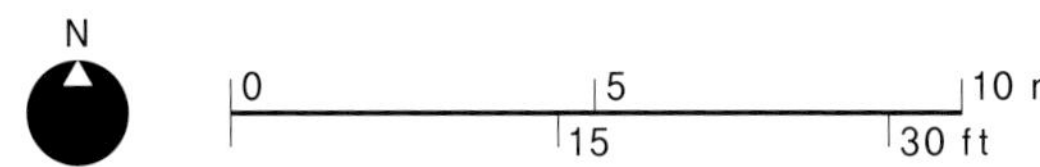

Esherick House

Louis Kahn, 1901-74

Philadelphia, Pennsylvania, USA; 1961

루이스 칸은 20채의 개인주택을 설계했지만 9개밖에 짓지 못했다. 이러한 낮은 성공률은 디자인이 예산을 초과하고 클라이언트들을 마치 그의 학생처럼 대했기 때문이다. 그것은 작고, 이익이 없는 건물을 디자인하는 것을 꺼려했기 때문이 아니라는 건 확실하다. 칸은 주택을 설계하는 것을 사랑했고, 아이디어에 대한 시험대와 전시장으로서 주택설계를 이용했다.

필라델피아의 북부 교외에 있는 한 독신여성을 위해 1961년에 세운 에셔릭 주택은 칸의 성숙한 스타일을 많이 보여주는 단적인 예이다. 첫 번째는 그 주택의 기념비적인 측면이다. 단호하고 수직적인 형상은 마치 사적인 건물이라기보다 공공건물이라고 하는 것이 더 적합하다고 할 수 있을 정도이다. 둘째는, 건물의 정반대 측에 2개의 대칭으로 배치한 굴뚝을 제외한다면 어떠한 연장 또는 돌출도 없는 상자 모양을 하고 있다. 전형적인 현대주의자의 자유로운 계획을 만드는 흐르는 공간과 달리, 칸의 공간은 근본적으로 정적이다.

방은 여전히 일반적인 인간의 활동친구들과 말할 수 있는 모임, 공동의 식사, 혼자서 하는 독서 등을 위해 준비된 조용한 공간이다. 셋째로, 이 집은 내부공간의 질을 컨트롤하기 위해 기계적인 장비나 부속장치를 사용하기보다, 건물 자체의 형태를 이용하여 자연적인 채광과 통풍을 만들었다. 간단히 말하자면, 그 슬로건처럼 이 집은 '고요와 빛'의 건축이다.

집은 기본적으로 큰 상자지만, 계획안을 자세히 보면 4개의 가늘고 긴 조각을 갖고 있으며 각각이 훌륭한 비례를 갖고 있는 사각형이다. 지층의 주방과 세탁실과 위층의 침실이 있는 서비스 부분, 위층에 침실이 있는 식당부분, 계단과 전·후의 입구와 휴식을 취할 수 있는 발코니를 포함한 통로부분, 그리고 마지막으로 두 배의 높이와 두 배의 볼륨을 갖는 거실이 있다. 개념적으로 이러한 공간들은 다른 방법으로 조합할 수 있다. 예를 들어, 거실, 식당, 침실을 한쪽에 추가된 서비스 공간과 함께 주택의 주된 공간으로 판단할 수 있다.

또 그와 달리, 2층 규모의 3조각은 거실이라는 주된 공간에 부속된 날개처럼 보이기도 한다. 때로는 공간 사이의 분할을 나타내기고 하고, 때로는 그렇지 않기도 한 외부 입면의 모호함은 그와 같은 두 가지의 해석을 유발시키는 요소이다.

창에는 빛을 들어오게 하고, 환기를 촉진하고, 조망을 제공하는 3가지 기능이 있다. 칸은 이와 같이 다른 기능들을 만족시키는 여러 가지 종류의 개구부를 설계했다.

예를 들면, 에셔릭 주택의 거실에서 환기는 동남쪽에 면한 고정 유리창의 양옆에 있는 같은 높이의 목재 셔터가 제공한다. 이 창이 만드는 눈부심은 차양을 조절하지 않고, 그 방의 다른 창들의 빛에 의해서, 특히 반대편 벽의 책장 위의 높은 창이 조절한다. 이 책장의 중간에 좁은 수직적 띠창은 길을 향한 조망을 제시한다. 측벽에, 벽난로 위에 있는 창의 시야를 독립 구조의 외부 굴뚝이 거의 가로 막는다. 이것은 당시 집을 디자인하고 있을 때 필라델피아에서 건설중이었던 리차즈Richards 의료 연구원의 기념비적인 작업의 전초가 된 주택이다.

1 First Floor Plan

1 Porch
2 Upper living room
3 Study
4 Storage
5 Shower
6 Bathroom
7 Dressing room
8 Bedroom

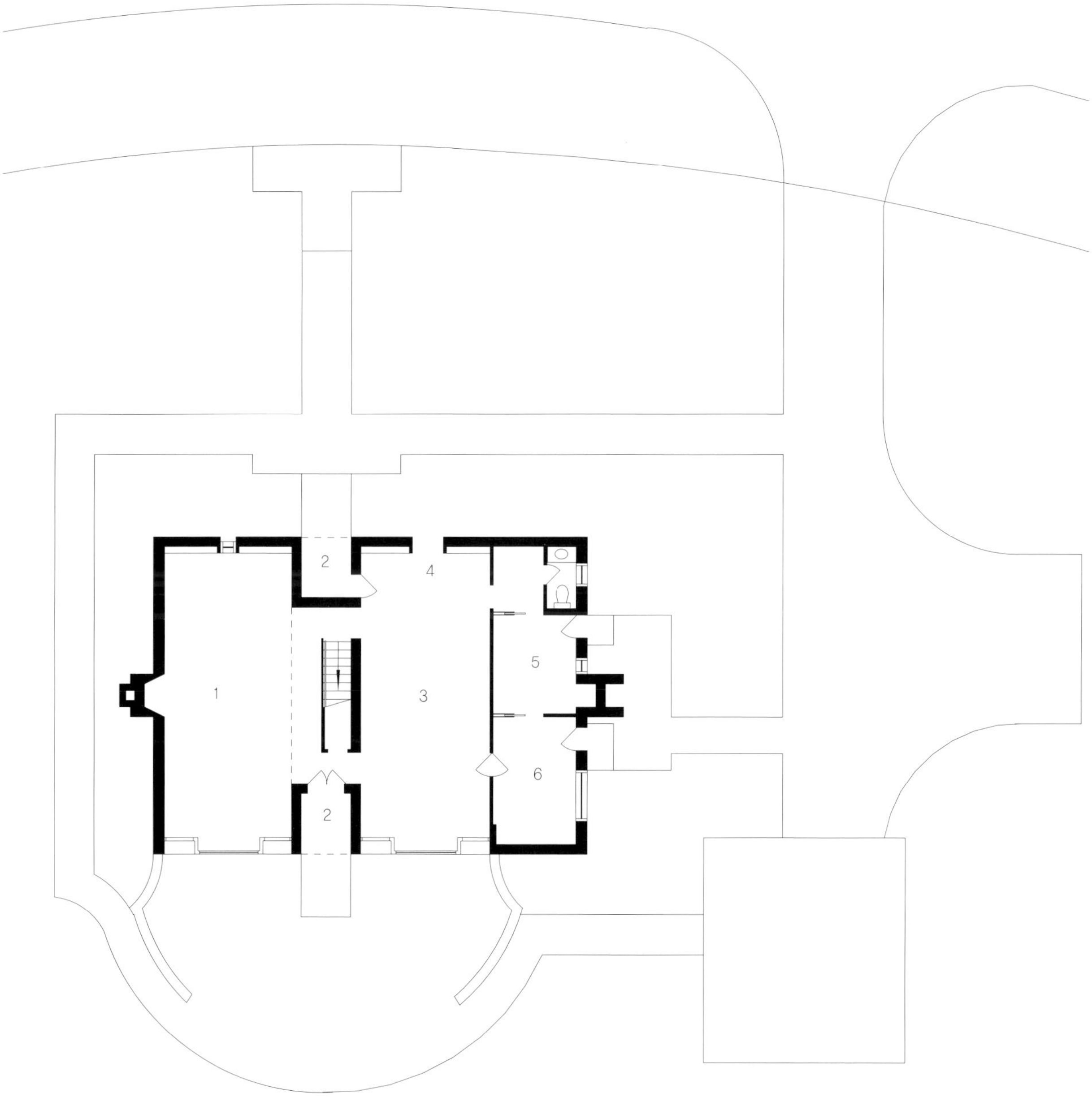

2 Ground Floor Plan

1 Living room
2 Porch
3 Dining room
4 Lobby
5 Laundry
6 Kitchen

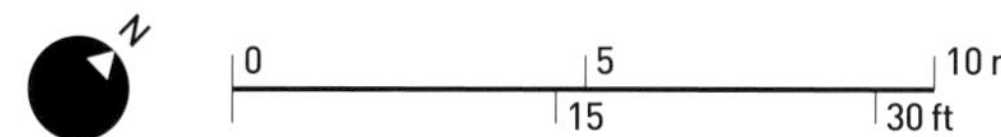

Moor House

Chares Moore, 1925

Oringda, California, USA; 1962

찰스 무어는 건축가보다 선생님이 더 적합한 것 같다. 그가 가르쳤던 곳은 솔트 레이크 시티, 프린스톤, 버클리, 예일과 캘리포니아 대학과 오스틴, 텍사스 대학이었다. 찰스 무어의 건축은 두 번째 직업에서 중시했던 의사소통성과 군집성과 같은 무언가를 담고 있다. 로버트 벤추리와 같이, 그는 무미건조한 근대주의에 염증을 느끼고, 재미있는 건축을 만들기로 생각했다. 그는 여행을 많이 했고, 건물과 장소에 대한 수많은 기억을 갖고 있었다.

1960년대 학교에서 기능과 구조가 관심의 대부분을 차지하고, 건축역사를 커리큘럼에 반영시키지 않았던 시절, 토속적이고 고전적인 건축은 무어에게 영감을 불어 넣었다. 그가 뉴 올리언즈에서 이태리 사람들의 공동체를 위해 1975년에 의도적으로 설계했던 고전적 작품인 이탈리아 광장Piazza d'Italia은, 사실상 그의 대표적인 작품이 아니라 근대주의자들의 독선에 대한 그의 경멸을 보여주는 것이었다. 그것은 빠르게 탈근대주의Postmodernist의 우상이 되었다.

존경할 만한 건축가가 별로 없었던 20세기 후반의 미국 건축가 중에서 루이스 칸은 한 동안 무어의 스승이었고, 칸의 1959년의 트렌톤 목욕탕Trenton Bath-louse은 3년 후에 캘리포니아 오린다에서 무어가 자기 자신을 위해 설계했던 반 피라미드 지붕의 사각형의 계획안과는 확연히 구분된다. 이 집의 안쪽에는 두 개의 사각형과 두 개의 피라미드가 더 있다. 이러한 것들은 칸으로부터 영감을 얻은 것이 아니라, 건축사에서 aedicule의 중요성을 논의했던 존 서머슨의 에세이 '천국의 저택Heavenly Mansions'에서 영감을 받은 것이다. Aedicule는 작은 파빌리온이나 캐노피이고, 종종 4개의 기둥이 지지한다. 효과적인 건축적 조합을 이루기 위해 다른 Aedicule을 결합한다. Aedicule은 고딕, 고전, Mughal, 힌두 등 많은 스타일에서 전해진 것이다.

무어의 Aedicule은 불균형의 피라미드이고, 해체 현장에서 가져온 4개의 원형 목재 기둥이 지지한다. 피라미드는 꼭대기의 천창에서 들어오는 태양을 반사시키기 위해 내부에 백색 페인팅을 하고 있다. 이는 외부의 둘러싼 피라미드의 어두운 착색 지붕 목재와 대비를 이루고 있다. 그 결과 Aedicule은 큰 평범한 공간 속에서 특별한 공간을 창조한다. 주된 좌석구역을 경계 짓는 것이 놀랍게도 고대의 로마 빌라 욕실의 현대 버전처럼 개방된 욕실이다.

Aedicules 주위의 공간은 가구와 용구벽을 배경으로 박물관처럼 전시공간, 드레스 공간, 큰 책장으로 구분된 두 개의 침대, 그랜드 피아노 등들이 편안하게 배열된다.

단단한 외부 벽은 전체 울타리의 반 정도를 차지한다. 나머지는 약간 단단하기도 하고 조금 윤기도 나는 미달이 문이다. 구석에는 고정된 벽이나 기둥이 없다. 그래서 문을 열어젖히면, 집 전체가 나무로 둘러싸인 원형 잔디밭의 파빌리온누각이 된다.

처음 보았을 때 코너가 없다는 것은 당혹스럽다. 대부분의 평범한 디자이너는 외곽 기둥이 주요 지붕을 지지하고 있으며, 무대 장치와 같이 경량구조의 Aedicule은 독립적이다. 그러나 무어는 재활용 나무 기둥으로 건물 전체를 받쳐야 한다고 주장했다. 그들은 오히려 용마루에서 큰 목조트러스로 감싸고 Aedicule의 entablatures지붕구조에 서까래를 지지하는 간접적인 방법을 사용했다. 하지만 이것은 공학이 아니라 건축이고, 구조적 이론은 부가적인 고려사항이다. 디자인의 야망은 디자인의 포괄성과 개방성을 전제로 한다. 이것은 작은 집이지만, 큰 반향을 일으키고 있으며, 단순함을 거부하고 있다.

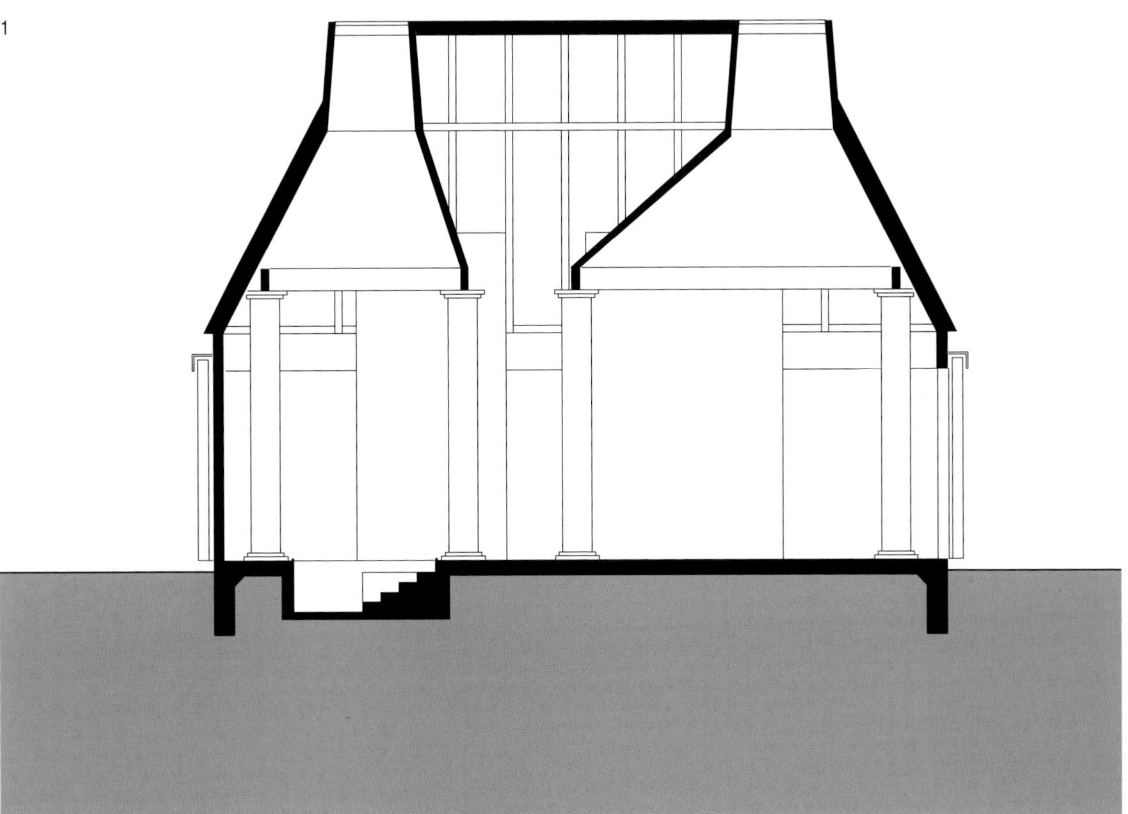

2 **Plan**

1 Sitting area
2 Bath
3 Bed
4 Dressing room
5 Kitchen

Vanna Venturi House

Robert Venturi, 1925-

Chestnut Hill, Philadelphia Pennsylvania, USA; 1962-64

일반적으로 일관성은 건축에 있어 하나의 원리이다. 특히 모더니스트 건축에 있어서는 더욱 그렇다.

그러나 로버트 벤츄리는 이러한 것들에 대해 의문을 가지게 되었다. 예를 들어 "왜 건물의 외부가 내부를 반영해야하는 걸까? 왜 건물은 가능한 한 단순해야 하는 걸까? 복잡하면 안 되는 걸까? 건물은 "일관성" 보다 그 반대적 성향인 "모순" 이면 안 되는 걸까?"

벤츄리는 복잡성과 대립성(1964)Complexity and Contradiction in Architecture 책에서 이런 의문들에 대한 답을 구하려 했다. 그는 근대운동이 아닌 로마의 아메리칸 아카데미의 매너리스트Mannerist와 바로크 건축에서 영감을 찾았다. 책을 쓰는 동안 자신의 멘토이며 고용주인 루이스 칸이 설계한 에셔릭 주택 부지 맞은 편에 자신의 어머니를 위한 집을 설계하고 있었다. 그 집은 첫 작품으로 집을 짓는 동안 방문간호협회의 작은 본사를 설계하고 있어 어머니 집 설계를 완성하는 데 많은 시간을 소요했다 어머니가 건축주이므로 집을 완성하는데 마감일이 없었을 것이다. 그러나 긴 시간이 소요됨에도 불구하고 엔지니어들은 그 집에 열중할 수 있었다. 그 집의 설계는 적어도 완전한 6개의 워크아웃 형식을 경험하게 하였다. 이것은 단순히 집을 설계하는 것이 아닌 포스트모던이라는 새로운 건축을 경험하게 한 것이다.

비록 방 5개의 매우 작은 주택이지만 실제보다 규모가 더 커 보였다. 정면은 고전적인 페디먼트 형상의 넓고 대칭의 박공 형태로 그 중앙에는 주 출입구가 있다.

1887년 로드 아일랜드의 브리스톨에 있는 맥킴미드와 백색 슁글 스타일의 로우 하우스는 버나 벤추리 주택의 전반적인 형태에 영향을 받았다. 그러나 버나 벤추리 주택의 갈라진 형태의 박공은 시대를 거슬러 올라가 밴브르그나 혹은 미켈란젤로의 대립성의 영향을 받았으며 이러한 영향은 문과 창문의 배치에서 뚜렷이 알 수 있다. 문과 창문은 균형을 이루고 있지만 비대칭적으로 배치되어 오른 편에 위치한 부엌의 모더니스트적인 띠 창문과 왼편의 침실과 욕실에 있는 2~3스퀘어의 창문은 기능적 요구에 적합하도록 설계되었다.

이것은 단순히 일관성의 거부가 아닌 일관성과 비일관성, 대칭과 비대칭의 공존이다.

이러한 건물은 모든 것들이 다른 사물과 지속적인 관계 속에 놓여 있다. 즉 동일한 공간에서 서로 존재하기 위해 애쓰게 된다. 포치, 계단실, 벽난로 모두가 중앙에 배치되어야 하지만 결국 이 모든 것들은 조화를 이룬다. 그 결과 덜 기계적이고 더욱 인간적인

새로운 하이브리드 형태를 만들게 된다. 예를 들면 계단은 굴뚝 때문에 축소되며 위층으로 올라가는 계단의 상부를 선반으로 활용할 수도 있다.

외벽, 전면, 후면이 명확한 건물의 내부공간은 벽보다 칸막이로 구획되었으며 혹은 칸막이와 벽으로 구획된다. 후면의 벽으로 차단된 지붕이 있는 뜰을 형성하고 거실의 동쪽 벽 전체가 유리로 되어 공간을 형성하여 주택의 다른 편에 소규모의 유사한 침실 공간을 마련한다. 반원 창으로 채광이 가능한 위층의 방은 좁고 긴 발코니를 형성하는 후면 벽에 놓는다. 즉 이것은 마치 벽이 "Layered"라는 막screen과 같은 효과를 만들어낸다. 벤추리는 이러한 면과 공간의 처리를 "Layered"라는 단어로 종종 표현하였으며 이것은 세기의 건축적 문구의 신조어가 되었다.

건축의 복잡성과 대립성Complexity and Contradiction in Architecture의 책은 지대한 영향력이 있으며 포스트모더니즘의 토대가 되었다. 버나 벤추리 주택은 첫 번째 포스트모더니즘 건물로 인정되고 있다. 비평가 프레드릭 슈바르츠는 첫 번째 포스트모더니즘 건물로 버나 벤추리 주택을 꼽는다.

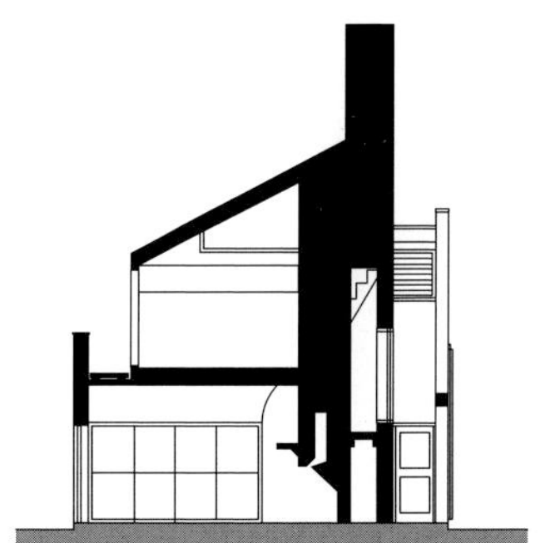

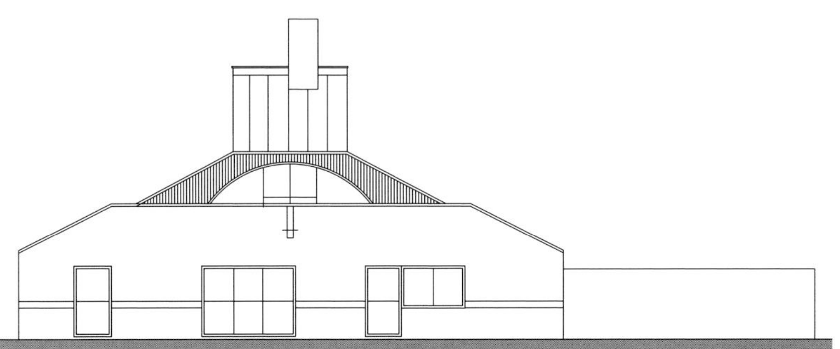

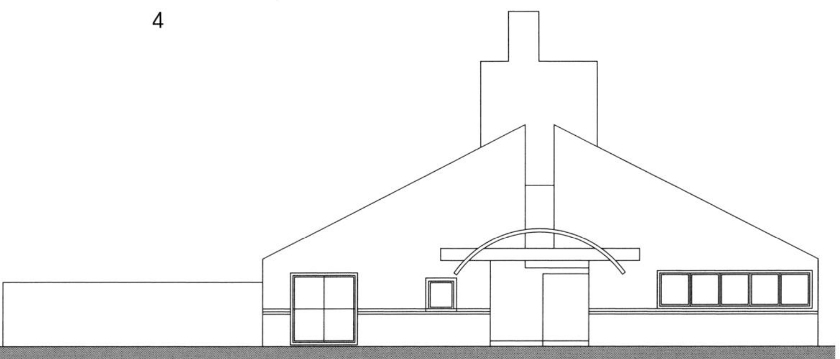

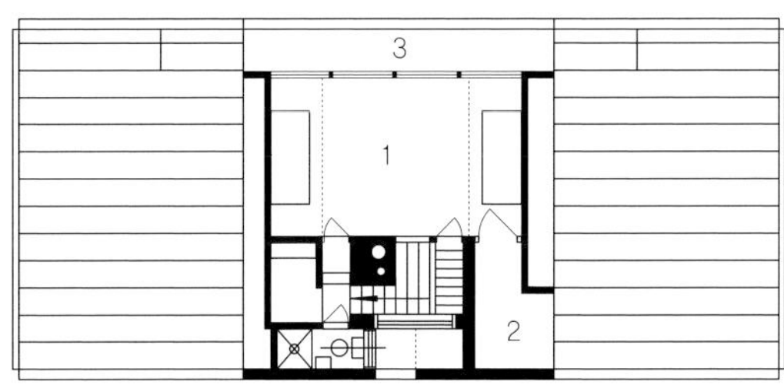

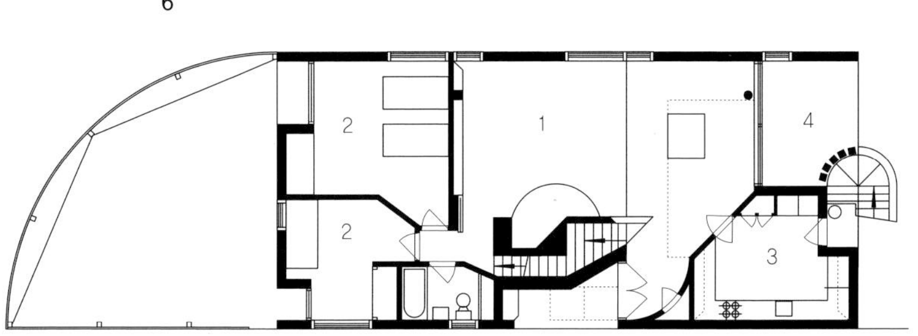

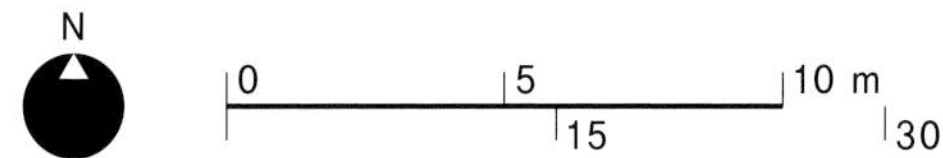

1 Long Section

2 Cross Section

3 Rear Elevation

4 Front Elevation

5 First Floor Plan
1 Bedroom
2 Storage
3 Terrace

6 Ground Floor Plan
1 Living room
2 Bedroom
3 Kitchen
4 Yard

Creek Vean House

Norman Foster and Richard Rogers, 1935- and 1933
Cornwall, UK; 1966

1970년대와 1980년대 리차드 로저스와 노만 포스터는 하이테크 건축의 거장으로서 라이벌이었다. 이들의 경쟁은 둘 다 1987년에 완공된 하이테크 스타일의 2개의 걸작인 런던에 있는 로저스의 로이즈 빌딩과 홍콩에 있는 포스터의 홍콩 상하이 은행에서 정점을 이룬다. 1960년대의 로저스와 부인 수와 포스터와 부인 웬디는 Team 4의 파트너였다. 크릭 빈 주택은 그들의 첫 작품은 아니지만 그들의 이름을 내건 브럼 웰 첫 작품이다. 건축주인 수의 아버지 마르쿠스 브럼웰은 광고 에이전시를 퇴직한 사장이었으며 예술 애호가였다. 유명한 네덜란드 추상화가 몬드리안이 브럼웰에게 돈을 빌린 후 대신 그림으로 갚았다. 그림은 다시 집을 구매할 때 지불할 수 있다. 호의적인 건축주, 적정한 예산, 훌륭한 부지는 혈기 왕성한 젊은 건축가의 작품을 표현하는데 이상적이었다.

주택은 가파른 강기슭의 상부 근처에 있다. 굽어진 보도는 주차장과 수변 하부 보트 창고의 상부와 연결되어 있다. 그 길은 주택을 가로 질러 작은 금속 다리를 경유하여 지붕으로 오를 수 있으며 주택은 녹지로 조성된 계단으로 둘로 나뉜다. 한쪽은 단일 층의 침실과 스튜디오 구역이고 다른 쪽은 2층의 거실과 다이닝 구역이다. 평면은 다른 주요 디자인의 결정적 요소를 표현하기에 충분한 것처럼 보인다. 모든 방에서 강을 바라 볼 수 있고, 잘 계획된 방의 구획은 실제보다 더 넓은 전망을 제공한다. 경사진 유리 지붕의 아트 갤러리가 될 수 있는 빈 외벽공간의 1층 구역의 후면을 따라 좁은 복도를 배치했다. 침실과 스튜디오의 벽은 특별한 경우 좀 더 많은 방을 확보하여 그림을 볼 수 있게 했다.

2층의 부속 건물은 좀 더 유형적인 박스 형으로 남서쪽에 면하는 벽은 모두 유리로 되어 있다. 1층은 복층 높이 공간을 가로 지르는 다리 윗부분에 거실과 함께 주방과 식당을 배치했다.

이 주택은 건축가의 향후 이력에서 보이는 하이테크 건축이 아니라는 점에서 매우 놀랄만하다.

주요 재료는 훗날 경량의 프리패브의 금속과 유리 구성품의 사용을 선호했던 로저스와 포스터가 건축재료로 사용하기를 원치 않았던 콘크리트 블록, 중량의 현장제품들을 사용하였다.

단층 블록의 대지를 감싸 안은 형태로 언덕 꼭대기 밑에 있는 이 주택은 임즈 혹은 크레이그 엘 우드 보다 프랭크 로이드 라이트 작품을 연상하게 하며 2층 블록은 왠지 모르게 르 꼬르뷔지에의 스타일을 연상시킨다. 그러나 이 주택에는 약간의 기술적 혁신이 돋보인다. 오늘날까지 이어지고 있는 옥상녹화는 매우 드문 경우였으며 다소 대담한 시도였다. 또한 네오프렌이라는 신재료를 사용하여 갤러리의 천장 광을 만드는 유리를 고정시킬 수 있었다. 네오프렌 가스켓은 미국건축가 로쉬와 딘켈루가 영국 달링턴에 있는 커민스 엔진 공장에서 한번 사용했던 적이 있었다. 이 공장은 Team 4의 다음 작품의 주요 건물로 영국의 첫 번째 하이테크 빌딩인 릴라이언스 컨트롤 공장에 영감을 불러 일으켰다. 이 건물이 완공되었을 당시, 두 건축가들의 스타일은 명확했다. 이후 각자의 길을 걷게 된다.

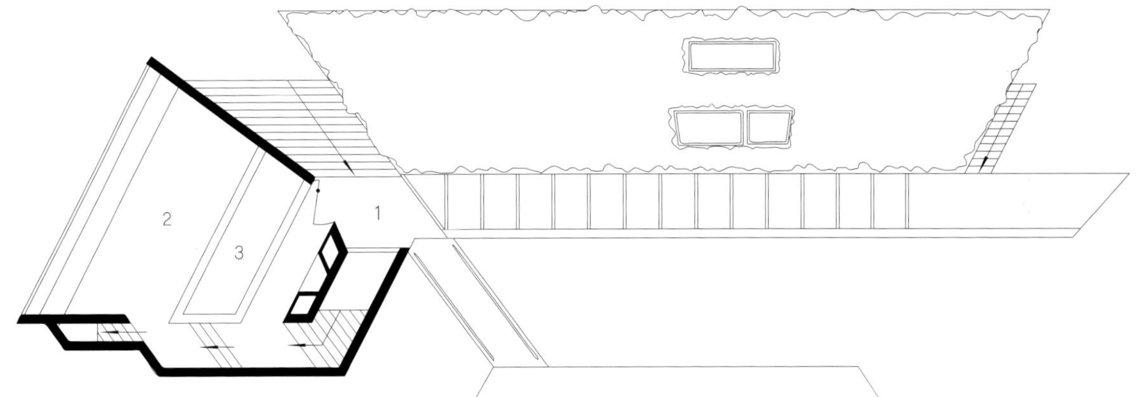

1 First Floor Plan

1 Main entrance
2 Living room
3 Void

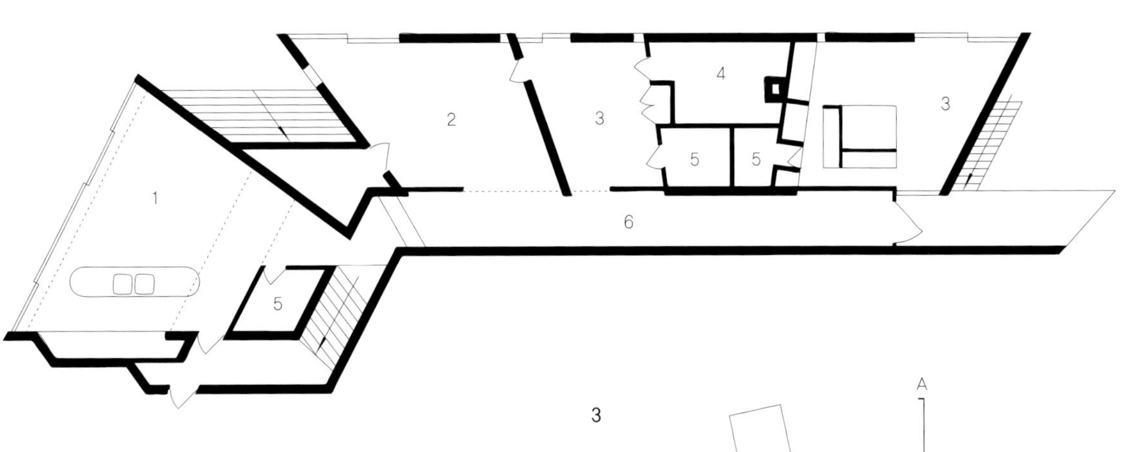

2 Ground Floor Plan

1 Kitchen/dining room
2 Studio
3 Bedroom
4 Dressing room
5 Bathroom
6 Gallery

3 Site Plan

4 Section A–A

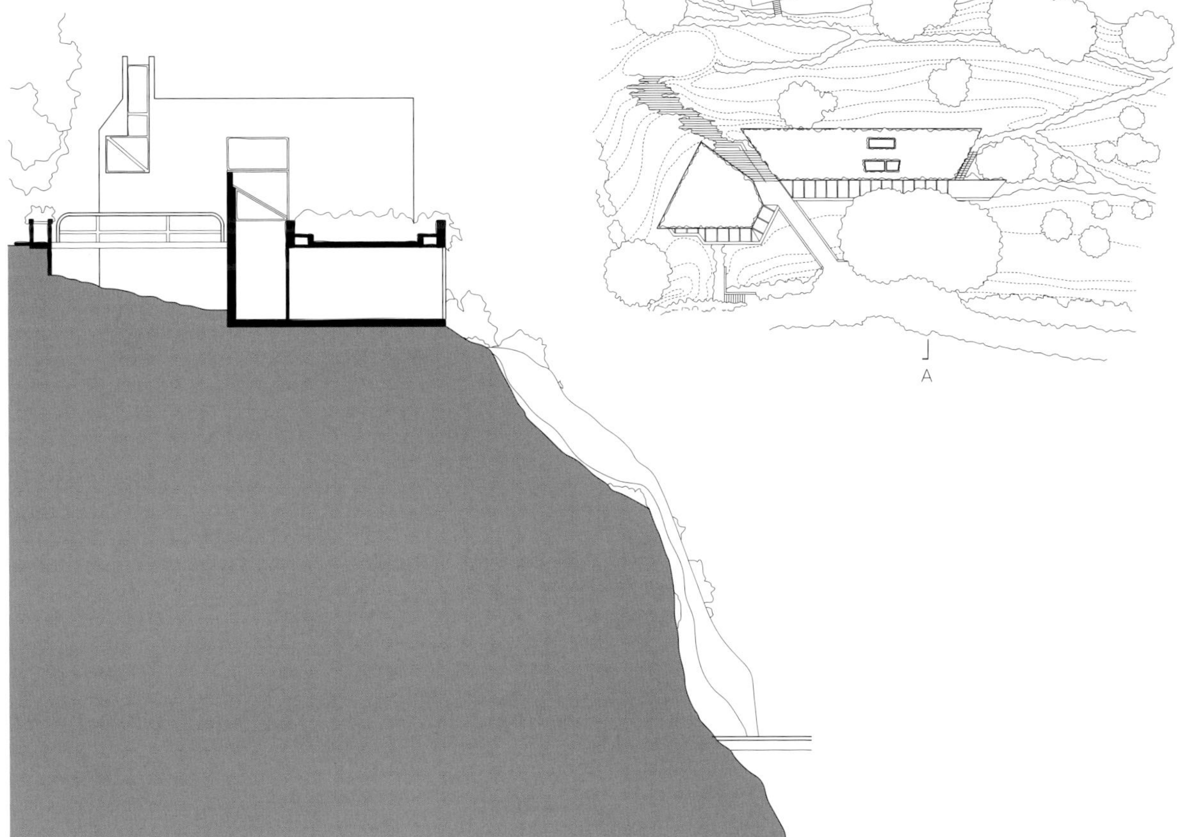

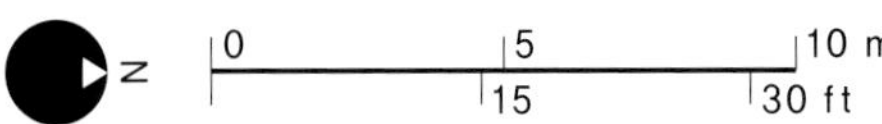

Hanselmann House

Michael Graves, 1934-

Indiana, USA; 1967

1960년대 후반 마이클 그레이브스는 피터 아이젠만 Peter Eisenman, 리차드 마이어Richard Meier, 존 헤이덕John Hejduk, 과스메이Gwathmey, 마이클 그레이브스Michael Graves로 구성된 뉴욕5의 일원으로 평단의 관심을 끌기 시작했다. 엄밀히 말하자면 평단의 관심을 끌기 위한 다소 인위적인 그룹이었다. 그러나 구성원은 모던 건축에 관심을 갖고 있었으며 특히 스타일에서 사회주의자의 이상에 완전히 무관심한 르 꼬르뷔지에의 순수 모더니즘을 각별하게 사랑하고 있었다. 그레이브스와 동료들은 사회의 미래가 아닌 형태와 공간에 관심을 갖고 있었다. 1975년 출판된 "Five Architects"에서 그들은 주로 철근콘크리트와 스타코 블럭 대신 스틸이나 목재를 사용하여 건물을 짓는 것을 빼면 표면적으로 1920년대와 1930년대의 르 꼬르뷔지에의 주택과 비슷하다.

한셀만 주택은 인디아나주에 지어졌지만 뉴욕 방식의 전형적인 주택이다.

이 주택은 기하학적 스타일을 대표하는 조형적인 것과 추상적인 특성 두 가지를 모두 갖고 있다. 그레이브스 커리어의 향후 행보를 점치기 위해서는 어떤 원칙이 우세했는지를 아는 것이 중요하지만 이 주택에서 그에 대한 답을 얻기는 어렵다. 구성의 일부는 물리적으로 볼 수 없기 때문에 확실히 추상적이고 근본적으로 점진적이다. 개념적으로 주택의 형태는 이중의 입방체이지만 그 중 하나의 입방체만 형태를 갖는다. 다른 "큐브의 존재"는 긴 다리의 끝에 있는 존재하는실제 지어진 큐브에서 떨어져 있는 현관 계단의 위치를 결정한다. 본래 디자인은 보이지 않는 입방체의 계단 한쪽 면에 작은 스튜디오와 날렵한 철제 계단을 설치하려고 하였으나 이런 주택을 짓는 것은 불가능하다.

현관, 피아노가 있는 거실, 식당, 부엌은 1층에 있다. 아래층은 아이들 공간으로 4개의 침실과 놀이방이 있다. 갈라진 계단은 위층의 부모의 침실과 서재로 연결된다. 평면은 완전한 사각형이고 그 사각형은 4개의 기둥과 내력벽을 갖춘 9개의 작은 사각형으로 구조적으로 나뉜다.

빌라 스테인 드 몬지Stein-de Monzie에서 르 꼬르뷔지에는 전형적이고 고전적인 구조를 취하며 바닥과 벽의 일부를 없애 모던한 방식의 비대칭적 곡선적인 요소를 사용하였다. 그레이브스도 동일한 방식을 사용하였다. 햇빛이 들도록 깎아 내고 입방체의 남쪽 코너의 최상층에 특별한 지붕 테라스를 만들었다. 이 테라스는 지붕 없이 벽과 창문만으로 만들어 내부와 외부가 모호한 공간을 제공한다. 발코니를 통해 현관으로 통하는 다리를 볼 수 있으며 다른 쪽에서는 거실을 내려다 볼 수 있다.

한셀만 주택은 유도적이며 형식주의적 일지라도 명백하게 모더니스트 구성을 갖는다. 1967년에 그레이브스가 추상적이며 형상적인 것을 반대하는 새로운 스타일을 처음부터 수용할 거라고 아무도 예상하지 못했다. 1980년까지 포트랜드 건물은 포스트모더니즘의 대표적 예로서 인정되고 있다. 마이클 그레이브스는 5년 후 기둥에 일곱 난장이와 신처럼 박공에 설치된 도페이Dopey를 조각한 월트 디자인 건물을 설계하였다.

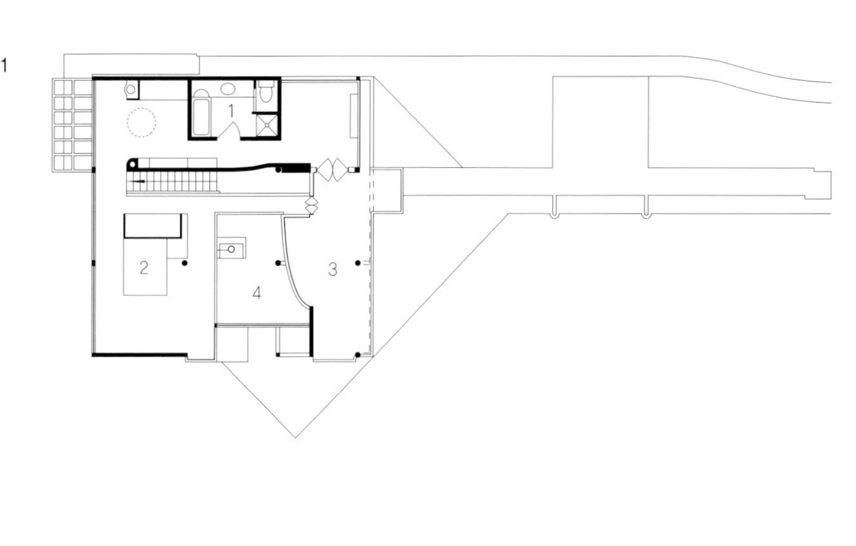

1 Second Level Plan

1 Bathroom
2 Bedroom
3 Terrace
4 Void over living room

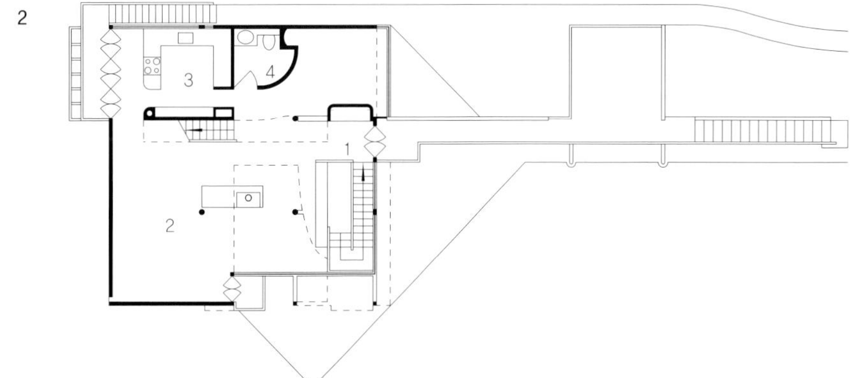

2 First Floor Level

1 Entrance
2 Living room
3 Kitchen
4 Bathroom

3 Ground Floor Level

1 Bathroom
2 Bedroom
3 Study
4 Garage
5 Childeren's room

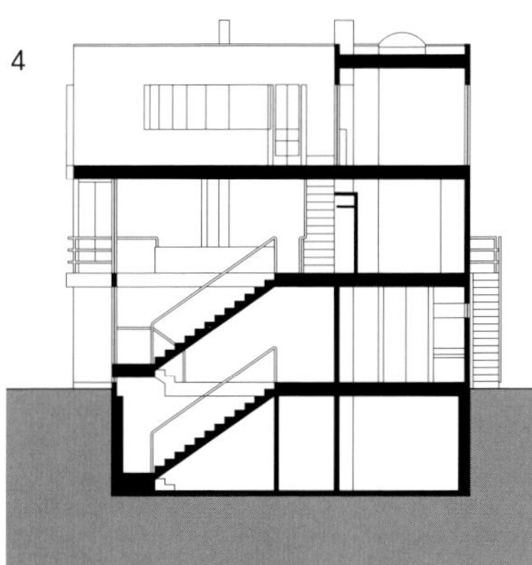

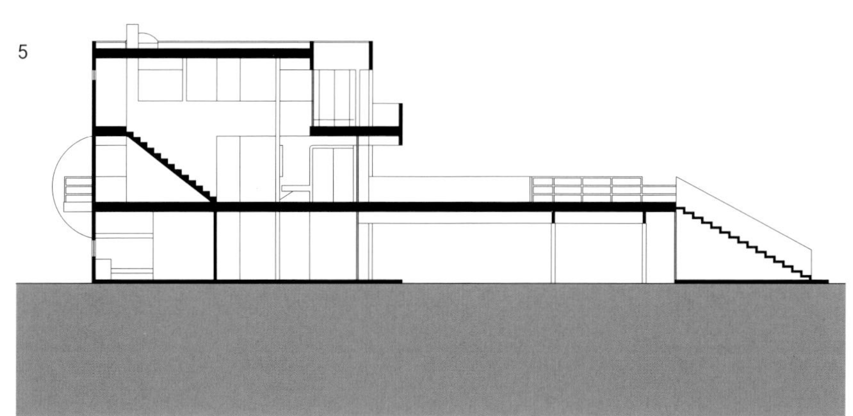

4 Section A–A

5 Section B–B

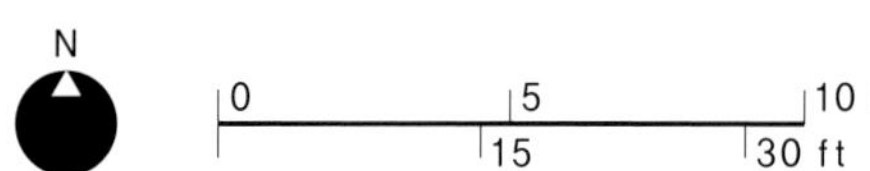

San Cristobal

Luis Barrágan, 1902-88

Mexico City, Mexico; 1968

루이스 바라간을 멕시코 모더니스트 건축가라고 설명하는 것도 맞는 말이지만 그의 후반 작품을 빼고 그를 설명하기란 쉽지 않다.

그는 육중한 벽, 작은 창문, 복잡한 정원을 특징으로 하는 고국의 지역주의Vernacular 건축을 사랑했다. 그러나 1932년 프랑스 여행 중 수학한 르 꼬르뷔지에 작품에도 깊은 영향을 받았다. 이 두 경향은 각각 1920년대 설계한 과다라자라에 있는 개인 주택, 정원과 1930년대에 설계한 멕시코시티의 저렴한 아파트로 대표된다. 2차 세계대전 후 작품에서 이 두 경향을 반영하여 비평가들이 말하는 감정적, 초현실적, 신화적인 개인 스타일을 보인다. 멕시코 시티 교외에 위치한 폴케 에거스톰 가족을 위한 산 크리스토 발 San Cristo bal 주택과 말사육 농장은 이러한 스타일의 좋은 예이다.

심지어 배치도에서도 초현실의 함축을 담고 있다. 사람을 위한 주거공간이 말이 있는 공간 옆에 있다. 그 배치형태는 마치 인간과 말의 근본적 차이점이 없는 것처럼 서로 반복되고 있다.

사람이 기거하는 주택동은 출입구로 둘을 구분하며 사각의 창문은 뚫린 회벽으로 되어 있다. 내부는 평면상 특별한 것은 없으나 주목할 점은 내부공간과 외부공간 사이의 관계이다. 예를 들어 벽면전체를 차지하는 전창을 통해 북쪽의 방목장을 볼 수 있다. 그러나 단일의 좁은 문은 높은 벽으로 3면이 막힌 사각의 파티오를 연결한다. 주택과 도로 사이의 외부공간에서 긴 벽은 정원과 서비스 야드를 구획한다. 벽의 정원 쪽에 있는 평지붕의 베란다는 남쪽 끝에 위치한 풀장에서 수영하는 사람들에게 그늘을 제공한다. 대지의 북쪽에는 말을 위해 좀 더 큰 규모의 칸막이 벽, 베란다, 풀장의 배치를 반복하며, 칸막이 벽이 견고하게 연속적으로 배치되어 있다. 베란다는 경사진 지붕으로 되어 있으며 풀장은 폭포를 만들었다. 폭포는 두껍고 구멍 뚫린 선홍색 벽을 조성한다. 이러한 건축적 열기는 상당히 고조되어 기본적으로 극적 효과를 위한 무대 세트의 역할을 한다.

말과 사람을 위한 주택 구성 중 사람이 사는 공간은 농사용 헛간으로 사용 가능하지만 높고 육중한 진분홍색의 벽은 결코 가축을 사용하는 공간이라고 보기 어렵다.

진분홍색의 벽은 방목장 중앙에 있는 2개의 큰 나무난간의 말뚝에 매어 놓은 훌륭한 순혈종의 말을 볼 수 있는 배경의 역할을 한다. 좀 더 길고, 더 낮고, 더 진한 진분홍색 벽은 주택 바로 옆 방목장의 서쪽 면을 따라 놓여 있다. 말 풀장 반대편에는 이 벽의 2개의 개구부를 통하면 작은 말 연습장으로 갈 수 있다.

바라간은 말을 사랑했다. 말은 인간성을 대표하는 신화적인 동물이다. 건축에서 이처럼 명확하게 건축가의 아이디어를 표현하는 것은 드물다. 사람을 위한 주택은 뉴트럴하고 패시브한 색을 칠하고, 정열적인 빨강색, 핑크, 퍼플은 말 공간에 칠했다. 그러나 어쩌면 산 크리스토발을 다르게 해석할 수도 있을 것이다. 즉 말과 기수인간라는 두 종류의 동물을 위해 설계된 하나의 주거라고 단순하게 얘기할 수도 있을 것이다.

1 Ground Floor Plan
1 Living room
2 Dining room
3 Bedroom
4 Kitchen
5 Swimming pool
6 Garage
7 Flat

2 Section A–A

3 West Elevation

4 North Elevation

5 East Elevation

6 Section B–B

7 Site Plan
1 Haybarn
2 Field
3 Patio paddock
4 Stable
5 Stamping ground
6 Horse pool
7 Garden
8 Egerstorm house
9 Swimming pool
10 Entrance

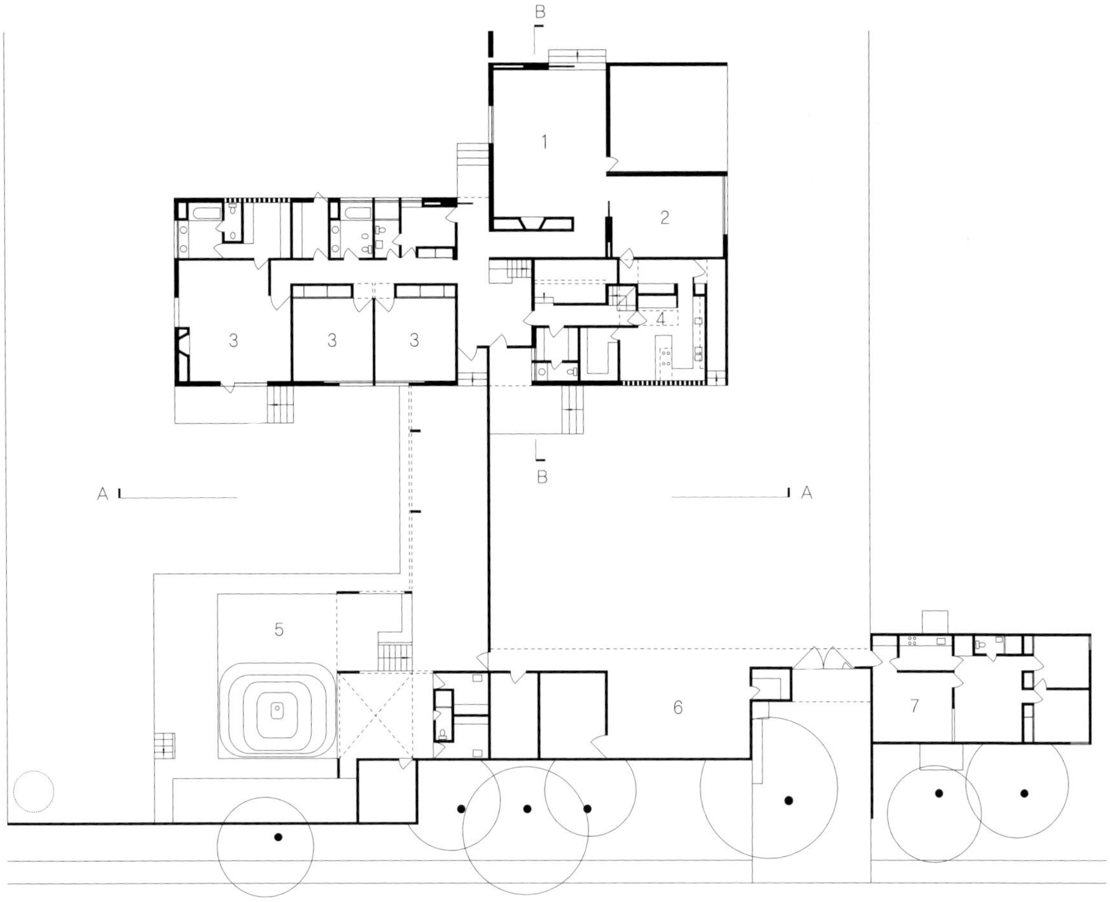

N

0 5 10 m
15 30 ft

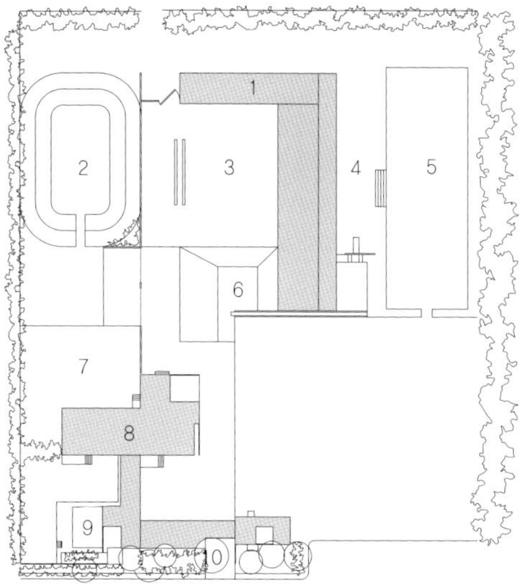

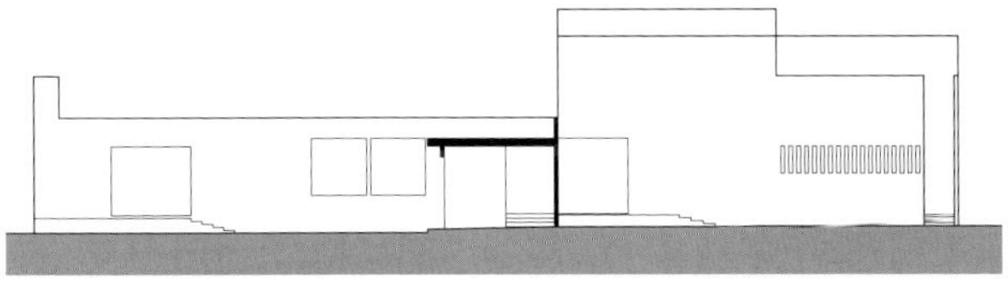

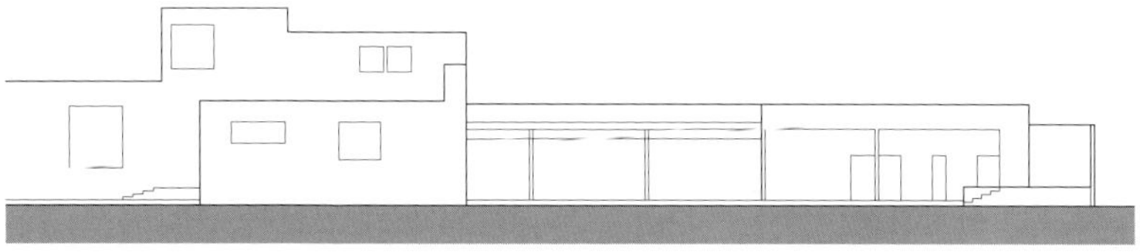

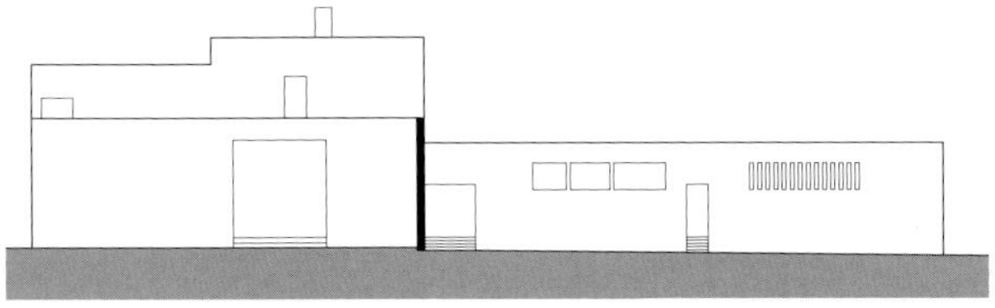

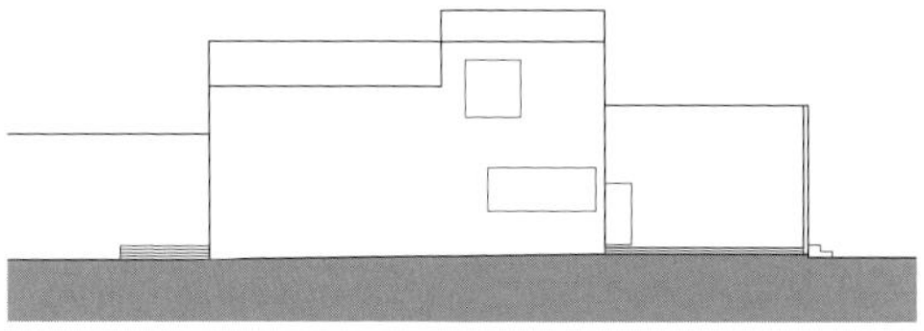

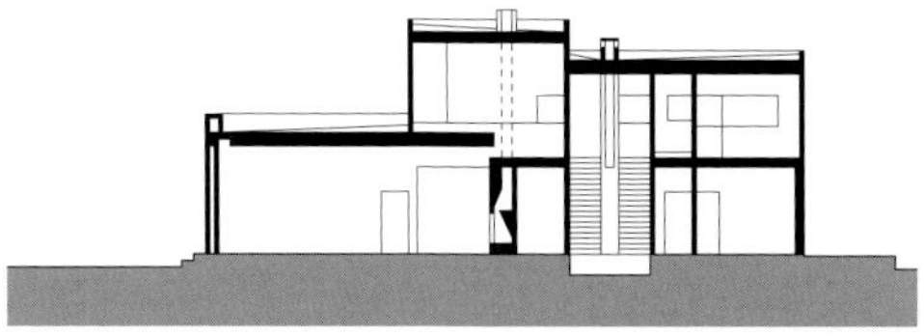

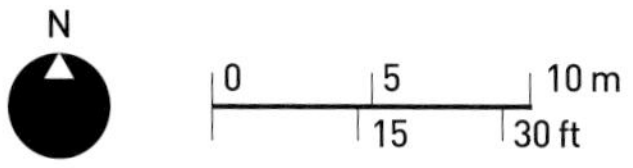

Bawa House

Geoffrey Bawa, 1919-2003
Colombo, Sri Lanka; 1958-69

제프리 바와는 근대건축가일 뿐만 아니라 지역주의 건축가이다. 그는 런던의 건축협회에서 교육을 받았으나 대부분의 그의 건축물은 모국인 스리랑카에 세워졌다. 아마도 이러한 사실이 그를 전형적인 지역주의 건축가로 만들었을 것이다. 비록 케네스 프람톤이 1980년대 초기 지역주의 건축가라는 용어를 유행시키기는 했으나 바와는 이미 스리랑카 국회 의사당 건물, 아훈가라Ahungala에 있는 트리톤 호텔 그리고 루후누 Ruhunu 대학의 많은 부분을 완성하는 등 그의 경력에서 지역주의 건축가로서의 성숙한 국면에 접어 들었다. 때때로 바와의 건축은 건축물에 나타나는 뾰족한 지붕, 베란다, 정원 때문에 '토속적'이라는 단어로 설명되기도 하지만 그는 유럽 근대주의 건축가들의 추상적 언어 사용에도 능통하였다.

콜롬보에 있는 제프리 바와의 자택은 그의 작품의 두 가지 측면을 혼합하여 표현하고 있다. 거리에 면해 있는 3층의 작은 르 꼬르뷔지에 식 빌라는 건물의 현대성을 표현하고 있다. 반면에빌라의 뒤쪽에 경계벽으로 둘러싸인, 지붕이 덮힌 단층건물과 지붕이 덮히지 않은 단층건물이 서로 연결되어 짜여진 매트처럼 펼쳐져 있다. 이 자택은 가장 유럽적인 요소들과 가장 스리랑카적인 요소들이 접목되어 있다. 그러나 이러한 경향은 처음부터 의도적으로 디자인된 것이 아니라 40 여년의 세월 동안 점차

적으로 형성된 것이다.

바와의 자택이 들어선 대지는 처음에는 쿨데삭을 따라 4개의 방갈로가 줄로 서 있었다. 바와는 처음에 세 번째 방갈로를 매입하고 나머지 방갈로들의 거주지가 나갈 때마다 사들여서 전체 계획을 수정하였다. 토지 매입이 완성되자 바와는 첫 번째 방갈로를 무너뜨리고 건물의 전면을 수정하였다. 따라서 방갈로의 원래 형태를 추적하기는 어렵다.

르 꼬르뷔지에 식의 빌라는 바와가 필요로 하는 대부분의 요소를 갖추고 있다: 차고당시에 바와의 멋지지만 움직이지 못하는 빈티지 자동차 두 대를 수용할 수 있음, 첫 번째 옥상정원, 르 꼬르뷔지에의 메종 시트로앙 프로젝트처럼 외부계단으로만 접근 할 수 있는, 더 높은 두 번째 정원, 빌라의 바로 뒤쪽에, 그리고 부분적으로 빌라 아래쪽에 숨겨진 형태의 게스트 룸이 필요한 시설을 모두 갖추고 있으며 이 주택 일층 부분의 삼분의 일 정도를 차지하고 있다. 바와는 생애 후반부에 주택을 나누어 게스트 하우스를 스튜디오로 개조하고 건물을 작은 규모로 다시 지었다.

바와 주택은 낡은 체티나드 주택에서 재활용한 기둥으로 둘러싸인 작은 수영장에서 끝나는 긴 통로를 지나 주택의 중심부로 들어가게 된다. 이 수영장과 만나는 지점에서 직각을 이루는 축은 주택의 중심부

로 연결된다. 중심부의 오른쪽에는 주 침실master bedroom과 사각형의 통로 공간이 있고 왼쪽에는 거실과 부엌이 있으며 중심부의 바로 앞쪽에는 서재처럼 가구가 배치된 베란다가 그 너머의 정원을 향해 있다.

몇몇의 실내 공간들은 냉방장치가 설치되어 있다 할지라도 이렇게 덥고 비가 많이 오는 기후에서 실내공간과 실외공간의 차이는 실질적으로 무의미하다.

바와는 그의 건축물에 장식적인 요소를 배제하였으나 체티나드 기둥과 같은 이미 만들어 놓은 부품을 재활용하는 등 부리콜라쥬 기법을 즐겼다. 또한 그는 도날드 프렌드와 이스메스 라힘이 장식한 출입문과 같이 예술가 친구들의 작품을 주택에 설치하는 것을 좋아하였다. 바와 주택의 꽉 짜여진 평면, 공간들, 브리콜라주와 예술작품들은 영국 건축가 존 소온의 작품을 상기시킨다.

1 Second Floor Plan
1 Roof garden

2 First Floor Plan
1 Bedroom
2 Bathroom
3 Living room

3 Ground Floor Plan
1 Entrance
2 Garage
3 Pool
4 Sitting room
5 Veranda
6 Vesitbule
7 Master bedroom
8 Dining room
9 Kitchen
10 Bathroom
11 Guest suite
12 Living room
13 Bedroom

4 Section A–A

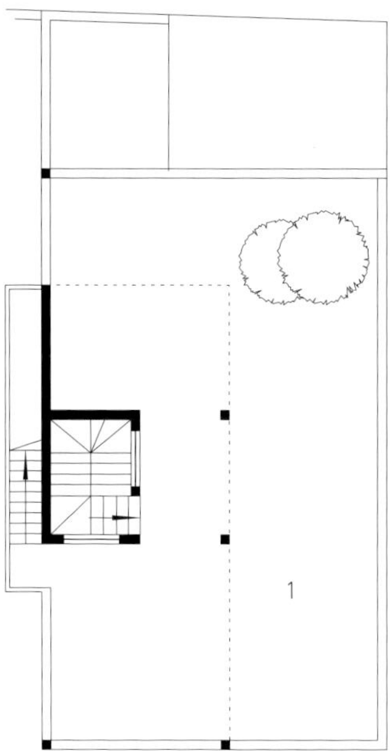

N

0 5 10 m
15 30 ft

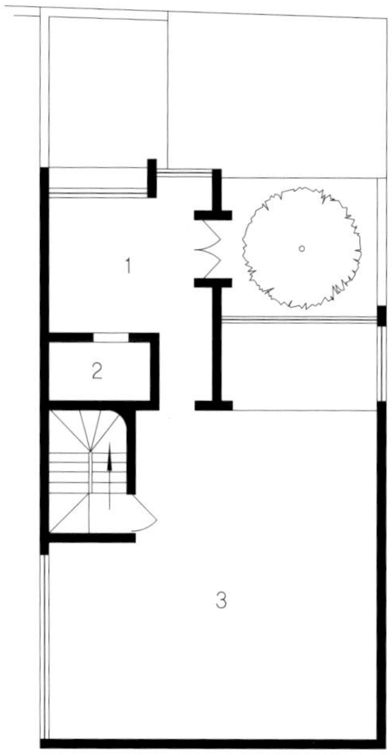

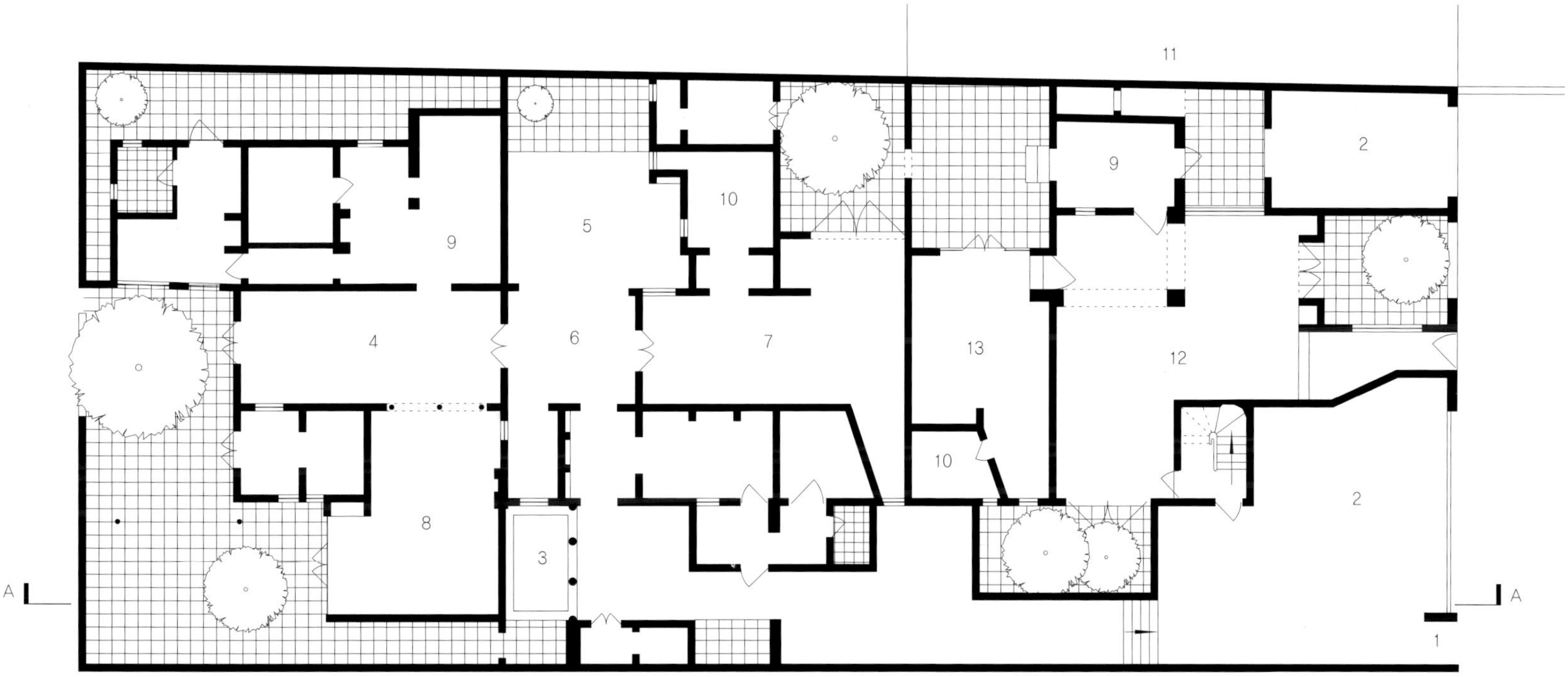

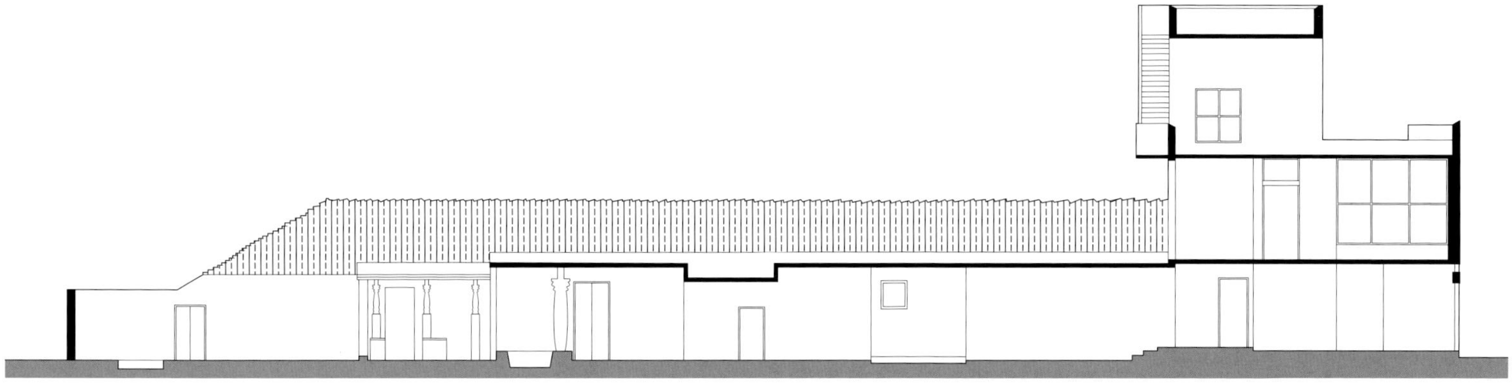

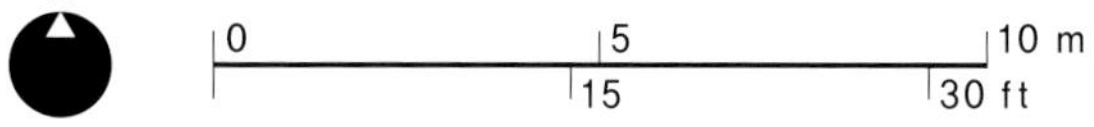

Tallon House

Ronnie Tallon, 1927-

Foxrock, Dublin, Ireland; 1970

스콧 탈론 워커 건축사무소는 1928년 마이클 스콧이 세운 건축사무소가 발전된 것이다. 스콧은 모더니즘 건축을 아일랜드에 소개하였으며 이러한 경향은 그가 설계한 몇 개의 병원, 더블린의 샌디코브에 있는 그의 자택, 1939년 뉴욕 국제 박람회의 아일랜드 파빌리온 등과 같이 네덜란드와 독일의 영향을 받은 전전戰前 건축물 등을 통해 표현되었다. 스콧은 1920년대에 전문 연극인과 건축가로서 성공을 동시에 이룬 전설적인 인물이었다. 그의 이름은 여전히 아일랜드 건축가 모임에서 존경받고 있으나 일반적으로 그가 설계한 것으로 생각되는 몇몇 전후 프로젝트의 설계 여부에 관해서는 의문의 여지가 있다. 예를 들면 1953년 더블린의 부사라스뻐스 정류장는 사실 윌프레드 캔트웰과 후에 미국에서 명성을 쌓은 케빈 로쉬가 이끄는 젊은 건축가 팀이 설계한 것이다.

1960년대 말, 건축사무소의 설계목표를 세운 사람은 스콧이 아니라 그의 새로운 파트너인 로니 탈론과 로빈 워커라는 사실이 명백해졌다. 두 사람 모두 헌신적인 미스 반데 로에의 추종자로 더블린의 주요 시설에 미스의 건축적 원칙을 학자적으로 그리고 장인정신에 입각하여 적용시켜 시설의 성격을 변화시키기 시작하였다. 1970년대 초기에 완성된 아일랜드 은행 본사는 미스의 시카고 소재 연방 센터의 축소판

이며 아일랜드 방송협회가 점유하고 있는 대지는 일리노이 공과대학 캠퍼스를 연상시키는 종합계획에 따라서 수년 동안 개발되었다.

그러므로 로니 탈론이 더블린에 자신과 가족을 위해 직접 설계한 주택이 미스의 판즈워스 주택과 유사한 유형인 것은 놀라운 일이 아니다p.112-113. 철골, 유리벽, 홍수의 가능성에 대비하는 것처럼 지표면에서 주택을 들어 올린 방식, 공중에 떠 있는 듯한 계단이 달린 입구의 평평한 단과 같은 특징들은 탈론 주택과 판즈워스 주택과의 관련성을 확실하게 보여준다. 그러나 탈론 주택은 판즈워스 주택을 맹목적으로 모방한 것이 아니며 중요한 차이점들이 있다.

탈론 주택도 유리벽으로 되어 있으나 주택의 양쪽 끝은 벽돌 벽으로 되어 있어확장되기 전 판즈워스 주택보다 더 많은 공간을 담을 수 있으며 캔틸레버도 사용하지 않았다. 이음매가 없도록 용접한 속이 빈 기둥과 보가 구조적으로 시각적으로 주택 전체의 틀을 만들고 있다. 판드워스 주택 한쪽 끝의 지붕 덮인 테라스가 탈론 주택에서는 주택의 전후면에 길게 뻗은 데크를 만들었다. 사용된 재료 역시 다르다. 데크에는 트레벌틴 대신에 목재가 사용되고, 일리노이 공과대학의 교사동 건물teaching building에 사용된 철골 벽돌벽에서 영감을 얻어 끝벽end wall에는 콘크리트 벽

돌을 사용하였다. 탈론 주택은 한 명의 여성을 위한 시골의 주말 주택이 아니라 한 가족을 위한 영구적인 주택이었기 때문에 내부 계획은 판즈워스 주택만큼이나 또는 그 이상으로 타협의 여지가 없다. 기본적으로 탈론 주택은 하나의 큰 공간이다. 어떤 칸막이벽도 유리벽과 연결되지 않기 때문에 침실을 포함하여 주로 생활하는 공간 가운데 완전히 둘러싸인 곳은 없다. 이 주택은 공간적으로 자유롭다.

원래의 주택은 완벽하게 균형이 잡혀 있어 확장하는 것을 불가능할 것으로 생각할지도 모른다. 그러나 결론적으로 욕실공간을 확장하려는 가족들의 요구는 어쩔 수 없이 주택의 변화를 필요로 하였다. 많은 고민 후에 로니 탈론은 결론을 내렸다. 그는 단순히 베이를 추가하여 디자인의 논리를 유지시키는 반면 균형적인 완벽함을 희생시킬 수도 있었다. 그러나 대신에 그는 건축물의 양 끝에, 약간 후퇴시켜서 보다 좁은 확장공간을 건축하였다. 그리하여 시각적으로나 개념적으로나 원래의 주택이 계속적으로 존재하도록 하였다.

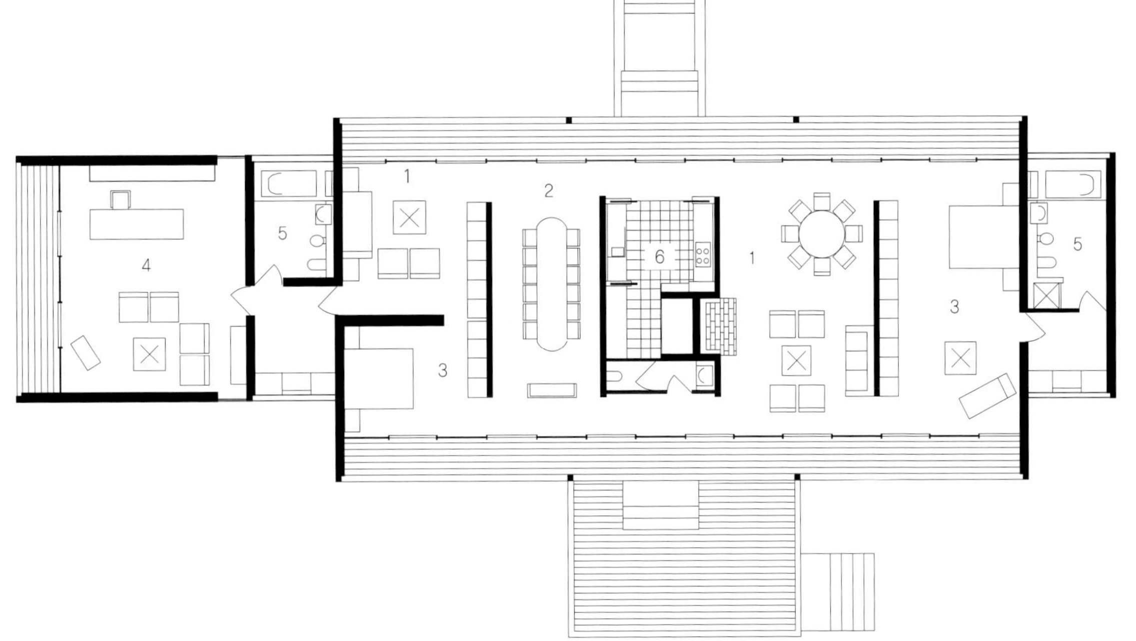

1 Plan

1 Living room
2 Dining room
3 Bedroom
4 Study
5 Bathroom
6 Kitchen

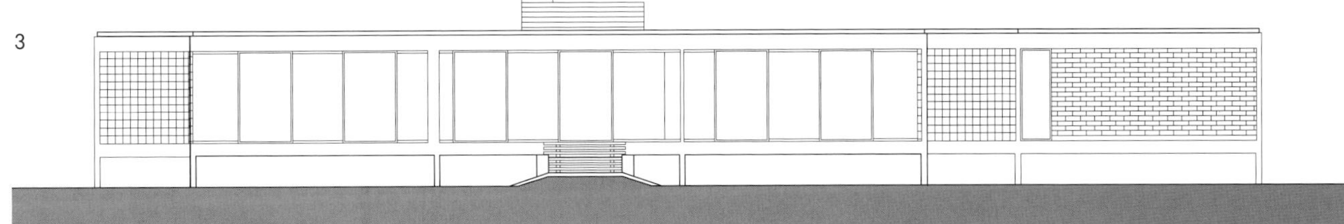

2 Front Elevation

3 Back Elevation

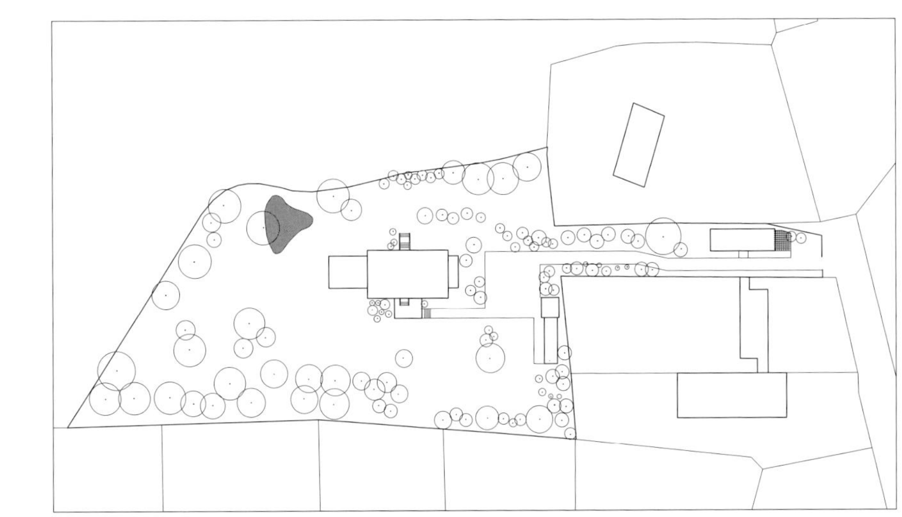

4 Site Plan

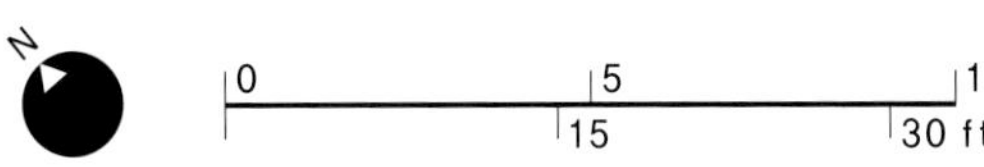

Fathy House

Hassan Fathy, 1899-1989

Sidi Krier, Egypt; 1971

자연에 대한 친근성, 전통에 대한 존중, 인류에 대한 사랑, 영적인 것을 위한 노력. 이것들은 하산 파티가 그의 건축 속에서 소중하게 여긴 특성들이다. 파티는 근대주의 건축가도 아니었으며 기술, 효율성, 또는 진보에 대해서 별 관심이 없었다. 그의 가장 유명한 프로젝트는 룩소 근처의 뉴 고르나 마을the village of new Gourna이다. 이 마을은 1940년대 말, 마을 근처에 있는 고분이 도굴되는 것을 막기 위해 이주시킨 대부분의 빈곤층을 수용하기위해 세워졌다. 서구의 근대주의 건축가라면 철근콘크리트로 지어진 고층의, 표준화된 주거를 기본으로 하는 효율적인 집합주택을 계획했을 지도 모른다. 그러나 파티는 모든 가족을 위해 전통적인 양식의 특별한 주택을 만들었으며 거주자들이 이해할 수 있는 단순한 진흙 벽돌 건축 방식을 개발하였다.

그러나 파티의 건축은 단지 이집트 토속건축의 연장을 의미하는 것은 아니다. 그는 서양과 동양의 문학과 철학을 두루 공부한 지식인이었으며 다른 많은 전통으로부터도 영향을 받았다. 그에게 중세 카이로는 지속적으로 영감을 제공하였다. 그는 전체 이슬람 건축역사에 대한 해박한 지식을 가지고 있었을 뿐만 아니라 파라오의 무덤과 신전에 관해 연구하기도 했다. 단순한 주택건축에 조화로운 균형의 위엄을 부여

하기 위해 수학과 음악그는 바이올린을 연주했다의 지식을 활용하였다. 특히 그는 일상적인 재료와 단순한 도구 사용에 적절한 새로운 건축 방법을 고안해 내는 등 확실히 창의적이었다. 그러나 그의 공간적 언어는 전통적 형태와 유형에 근거하고 있었다.

이와 같은 전통적인 형태와 유형은 자신이 직접 설계한 지중해 연안에 있는 시디 크리에르의 주택에 나타나고 있다. 진흙 벽돌을 이용한 거칠고 검소한 구조의 주택은 낡은 건물처럼 보이게 하지만 모방한 흔적을 보여주지는 않는다. 어쨌든 가벼움에 대한 탈피와 전통적인 형태를 재해석하고자 하는 근대적 노력을 잘 보여주고 있다.

그럼에도 불구하고 독립적으로, 고립되어 위치한 파티 주택은 간결하고 가족생활의 프라이버시에 높은 가치를 부여한 사회에서 사람들이 기대하는 것과 같이 내부 지향적이다. 주 출입구는 서쪽 벽의 중간지점에서 바다를 향해 위치하고 있으며 현관홀의 왼쪽에는 높은 벽으로 둘러싸인 사각형의 정원이 있으며 그 내부의 중앙에는 분수가 있다. 그리고 정원의 한쪽으로는 로지아가 배치되어 있다. 정원 너머에는 주택의 콰라고 불리는 다목적용 공간이 배치되었으며 '콰'의 양 측면에는 침실로 사용되는 두 개의 이완이라는 공간이 있다.

현관홀의 오른쪽으로는 부엌, 욕실, 옥상 테라스로 통하는 계단이 있는 마당과 같은 서비스 공간들이 있다. 파티 주택의 평면은 매우 간단하지만 대단히 미묘한 공간적인 연결성을 만들어 낸다. 비록 대부분 공간의 형태가 단일하고 동시에 대칭을 이루고 있지만 공간들은 추상적이고 도식적인 특징을 배제하면서 비대칭적으로 무리지어 있다. 단지 정원과 콰만이 다목적용 공간 공간의 중요성을 강조하기 위해 동일한 축을 공유하고 있다.

파티 주택은 전체적으로 궁형의 구조를 하고 있다. 기둥도 보도 없고 단지 두꺼운 벽체가 돔과 궁륭을 지지하고 있고 대부분의 창문과 출입문은 둥글거나 뾰족한 아치의 형태를 이루고 있다.

현관홀과 같은 협소한 공간도 타원형의 궁륭으로 덮여 있고 콰나 욕실(놀랍게도)과 같은 중요한 공간도 다른 유형의 아름다운 돔으로 만들어져 있다. 공간 콰는 아름답게 균형 잡힌 삼각궁륭으로 되어 있고 욕실은 모서리의 스퀸치 위에 반구가 덮여 있다. 파티 주택은 1971년에 건축되었으나 이처럼 시간을 초월하는 건축물은 건축연도와 무관한 것처럼 보인다.

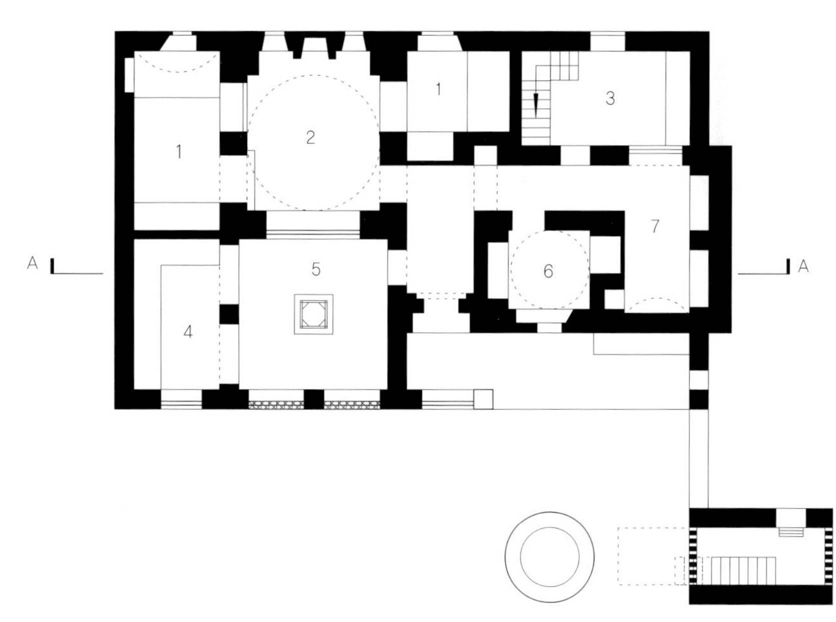

1 Ground Floor Plan

1 Iwan
2 Qa'a
3 Yard
4 Loggia
5 Courtyard
6 Bathroom
7 Kitchen

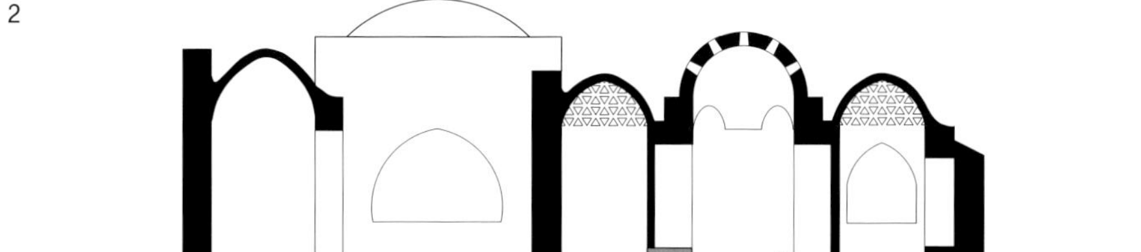

2 Section A–A

3 West Elevation

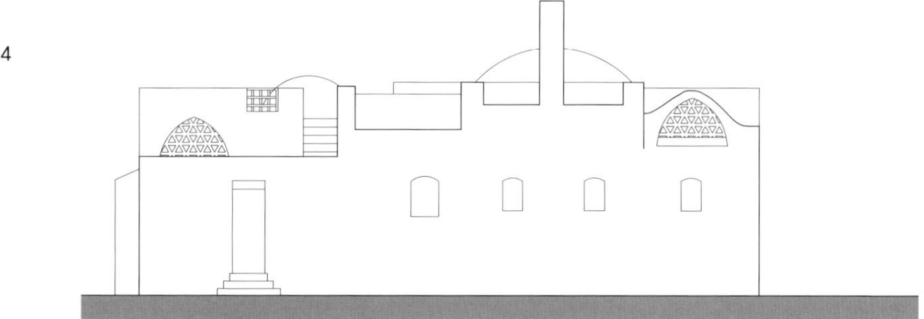

4 East Elevation

Cardoso House

Alvaro Siza, 1933-

Modelo do Minho, Oporto, Portugal; 1971

건축물의 한 유형으로서 시골의 주말주택은 다음과 같은 특별한 디자인적인 문제를 낳는다. 처음에 그 장소를 선택하도록 만든 그림 같은 시골의 특성을 파괴하지 않고 여가를 보내고자 하는 고객의 요구—수영장, 일광욕을 위한 테라스, 침실에 부속된 욕실—를 어떻게 수용할 것인가? 손상되지 않은 아름다움을 간직한 장소에 사치스러운 빌라를 짓는 것은 쉽지 않다. 이 문제를 해결하기 위한 방법의 하나로, 농업보다 관광이 우세해진 지역에서는 더 이상 사용하지 않는 기존의 농장건물을 개조하는 것이다. 한 때는 썩도록 버려두던 헛간, 외양간, 오두막, 마구간이 지금은 아름답게 여겨지고 보존할 가치가 있게 되었다. 이러한 시골 건물들은 주변과 잘 어울리며 도시사람들을 편안하게 만든다.

1964년 포르투칼에서 이것은 새로운 아이디어였다. 사람들은 건축가들이 낡은 오두막을 서투르게 고치려고 하기보다는 새로운 건물을 디자인할 것을 기대하였다. 그러나 지형 건축가인 알바로 시자는 특정 장소가 갖는 특별한 성격에 관심을 가졌다. Oporto 근처의 Modelo do Minho 마을의 오래된 포도밭에 휴가용 주택 설계를 의뢰받았을 때 그는 현존하는 두 개의 창고건물이 그 대지의 성격을 나타내는 데 필수적이므로 창고건물을 그대로 두기로 결정하였다. 두개의 창고건물은 견고하고 높이가 낮은 구조체로서 각각 단층과 이층으로 되어있으며 그 대지의 북쪽 끝 지점에 있는 마당의 양쪽에 위치하고 있다. 잡석으로 된 창고 벽과 전통적인 포르투갈 타일 지붕은 포도밭과 그 주위의 좁은 길을 분리시키는 옹벽으로부터 자연적으로 성장하는 것 같다. 그러나 간단함이 오히려 더 많은 것을 요구한다. 단층 건물이 더 많은 개조가 필요했다. 이층 건물을 두개의 침실을 갖는 주택으로 개조하기는 쉽지만 단층의 오두막에 다섯 개의 침실, 거실, 부엌을 계획하기에는 공간이 협소했다.

시자의 디자인은 급진적이지만 신중하다. 오두막에는 거실과 부엌을 배치하고 침실들은 삼각형으로 된 새로운 단층 부속건물에 배치하였다. 평면도에 따르면 확장된 건물은 현존하는 건물의 두 배 정도 이지만 그 부피감을 축소시키기 위해 반 정도를 묻었다. 돌 옹벽은 아연 도금된 편평한 지붕이 얹혀진 띠 창문을 지지하도록 하였다.

새로 추가한 부속건물과 본래의 오두막의 관계는 자연스러운 변화라기보다는 충돌 관계를 갖는다. 침실의 날카로운 모서리는 바닥높이의 변화로 인해 필요한 계단과 함께 거실 공간 내부로 파고들고 있다. 그리고 확장된 건물의 다른 끝 쪽은 이것과 형태적으로 유사하게 일치하고 있다. 주 침실과 이에 부속된 큰 욕실은 삼각형의 동쪽 모서리를 차지하고 그 옆에는 큰 지붕의 돌출부분이 가라앉은 발코니 같은 작은 테라스를 덮고 있다. 새롭게 추가된 건물 구조는 본래의 건물 구조와 다르다. 침실과 침실 사이의 벽들은 내력벽이지만 지붕은 모서리의 나무기둥이 지지하고 있다. 처마의 정교한 디테일은 지붕 가장자리를 가능한 한 가장 얇은 측면이 되도록 한다. 창문은 현대와 전통이 미묘하게 혼합되어 있다. 지속적인 띠 창문이지만 본래의 건물에서 따온 전통적인 나무틀로 된 것이 혼합된 특성을 보여주고 있다. 그리고 지붕이 근처의 포도 지지대와 같은 높이라는 사실이 온실과 같은 효과를 증가시킨다.

대지의 남쪽에 위치한 수영장은 비정형적인 형태를 하고 있으며 현재의 건물처럼 거친 돌로 만들어졌다. 이곳은 동물들이 몸을 담글 수 있도록 개조된 웅덩이로 여겨질지도 모른다.

1

1 First Floor Plan

1 Bedroom
2 Bathroom

2

2 Ground Floor Plan

1 Entrance
2 Living room
3 Kitchen
4 Bathroom
5 Bedroom
6 Terrace
7 Pool
8 Portico

3

3 Section A–A

4

4 Southeast Elevation

N
0   5   10 m
15   30 ft

Fisher House

Louis Kahn, 1901-74

Philadelphia, Pennsylvania, USA; 1973

루이스 칸은 '나는 항상 사각형부터 시작한다' 라고 이야기하였다. 1955년, 트렌톤 목욕탕에서 1980년대 다카의 행정 컴플렉스에 이르기까지 잘 알려진 건물들을 간단히 살펴만 보아도 이런 주장을 확인할 수 있다. 어떤 경우에는 건물 전체가 사각형뉴햄프셔의 엑세터 고등학교 도서관이고, 어떤 경우에는 군집된 사각형 형태 필라델피아의 리차드 메디컬 연구소의 타워이다.

피셔 하우스는 이러한 아이디어를 간단하게 표현한 것이다. 두 개의 상자, 하나는 침실이며, 하나는 거실이다. 마치 테이블에 던져진 주사위 두 개가 우연히 모서리를 접하고 있는 것처럼 보인다. 실제로 그것들은 완벽한 사각형은 아니다. 그리고 거실도 평면상으로 정확한 사각형은 아니다. 그러나 마치 사각형인 것처럼 보인다.

거실을 떨어진 블록이 걸치게 하는 수법은 칸의 또 다른 모습이다. 칸은 모여진 건물들이 필요한 공간을 만들기 위해 복잡하게 나누는 것을 싫어하였다. 그는 이상적으로 모든 공간, 즉 방들이 그 자체의 형태를 갖기를 원하였다. 이것은 대형 건물에서 그리 실용적이지 않으며 경제적이지도 않다. 그러나 개인 주택에서 이러한 이상을 시행할 수 있었다. 피셔 하우스의 거실은 실제 부엌과 공간을 나누었음에도 불구하고 하나의 형태를 만들고 있다. 이것은 부엌이 그 자체의

형태, 상자 속의 상자를 갖고 있기 때문이다. 거실이 부엌을 감싸고 있다. 두 개 층의 침실 건물에서는 모든 방들이 형태적 자율성을 갖기가 더 힘들어 보인다. 이 상자는 나뉘어져 있어야 했다. 그럼에도 불구하고 각각의 공간은 완벽한 일체성을 보인다. 예를 들면, 위층의 동쪽으로 향한 두 개의 방은 각각이 전체 블록 사각형의 1/4을 차지하는, 아니면 전체 건물의 1/8을 차지하는 거의 완벽한 사각형이다.

칸은 로마를 여행할 때 감동을 느꼈던 고대의 유적지에 잔재된 돌을 좋아했다. 펜실바니아에서는 나무로 집을 짓는 것은 경제적이었다. 그리고 피셔 하우스에서 칸은 전통적인 플랫폼 프레임 기술을 적용하기를 좋아하였다. 그러나 이 대지는 강으로 경사져 있었으며 지하층의 창고공간을 필요로 하였다. 따라서 칸은 목재 프레임을 받치는 기초로 다듬어지지 않은 돌을 사용하였으며 그것을 반원형 모양의 벽난로와 굴뚝의 형태로 거실까지 수직으로 사용하였다.

칸에게 있어서, 공간과 빛은 하나이며 같은 것이다. 그리고 방위는 예술 표현의 방법이었다. 거실에서는 빌트인 책상이 있는 모서리의 창을 통해 강 너머 북쪽을 바라볼 수 있게 되어 있다. 북서쪽과 남서쪽 벽의 작은 창은 눈부심을 막고, 오후와 석양의 태양광을 간간히 받아들이는 역할을 한다. p.138-139

에서도 이야기했던 에셔릭 하우스에서처럼, 독립된 목재 셔터가 환기를 제공한다. 셔터는 열 때 밖으로 튀어 나가지 않도록 깊게 설치되어 있다. 반원형 굴뚝 뒤에 있는 식당은 원래 작은 창을 가진 외진 공간으로 어둡게 되어 있었으나 클라이언트가 조망을 위해 완공 몇 달 후에 큰 창으로 바꾸었다.

칸이 보다 중요한 프로젝트에 매달리며 이 집 디자인을 미루면서 피셔 부부는 이 집을 위해 거의 7년을 기다렸다. 그러나 피셔 부부는 정기적으로 청소하고 목재를 재처리해 가면서 한결같이 꿈을 이룰 수 있기를 기다렸다.

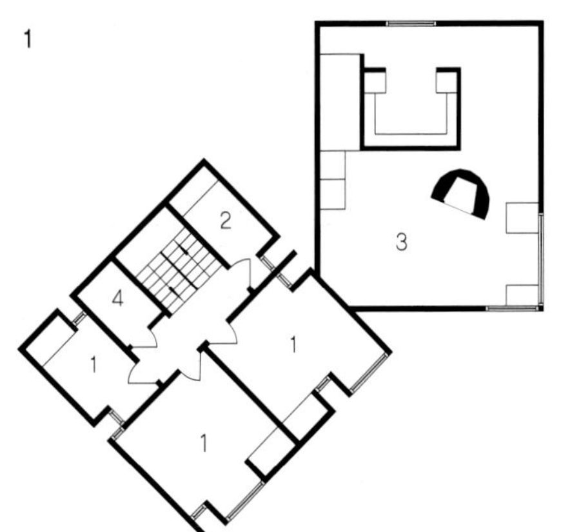

1

1 First Floor Plan

1 Bedroom
2 Bathroom
3 Void
4 Storage

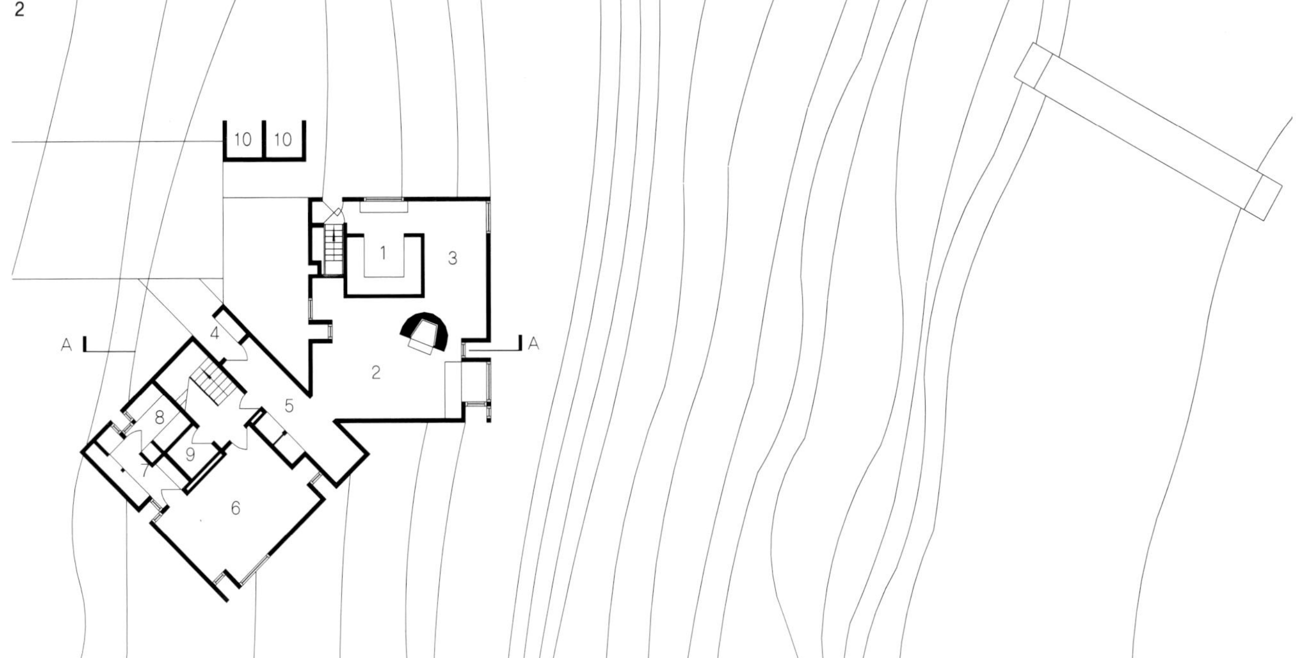

2

2 Ground Floor Plan

1 Kitchen
2 Living room
3 Dining room
4 Entrance
5 Hall
6 Bedroom
7 Dressing room
8 Bathroom
9 WC
10 Storage

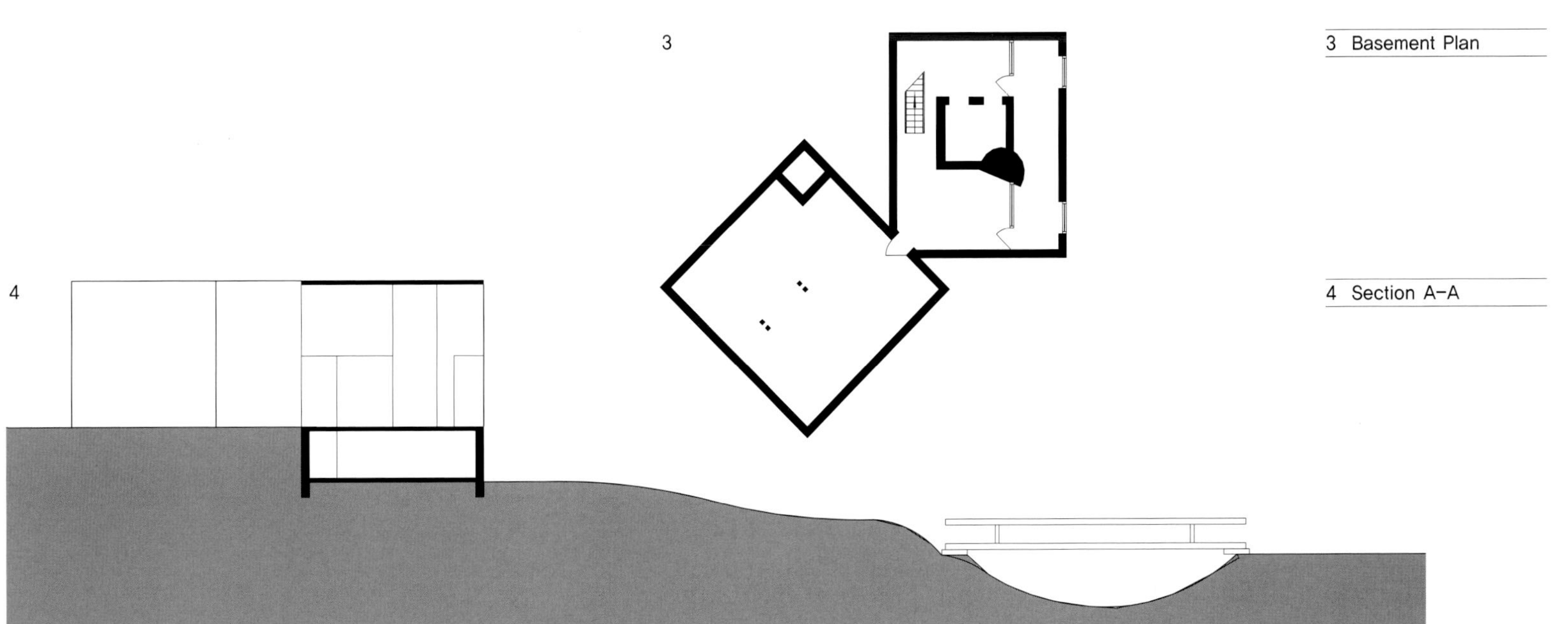

3

3 Basement Plan

4 Section A–A

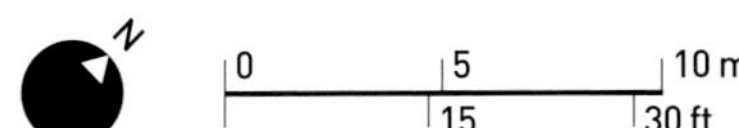

House VI

Peter Eisenman, 1932-
Cornwall, Connecticut, USA; 1973

하우스 VI가 사람이 들어가 살도록 디자인한 건물인 지에 대해서 의문을 갖는 사람들이 있다. 이 주택은 피터 아이젠만의 초기 작품의 절정을 보여 주는 대표작이다. 이 시기에 피터 아이젠만은 순수한 개념적 건축을 추구하였다. 아이젠만의 초기 주택들은 '형태적 유니버스'를 띤다. 형태적 유니버스는 그 자체로는 의미가 없고 기능과 문맥처럼 일상적인 개념과도 상관이 없지만, 어떤 측면에서 본질적인 건축이기도 하다. 아이젠만에 따르면, 하우스 VI는 프로세스의 끝에 나오는 대상물이 아니다. 오히려 그것은 프로세스의 기록이다. 그 프로세스는 형태적 유니버스의 조합을 변형하며, 규정되지 않은 규칙이 지배하는 움직임의 연속이 복합화되는 일종의 게임이다. 정사각형의 평면, 큐빅형 보이드와 선형의 요소벽, 방, 기둥이라는 용어를 사용하지 않는 건축가가 한 단계, 한 단계씩 프로세스를 충분히 진행시키고 결정할 때까지 이동하고, 나누고, 복제하며, 가감하고, 굴절하고 연장한다. 그리고 최종의 구성을 주택으로 도출한다.

그리고 누군가 들어가 살게 된다. 이 주택의 경우는 뉴요커인 예술사학자와 사진작가인 수잔과 딕 프랭크의 주말 주택으로 계획되었다. 수잔 프랭크는 책, "피터 아이젠만의 주택 VI: 클라이언트의 대응, 1994년 간행"에서 매력적이며 때로는 유쾌한 디테일을 이야기한다.

처음 스케치 도면에서 보는 것처럼, 프랭크는 기본적으로 아이젠만의 예술적 목적에 동감하고 있었다. 그들은 주택의 초점인 두 계단이 만나는 부분을 기꺼이 받아들였을 뿐만 아니라 즐거워하였다. 그 하나가 정상적인 방법으로 2층으로 유도하는 녹색의 일상적인 계단이다. 나머지 하나는 그것과 직교하며 칠해져 2층에서 옥상으로 통하는 빨간색 계단이다. 그러나 이것은 위아래가 바뀌어 있어 실용성이 없다.

그러나 프랭크는 아이젠만이 지상 층의 거실을 2개층을 뚫어 설치하고 작은 방만 한 개 설치한 것에 대해 만족하지 않는다. 공간의 낭비처럼 보였다. 2개층을 뚫은 거실은 사라져야 했다. 아이젠만은 내키지 않았지만 동의하였다. 그러나 이를 보상하기 위해 계단과 가까운 바닥의 단면을 잘라냄으로서 두 개 층 사이의 시각적 연결을 만들었다. 피터 아이젠만은 거실 위에 놓일 새로운 침실의 가운데에 구멍을 뚫을 것을 주장하였다. 뜻밖에도, 프랭크는 동의했고, 디자인의 개념적 순수성을 지키기 위해 더블베드를 두 개의 싱글 베드로 바꾸었다. 프랭크는 6명이 앉을 수 있는 식당 공간을 요구했지만 식당 안에 놓이는 기둥을 손님 좌석으로 사용하는 것을 받아들일 수밖에 없었다.

이 주택에서 일상적인 실용성은 어느 정도 무시되었다. 기본 구조는 합판으로 된 미국의 표준 목재 프레임이다. 그러나 아이젠만의 디테일은 과도하게 낙관적이었다. 그리고 도급업자는 결합부위의 복잡함에 대해 예측하지 못하고 있었다. 그 결과, 마감에 금이 갔으며, 천장에는 비가 새고 나무는 썩어들어 갔다. 프랭크가 실내를 건조시키기 위해 임시방편으로 눈에 거슬리게 수선을 하자 문화적 반달리즘으로 고소를 당하기도 했다. 그러나, 모든 재판에도 불구하고 어려움을 이겨냈으며, 이 집의 주인으로 남아 이 집만의 독특함을 계속 즐길 수 있었다. 창문과 천창, 그리고 투명한 '칼월Kalwall' 패널의 조합이 만드는 부드러운 햇빛, 역동적인 내부의 모습, 그리고 최상의 우아한 외관이 이 주택만의 독특함이다.

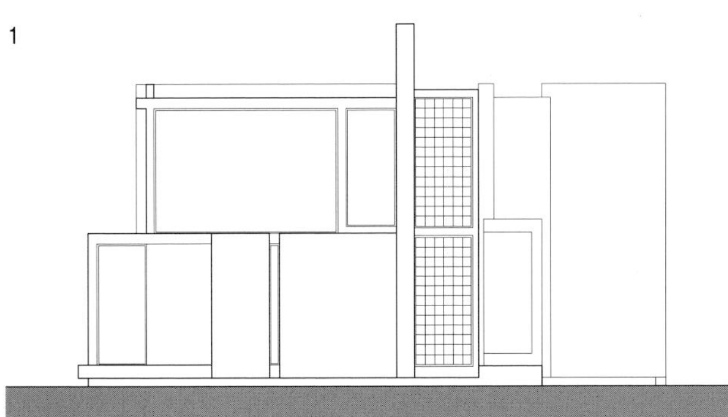

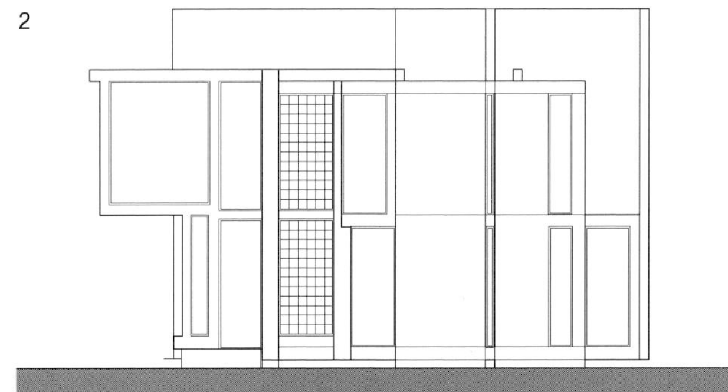

1 South Elevation

2 West Elevation

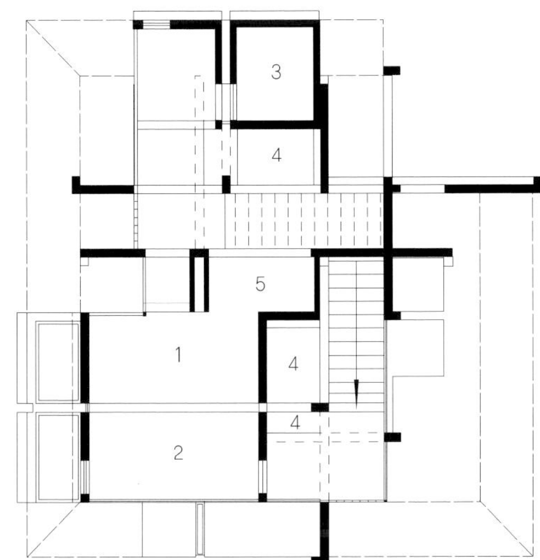

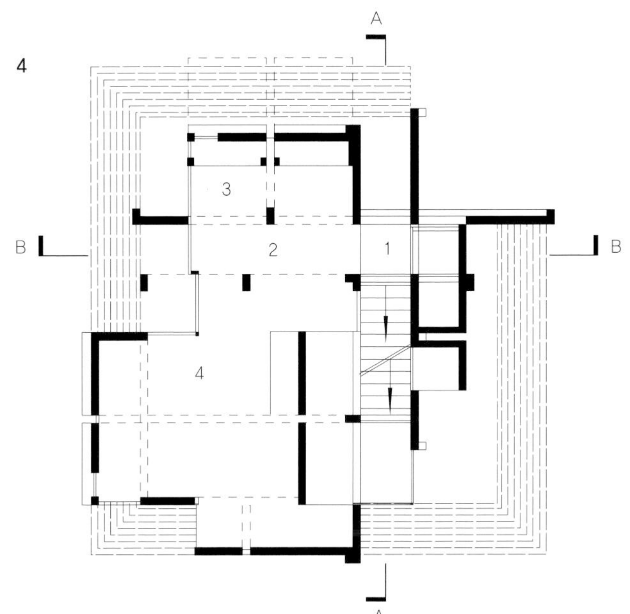

3 First Floor Plan

1 Bedroom
2 Slot in floor
3 Bathroom
4 Void
5 Wardrobe

4 Ground Floor Plan

1 Entrance
2 Dining space
3 Kitchen
4 Living room

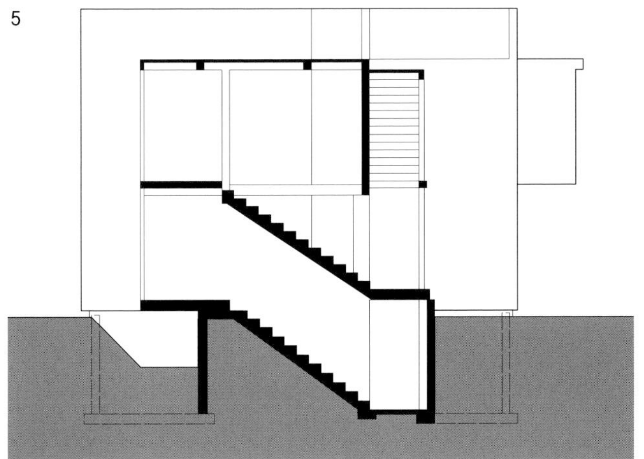

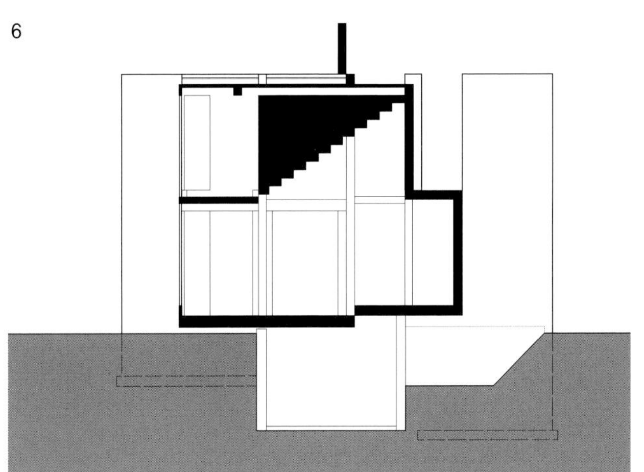

5 Section A–A

6 Section B–B

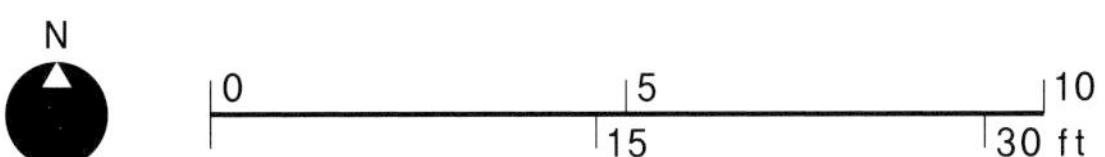

Douglas House

Richard Meier, 1938-

Harbor Springs, Michigan, USA; 1973

흰색은 리차드 마이어가 가장 좋아하는 색상이다. 그러나 흰색은 그의 취향 이상의 의미를 갖는다. 그것은 마이어의 건축에 대한 기본적인 접근을 설명한다. 마이어는 그가 설계한 건물이 주변 환경과 조화를 이루기 보다는 대비가 되기를 원한다. 시각적인 집중을 통해 르 꼬르뷔지에가 주창한 형태에 대한 빛의 연출을 완벽하고 올바르며 훌륭하게 보여준다. 서로 다른 건축 재료의 물성을 중시하는 재료성을 특별히 중요한 것으로 여기지 않는다.

흰색으로 페인트되어 있다면 재료가 나무이거나, 금속이거나 콘크리트인 것은 중요하지 않다.

마이어의 건물들은 18세기 영국의 고전적인 성당 건물처럼 건물 자체가 드러나는 웅장함을 갖는다. 이러한 성당들은 자연 풍경을 거스르지 않고 색깔, 형태, 질감을 선명하게 하는 방식으로 자연 환경을 부각시킨다. 마이어의 건축물들이 바로 이와 같다.

더글라스 주택이 바로 이러한 사례이다. 미시간 호의 서쪽면 급경사지 수림에 우뚝 서 있는 건물은 호수변에 의미있는 새로운 스케일을 보여준다. 그것은 자연풍경에 어떠한 의미를 부여한다. 첫눈에, 이 주택은 복잡해 보인다. 호수에 대한 수직의 입면은 마치 몬드리안의 그림과 같다. 그러나 검정색 대신 흰색을 사용하고 원색을 사용하지 않은 것이 몬드리안과 다

른 점이다. 의도적으로 중심을 벗어나 있는 두 개의 금속 연통은 교회의 작은 첨탑이나 관공서의 시계탑처럼 구성의 초점을 만든다. 주택의 남쪽 끝과 지붕에는 오픈 테라스가 있다. 그리고 개방되지 않은 대부분의 장소는 유리로 막혀 있다. 그 외의 모든 것을 자세히 보면, 슬라이딩 나무에 페인트 칠을 했거나 조인트가 삽입된 연속된 고정 수직의 면을 흰색의 재료로 매끈하게 만들었다.

주택의 기본적인 다이아그램은 매우 단순하다. 단단한 기초의 지하층 위에 세워진 3층의 상자형태의 경사진 면 쪽으로 사적인 침실 존과 호수쪽으로 공적인 거실존을 두었다. 존을 나누는 벽은 바닥에서 천정까지 이어진다. 벽은 천장을 갖고 있으며, 수평창을 갖고 있다. 여기에서 수평창은 거실과 침실의 조망을 고려한 것이다. 공적영역은 2층이나 3층의 천정고를 갖는다. 외벽은 폐쇄공간의 치실과 개방공간의 테라스의 관계를 조정한다. 종종 이러한 뚫림과 변환은 르 꼬르뷔지에의 순수주의 빌라의 형태를 상기시키는 곡면형 벽체에 의해 연출된다. 마이어는 근대주의 대가 건축가들의 재료나 이념을 따르지 않으면서도 그 형태를 모방하고 따르는 1960년대 뉴욕 파이브의 일원이었다는 사실을 기억할 필요가 있다.

이 주택은 주차장에서 경사지를 가로 지르는 브

릿지를 건너 지붕층으로 진입한다. 북동쪽 코너의 일반적인 ㄷ 자형 계단이 전층을 연결하며, 호수쪽으로 돌출하여 외부계단으로 된 또 다른 계단이 다른 쪽 코너의 테라스로 연결해준다. 최저층 바닥에서 호숫가로 연결되는 산책길로 가기 위해 초석에 고정된 수직 사다리를 통해 내려갈 수 있다.

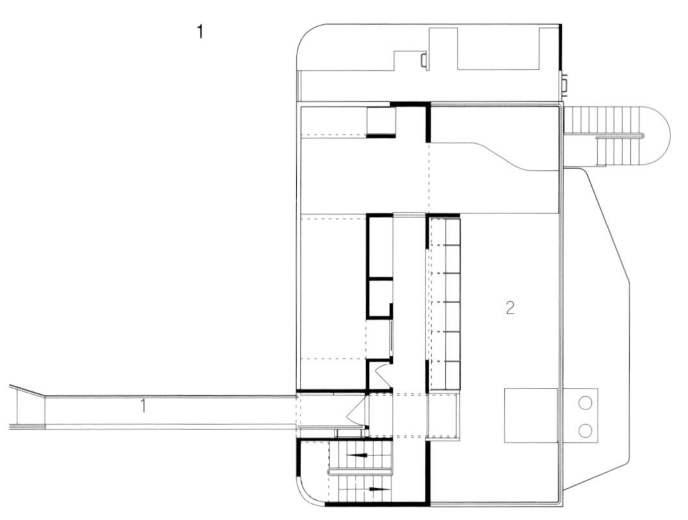

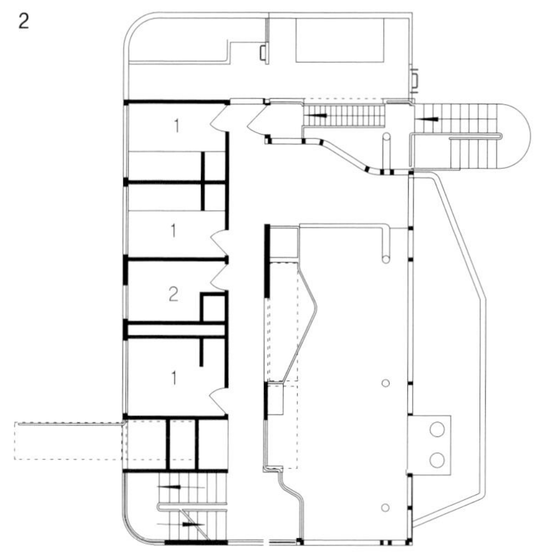

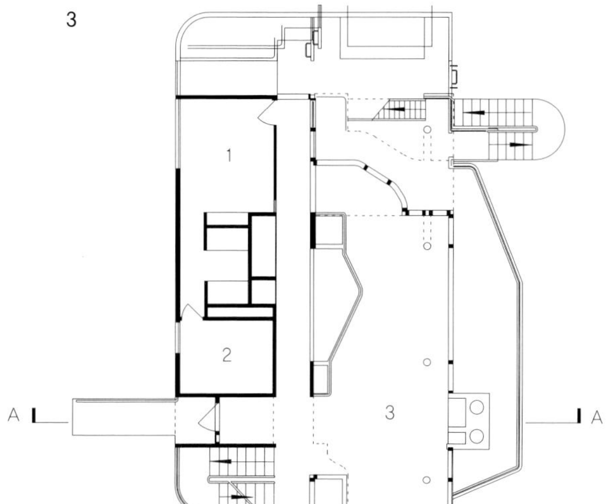

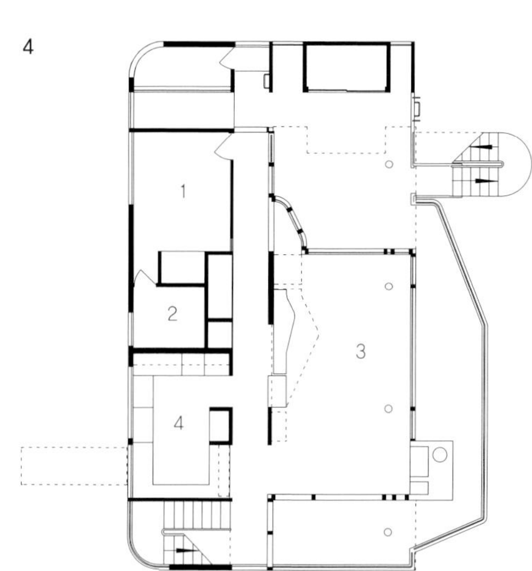

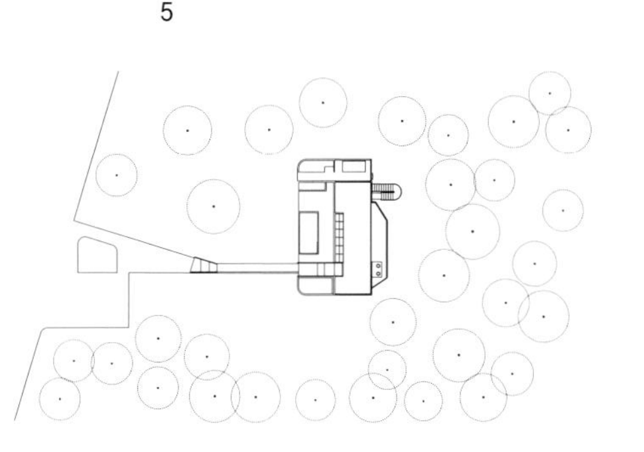

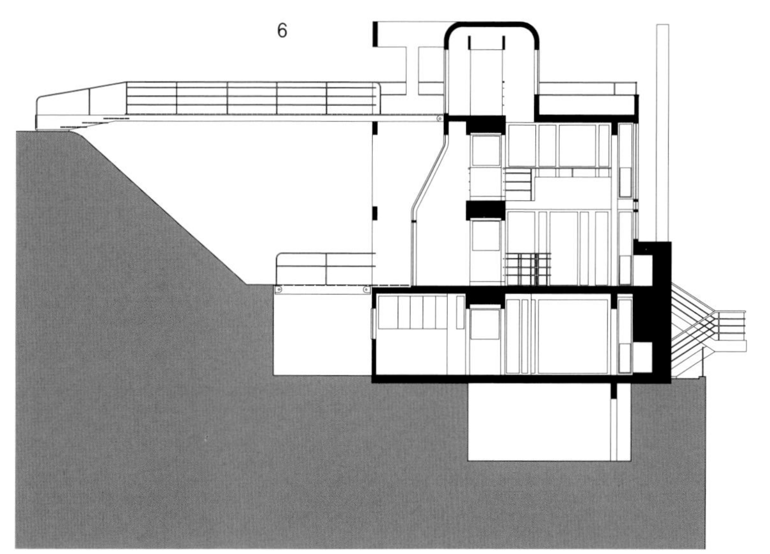

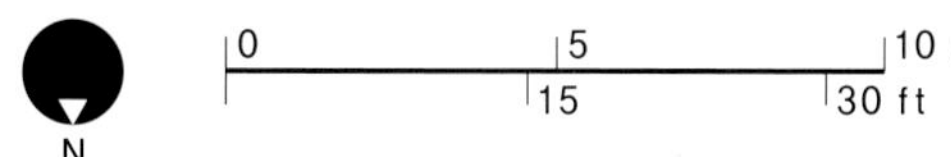

1 Roof Level Plan

1 Bridge
2 Terrace

2 Upper Lever Plan

1 Bedroom
2 Bathroom

3 Middle Level Plan

1 Bedroom
2 Bathroom
3 Living room

4 Lower Level Plan

1 Bedroom
2 Bathroom
3 Dining room
4 Kitchen

5 Site Plan

6 Section A-A

Dickes House

Rob Krier, 1938-

Luxembourg; 1974

"최근 불명예스럽고 열악해지는 건축을 새롭게 활성화하는 것이 나의 목적이다" 라고 롭 크리에는 1985년판 저서, '건축구성'에서 말하고 있다.

건축의 불명예는 건축의 시적인 의미가 사라지고 개발자나 관료들이 건축을 좌지우지하는 현실을 말한다. 유럽의 도시들은 최대한의 이익을 남기기 위한 개발의 장소에 지나지 않는다.

롭 크리에와 그의 동생 레온 크리에는 실제 건축물보다는 극적인 원고나 페이퍼 프로젝트를 통해서 안티-모더니즘을 주장하는 도시계획가이다. 그러나 최근에는 웨일스 왕자와 동업을 하는 레온 사무실에서는 도체스터의 파운드베리 주거개발을 선도하고 있다. 그리고 크리스토퍼 콜과 파트너쉽을 갖고 있는 롭은 독일, 오스트리아, 프랑스와 네델란드의 수 많은 도시를 위한 생동력있는 마스터 플랜을 작성하고 있다.

이러한 계획의 대다수는 공공적 공간의 특성을 되살리는 것을 목적으로 한다. 근대주의자들이 추상적인 기준으로 결정하고 디자인한 기능적으로 구획된 도시공간을 거부한다. 아파트 블록의 연속된 벽과 사이사이에 기념물이 채워져 있는 길과 광장의 모습은 전통적인 반근대적 요소이다.

이러한 변화의 흐름에서, 1970년대 롭 크리에가 디자인한 룩셈부르그의 딕스하우스를 되돌아 보는 것은 의미가 있다. 처음 보면 이 주택은 전통적인 주택처럼 보이지 않는다. 르 꼬르뷔지에 식의 빌라같다. 전체적인 형태는 추상적이며 기하학적이다. 관습적인 구축표현이 없는 순수한 상자모양이다. 벽의 분절은 없으며, 지붕이나 코니스의 표현도 없다. 기둥은 모서리를 받치는 과도한 두께의 기둥이 하나 있지만 장식은 없으며 전통적인 모양의 창문도 없다. 그러나 이 작은 주택은 전통적인 유형적 디자인의 산물이다.

건축 잡지, "건축구성"에서 크리에는 모든 일반적인 기하적 평면-형태를 공간적, 건축적 잠재성으을 고려해 체계적으로 분류하고 있다. 사각형, 원형, 팔각형, T-형, 삼각형, 사각형 등이 바로 그 예다. 각 유형은 부속유형이 있다. 사각형의 부속유형은 L-형이다. 사각형/ L-형으로서 딕스하우스의 평면은 주변환경의 독특한 특징을 반영하기 보다는 가능한 유형 중에서 선택된 것이라고 할 수 있다. 그러나 한가지 측면에서 이 디자인은 특별한 요구조건을 만족시키고 있다. 분명한 것은 딕스 부인이 사생활을 엿보는 스토커에게 시달림을 받아왔기에 창문에 대해 매우 민감하게 생각하고 있음을 보여준 것이다. 그리하여 외부로 향하는 창문은 안쪽으로 감춰진 코너 쪽에 유리 커튼이 설치되었다. 그러나 안쪽으로 들어간 코너 역시 사각형의 변형된 L-형을 만드는 셈이다.

기하학적인 프레임 내에서, 평면은 실제 자유롭고 가변적이다. 주차장과 다용도실을 갖춘 전층의 지하층이 있고, 2개 층의 주용도 층, 그리고 지붕 테라스로 연결되는 최상층에 다목적실이 있다. 계단의 위치와 형태가 독특하다. 보통은 두꺼운 기둥의 대각선 코너에 대칭적으로 있을 것으로 생각하겠지만, 측면 벽에 근접하여 놓여 있다. 외부로 약간의 볼륨감을 만들며 돌출되어 있다. 어느 방도 직설적인 사각형은 아니다. 옆방과 공간적 협상을 하고 있다.

크리에의 주택 도면은 4개의 왜곡된 거실을 보여준다. 크리에의 기하학과 유형학적 강박에도 불구하고 1920년대 독일 표현주의 회화를 연상시키는 크리에의 비전은 시적이다.

1 First Floor Plan
1 Bathroom
2 Bedroom

2 Ground Floor Plan
1 Entrance
2 Living room
3 Kitchen
4 Terrace

3 Basement Plan
1 Garage

4 Roof Plan

5 Second Floor Plan
1 Terrace
2 Study

6 Section A–A

7 South Elevation

8 East Elevation

9 North Elevation

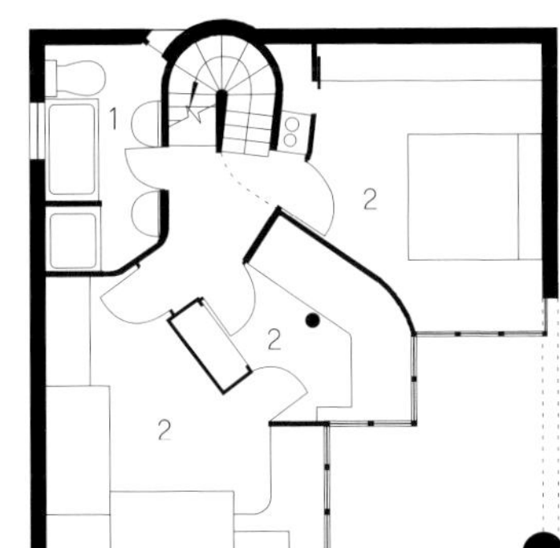

1

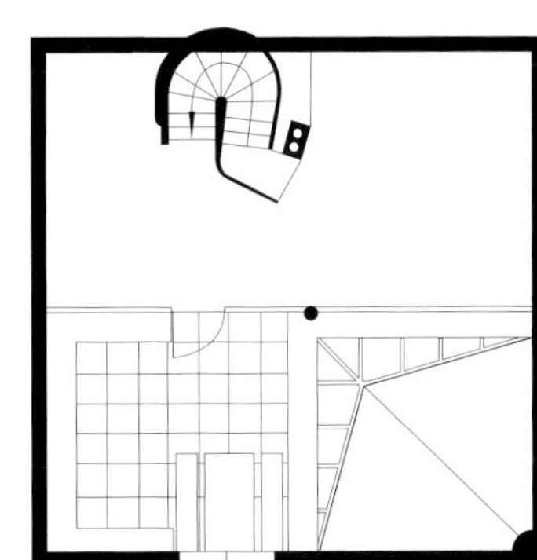

4

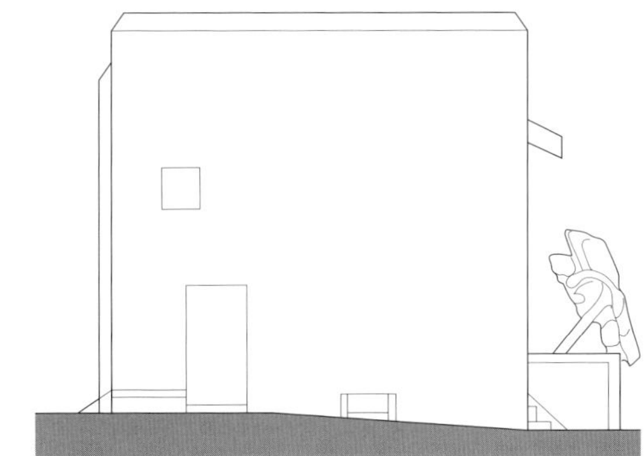

7

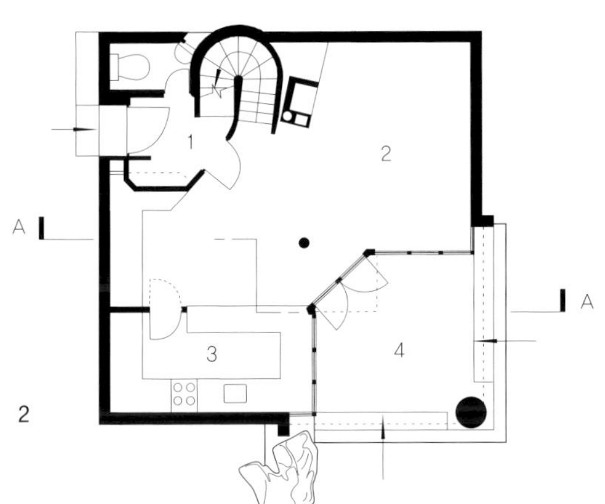

2

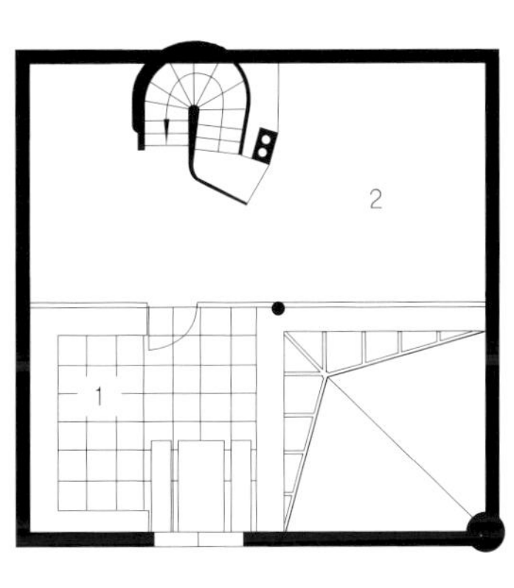

5

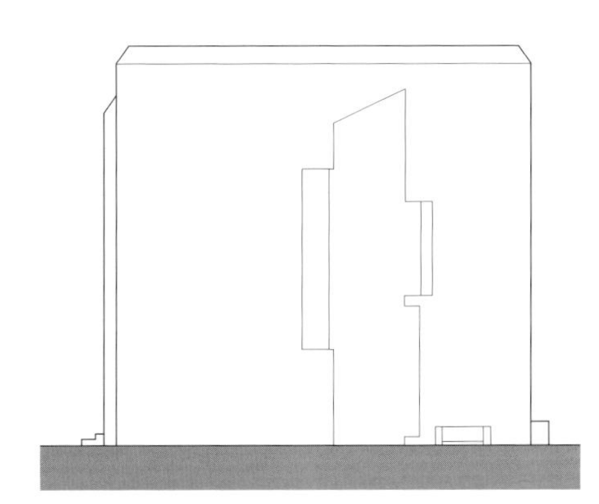

8

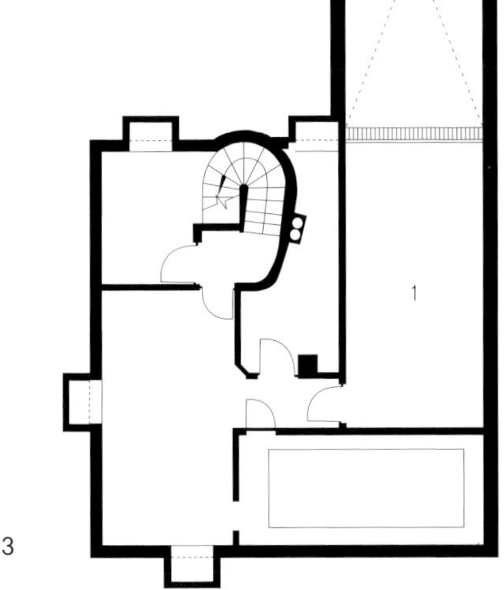

3

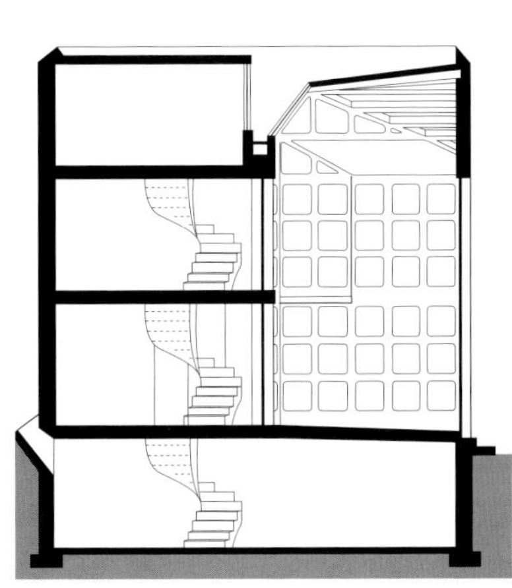

6

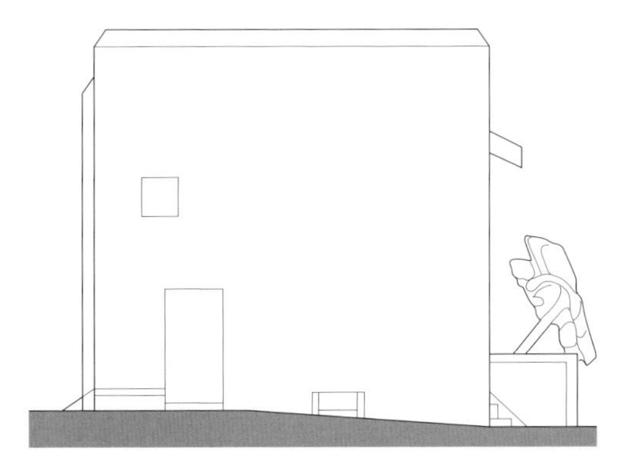

9

Capsule House K

Kisho Kurosawa, 1934-

Kuruizawa, Japan; 1974

키쇼 쿠로가와는 초기 건축가로 활동하던 당시 메타볼리스트의 젊은 일본 건축가 그룹의 일원이었다. 메타볼리스트는 도시를 파리, 베를린, 혹은 르 꼬르뷔지에의 빛나는 도시처럼 기계적인 이상향의 정적인 기념비가 아닌, 도쿄와 같이 살아있는 유기체로 인식했다. 도시란 일정한 변화의 주기 안에 있어야 한다는 생각으로 동물이 세포의 재생을 통해 새로워지는 것처럼 그들의 구성요소 또한 반복적인 재생과 회복을 필요로 한다는 것이다. 도시를 구성하는 세포들은 집과 아파트로서 이 생활 캡슐은 대량으로 생산되어져 좀 더 시간적 영속성을 갖는다. 도시의 기반시설인 도로나 타워에 놓여진다. 캡슐들이 노후하거나 기능이 다하였을 경우에는 교체될 것이다. 런던의 아키그램 그룹은 피터 쿡의 플러그인 시티와 유사한 프로젝트들을 동시에 개발했는데, 쿠로가와는 1973년에 도쿄의 중심에 건설된 나가킨 캡슐 타워에서 그의 이상을 첫 번째로 실현하였다. 캡슐 하우스 K는 쿠로가와 자신을 위한 여름 휴양지로서, 캡슐 컨셉을 단독주택에 적용하였다.

절벽처럼 가파른 경사대지에 대한 진입은 상부에서 이루어진다. 콘크리트 타워는 '인프라스트럭쳐'에 상응하는 경사지에 지어졌고, 상부에는 주차장이 있다. 콘크리트 타워는 2층에 걸친 주생활 공간을 포함하고 있다. 주차장에서 시작되는 가파르고 곧게 뻗은 계단은 벽난로와 복도가 있는 1층으로 연결되며, 분리된 나선 계단은 멀리 언덕이 내다보이는 큰 원형창이 있는 아늑하고 낮은 방으로 계속해서 내려간다.

네 개의 캡슐 캔틸레버는 눈에 보이는 지지대 없이 타워에서 뻗어 나온다. 각각의 캔틸레버는 단지 네 개의 25mm 고장력 금속 볼트로 고정되어 있다. 이 캡슐들은 각기 다른 크기의 선박용 컨테이너 모양을 하고 있다. 사실 이것들은 컨테이너 공장에서 만들어졌다. 구조체는 트러스 스틸 프레임형식으로, 절연성을 지니며 석면에 의한 불연성이 있으며, 녹슨 붉은 코르텐 강판으로 피복되어 있다. 그 중 3개의 캡슐은 세탁기의 문을 닮은 둥글고 볼록한 창문이 있다.

나가킨 타워에서 캡슐들은 본질적으로 침실과 욕실 그리고 사무실이 장착된 호텔 방과 같다. 두 개의 캡슐은 욕실이 딸린 침실이고, 또 하나는 주방, 그리고 마지막은 다다미 매트와 대나무 천장으로 마감된 전통 일본식 다도실이다. 다도실은 침실 캡슐처럼 원형 창문을 가지고 있기는 하지만 내부의 분위기는 '쇼지 스크린shoji screen'으로 개폐가 가능한 전통 다실의 형태인 '엔소우도코' 역자 주 : 円相床 ensoudoko – 방의 가장 안쪽에 있는 공간에 둥근 창문을 뚫은 일본 전통 다도실의 형식으로 障子shoji screen이라고 하는 종이 장막으로 개폐가 가능하다.를 만든다.

마루 바닥으로 된 거실, 거친 돌로 마감된 굴뚝, 거칠게 포장된 옥상 주차장처럼 다도실 또한 캡슐 하우스가 가지고 있는 여러 가지 놀라운 고풍스러움 중 하나다. 캡슐 컨셉을 열광적으로 따랐던 아키그램의 하이테크 추종자들과 메타볼리스트들이 설계한 홍콩 상하이 은행이나 런던에 있는 로이드의 건축물들도 이러한 요소를 적용하지는 않았다. 쿠로가와 처럼 건물에 고풍스러운 다실을 설치한 건물은 하나도 없다. 그러나 쿠로가와는 창의력이 풍부하고 융통성 있는 디자이너이고, 서구와 일본 문화의 차이점에 매료되었으며, 자극적인 방법으로 이러한 것들을 나열할 준비가 되어 있었다. 일부에서는 그를 포스트모더니스트라고 주장하기도 한다.

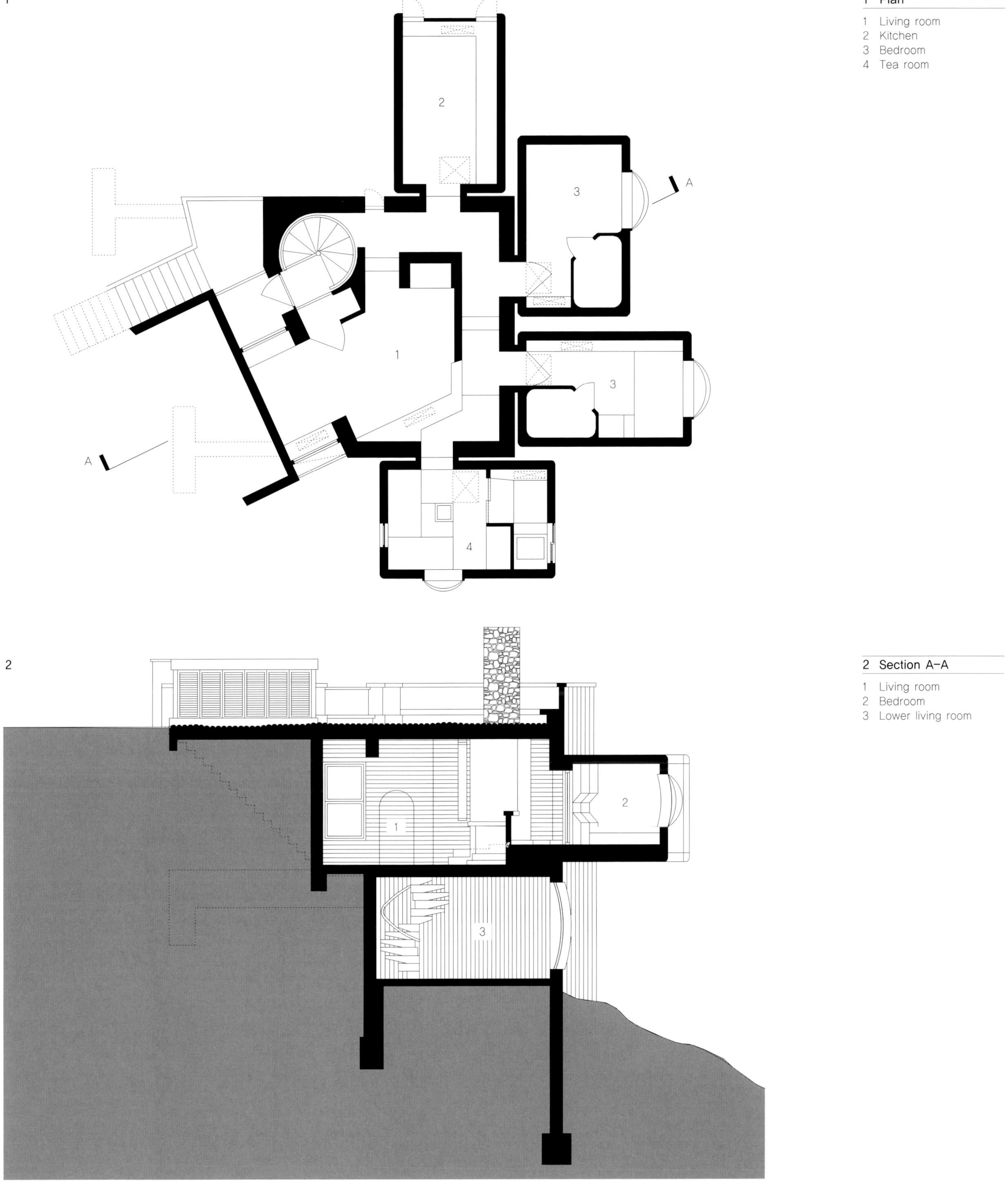

1 Plan

1 Living room
2 Kitchen
3 Bedroom
4 Tea room

2 Section A–A

1 Living room
2 Bedroom
3 Lower living room

Bofill House

Ricardo Bofill

1 First Floor Plan

카탈로니아의 건축가인 리카르도 보필은 진정한 의미의 모더니스트는 아니었다. 1960년대 초기 작품들을 보면 육방체가 모여 있는 새로운 복합적 형태를 추구한다. 예를 들어, 바르셀로나 외곽에 있는 1968년 엘 카스텔 아파트는 1967년 몬트리올 엑스포에 세워진 모쉬 사프디 주거Moshe Safdie Habitat를 연상시키는 8층 높이로 박스가 적체되어 있다. 1971년 앨리칸트Alicante에 건립된 샹두 홀리데이Xanadu Holiday 아파트에서는 박스들이 대칭형 피라미드 혹은 파고다 형태를 만든다. 심지어 경사 기와지붕 그리고 아치형 창호로 지역적 디테일을 보여주기도 한다.

이러한 프로젝트들은 1975년 파리 중심의 재래시장 건물인 '르왈Les Halles' 의 재건축 공모그러나 결국엔 지어지지 않음에서 당선될 때까지 계속 진행되었다. 결국, 보필은 모더니스트와는 완전 상반되어 철저하게 보자르식 건축에 몰두한 것으로 보인다. 그때부터 20년 동안, Saint-Quentin-en-Yvelines, Marne-la-Vallee, Cergy Pontoise와 같은 프랑스 외곽과 신도시에 건설된 거대한 기념비적인 주택 프로젝트에서 과장된 바로크적 스타일을 보이기 시작한다.

1973년 보필이 자신의 가족을 위해 건축한 몬트라스의 홀리데이 주택은 그가 양식적 변화를 한 중요한 시점에 지어졌다. 그것은 기념성과 엘 카스텔의 공간 구성을 결합시켜, 큐빅과 고전성을 모두 보여주는 것이었다.

부지는 코스타 브라바에서 멀지 않은 나무가 우거진 언덕의 황폐한 지방 주택단지에 있다. 사원의 경내처럼 사각형으로 포장된 기단 위에 놓여 있는 이 주택은 개인이나 부부를 위한 주택이 아니다. 그것은 다세대 주택이다. 동쪽 끝에 있는 3층짜리 블록은 조부모를 위한 공간이고, 서쪽 방향으로 한 줄로 정렬되어 확장되는 작은 집을 닮은 각각의 블록은 아이들과 손자들이 머무는 곳이다. 이 사이에 있는 수영장에서는 식당을 올려다 볼 수 있다. 이곳은 가족 모두가 모이는 곳으로 도시의 구성요소로 말하자면 공공광장이라고 할 수 있다.

그러므로 보필 주택에 개인 욕실이 없는 점이나 작은 산장 혹은 오두막이 아닌 견고한 벽돌 상자들이라는 점을 생각하지 않는다면, 호텔 혹은 휴양지라고 할 수 있다. 이러한 상자들은 모두 5개가 있는데, 첫번째 상자는 식당과 지상층에 있는 주방과 연결되어 있고, 상부에는 침실이 있다. 그 다음 두 개의 상자에는 층고가 두 배인 두 개의 침실이 있다. 끝에 있는 두 개의 상자 중, 외부에 계단실이 있는 하나의 상자는 각층마다 침실이 있고, 시선을 차단하기 위해 오른쪽으로 돌려져 있다.

포장된 기단 아래에 있는 3층과 L자형의 구조로 되어 있는 저층부의 조부모 주택은 좀 더 복잡하다. L자 형태의 각도는 외부 계단 피라미드의 4분의 1을 점유하고 있고, 꼭대기 층에 있는 거실과 두 배의 층고를 가진 하부 공간이 있는 경사지붕으로 직접적인 접근이 가능하다. 계단 옆에 있는 또 다른 4분의 1의 피라미드는 마치 극장처럼 경사지 아래로 파여져 있다. 이곳이 이 건물이 기념성을 강조하는 곳이지만, 이러한 조경계획이 포장된 기단의 축 선상에 있지 않다는 점은 독특한 것이다.

몬트라스에 있는 주택에는 보필이 지속적으로 발전시킨 보자르 형식이 확실하게 나타나지는 않지만 벽돌상자를 향한 대칭적인 입구와 같은 디테일은 그것을 넌지시 암시한다. 창문이 없는 벽들과 높고 두께가 얇은 출입구, 이러한 작은 집은 거의 무덤처럼 보인다.

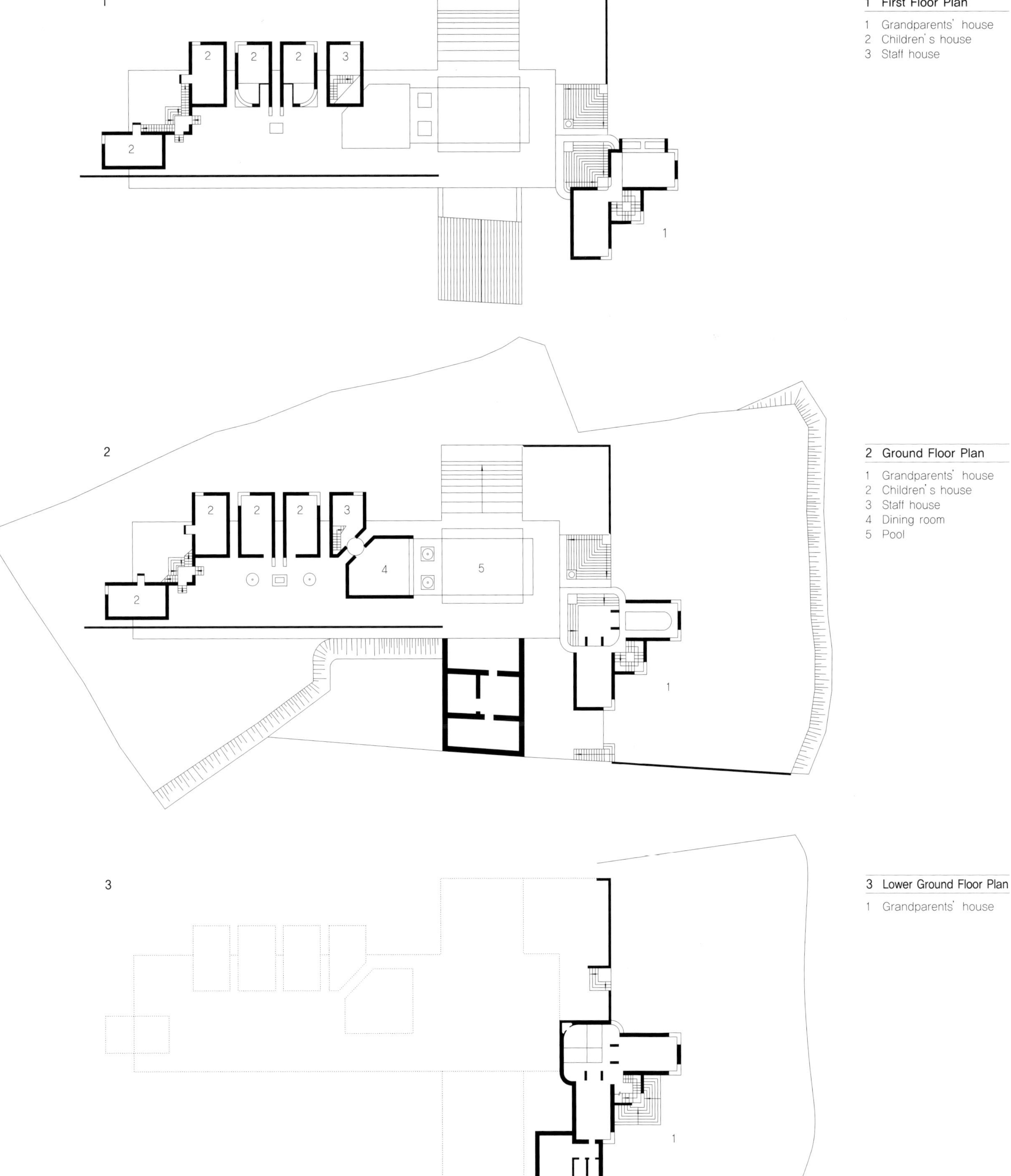

1 First Floor Plan
1 Grandparents' house
2 Children's house
3 Staff house

2 Ground Floor Plan
1 Grandparents' house
2 Children's house
3 Staff house
4 Dining room
5 Pool

3 Lower Ground Floor Plan
1 Grandparents' house

N
0 5 10 m
15 30 ft

Kalmann House

Luigi Snozzi, 1932-

Brione sopra Minusio, Ticino, Switzerland; 1976

루이기 스노찌는 1970년대와 1980년대에 이탈리아 어를 사용하는 스위스 Ticino주에서 텐덴자Tendenza로 불리는 건축가 그룹에서 활동하였다. 마리오 캄피Mario Campi, 아우렐리오 갈페티Aurelio Galfetti, 마리오 보타Mario Botta가 있었다. Tendenza그룹 건축가들은 기본적으로 모더니스트들이었으나, 그들의 모더니즘은 루이기 스노찌와 알도 로시와 같은 이탈리아 이론가의 생각을 받아들였다. 그라씨와 로시는 2차 세계대전 이전의 합리주의 전통의 계승자들이었다. 그들은 기능이 형태를 만드는 주된 요인이고, 또한 전통적인 건축형태 보다 역설적인 모더니즘의 관점을 논의하기 시작하였다. 그리고 전통이 문화적 특성을 가지기 시작한 이래로 이러한 논의는 특정한 장소의 특성을 위한 새로운 관점을 제공한다. 이러한 관점에서 모더니즘은 더 이상 '국제적인 형식' 으로 통용될 수 있어 보이지 않는다.

마지오레 호수에 있는 칼만 주택은 완화된 모더니즘의 새로운 형태를 보여주는 좋은 예이다. 얼핏 보면 추상적인 것 같지만, 인공적인 형태는 알프스의 자연 풍경과는 대조를 이룬다. 자세히 주택을 들여다 보면 대지와 주택은 밀접한 관계를 갖고 있음을 알 수 있다. 그것은 단순히 경사가 급한 경사면에 있는 3층의 상자가 아니다. 경사를 고려한 주택의 규모, 주택

의 방향성과 전망, 자연스러운 흐름, 실현 가능성을 고려한 구조를 모두 생각한 단순한 주택이 아닌 것이다. 경사면은 동쪽에 있지만 호수쪽으로 최고의 전망은 남쪽과 남서쪽에 있다. 집을 동서로 배치하는 것이 이상적이지만 이것을 허용하기에는 경사면이 너무 좁고 가파르다. 이 3층짜리 상자는 이러한 특성을 분명하게 반영하고 있다. 그윽한 눈으로 호수를 보는 사람처럼, 상자는 모호하게 의인화된 형태이다.

진입로는 북동쪽 코너에 있으며 도로 아래에서부터 걸어 램프로 접근할 수 있으나, 기본적인 생각은 시내에 좁은 교량을 통해 더 위에서 도로에 접근하는 것이었다. 물리적으로뿐만 아니라 심리적으로 많은 만족을 준다. 그러나 이러한 것은 인식되지 않았을 것이다. 빛이 통하지 않는 현관홀의 계단은 2층으로 연결된다. 주택의 서쪽은 경사에 매립되어 있다.

1층의 거실과 떨어져서 독립 구조로 서 있는 벽난로는 식당과 거실을 분리한다.

2층에서는 전면창을 통하여 밖을 내다 볼 수 있다. 지면에서 돌출된 계단은 경사에 면한 긴 수평창을 갖는다. 이 층에는 2개의 침실이 있으며, 일인용 욕실이 있다.

집에는 더 중요한 1개의 요소가 있다. 거실은 길고 좁은 테라스에 열려 있다. 테라스를 나와 외곽

을 따라 최고의 전망을 보여주는 호수를 보며 걷다보면 페르골라를 만난다.

이 가공되지 않은 콘크리트 상자의 형태적 미묘함은 뚜렷하다. 테라스의 곡선 벽을 고려한 경사지 이용 방법, 2층 천정고를 갖는 침실 발코니 전망이 가능한 전면창, 테라스의 직선벽이 미묘함을 보여주고 있는 것이다. 이 주택은 특정 부지를 위해 만들어진 박스이다.

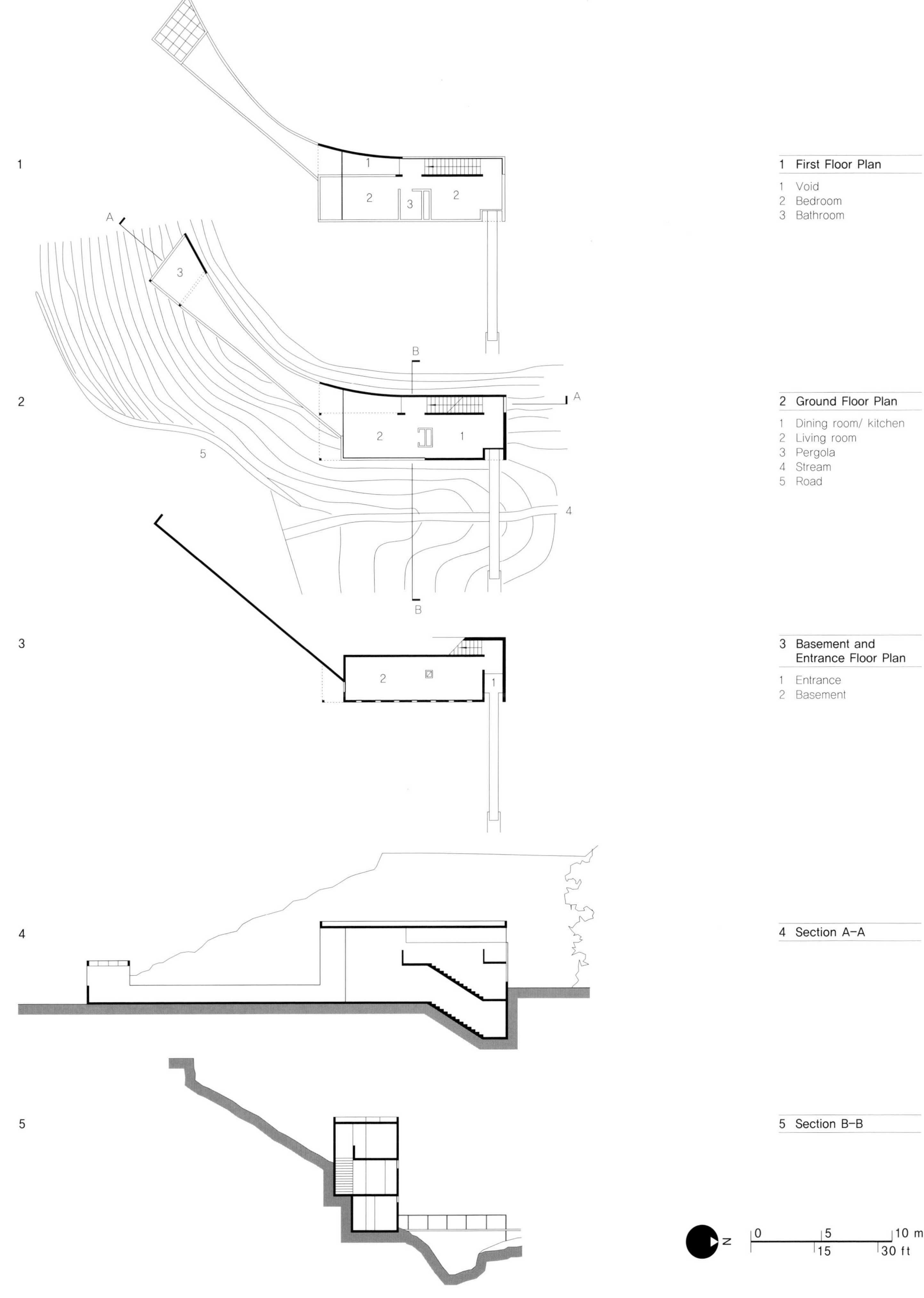

1 First Floor Plan
1 Void
2 Bedroom
3 Bathroom

2 Ground Floor Plan
1 Dining room/ kitchen
2 Living room
3 Pergola
4 Stream
5 Road

3 Basement and
Entrance Floor Plan
1 Entrance
2 Basement

4 Section A–A

5 Section B–B

N
0 5 10 m
15 30 ft

Dominguez House

Alejandro de la Sota Martinez, 1913-96
Ponteverda, Spain; 1976

알레잔드로 드 라 소타 마티네즈Alejandro de la Sota Martinez는 스페인 북서쪽의 갈리시아에서 태어나 산티아고대학University of Santiago de Compostela에서 수학을 전공하였다. 1930년대 스페인 시민전쟁이 발발하자 프랭코를 지지하기도 하였으나 결국 자신의 건축적 천성을 발견하고 마드리드의 에스쿠엘라 수퍼리어Escuela Superior에서 본격적인 건축가의 길로 들어서게 된다. 건축가로서 인생 중 많은 시간을 스페인 우체국의 공공분야 건축 일을 담당했지만 상당히 영향력이 큰 건축가였다. 현재는 스페인 현대건축의 아버지라 칭송받고 있다.

1960년대 초 스페인 밖에서 그가 남긴 대표적인 두개의 건축 작품으로는 테라고나Tarragona의 정부 관청 건물과 마드리드의 짐나지오 마라빌라스Gimnasio Marabillas 건물이 있다. 1990년대 들어 진보적인 유럽 건축가들은 이 작품들을 재해석한다. 특히 그들은 포스트모더니즘과 하이테크방식에서 벗어난 어떤 혁신성과 강인함에 주목했다.

이러한 혁신성과 강인함을 그대로 드러내고 있는 작품이 폰테베르드라의 데 라 소타 홈타운de la Sota's home town 외곽에 있는 도밍귀즈 하우스Dominguez house이다. 건축디자인은 아주 간단하지만 강력한 개념이 있다. 우리의 일상을 두 개로 나누는 대표성, 다시 말해 활동성과 사유성이라는 대단히 단순하면서도 분명한 개념을 포함한다. 즉 건축물의 내부공간에 해당하는 사유성은 외부공간의 활동성과 분명히 대비된다. 이는 어쩌면 지금까지의 다른 건축물과도 공통적인 것이다. 휴식과 활동의 기존개념과도 실제로 별 차이가 없어 보인다. 그러나 거실은 위층에, 침실은 아래층에 분리시켜 배치하는 것과 같은 개념적인 패턴의 전개는 명확하게 차이를 보이는 것이다. 지면에서 약간 올려져 있는 1층에는 신선한 공기가 통한다. 작은 현관 홀에는 주 계단과 엘리베이터가 있다.

사각형의 천정은 9개의 기둥이 지지한다. 이 디자인은 건축적으로 볼 때 하나의 실제적인 집의 기능성을 그대로 드러내는 것이다. 예를 들어 손님을 집에 초대하고 그 공간에서 대부분의 활동을 할 수 있는 구조로 되어 있다. 이 주택에는 빌라 사보아p.80-81처럼 르 꼬르뷔지에의 건축적인 필로티 형식과 커다란 창문들, 그리고 옥상전원 등이 있다. 내부 계획은 매우 고전적이다. 공간의 반을 과감히 떼어 식당 겸 거실로 사용하고 반대편에 있는 나머지 반은 주방과 작은 서재로 사용한다.

지하의 하부층은 생각보다 훨씬 더 혼잡하다. 지하에는 모두 5개의 침실들이 있다. 특히 그 중의 하나는 4명의 아이들을 수용할 수 있는 기숙사형 침실이다. 각각의 침실마다 하나씩의 샤워실을 갖는다. 커다란 기숙사형 침실은 두 개의 샤워실을 갖는다. 차고 뒤에는 직원용 주택이 있다.

약간 경사진 면을 따라 방마다 창문을 둔 것은 이 주택이 갖는 차별점이다. 이 집의 지하공간은 차분한 분위기를 주는 다른 공간에 비해 훨씬 복잡하다. 주 침실에는 와인 저장고가 있으며, 와인 저장고 밑에 놀이방이 있다.

개념적으로 이 주택은 건물이라기보다 조경이다. 평평한 지붕구조는 다양한 높이의 테라스를 만든다. 건축물의 주재료는 벽돌과 콘크리트이다. 이는 외곽을 감싸는 메탈과 글라스의 질감과 중량감과 대비를 이룬다. 이와 같은 대조적 재료를 아우르는 스틸 프레임의 데크는 거실의 테라스 역할을 한다.

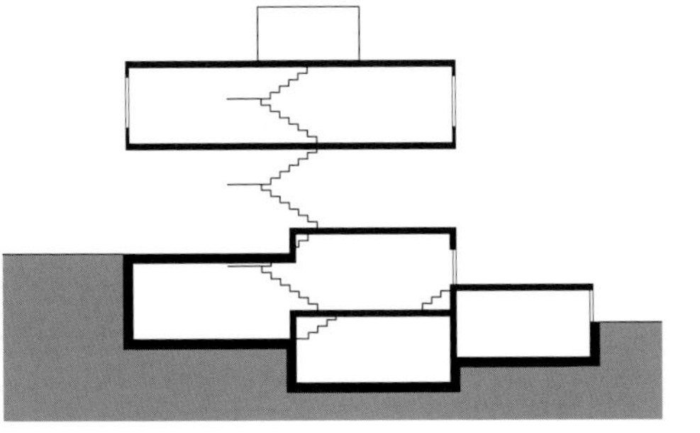

1 Diagrammatic Section A–A

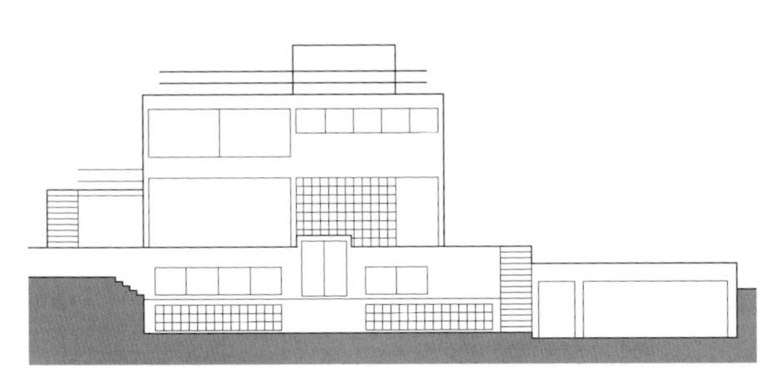

2 East Elevation

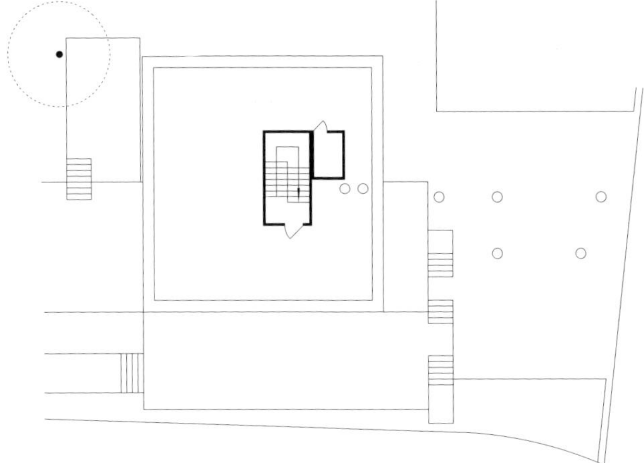

3 Roof Plan

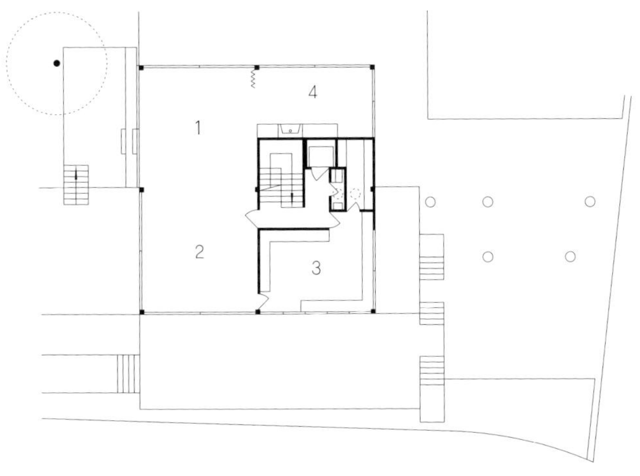

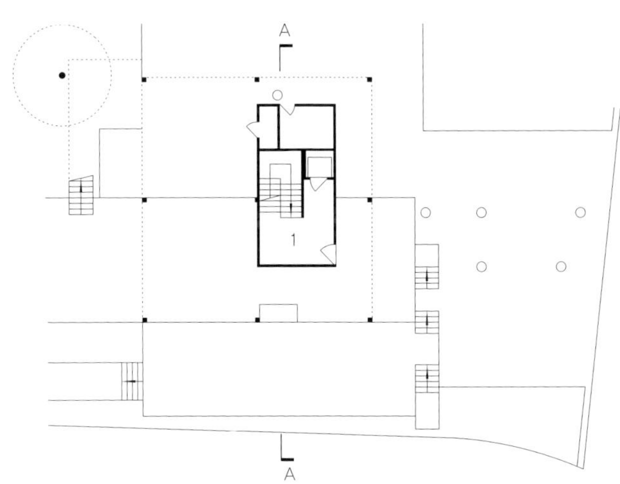

4 First Floor Plan

1 Living room
2 Dining room
3 Kitchen
4 Library

5 Ground Floor Plan

1 Main entrance hall

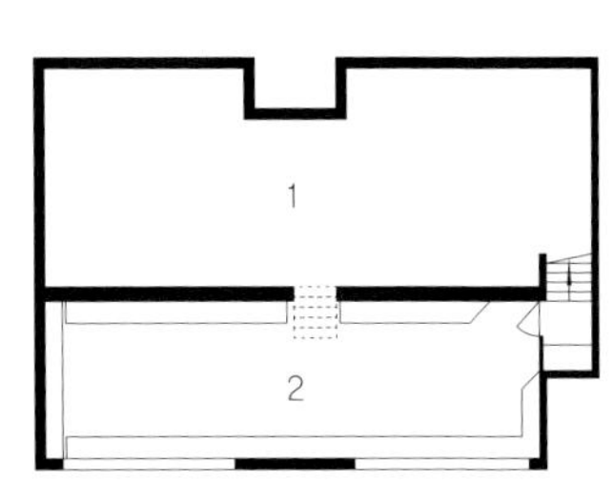

6 Semi-basement Plan

1 Bedroom
2 Shower
3 Store
4 Bathroom
5 Garage
6 Laundry

7 Basement Plan

1 Wine cellar
2 Play room

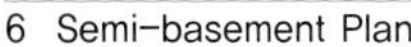

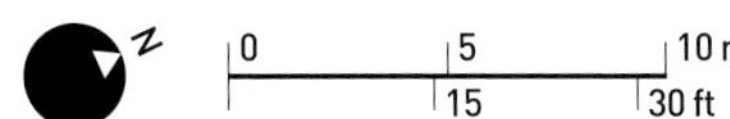

Hopkins House

Michael and Patty Hopkins, 1935- and 1942-
London, UK; 1977

마이클 홉킨스는 초창기 시설 노만 포스터와 함께 두 개의 초기 하이테크 건물 디자인을 하였다. 그것은 햄 프셔의 코샴에 있는 우아한 미국스타일의 임시업무용 IBM 건물과 Ilswich, Suffolk에 있는 프레임이 없는 유리벽으로 된 Wills, Faber & Dumas 사무실이고, 이는 아마도 1970년대 영국의 건축물 중 최상의 것일 것이다.

1976년까지 홉킨스와 그의 건축가인 아내 패티는 그들 자신들의 작품을 실현해 보기로 하였다. 그들은 런던 북부, 햄스테드에 집을 직접 짓기로 했다. 이 집은 그들의 사무실을 수용할 만큼 컸으며, 건축적 전시작품으로서 역할을 하였다.

홉킨스 주택은 개념적으로 초기클래식 건물들 특히 IBM 빌딩과 공통점이 많다. 그러나 캘리포니아 p.106-107에 있는 1949년 임즈 저택에서 더 확실하게 영향을 받은 것을 알 수 있다. 이 저택은 강철 격자 트러스를 포함하여, 기성품들의 조합이다. 그러나 착색된 패널들과 일상적인 자연의 재료들로 이루어진 임즈 주택은 편안한 느낌을 주며, 형식적이지 않은 반면에, 홉킨스 주택은 매우 딱딱한 느낌을 준다. 강철과 유리의 두 재료가 압도적으로 많이 사용되었고, 단지 6개의 상세안으로, 건물의 모든 조인트 부분과 접합 부분을 설명할 수 있다.

다른 보조 구조부재를 필요로 하지 않는 단순한 디자인의 비결은 4×2m¹³ ×6½피트의 단 스팬 구조 그리에 있다. 홈이 파진 금속으로 된 바닥재와 지붕재는 아주 작은 격자 트러스 위에 직접 놓이고, 그 격자 트러스는 그들의 작은 무게를 60㎟의 강철기둥 위에 얹혀진다. 모든 연결부분들은 나사로 조이기보다는 현장에서 용접된다. 그것은 만들기 쉽기 때문이 아니라 단지 단순한 외관 때문이다. 대부분의 2층 박스로 된 앞 뒤 유리벽들은 수직 프레임이 없이 수평으로 열리는 미서기 패널이다. 현관문도 같은 방식이다.

초기 디자인은 주위가 온통 유리벽으로 이루어진 훨씬 더 단순한 디자인이었다. 그러나 부지 경계선 주변의 측벽은 화재방지규정을 만족시키기 위하여 금속판으로 만들어졌다. 요즘 들어서 그러한 경량 구조는 열용량이 작아서 여름에 덥고, 겨울에 추워지기 때문에 비판받고 있다. 그러나 조밀한 체적은 열손실을 줄이고, 열려진 창문면적이 커서 통풍이 잘된다. 온풍난방 시스템은 매우 효율적이라고 한다.

평면계획은 과도할 정도로 개방되어 있고, 융통성이 있다. 천장까지 닿는 문이 포함된 멜라민 표면의 조립식 파티션은 여러 개의 개별 공간을 둘러싸고 있다. 기둥 사이에 꼭 맞는 베네시안 블라인드는 라운지와 작업공간을 분리하는 데 충분하다. 평면의 중앙에

있는 개방된 나선형 계단은 수직이동을 위한 유일한 수단이다.

명백히 현대적이고 공업적인 외관을 가진 건축물이 전통적인 분위기의 런던 북부 햄스테드 교외지역에 등장했다는 것은 놀라운 일이다. 아마도 아주 두드러지지 않는 외관으로 인하여 그 건물이 그 지역 설계가들의 관심 밖에 놓일 수 있게 한 것 같다. 실제로 그 부지는 도로보다 3m 아래에 있다. 그래서 출입구는 구멍이 뚫린 금속으로 된 다리를 지나면, 2층에 있다. 시각적으로 그 집은 단층집이고, 단지 6장의 유리로 구성되어 있다.

1970년대와 1980년대 유행했던 영국식 하이테크 스타일의 주택은 그 수가 매우 적다. 홉킨스 주택은 하이테크 원리 – 프리 패브리케이션, 융통성, 가시적인 구조와 재료에 대한 진실성– 를 가장 명확하게 표현하는 사례들 중에서 가장 중요한 사례이다.

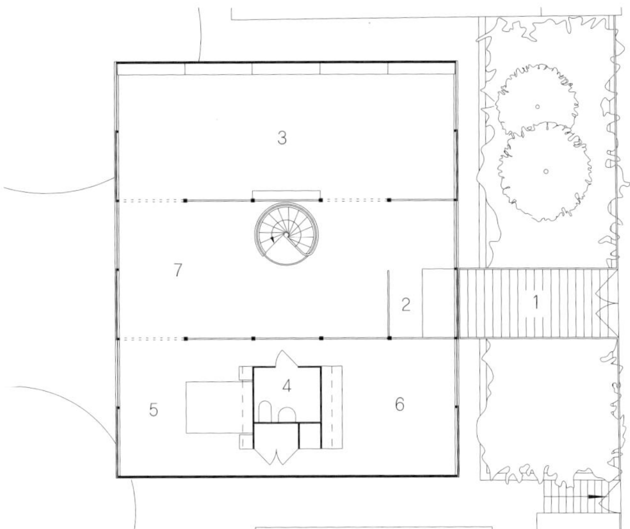

1 Street Level Plan

1 Entrance bridge
2 Entrance
3 Studio
4 Shower room
5 Bedroom
6 Dressing room
7 Sitting area

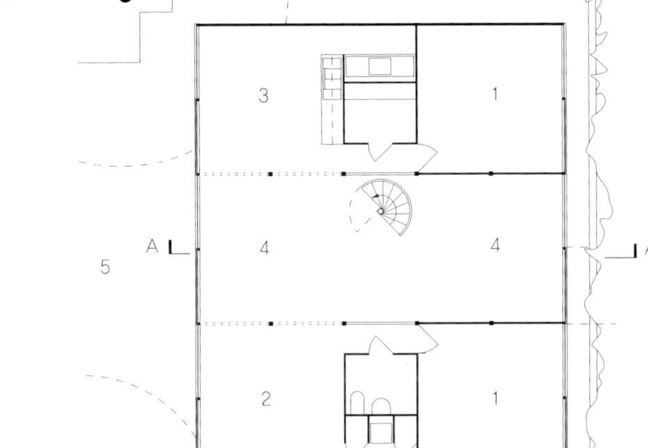

2 Garden Level Plan

1 Bedroom
2 Living room
3 Kitchen
4 Dining room
5 Garden
6 Shower room

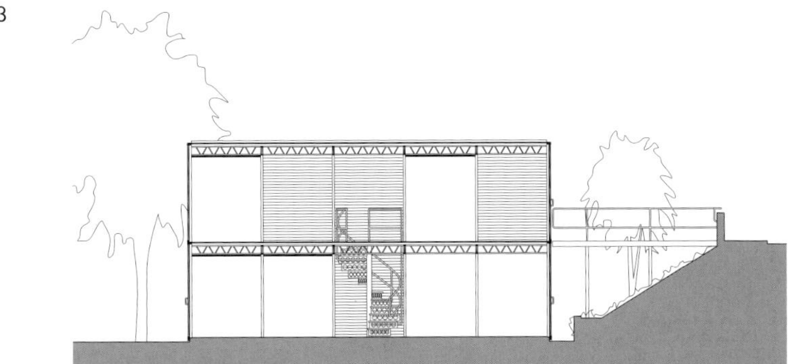

3 Section A–A

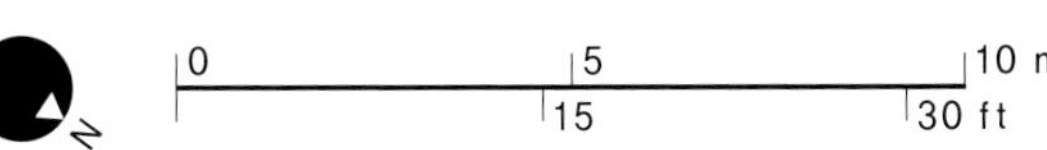

Rudolph Apartment

Paul Rudolph, 1918-97
New York City, New York, USA; 1978

1965년 폴 루돌프Paul Rudolph는 맨하탄의 UN광장 근처 전통적인 스타일의 5층짜리 테라스가 딸린 주거용 건물의 한 아파트를 임대하였다. 10년 뒤 부동산 가격이 폭락하자 그는 건물 전체를 살 수 있었다. 그는 아래층에 세를 놓았고, 최상층을 개조하고 확장하였다. 이에 따라 평범한 펜트하우스가 아니라 집 위에 집이 있는 4층짜리 건물이 되었다. 많은 건축가들이 그러하듯이, 이 집은 형태와 공간적인 아이디어를 위한 시험대가 되었다. 그 순수한 형태에는 루돌프의 후기 모더니즘 스타일이 스며들어 있다.

1964년 예일대 건축학부 건물과 1971년 보스턴의 정부청사 건물에서처럼, 루돌프는 큐빅 형태의 공간들을 조합한 거대 구조물이나 유기적으로 연결한 클러스터의 구성 방법을 개발하였다. 이 뉴욕의 아파트는 거대 구조물의 축소판과 같다. 직선으로 둘러싸인 다양한 규모의 공간은 수직, 수평적으로 중첩되고, 상호 침투하여 훌륭한 전망과 은은한 조명이 있는 실내공간을 만든다. 파티션 벽의 모듈이 6m이다. 이 주택은 복잡한 공간배치를 선호했던 건축가 John Soane가 런던에 설계한 집/박물관과 종종 비교되기도 한다. 개념적으로 이것은 다양한 층에 플랫폼과 브리지를 갖는 4층의 아파트이다. 거의 모든 방에서 구멍이나 홈 또는 플렉시 유리 바닥을 통하여 다른 방을 올려다 보거나 내려다 볼 수 있다. 스플리트 레벨의 거실과 서재는 갤러리에서 볼 수 있다. 이것은 식당을 확장시키는 역할을 한다. 식당은 아래층 주변의 틈을 통하여 침실에서 볼 수 있다. 완벽한 프라이버시는 사실상 불가능하다. 상세 디자인을 보면, 일종의 관음증 놀이를 보는 것 같다. 주 침실의 Jacuzzi분류식 목욕탕는 아래 층 손님방에서 볼 수 있게 투명한 바닥으로 되어 있다.

평면의 양쪽 끝에 있는 다양한 테라스와 발코니도 입방체의 공간이다. 포복식물로 장식된 강철 프레임의 퍼골라는 테라스를 방처럼 느끼게 한다. 주된 구조는 역시 스틸 프레임으로 되어 있다. 분리된 벽과 바닥 패널은 마치 조립식 부품 같다. 마감 상태는 저속하지는 않지만 이상하다. 강철 기둥은 크롬 판을 입혔거나 은을 입혔다. 그 밖에 색채는 고광택의 대리석이나 유리, 플라스틱의 완벽한 단색조로 계획되어 있다.

비록 폴 루돌프가 성공한 대표적인 디자이너지만, 동료 건축가들이 근거 없이 찬사를 보낸 것이 아니었다. 그는 모더니즘의 추상적인 언어를 사용했다. 결과적으로 그만의 독창적인 어휘를 구사했으나 지적인 깊이는 미흡했다. 로버트 벤츄리와 데니스 스코트−브라운은 필라델피아의 포스트 모더니스트 길드 하우스 노인의 집과 뉴헤븐의 모더니스트 고층건물인 루돌프의 크로포드 매너Crawford Manor를 비교했다. 그들은 잘못된 영웅심과 의미없는 표현을 비웃었다. 그러나 길드 하우스가 새로운 사조의 출발선에 서 있었던 데 비하여, 크로포드 매너는 낡은 사조의 쇠퇴하는 끝 자락에 서 있었다. 그래서 불행하게도, 20세기 후반 가장 영향력 있는 건축 교재 중의 하나인 '라스베가스에서의 교훈'이라는 책은 루돌프에 대한 비평의 글을 싣고 있다.

1 Master Bedroom
Level Plan

1 Master bedroom
2 Bathroom
3 Terrace

2 Kitchen/Dining
Level Plan

1 Kitchen
2 Dining room
3 Bedroom
4 Terrace

3 Living & Library
Level Plan

1 Guest bedroom
2 Bathroom
3 Closet
4 Elevator
5 Living room
6 Library
7 Terrace

4 Entry Level Plan

1 Entrance lobby
2 Guest living room

5 Section A–A

Glass Block Wall-Horiuchi House

Tadao Ando, 1941-
Osaka, Japan; 1977-79

비평가들은 종종 안도 다다오 건물에서 볼 수 있는 일본식의 특성 – 일본인들의 조용한 단순성과 은은한 주광 – 에 집중한다. 그러나 그것은 서구의 영향을 받았다고 하는 강력한 증거이기도 하다. 서구의 영향을 받았다고 보는 가장 명백한 증거는 루이스 칸의 건축물이다. 안도 다다오의 세련된 강화 콘크리트 벽은 내진용 건축물로 정당화될 수 있으나, 거푸집 틀이 만든 자국의 세심한 구성과 부드러운 마감은 솔크 연구소the Salk Institute와 킴벨the Kimbell 미술관 건물에서 차용한 것이 확실하다. 입방체의 노출을 선호하는 면에서는 Kahn도 마찬가지이다. 안도의 건축물은 자유롭게 흐르는 공간이라기보다는 정적이고 내향적인 공간의 건축물이다. 이것은 초기 도시주택사례에서 특히 많이 나타난다. 평면은 3개의 직사각형을 포함한다. 중앙부분의 안마당은 태양빛을 충분히 받는다. 1976년의 아주마Azuma 주택에서는 안마당은 2층의 다리가 횡단한다. 그리고 얼마 후 지어진 이시하라 주택Ishihara House은 외부에 유리블록을 설치했다.

호리우치 주택Horiuchi House에는 콘크리트 벽, 3개의 직사각형, 안마당, 다리와 유리블록이 모두 존재하며 이들 간의 균형은 자연스럽다. 다리는 안마당의 한쪽 끝에 놓여졌으며, 유리블록은 안마당과 도로 사이의 반투명 스크린의 역할을 한다.

집에 대해 안도는 이 스크린에 상당히 중요한 상징성이 있다고 설명한다. 내향적인 평면이 주변 도시의 시각적 혼돈을 반영한 것이라면, 스크린은 그것과 타협하려는 시도를 반영한다. 도로 쪽에 안마당을 완전히 개방하는 것은, 안마당을 반 공적인 공간이나, 작은 도시 광장과 같은 것을 만드는 것이 될 것이다. 다른 한편으로, 육중한 콘크리트 스크린은 행인들에게 거부감을 표현한다. 강철 프레임의 유리블록 스크린은 지혜로운 타협이다. 빛과 그림자는 집과 도로 사이에서 일어나는 일종의 교환행위이다. 아침에 일부 그림자가 안마당에 떨어지고 저녁에는 도로에 떨어진다. 햇빛은 양쪽을 다 비추고, 밤이 되면 집은 빛난다.

부지는 아주 가파르게 경사진 모퉁이에 있다. 다른 편에는 지하 창고로 갈 수 있을 만큼 충분한 높이를 확보하고 있다. 차고 위층에 거실이 있고, 주인 침실은 3층에 있다. 부엌 겸 식당은 안마당을 지나 반대편에 있고, 아이들 침실은 부엌 겸 식당 위에 있다. 전통적인 다다미 방은 부엌 겸 식당 밑의 반 지하 공간에 있다. 거실과 식당은 콘크리트의 장식없는 좁은 복도가 연결한다. 그러나 3층에 있는 복도는 개방된 발코니들 사이의 '다리' 역할을 한다. 안마당의 측벽은 거의 모두 유리로 되어있다.

안도 다다오는 특별히 일본의 전통적인 건축형태를 이야기하지는 않았지만 이 집에는 역사적인 뿌리와 상징적 의미를 갖는 진기한 특징이 하나 있다. 지붕과 바닥의 안마당 쪽의 모서리는 두 개의 둥근 콘크리트 기둥이 지지하고 있다. 두 개의 기둥은 바깥쪽의 유리벽에서 떨어져 1층 실내에 있으며, 2층 발코니의 바깥에 있다. 각각의 것은 전통적 일본 농장주택에 있는 나무로 된 거대한 기둥과 같다. 기둥은 일명, 다이고쿠바시라daikokubashira, 大黑柱라고 불리는데, 가장의 권위를 상징한다.

1 Section A-A   2 Elevation

3 Second Floor Plan
1 Bedroom

4 First Floor Plan
1 Living room
2 Dining room
3 Bedroom
4 Cupboard

5 Ground Floor Plan
1 Garage
2 Tatami room
3 Bathroom

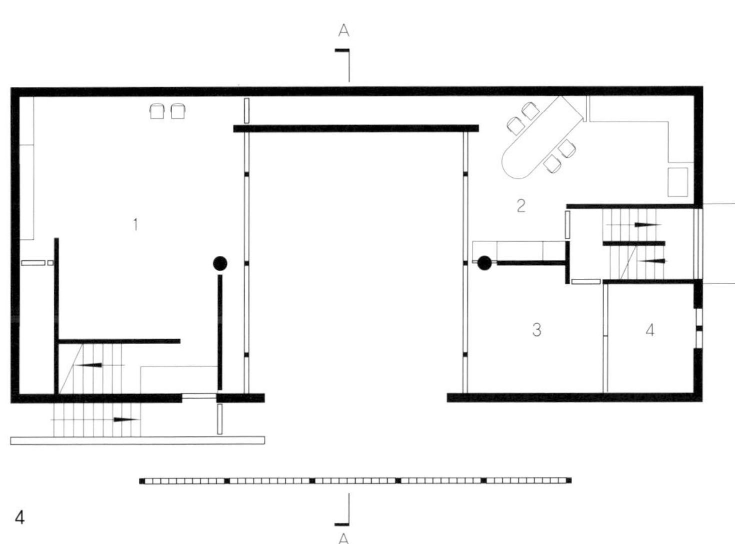

3

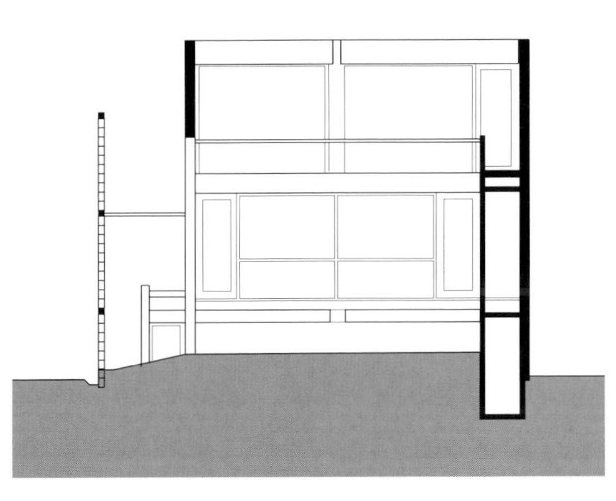

1

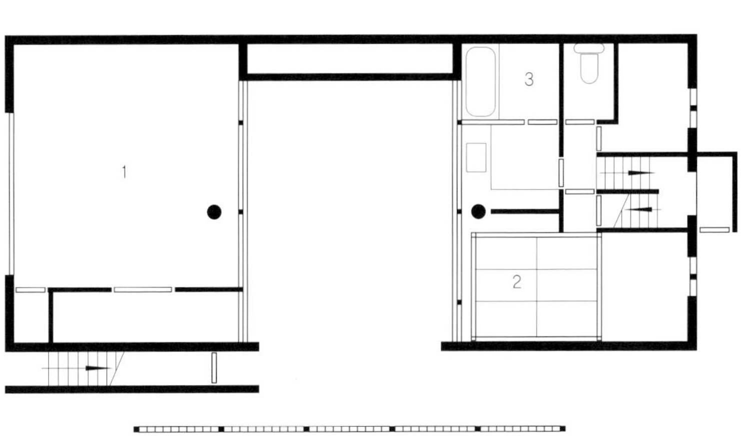

4

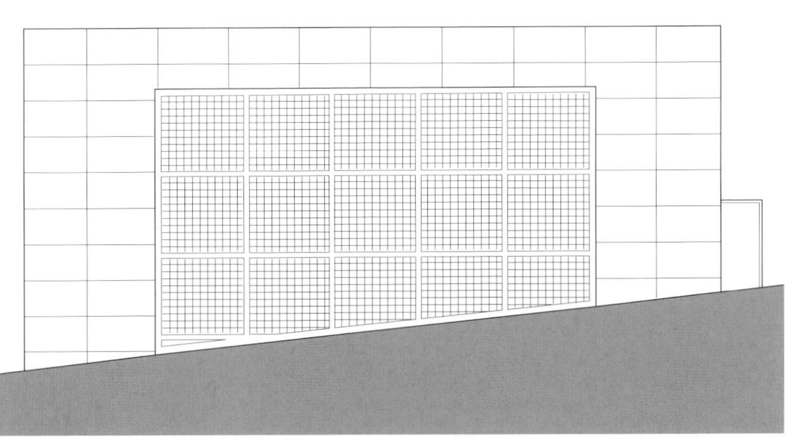

2

5

N

0   5   10 m
15   30 ft

House at Regensburg

Thomas Herzog, 1941-
Regensburg, West Germany; 1977-79

'지속가능성sustainability' 은 녹고 있는 빙하와 이산화탄소의 문제를 해결하려는 건축업자들이 비중있게 생각하는 단어이다. 건축업에 종사하는 사람들은 1970년대 초, 오일 쇼크이후 저에너지 건물을 처음으로 진지하게 생각하기 시작하였다. 그 결과 무모한 실험적인 주택들이 나왔다. 이러한 주택들 중 많은 것들이 '대안적' 이고, 반 산업적 이념을 표방하기 위하여 민속적인 스타일이나 통나무로 만들어졌다. 토마스 헤르조그Thomas Herzog는 서독에서 저에너지 건축을 주장한 초창기 선구자였다. 서독은 최근 몇 년 동안 가장 열정적으로 친환경의 이념을 채택했던 나라이다. 그 이념은 새로운 정설로 변화하였다. 그러나 그는 민속적인 스타일보다는, 모더니스트 전통의 지속성을 선택했다.

헤르조그Herzog의 첫 저에너지 주택인 로젠브르크Regensburg에 있는 주택은 결코 토속적이거나 전원풍의 주택이 아니다. 그것은 새로운 대안이었다. 그것은 감성보다는 과학에 가까운 합리적인 디자인이다. 전형적인 모더니즘의 재료가 아닌, 나무를 대부분 사용했다. 단순한 프리즘 형태와 합리적인 평면계획은 거의 기계와 같은 느낌을 준다. 삼각형 모양은 태양 에너지를 모으고, 집의 난방을 위하여 디자인된 것이다. 지금은 '패시브' 에너지 원리가 잘 체계화되어 있지만, 1977년에는 상대적으로 새로운 아이디어였다. 물론 가옥에 부속되어 있는 온실은 빅토리안 시대 이후로 나타나고 있었으나 항상 나타났던 것은 아니었다. 그러나 언제나 전통적인 주택을 증축할 수 있는 것은 아니다. 헤르조그는 이러한 'add-on' 증축 방식을 만족스럽게 생각하지 않았다. 그는 에너지 절약적 특성을 새로우면서 환경을 책임짓는 건축으로 통합하기를 원했다. 그래서 온실이 있는 2층 주택 대신에 양쪽의 지붕선이 동일하지 않으며, 길게 한쪽으로 내려져, 땅 표면까지 닿는 삼각형의 빗변을 갖고 있는 온실이 있는 2층 주택을 고안한 것이다.

에너지 절약은 결코 주택 건축만의 문제는 아니다. 규칙성과 융통성도 중요하다. 평면계획은 방들을 모아 놓은 것이 아니라 공간을 조직하는 것이다. 추상적인 그리드 즉 수평으로 수직의 다양한 셀들을 조합하는 것이다. 북쪽의 높은 벽과 남쪽의 뾰족한 삼각형의 부분 사이의 공간은 4개의 구역을 구성한다. 욕실, 창고, 부엌을 포함한 서비스 구역, 주요 생활공간을 포함한 넓은 공간, 온실과 생활공간을 분리하는 좁은 유리벽의 통로, 온실 등의 구역을 갖는다. 동쪽에서 서쪽으로, 3.6m 폭의 6개의 베이가 균등하게 놓여 있다. 이 베이를 토대로 다양하게 평면을 구성할 수 있다. 헤로조그는 거실과 현관홀에 2층 높이의 천장고를 주기 위하여 싱글 베이와 더블 베이에서 2층을 생략하였고, 나선형 계단을 하나씩 넣었다. 떨어져 있는 두 개의 베이 위에 있는 온실의 지붕을 없애고, 한 곳에는 기존의 아름다운 너도 밤나무를 그대로 수용하였고, 다른 곳에는 식당 옆에 패티오를 만들었다.

지속가능한 재료인 나무는 다양한 형태로 사용된다. 얇은 판으로 된 보와 기둥으로 사용되며, 내장벽을 위한 베니어 판과 합판용 시트도 사용된다. 비를 막는 수평 판재도 사용되고 있다. 창문은 이중창이고, 벽은 단열벽1977이며, 지붕은 하이테크 티타니움 아연판으로 덮혀 있다.

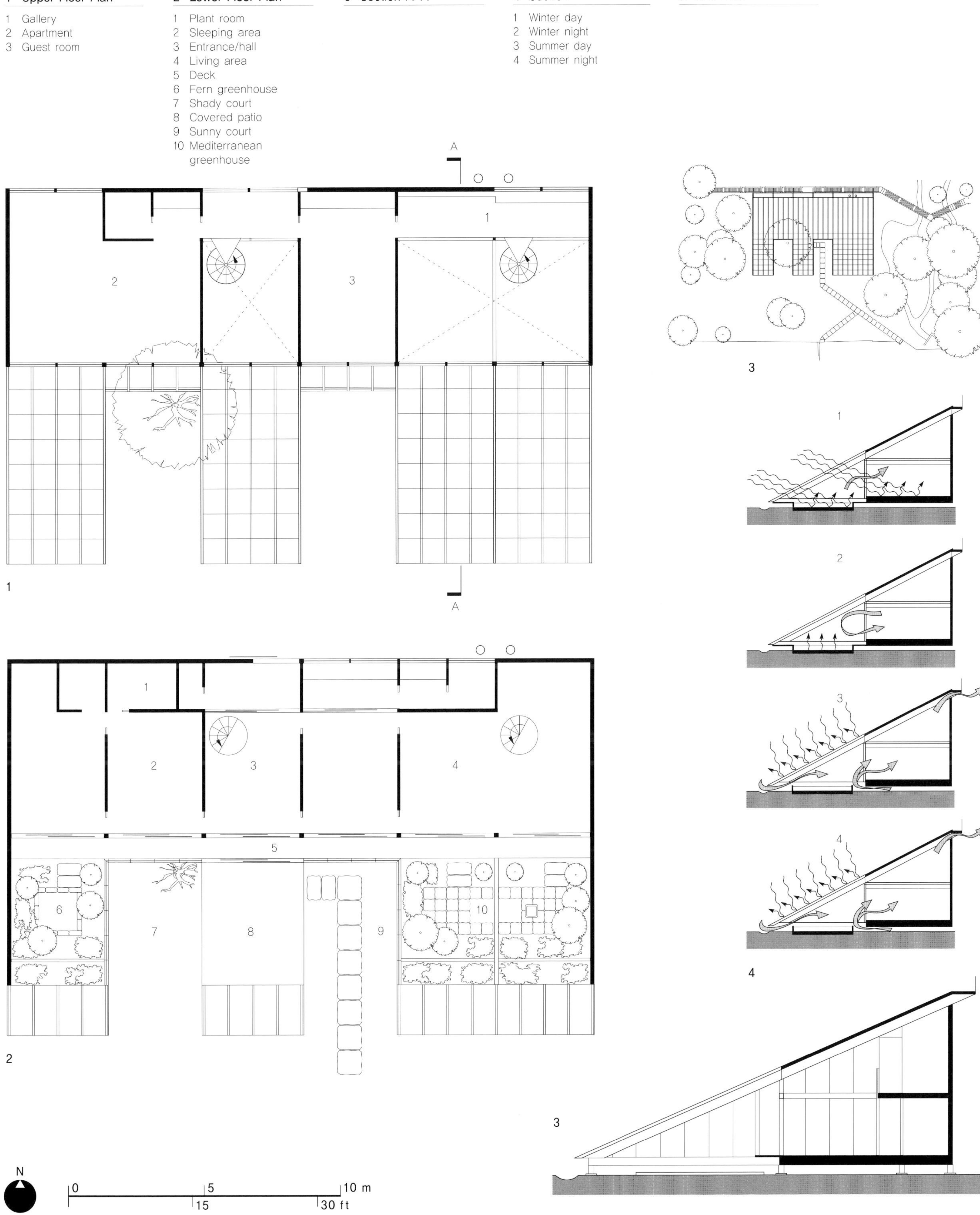

181

1 Upper Floor Plan
1 Gallery
2 Apartment
3 Guest room

2 Lower Floor Plan
1 Plant room
2 Sleeping area
3 Entrance/hall
4 Living area
5 Deck
6 Fern greenhouse
7 Shady court
8 Covered patio
9 Sunny court
10 Mediterranean
greenhouse

3 Section A–A

4 Section
1 Winter day
2 Winter night
3 Summer day
4 Summer night

5 Site Plan

N

0
5
10 m
15
30 ft

Casa Rotunda

Mario Botta, 1943-
Stabio, Switzerland; 1980-82

대부분의 현대 건축가들은 부지 및 건축주의 요구를 분석하는 것으로 주택 디자인의 과정을 시작한다. 마리오 보타가 스위스의 티치노 주에서 설계한 많은 주택을 살펴보면—동시대 건축의 온실—그는 다른 건축가와 다르다. 보타는 유사한 과학적인 조사가 아니라 기하학적인 형태를 다루는 것으로 디자인을 시작한다.

까사 로툰다로 알려져 있는 스타비오에 있는 메디치 주택의 기하학적인 형태는 회색 콘크리트의 원통형 건축물이다. 형태는 부지를 고려한다. 형태는 지세와 주변 건물을 고려하여 결정된 것이다. 서쪽 산기슭의 다양한 주택 중에서 까사 로툰다는 말쑥하게 차려입은 신사와 같다.

이 진지하고 형태적인 건축은 절제가 없고 원칙이 없는 자본주의의 상품을 암묵적으로 비판한다. 보타는 전통적인 유럽 도시의 예의 바른 태도 그리고 고귀한 결과물로의 복귀를 원한다. 보타는 기둥, 주두 및 엔태블러처entablature를 드러내서 사용하지 않는다. 그러나 역시, 고전주의의 분명한 후계자이다.

원통형의 건축물을 제안할 때, 진행시킬 수 있는 단 한 가지의 방법이 있다. 형태의 순수성을 버리지 않고는 아무 것도 추가할 수 없다. 그래서 매스를 없애고 깎는 방식으로 건축의 개방 공간을 개발하여야 한다. 첫 번째 조각가는 중간 부분의 원통을 잘라 지붕과 2층에 구멍을 만들어 평면의 중앙에 채광을 확보했다. 남쪽 구멍은 1층 거실과 지면의 2개의 입구를 위한 수평창을 위한 것이다. 북쪽에는 계단이 있다. 이것은 위에서 언급한 명백하게 고전적인 특성이다. 블록 공사에서는 주두를 형성하기 위해 고려하였다.

출입구와 계단실 양 옆에는 포취Porch와 차고가 있다. 이들 공간은 상대적으로 어둡다. 그러나 1층은 남쪽으로 창이 있어 밝다.

평면은 개방적이다. 그러나 거실과 등에 대한 기능의 구분은 명확하다. 공부방, 식사실과 주방, 거실을 내려다 볼 수 있는 최상층에는 침실과 욕실이 있다.

보타는 20세기 건축 거장인, 르 꼬르뷔지에와 루이스 칸과 함께 일한 적이 있다. 그의 작업에서 두 사람의 영향을 발견할 수 있다. 그러나 그가 활동한 도시에서 더 많은 영향을 받았다. 아름다운 도시 베니스는 현대 건축이 부패하고 가치없다는 생각을 더욱 강하게 만든다. 현대와 기념비적인 것을 중시하는 건축을 할 필요가 있다.

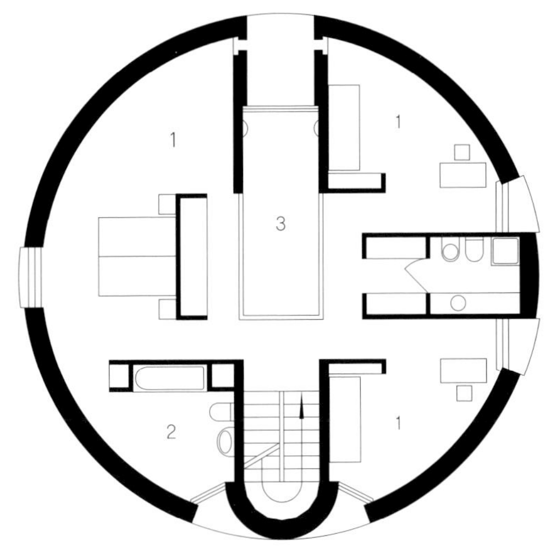

1

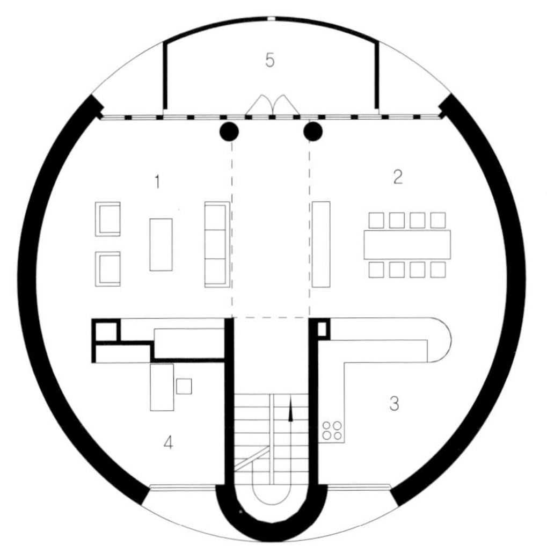

2

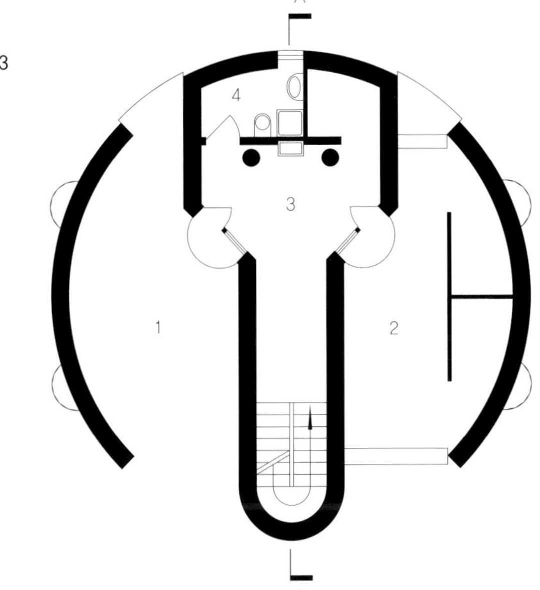

3

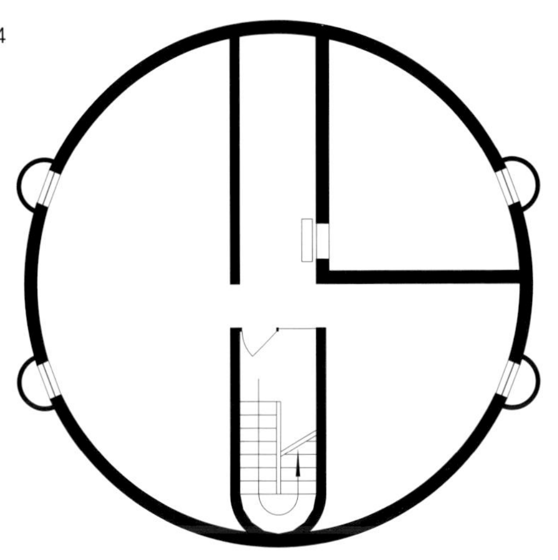

4

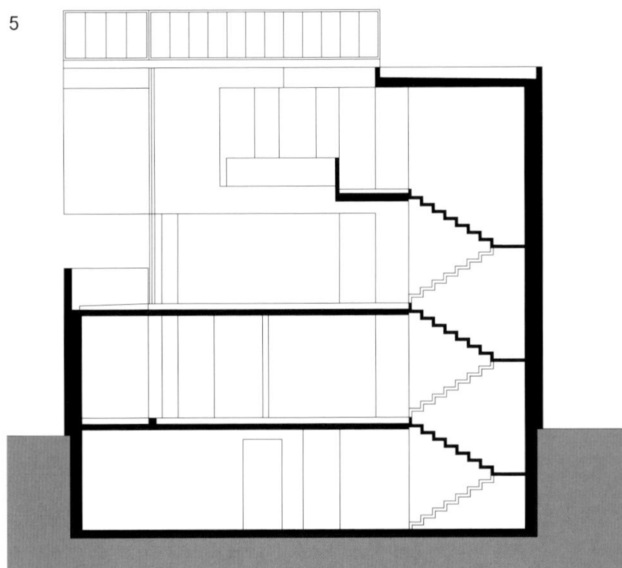

5

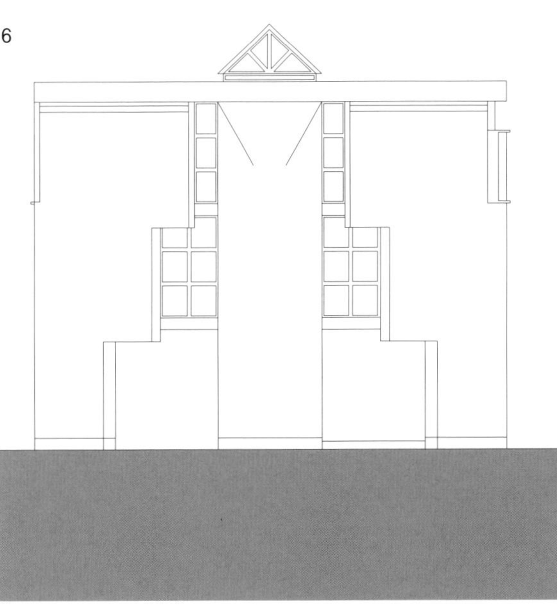

6

1 Second Floor Plan

1 Bedroom
2 Bathroom
3 Void

2 First Floor Plan

1 Living room
2 Dining room
3 Kitchen
4 Study
5 Balcony

3 Ground Floor Plan

1 Porch
2 Car port
3 Entrance hall
4 Cloakroom

4 Basement Plan

5 Section A–A

6 North Elevation

House at Santander

Jerónimo Junquera and Estanislao Pérez Pita, 1943- and 1943-99
Santander, Spain; 1984

제로니모 준큐에라Jerónimo Junquera와 에스타니스라오 페레즈 피타Estanislao Pérez Pita는 마드리드 스쿨 출신이다. 이들은 1980년대 북유럽 그리고 미국 평론가들이 존경했던 건축가들이다. 왜냐하면 포스트 모더니즘의 약점을 보완할 수 있는 강점이 있는 작품을 보여주었기 때문이다. 이들이 작품에서 보여주는 복잡함과 미묘함은 축소적이고 생동감을 강조한 이탈리아 신합리주의보다 더 인상적이다. 특히 마드리드 건축가인 준 큐에라와 페레즈 피타는 라틴 형식보다 북유럽 스타일을, 르 꼬르뷔지에보다 알바 알토의 영향을 많이 받은 건축가들이다.

준 큐에라와 페레즈 피타의 건축은 축소적이지 않고 단순하지 않으며 매우 첨가적이고 포괄적이다. 그들은 특정한 건축 주제, 즉 구조, 공간, 서비스, 기후, 문화 등의 요구를 충족하는 이상적인 개념들을 보여주려 했다. 이와 같이 다양한 요구를 만족시키기 위해서는 아이디어들을 융합하고 조정해야 할 것이다.

준 큐에라가 가족을 위해 스페인 해안가 샌탠더Santander에 지은 주택은 이를 잘 반영하고 있다. 주택 안에 또 하나의 주택이 있는 형식이다. 가장 중요한 주거공간인 거실은 2층 높이 이상으로 지어져 1층 갤러리에서 볼 수 있다. 이 갤러리를 둘러싸는 벽은 느낌을 만든다. 이 주택에서는 9개의 정사각형을 만드는 구조를 사용한다. 이 주택에서는 방향성과 기후의 문제를 중요하게 다룬다. 남쪽과 서쪽에는 콘크리트 뼈대가 유리로 마감되어 있다. 이것은 비가 오고 바람이 부는 지역의 날씨에 몸을 피할 수 있는 장소를 제공하는 한편 또 바다도 볼 수 있게 하려는 배려다. 다른 두 외부 벽에는 단단하고 상대적으로 작은 유리창이 있다. 이 외부벽은 은신처의 기능을 강화시키는 역할을 한다. 또한 이들에서 마치 오래된 건축물에서 볼 수 있는 기본적인 처마 돌림띠cornice를 볼 수 있다. 서비스와 순환의 개념은 똑같다. 욕실은 앞뒤로 붙어 있고, 평면의 동쪽에는 계단이 있다.

주된 개념은 각각의 단순한 기하학에 순응하고 융화되는 것이다. 첫째 9개의 정사각형 그리드는 가운데 정방형의 크기가 증가함에 따라 미묘하게 조절된다. 다른 용도에 쉽게 부합될 수 있는 정방형과 장방형 공간의 분류 체계를 창조한다. 예를 들면 서비스의 구성 요소 및 순환 '코어' 모두가 하나의 베이에 수용될 수 있으며 중앙 정방형 베이가 인접한 장방형 베이와 결합하여 더 넓은 거실을 만들 수 있다. 주방을 위한 방을 두지 않는 것은 주택의 측면을 만들 수 있는 여지를 마련하기 위해서이다.

주택 안에서 바라보는 주택의 개념은 이미 해결되었다. L 모양의 공간은 확장을 고려한 형태이다. 또 2층 바닥을 연장시켜 발코니를 만드는 것이 가능하다. 롤러 셔터는 개방적 공간을 닫기 위해 사용한다. 필요한 조치가 이루어질 때 전체적인 구성은 복잡하고 애매하게 된다. 그러나 주택이 진지함과 목적적 특성을 갖고 쾌적한 홀리데이 주택이 되어야 하며 건축의 본질적 특성을 가져야 한다는 원칙에는 변함이 없다.

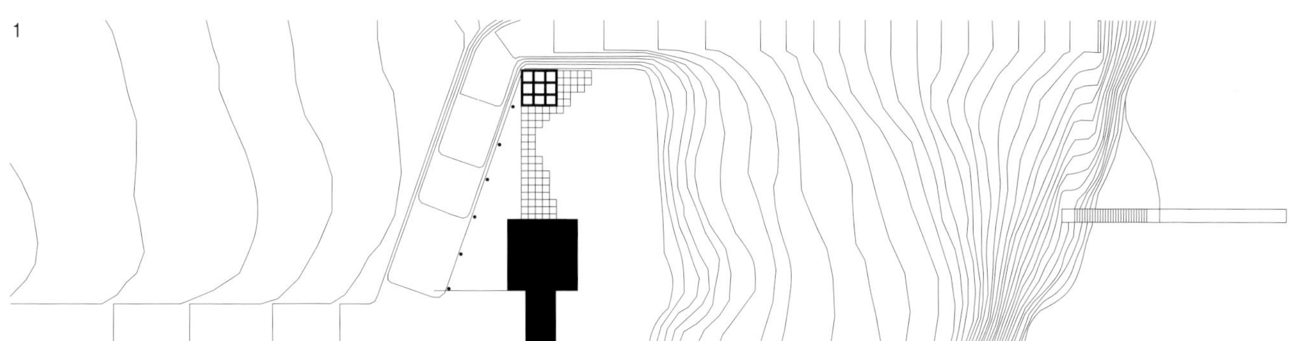

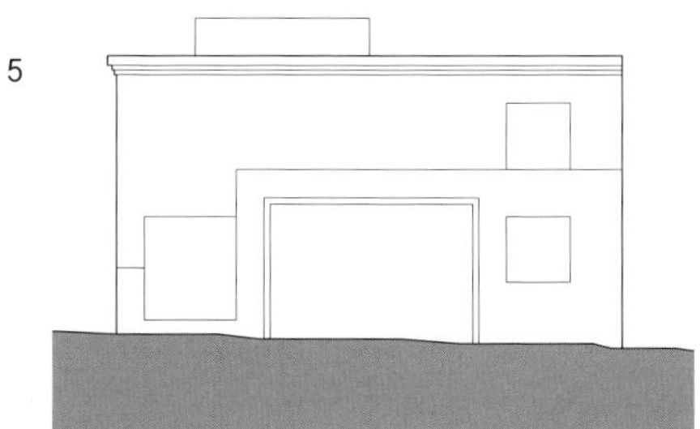

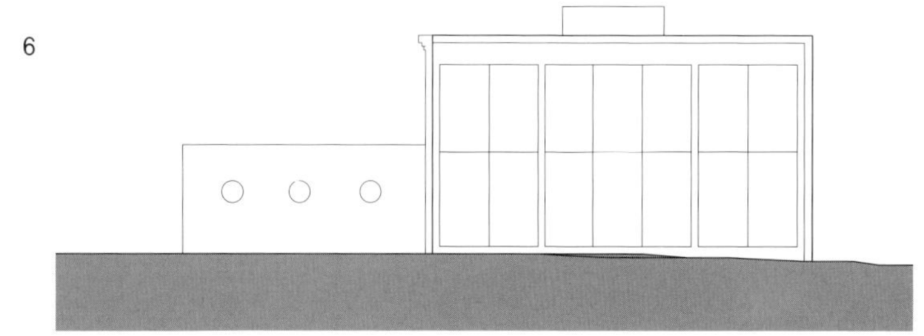

1 Site Plan

2 Roof Plan

3 First Floor Plan

1 Bathroom
2 Bedroom
3 Study
4 Terrace

4 Ground Floor Plan

1 Entrance
2 Living room
3 Kitchen
4 Bathroom
5 Bedroom
6 Garage
7 Conservatory

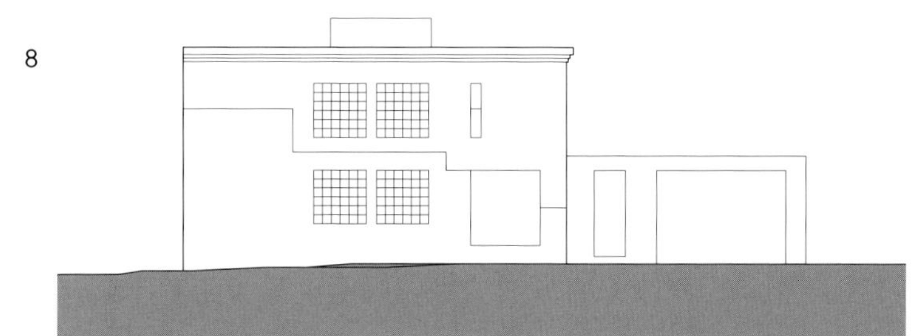

5 North Elevation

6 West Elevation

7 South Elevation

8 East Elevation

Roof Roof House

Ken Yeang, 1948-

Kuala Lumpur, Malaysia; 1984

열대기후에 있는 건축물을 냉방하는 한 가지 방법은 공기조화설비를 갖추는 것이다. 공기조화의 방법은 실용적인 측면에서 몇 가지 문제점이 있다. 에너지를 소비하고, 대기를 오염시키고, 고비용이 들며, 불쾌감을 주기도 한다. 그러나 문화적, 건축적 특성도 있다. 공기조화설비는 효과적으로 기후를 상쇄하고, 건축 양식을 결정지으며, 건물을 사회와 연계시키며 건물을 건립하고, 건물을 장소에 묶는 요소 중의 하나이다.

1980년대와 1990년대 지구온난화를 걱정할 때 모든 곳의 국제적, 현대적 양식은 문화적으로 영향을 받지 않는다고 생각했다. 하이테크, 기계적 해결책에 대해서는 부정적이었다. 베란다와 같이 전통적인 기후 조절 대안에 다시 관심을 보였다. 모든 사람들이 말하는 것은 '수동적인' 기후 조절이다.

말레시아 건축가 켄 양의 이중 지붕의 주택은 수동적으로 에너지를 절약하는 주택의 좋은 예이다. 이 주택은 쿠알라룸푸르에 있는 주거이다.

양은 영국, 런던의 건축 협회에서 활동했고, 케임브리지 대학에서 생태학적 건축이론으로 박사학위를 받았다. 그러므로 그는 전통적인 말레시안 건축 형태를 재현하는 것에는 전혀 관심이 없는 철저한 서구형 디자이너이다. 그의 건축은 특별한 지리적 여건,

특히 기후적 조건에 적합한 것을 추구한다. 그는 후에 '생물 기후 마천루' Bioclimatic Skyscraper의 개념을 받아들였다. −1996년에 출간된 책의 주제−독자적인 프로그램을 사용했던 켄 양은 1984년의 아이디어를 더욱 발전시켜, 실험주택을 만들었다.

이중주택의 설계는 기본적인 스타일이다. 르 꼬르뷔지에 별장은 쿠알라룸푸르의 열과 습도에 적응시킨 베란다, 바람 타워 및 샘의 현대적 개념과 유사하다. 가장 명백한 기후 조절 현상은 지붕 테라스 아래로 떨어지는 크게 주름 잡힌 콘크리트 퍼골라의 그림자이다. 주택 자체는 환경 여과기의 한 종류로 여겨지기도 한다. 외부 문은 때로는 환기를 효율적으로 조절하기 위해 뒤쪽의 특별한 안전 그릴 뒤에 열리도록 설계되었다.

수영장−시골의 샘과도 같은−은 거실 안쪽을 통해 주택으로 들어가기 전에 남쪽으로 향해 있어 시원하다. 남동풍을 받아들일 수 있는 배치를 하였다. 지붕 테라스 중간의 북서쪽을 향한 루버로의 개방은 소형 바람 타워처럼 주택의 양쪽 레벨을 통해 공기를 위로 흐르게 한다. 주요 주거지역을 에워싼 그늘진 순환 공간에는 베란다가 있다. 수영장을 에워싼 발코니도 마찬가지이다. 만일 거실이 단지계획에서 작게 보인다면 수영장 옆 외부 거실의 별관이기 때문이다. 건

물의 반대편에 2개의 침실로 나누어진 또 다른 발코니는 자동차를 그늘지게 할 만큼 크게 현관 포치를 만든다.

이것은 아주 소규모의 특성으로 구성된 주택이고, 갑갑한 인테리어 때문에 비난받아왔다. 그러나 이러한 기후에서 인테리어는 무슨 용도를 할까? 충분히 그늘진 외부공간을 더 많이 제공하기 위해 거주자는 외부공간을 확장하려는 생각을 한다. 이중지붕의 주택에서 그 관계는 정반대이다. 내부공간을 완전히 둘러싸면−예를 들면 침실에서−불쾌감을 피하기 위해 공기조화설비를 설치해야 한다.

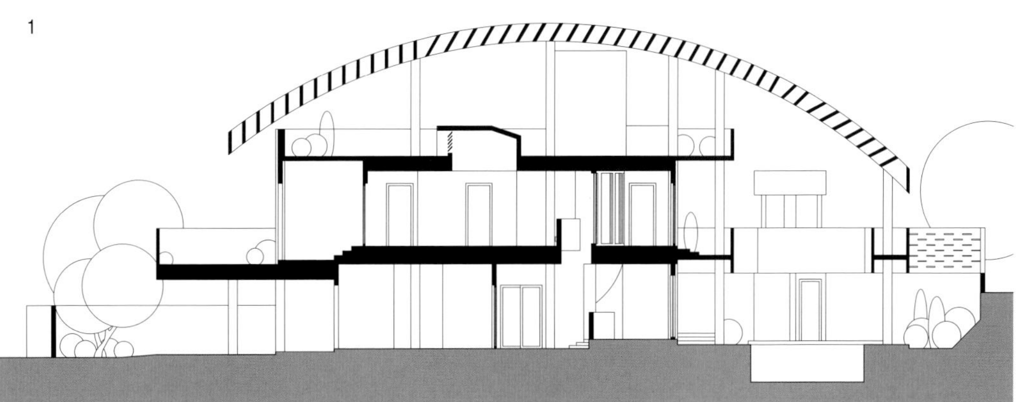

1 Section A–A

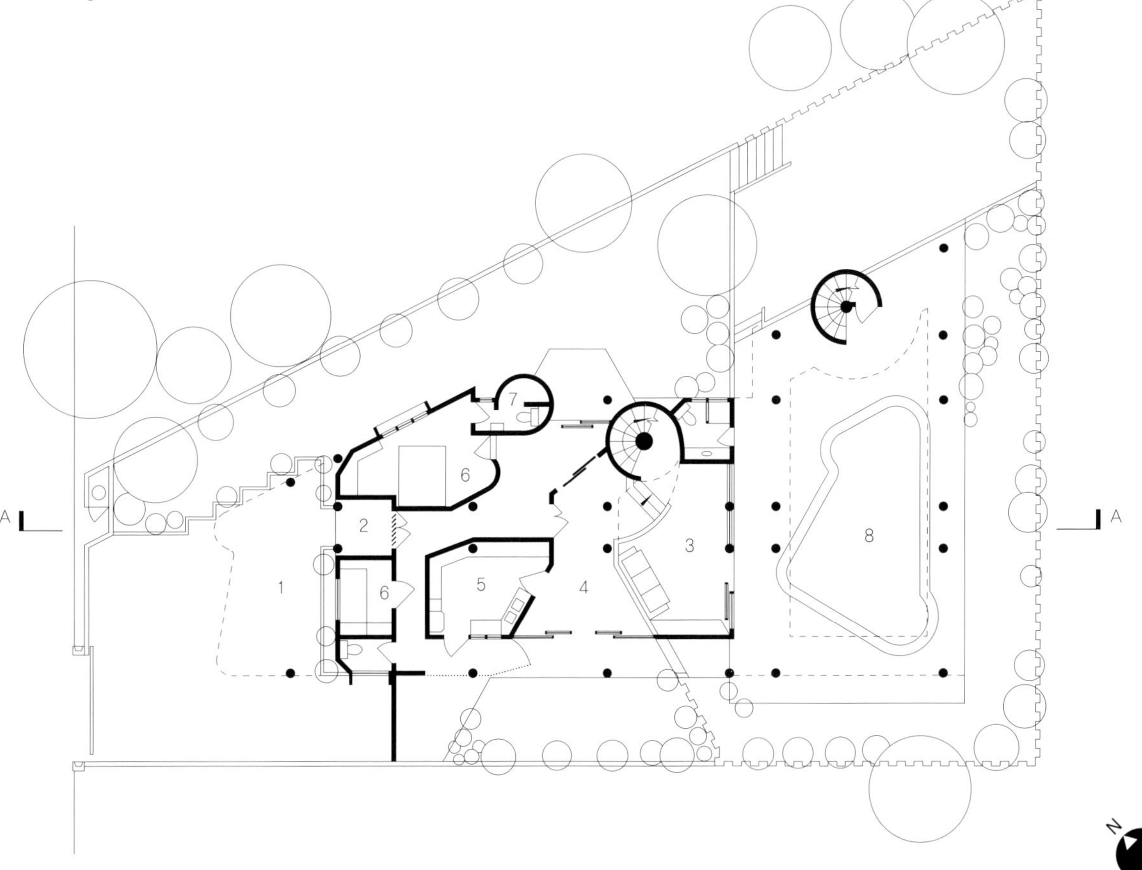

2 First Floor Plan

1 Bedroom
2 Bathroom

3 Ground Floor Plan

1 Parking
2 Entrance porch
3 Living room
4 Dining room
5 Kitchen
6 Bedroom
7 Bathroom
8 Pool

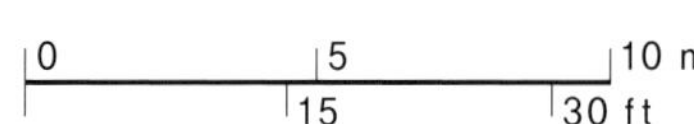

Magney House

Glenn Murcutt, 1936

Bingie Point, New South Wales, Ausralia; 1982-85

글렌 머컷은 물결 모양의 철제를 사용하는 예술가이다. 오스트레일리아 도시의 교외 주택에서 머컷은 사회와 랜드스케이프를 시적으로 보여준다. 뉴 사우스 웨일즈의 남부 해변 빈지 포인트 모루야의 얇고 굴곡이 진 돌출 지붕은 '지구를 가볍게 터치' 하자는 원주민의 명령을 건축적으로 상징한 것이라고 볼 수 있다.

미스 반 데어 로에는 머컷에게 초기에 영향을 주었다. 미스의 설계는 보편적이라면 머컷의 것들은 특이한 기후조건을 반영하는 특수성을 갖는다. 인류는 날씨에 적응하기 위해 의복을 착용하는 것처럼, 건물도 역시 똑같이 옷을 입어야 한다고 믿는다.

수평으로 드리워진 지붕은 단순한 건축적 제스처가 아니다. 그것은 한 여름, 정확한 계산에 의하여 북측면 창에 그늘을 드리울 수 있게 만들어진 기분이다. 그러나 겨울에는 곡면의 회반죽 천장에 반사된 태양빛이 실내로 들어온다. 고정된 상부 유리창 밑에 있는 벽은 슬라이딩 유리 패널로 되어 있다. 외부에서 조절 가능한 루버가 있다. 다른 한쪽의 외벽은 상하 두 존으로 나뉘어진다. 주름 잡힌 아연으로 씌워진 하부는 솔리드한 느낌을 준다. 아연을 수평으로 돌리는 것을 머컷의 모든 빌딩에서 볼 수 있는 스타일이다.

대부분의 사람들이 물결 모양 철제를 공장이나 창고용 저가 외장재료로 생각하는 반면에 머컷은 오스트레일리아 풍경의 수평성을 보여주는 것이라고 생각한다. 아연은 하늘의 빛을 반사하고, 빛나는 은빛 표면은 지면의 빛도 반사한다. 벽에서 각도를 둔 창을 설치한 이유는 지속적인 환기를 공급하기 위한 것이다. 그것은 나르는 새를 연상케 한다.

만일 이 빌딩이 시적이고, 실용적 건물이라면, 그것은 매우 합리적인 것이다. 계획은 엄격한 직선을 사용한다. 순환 동선은 끝에서 끝으로 일어난다. 평면에서 보는 것처럼 이 건물은 긴 복도가 있다. 보통 상식으로 볼 때 이 건물에는 주방도 욕실도 없다. 오히려 싱크대, 조리기구, 벽찬장, 화장실, 샤워부스 등과 같은 설비 배치가 있을 뿐이다.

건축주의 요구에 의해 주방 싱크대쪽 벽에 바깥을 볼 수 있는 창 하나를 설치했다. 침실과 거실은 모두 북쪽에 면해, 바다를 볼 수 있는 채광을 받을 수 있다. 6개의 구조 베이 가운데 하나를 지붕만 씌운 오픈 파티오로 만들었다. 이 공간은 부모와 자식이 만나는 미팅 장소이다.

상하 존의 외벽 분할 원리가 실내에서도 똑같이 적용되었다. 문 높이 밑에는 석고 벽돌이 설치되었으며, 그 위에는 프레임이 없는 창이 설치되었다. 그래서 옆방의 천장은 언제나 볼 수 있다. 내부공간을 통합할 수 있지만 프라이버시는 약화시킨다. 이것은 편안한 주택이다. 그러나 이것은 일종의 건축이다. 또 우아한 조형성을 위해 때로는 편안한 가정생활을 양보해야 할 것이다.

1

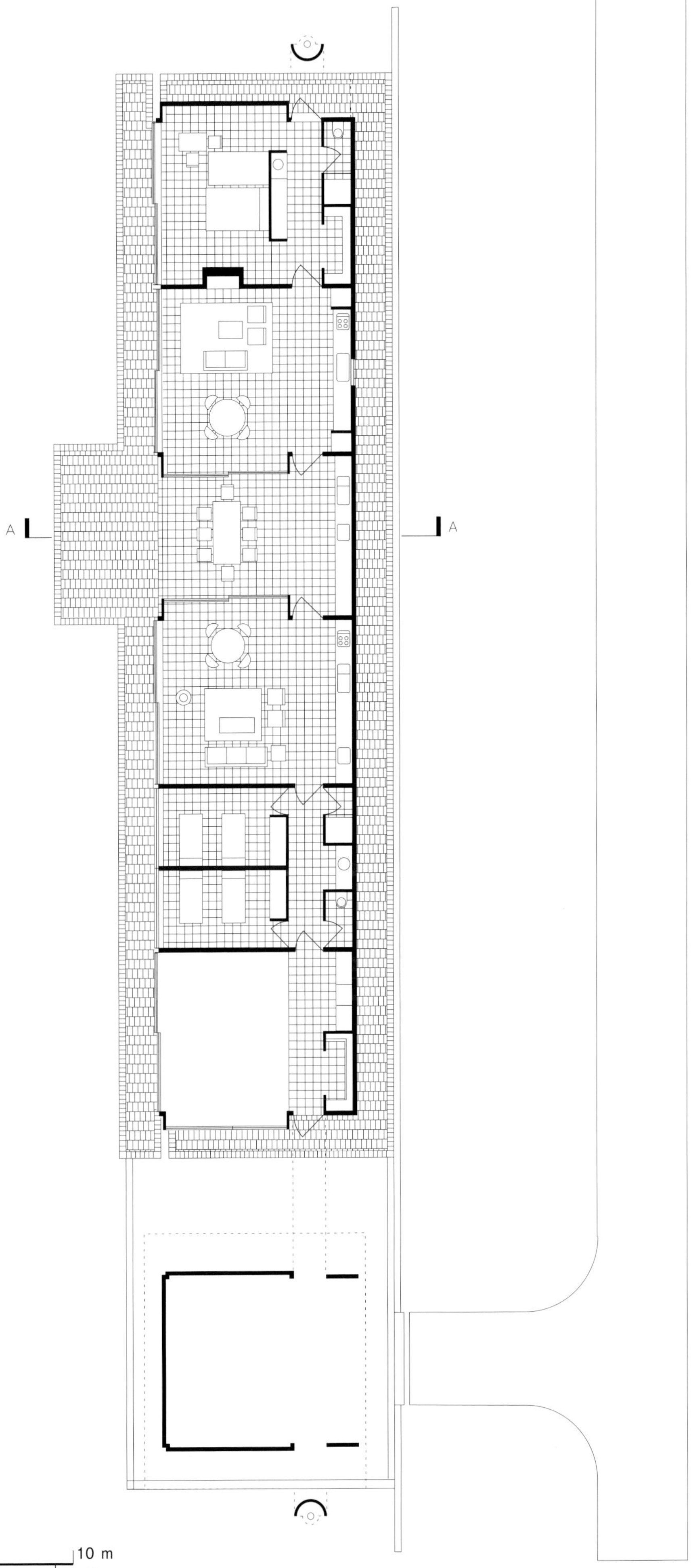

A   A

2 Section A–A

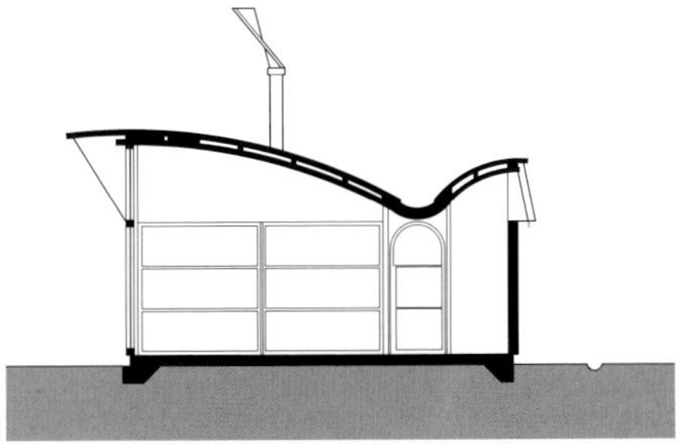

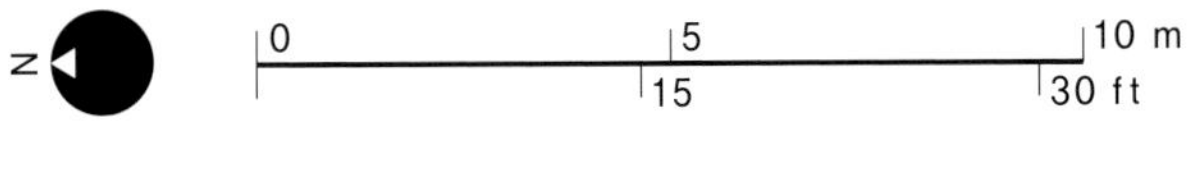

Casa Garau Agustí

Enric Miralles, 1955-2000

Barcelona, Spain; 1985

많은 사람들이 엔릭 미라레스를 "해체주의자"라고 단순 분류하고 있지만 이는 그다지 적절한 것은 아니다. 미라레스는 국제적 명성의 건축가이자, 1988년 뉴욕 MOMA에서 열린 유명한 해체주의 건축 전시회에 베르나르 추미, 자하 하디드, 피터 아이젠만 등의 건축가들과 함께 참여했던 사람이다. 그러나 그는 또한 카탈로니아 출신이며, 자크 데리다 이전에 이미 형식적 관습의 타파를 시도했던 호세 코데르치Jose Coderch, 까사 우갈데Casa Ugalde, p.116-117가 아니면 더 거슬러 올라가, 기하학적 정형성을 탈피함으로써 고딕 전통에 재 활력을 불어넣었던 안토니오 가우디Antoni Gaudi의 강렬한 지역적 건축 전통을 계승한 작가이기도 하다. 미라레스를 해체주의자로 보는 해석은 철학적 사상에서 보다는 기후, 대지, 프로그램, 자재와 같은 특수한 상황을 근거로 한다. 그의 건축은 난해하고 혼란스럽지만, 독단적이거나 임의적이지 않다.

까사 가라우 아구스티Casa Garau Agusti는 남서 방향으로 경사져 얕은 계곡에 면한 뛰어난 경관을 자랑하고 있는 교외의 좁은 대지에 있다. 두 개의 지그재그 형 벽이 주택의 평면을 만들며, 하나는 북서측 대지 경계와 인접하여 주로 이웃 주택과 관계에서 프라이버시를 유지하고, 다른 하나는 정원을 향하여 개방되어 있다. 접힌 벽의 형태는 프라이버시와 개방성에 대한 이중적 요구를 반영한 것이다. 대부분의 접힌 벽들은 한 면은 창문, 다른 면은 공벽으로 되어 있다. 정원의 창문들은 대개가 조망을 확보하기 위해 남측을 향해 있고, 경계벽에 있는 창문들은 이웃 반대편의 북측을 향하여 계획되어 있다. 그러나, 이러한 규칙에 몇 가지 예외가 있다. 상상력이 부족한 건축가라면 이를 고지식하게 적용하여, 일반적인 톱니형 평면으로 귀결시켰을 것이다. 그러나 미라레스의 평면은 흔한 논리에서 벗어나 자유롭고 자연스럽다.

주택은 하나의 단절된 형태가 아닌 형태들의 집합으로써 대지에 놓여 있다. 이는 마치 소그룹의 사람들이, 다는 아니지만 대부분, 정원에 서서 경관을 바라보며 함께 대화를 나눈다는 것을 고려한 것이다.

내부에서 주요 공간은 주택을 분리, 합치하고 있는 계단이다. 일반적인 주택에서는 출입구 홀과 계단을 대개 합치지만, 여기에서 출입구는 곧장 계단참으로 개방되어 있고, 육각의 계단들은 왼편으로는 거실로 내려가며, 오른편으로는 곧바로 1층으로 올라갈 수 있게 되어 있다. 1층 도착지는 단순한 통행 공간이 아니라 이 주택에서 가장 중요한 공간인 서재이다. 책들로 채워진 수직 벽은 경관을 향해 개방되어 있고 위로 갈수록 점점 좁아져 공간의 균형을 잡아주는 역할을 하며, 캔틸레버 발코니까지 연장된다.

인테리어 공간은 계단을 거친다기 보다는 연결되어 있다. 예를 들어, 북향인 1층의 스터디, 혹은 휴식공간은 예상을 깨고 아래층의 거실을 내려다 볼 수 있어 일종의 비밀스런 엿봄의 장소가 된다. 자녀 침실 위에 있는 건축주의 도예 작업실은 반쯤 분리된 별동에 있어, 마치 동물이 자신의 몸을 보듯, 방향을 틀어 주택의 나머지 공간들을 바라본다.

혹자는 이러한 자유로움이 개인 소유 주택이라는 특수한 상황이었기 때문에 가능하다고 말한다. 그러나 미라레스는 콜라주 스타일을 알리칸테에 있는 국립체육훈련센터나 에딘버그의 스코트 국회의사당과 같은 거대한 규모의 건물에도 적용하였다. 그는 2000년에 46세의 짧은 생을 마감하였다.

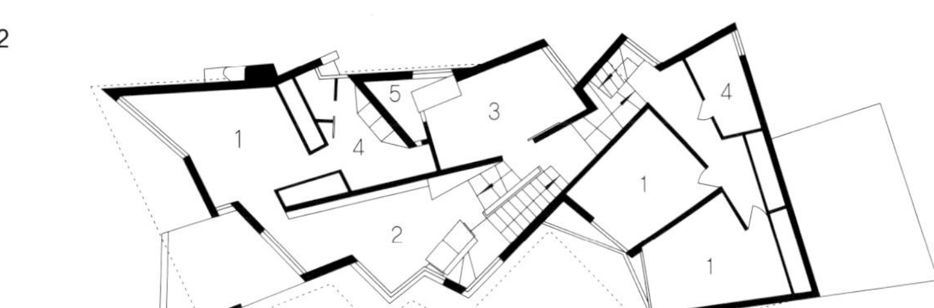

1

2

3

4

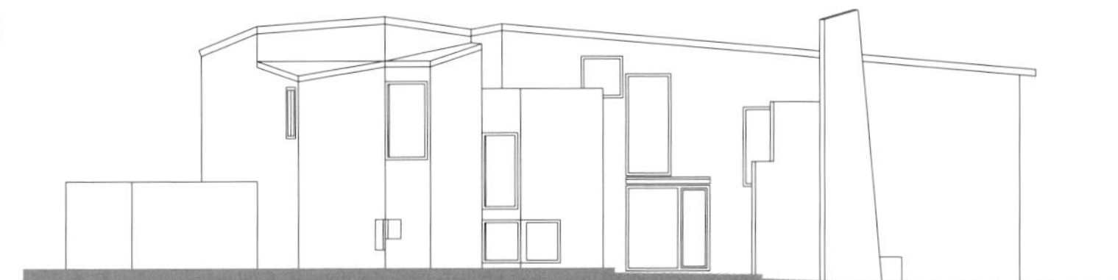

5

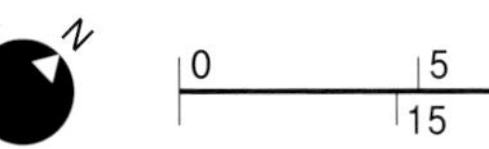

1 Second Floor Plan

1 Bedroom
2 Void

2 First Floor Plan

1 Bedroom
2 Library
3 Study
4 Bathroom
5 Void

3 Ground Floor Plan

1 Living room
2 Kitchen
3 Dinning room
4 Pottery studio
5 Garage

4 South Elevation

5 North Elevation

Winton Guest House

Frank Gehry, 1929-

Winton Guest House, Wayzata, Minnesota USA; 1983-87

프랭크 게리는 마치 스펀지와 같은 강한 흡인력을 지니고 있다. 특히 물고기와 같은 자연에서부터, 지오배니니 벨리니를 비롯한 고전의 대가를 포함하여 에드 모우시즈Ed Moses 같은 지인들의 미술작품, 마르셀 프로우스트Marcel Proust와 안토니 프로움의 문학, 특히 알바 알토를 비롯한 건축가들, 캘리포니아 베니스의 Chiat/Day 빌딩 전면의 거대한 쌍안경 디자인을 도와준 클래스 올덴버그와 같은 조각가들에 이르기까지 여러 분야의 영향을 받았다. 윈톤 게스트 하우스의 경우, 이탈리아 출신 화가 지오르지오 모란디의 작품에서 영감을 얻은 것으로 알려져 있다. 그는 집요할 정도로 테이블에 놓인 수백 개의 작은 병과 주전자를 소재로 한 회색 톤의 정물화에 집착한 화가였다. 게리는 여러 영향에 대해 인식을 뛰어넘는 변화를 추구한다. 따라서, 어떠한 그의 건물에서도 벨리니의 마돈나나 알토의 여름 별장 같은 모습을 찾아볼 수 없다. 윈톤 하우스 또한 오브제의 집합이라는 일반적인 면을 제외하면, 모란디의 정물화와 어떤 유사성도 찾아 볼 수 없다.

그러나 윈톤 게스트 하우스를 건축으로 보다는 조각으로 볼 수 있는 분명한 이유가 있다. 이 건물은 1952년 필립 존슨이 디자인한 미스 스타일의 주택과 미네소타, 웨이자타의 같은 대지에 있다. 윈톤가는 1960년대에 이 주택을 샀다. 1980년대까지 그들은 다섯 명의 자녀에게서 많은 손자들을 얻었다. 가족 수의 증가로 기존 주택은 더 이상 가족 모두를 수용할 수 없게 되었다. 게스트 하우스야말로 가족들의 결합을 돕는 요소가 될 수 있었다. 처음에 그들은 필립 존슨에게 디자인을 의뢰하였으나 거절당하였다. 그 후 그들은 뉴욕 타임즈에 실린 프랭크 게리에 대한 기사를 읽고 몇몇 건물을 방문해 게리의 작품을 좋아하게 되어 정식 계약을 하였다. 그들이 한 요구도 숙박이라는 조건을 충족하는 한 유연한 것이었다. 게리의 주된 고민은 필립 존슨의 정직한 미스 스타일 건물과 관계가 있었다. 그의 논리는 잔디 위에 놓인 자유로운 조각과 같은 건축이라면 필립 존슨과 충분히 차별화되어 경쟁하지 않아도 된다는 점이었다.

주택은 여섯 오브제들의 집합을 구성한다. 가운데는 마치 냉각 타워의 굴뚝, 혹은 도자기 가마솥처럼 보인다. 이곳을 종종 거실로 생각하지만, 거의 모든 다른 실들이 이곳을 향해 개방되어 있다는 점에서 출입구 홀의 기능을 한다. 상부벽의 높은 창문을 통해 자연 채광을 유입하고 주위 나무들의 모습도 볼 수 있다. 거실의 포근한 부분은 분리된 벽돌 박스 형태이다. 이는 마치 벽난로와 실제 굴뚝이 있는 오래된 오두막처럼 보인다. 두 개의 다른 오브제는 각각 침실과 욕실의 기능을 하지만, 형태와 재질면에서 완전히 차별되어 있다. 하나는 단순하며 한 방향으로 들린 지붕에 검은 메탈 패널을 클래딩한다. 반면, 다른 오브제의 평면은 삼각형과 비슷하지만, 하나로 된 곡면 벽과 곡면 지붕을 구성한다. 비록 한 면에는 가장 일반적인 목재 프레임 창문이 있지만, 지역의 라임 스톤으로 클래딩한 슬래브가 모든 오브제들 중 가장 비 건축적인 부분이다.

마지막 두 오브제는 비스듬하고 특이한 방식으로 결합되어 있다. 플라이우드 패널로 클래딩된 긴 박스에는 차고와 아주 작은 부엌이 있다. 코너에 있는 계단은 또 다른 박스의 지붕에 있는 침실 로프트를 향하고 있으며, 지붕의 한 코너를 기둥 하나가 지지한다. 모란디의 예술성을 받아들임으로써 주택도 다양한 해석을 불러일으킬 수 있는 심오한 예술작품으로 인식될 수 있음을 말해 준다. 그러나 한편으로는 장난감 마을, 임시 캠프, 어드벤쳐 놀이공원, 혹은 재미있는 성에 대한 아련한 추억에 잠기게 한다.

1 Site Plan

1 Original house
2 Guest house

2 Ground Floor Plan

1 Garage
2 Kitchen
3 Living room
4 Bedroom
5 Fireplace alcove
6 Bathroom

3 Section A–A

4 North Elevation

5 West Elevation

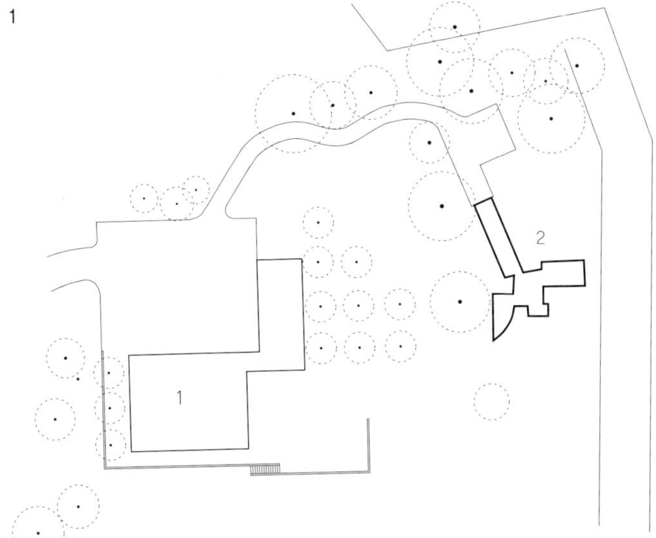

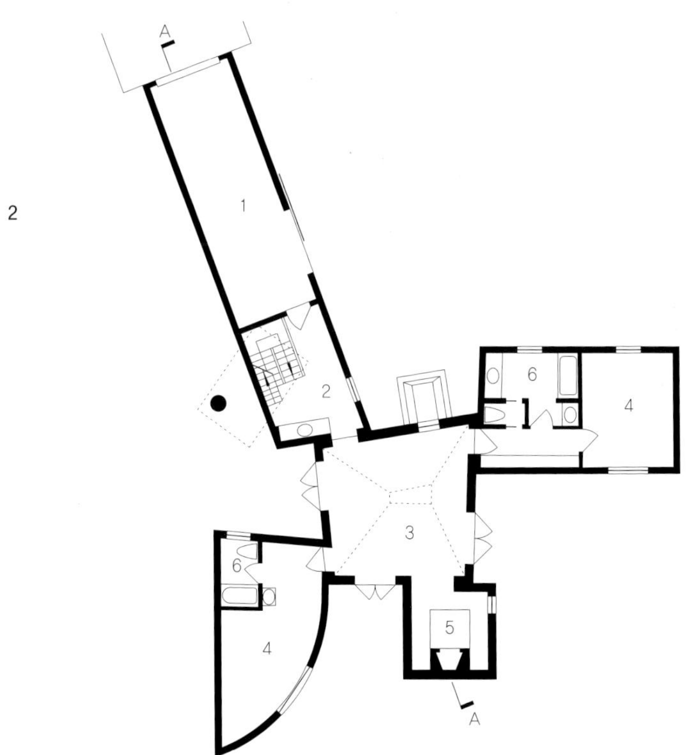

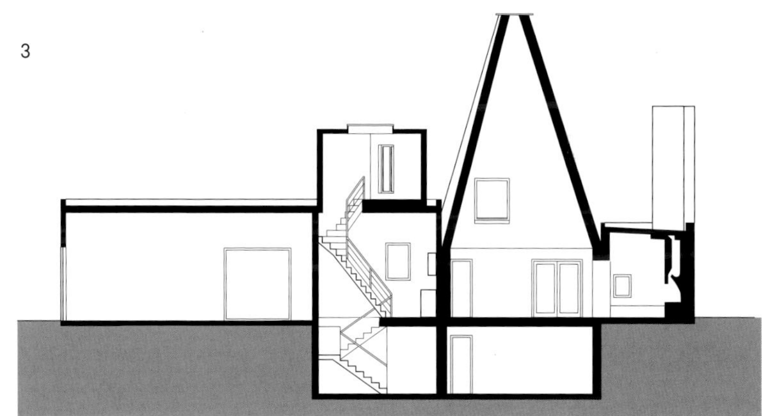

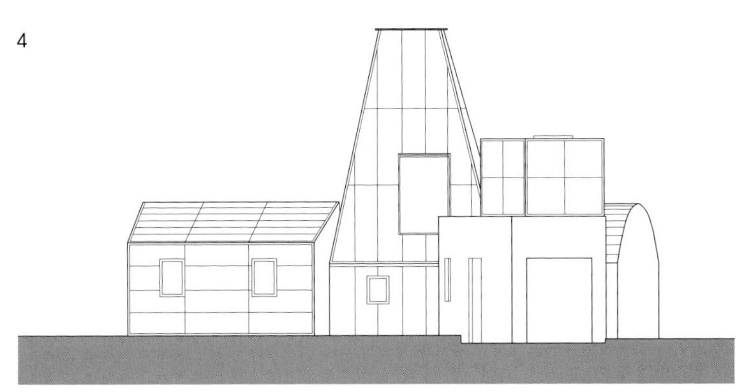

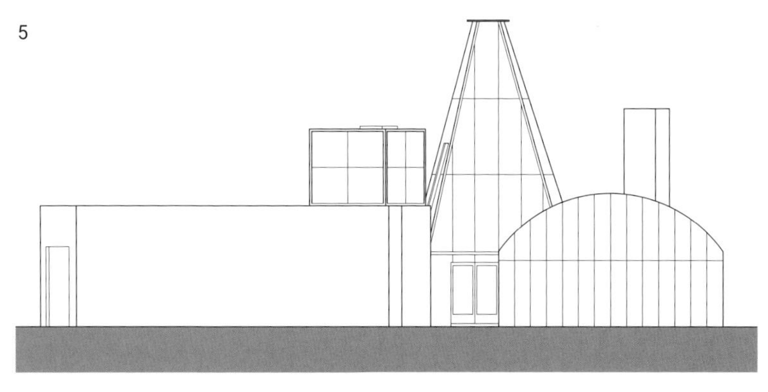

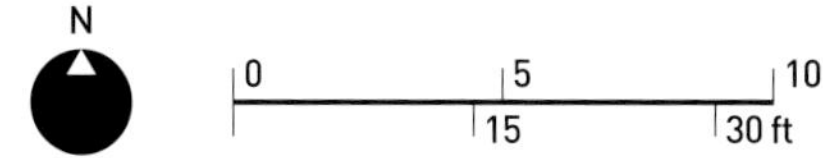

Cap Martinet

Elías Torres and José Antonío Martinez Lapeña, 1944- and 1941-
Ibiza, Spain; 1987

추운 기후에서는 바람을 막고 실내 온기를 높이기 위해 주택을 박스형으로 디자인하는 경향이 있다. 더운 기후에서는 대개 개방형 공간—테라스, 베란다, 발코니, 정자—을 결합하는 주택을 디자인하여 태양을 차단하고 시원한 바람을 통하게 한다. 이비자라는 지중해의 휴양 섬에 있는 이 주택에서는 내부와 외부의 구분이 거의 존재하지 않는다.

주요 구조는 불규칙한 아웃라인 형태의 평평한 플랫폼으로 되어 있고 바다를 향해 열린 경사진 대지의 꼭대기에서 돌출되어 있다. 플랫폼의 일부는 평지붕으로 되어 있으며, 솔리드 벽과 슬라이딩 유리 도어로 차단되어 있다. 하지만 본질적으로는 공간들의 집합이라기 보다 하나의 분리된 공간이다. 각진 벽면들은 연속성을 생성하고, 자연스럽게 공간을 한정하면서도 한편으로 운동감을 일으키기도 한다. 벽은 곡선도 아니고 비스듬하지도 경사지지도 않았지만, 평면에서 보면 접혀 있고 자유롭게 비틀어져 있으며, 오픈 테라스와 심지어 플랫폼의 경계를 넘어 연장되어 있다.

주택의 대부분은 플랫폼 레벨에 있다. 평면을 처음 보면 하나의 기능적 공간을 다른 것과 구별하기 어렵고, 외벽선을 식별하는 것도 쉽지 않다. 그러나 자세히 보면 비록 많은 실들을 이동식 스크린이 구획하고 있고 천장 높이차도 적지만, 주택 내 모든 일반적인 실들을 갖추고 있다는 것을 명확히 알 수 있을 것이다.

주 출입구는 대지의 꼭대기에 있으며, 조각난 스톤 재질의 경계벽으로 평지붕은 일종의 Porte Cochere 혹은 그늘진 주차 공간을 형성하고 있다. 입구는 넓은 홀 공간으로 이어지며, 홀의 계단을 따라 위쪽의 지붕으로 올라가거나 저층 레벨로 내려갈 수 있다. 오른편에는 부엌, 식당, 거실이 있고 왼편에는 마스터 침실, 스터디실, 유틸리티실이 있다. 이는 일반적인 주택을 설명하는 것 같지만, 공간들의 위치와 미묘한 분리를 통해 기능을 충족할 수 있게 계획되었다. 예를 들면 침실은 프라이버시를 위해 계단실 뒤쪽에 깊이 놓았으며, 상대적으로 공적 공간인 스터디실은 출입문에서 경관을 향해 개방되어 있다. 주택의 심장부에 있는 식사실은 베니션 블라인드와 거대한 빌트인 캐비닛이 차단한다. 다른 세 개의 주요 실들은 실제적으로는 지붕이 없지만 같은 레벨에 있다. 남향의 주 테라스는 주택에서 가장 큰 연속공간이다. 벽과 일종의 창문에 해당하는 요소가 있지만 여기에는 유리가 끼워져 있지 않고, 벽들은 단지 경관을 위한 프레임과 그늘을 만드는 기능을 할 뿐이다. 실의 양 끝에 있는 좁은 개구부를 통해 두 개의 다른 테라스실로

갈 수 있다. 하나는 주방과 연계되고 다른 하나는 외부 스터디실과 연계되어 있다. 스터디실은 스케줄에 의해 운영된다. 자녀방과 다각형의 차고는 플랫폼 아래에 있다. 삼각형의 굴뚝과 미니멀한 난간에서 느껴지는 섬세하고 재미있는 디테일도 그렇지만, 가장 특이한 장소는 작은 욕실공간일 것이다. 프라이버시를 침해하지 않는 적절한 창문 계획은 욕실공간을 보다 쾌적하게 만들 것이다.

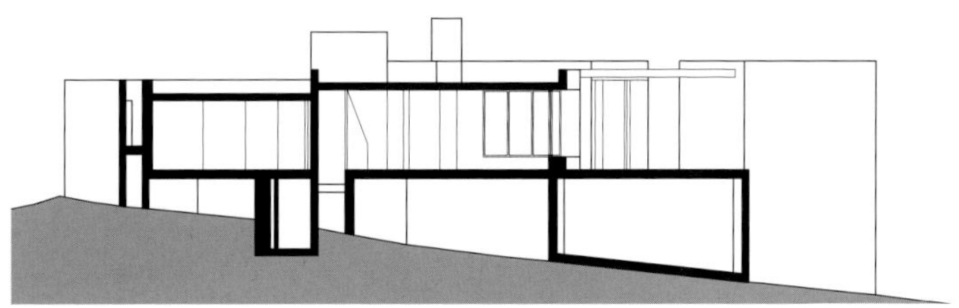

1 Section A–A

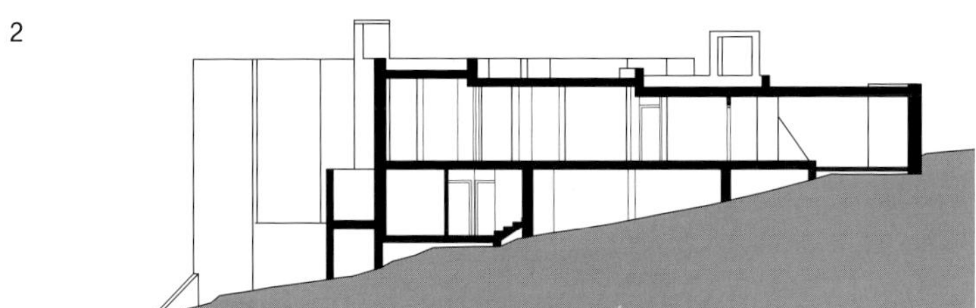

2 Section B–B

3 Upper Level

1 Bathroom
2 Bedroom
3 Study
4 Living room
5 Dining room
6 Kitchen
7 Terrace
8 Utility room

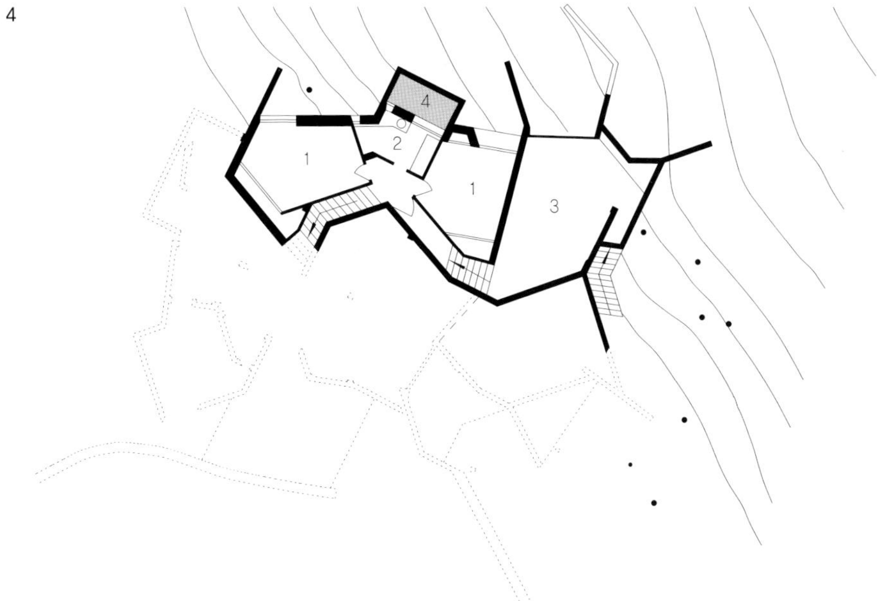

4 Lower Level

1 Children's bedroom
2 Bathroom
3 Garage
4 Terrace

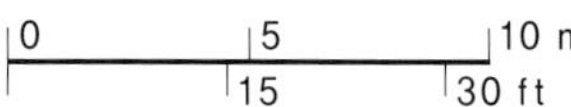

House at Koramangala

Chalres Correa, 1930-
Bangalore, India; 1985-89

인도 건축가인 찰스 코레아는 르 꼬르뷔지에의 영향을 받은 세대였다. 그러나 후반기에는 인도 내륙지방의 지역 건축을 새롭게 해석하는 데 더 관심을 기울이게 된다. 1986년 코레아는 뭄바이 근처 블라푸르에 있는 주거 프로젝트를 완성하면서 그는 2층 이상을 짓지도 않고, 어떠한 경계벽도 세우지 않으면서 고밀도 문제를 해결하였다. 주택은 확장 가능하며 사적, 공동적, 공공적 공간들의 계층적 네트워크를 갖는다. 코레아에 의하면, 인도인들은 거주 이상의 공간을 필요로 한다. 그들은 다른 시간대와 계절대에 따라 다양한 행위를 할 수 있는 다양한 범위의 공간을 필요로 한다.

블라푸르에서 작업을 하던 중, 코레아는 반 갈로의 코라만가라즈Koramangalaj에 자신과 가족을 위한 주택을 디자인하였다. 자유로움과 불확실성은 프로젝트의 개념이다. 벽돌, 타일과 같은 소규모 건축업자들이 이해할 수 있는 일반적 재료의 사용, 코레아가 추구하는 '하늘로 개방된 공간' 의 즐거움 같은 것들이 이 주택에 담겨 있다. 주택의 중간 부분의 사각형의 중정에는 지붕이 없다. 중정을 에워싸는 작은 회랑의 코너에는 기둥 4개가 있다. 통행 이외의 다른 행위를 수용하기엔 너무 작은 이 중정은 주택의 중심적 공간이자 정신적 쉼터이다. 씨잠파Cjampa라는 신성

한 나무가 전통의 힌두 툴시 공간을 채우고 있다. 중정으로 가는 입구는 코너에 있고 미묘하게 상쇄된 이 매개 공간에서 차례로, 지붕 덮힌 보행로를 거쳐 포장된 뜰을 가로질러 거리의 지붕 덮힌 현관에 도달할 수 있다. 이러한 출입 경로는 주택의 중요한 일반적 특징을 나타내고 있다. 비록 이러한 구성은 주택의 가운데를 정원으로 둘러싸지만, 하나의 오브제가 아닌 대조되는 연속된 공간들을 경험할 수 있다.

중정으로 개방된 공간은 지정된 기능 −오피스, 스튜디오, 거실, 주방 −을 수행하지만, 일과 삶의 균형에서 오는 변화에 대응하여 다른 용도로 사용이 가능하다. 이들이 모두 같다는 의미는 아니다. 인접한 정원들은 각각의 특별한 성격이 있다. 예를 들면, 동향의 스튜디오는 쿤드Kund 혹은 신성한 연못을 향해 열려 있고, 화강석 블록으로 되어 있다. 공간 전체가 스튜디오 그 자체만큼 중요하다. 한편 남향의 거실은 깊은 베란다로 열려 있으며 옆 방의 마스터 침실과 이를 공유하고 있다.

가족 구성원이 뭄바이에서 방갈로로 이사하는 것에 머뭇거리다가 마음을 바꾸어 공사를 진행시켰다. 건물의 매개적 특성은 이러한 공사 기간 중 행해졌던 많은 평면 변화의 원인이 되었다.

중앙부의 중정은 주택에 대한 타당성 있는 평가

기준을 제공한다. 결과는 이성적이지도 경제적이지도 않다. 예를 들면 두 개의 1층 실들은 완전히 분리되어 있고, 각각 주택의 다른 코너에서 자체적으로 작은 주택을 구성하고 있다. 그러나 디자이너의 목적은 합리성에 있는 것이 아니다. 동시에 디자인된 하나의 주거지라기 보다는 시간을 두고 구축한 주택들의 조합에 더 가깝다. 그러나 특이한 점은 벨라푸르의 이웃 주거지들이 하나처럼 인식된다는 것이다.

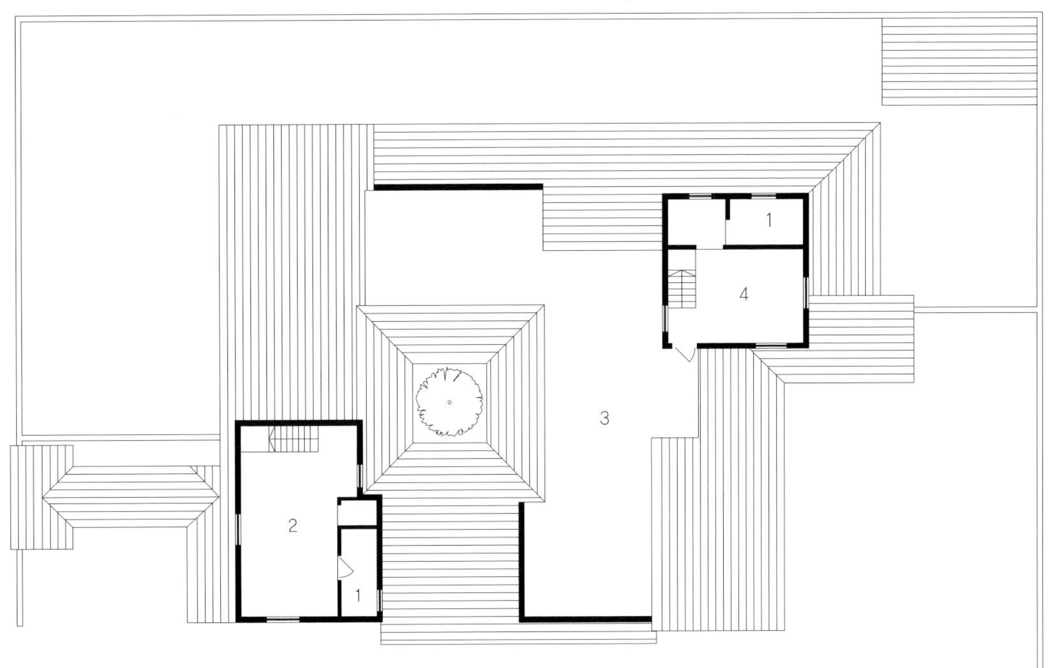

1 First Floor Plan

1 Bathroom
2 Studio bedroom
3 Terrace
4 Bedroom

2 Ground Floor Plan

1 Dining/conference room
2 Kitchen
3 Weaving room
4 Office
5 Courtyard
6 Living room
7 Veranda
8 Own room
9 Studio
10 Bedroom
11 Bathroom
12 Kund
13 Garage

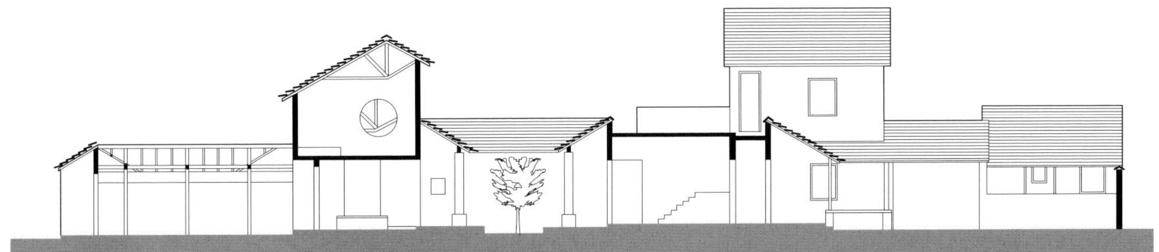

3 Section A–A

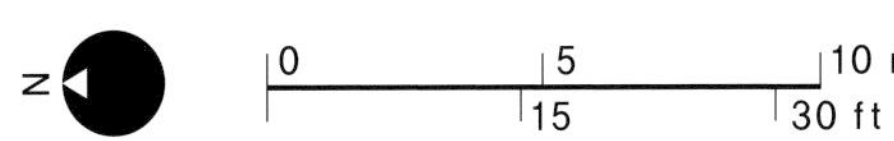

Zuber House

Antoine Predock, 1936-

Phoenix, Arizona, USA; 1989

안토인 프레독은 미주리주에서 태어났지만, 정서적으로 사막의 후예이다. 그는 뉴 멕시코 대학에서 건축 수업을 시작했고, 주로 앨버커크시에서 실무를 했다. 뉴욕 컬럼비아 대학에서도 공부했으며 1980년대에 로마 프라이즈Rome Prize 장학금을 받아서 로마에서 유럽건축을 연구했다. 그러나 미국 동부와 유럽의 전통적 지성은 그에게 맞지 않았다. 로마 체류 당시에 모터바이크를 타고 유럽여행 중, 빠르게 달리면서 봤던 자연경관에서 받은 감동은 그에게 훨씬 깊은 영향을 주었던 것 같다.

프레독의 건축에서 문화적 특징을 느낄 수 있다면, 그것의 원천은 뉴욕이나 파리가 아니라 멕시코나 스페인에서 온 것이다. 그러나 그의 건축 작업에서 중요한 것은 물리적, 감성적 추구이다. 사막의 기본 환경 −먼지가 많은 토양, 눈부신 하늘, 타는 듯 뜨거운 태양, 몹시 추운 밤− 이 척박하기 때문에, 문화적 영향보다 풍토적 영향이 훨씬 커서 '지역주의 건축'이 태동할 수밖에 없다. 프랭크 로이드 라이트의 강력한 건축 철학에서 그의 건축은 출발했지만프레독은 라이트 사무실의 실습생으로 잠시 일했다, 루이스 칸이나 루이스 바라간에서도 영향을 받은 것 같다.

주버 주택은 애리조나주 피닉스와 그리 멀지 않은 사막의 경사진 대지 위에 있다. 주택은 견고한 요새 같이 회색 콘크리트 구조와 거친 돌의 대지의 색과 조화를 이루는 붉은 블록으로 마감됐다. 이런 기후 조건에서 가볍고, 투명한 건물을 짓는다는 것은 어리석은 일이다. 창문은 상대적으로 작게 만들어 눈부심을 감소시키기 위해 벽 안쪽에 설치돼야 한다. 낮의 열기와 밤의 냉기를 견뎌내기 위해서 구조적 필요보다 벽체를 두껍게 해야 했다.

건축주는 화려한 주택설계를 요청하면서 기능적인 조건에 관한 요구는 아주 간단했다. 즉, 접대 공간, 주 침실과 서재를 연결하는 몇몇 큰 공간의 설치였다. 그들은 단순한 형태를 원했지만, 프레독은 안마당에 그늘진 공간을 만들기 위해 건물의 외곽을 요철로 구성했다. 지층에서는 건물의 주동을 등고선과 나란히 배치하면서, 한쪽 끝에는 차고, 반대편에는 방문객 출입구 그리고 두 공간 사이에 접대공간을 계획했다. 1층을 지층의 주동과 직각으로 건물을 배치했다. 그곳에는 침실, 드레스 룸, 화장실이 있으며 서재는 건물 뒤쪽 경사지 쪽에 두었다. L자 형태의 안마당은 집의 공간감을 다양화하며 3구획을 구성한다. 첫 부분은 대지의 뒤쪽 경사지로 열려있고, 둘째 부분은 침실 하부에 있으며, 셋째 부분은 거의 4면이 벽으로 둘러싸여져 하늘로 열려 있다. 각각의 안마당에는 작은 못이 있다. 서재 옆에 인접한 셋째 부분은 전체적으로 작은 못으로 이루어졌으며, 조경 설비에 의해 상부에서 물이 못으로 떨어진다.

침실의 위치는 집의 심장 혹은 지휘 센터에 해당하며, 침실에서 모든 방향으로 조망이 가능하다. 경사면을 따라서 동쪽, 서쪽의 경치, 집의 후면에 있는 물이 채워진 안마당 너머의 북쪽 그리고 남쪽으로는 멀리 피닉스 시가 보인다. 침실에서 얇은 배럴 볼트번역자주: 원통형천정아래에 있는 식당을 들여다 볼 수 있다. 그 배럴 볼트를 지지하는 것처럼 보이는 기울어진 2개의 타워 중 하나와 철 구조로 된 다리가 연결되어 있다. 이 다리의 기능은 동선 연결이 아니며, 거주자는 별이 빛나는 밤에 사막 위의 다리에서 다소 긴장되고 흥분되는 공간체험을 할 수 있을 것이다.

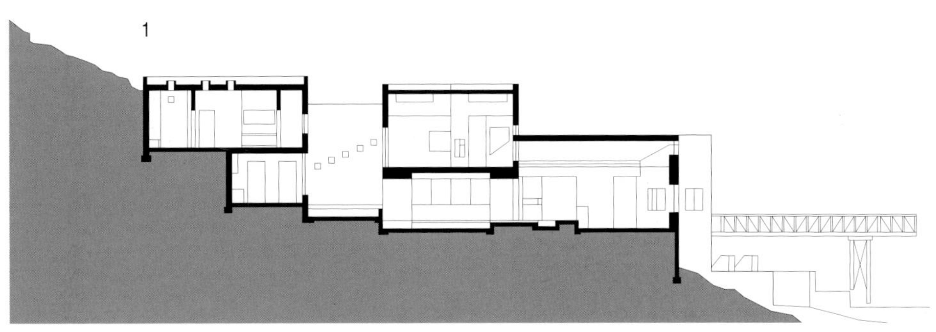

1 Section A–A

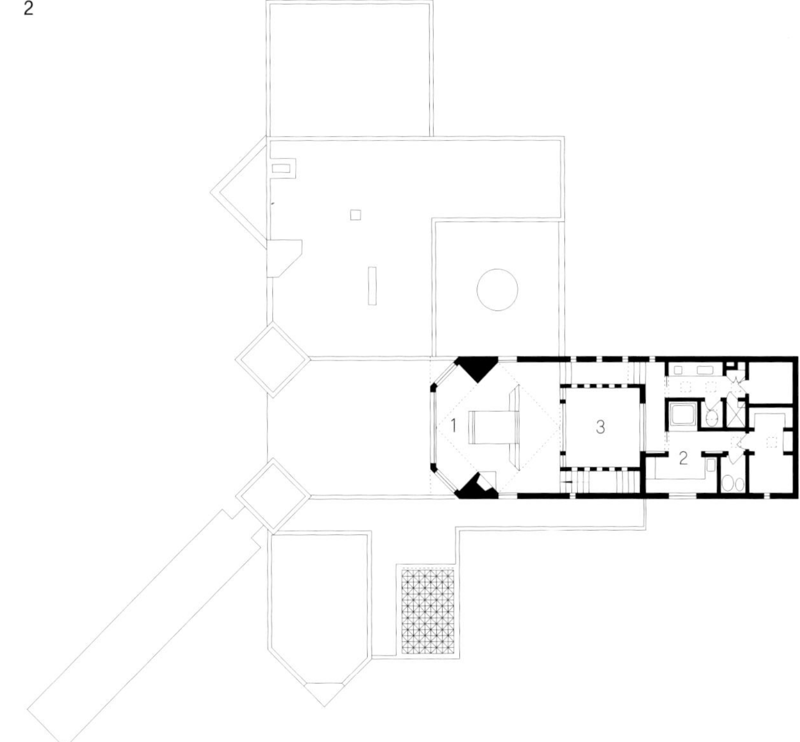

2 First Floor Plan

1 Bedroom
2 Dressing room
3 Court below

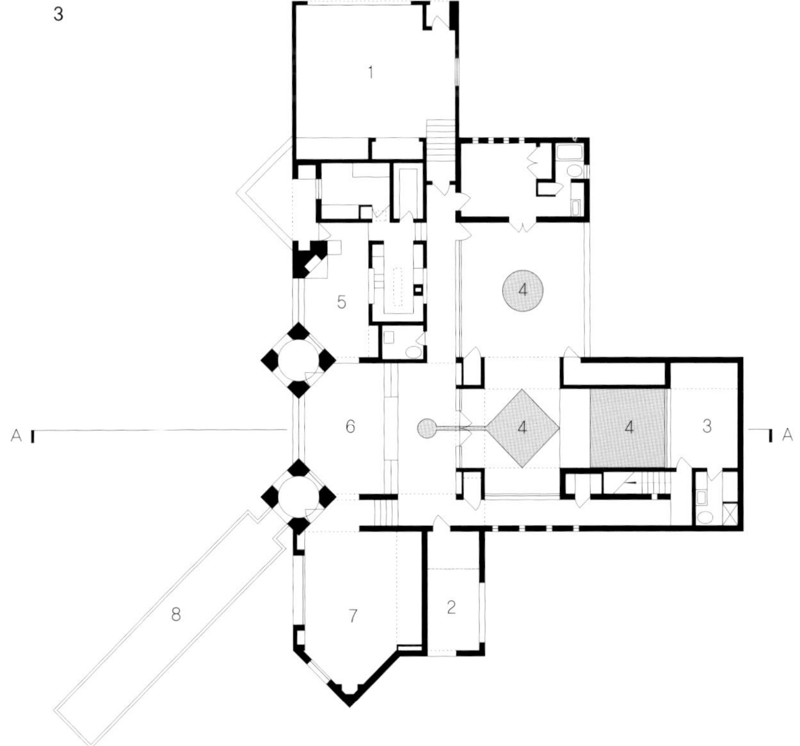

3 Ground Floor Plan

1 Garage
2 Visitor's entrance
3 Study
4 Courtyard
5 Kitchen
6 Dining room
7 Living room
8 Bridge

Neuendorf House

John Pawson and Cludio Silvestrin, 1949- and 1954-

Mallocra, Spain; 1990

존 포슨과 클라우디오 실베스트린은 종종 미니멀리스트로 분류되는 건축가들이다. 미니멀리즘은 예술 분야에 따라, 각각 다른 경향을 보인다. 예를 들어, 도날드 저드나 댄 플래빈의 조각들과 필립 글래스나 스티브 라이크의 음악이 가진 공통점은 거의 없다. 건축 용어로서 미니멀리즘은 디자인 요소의 절제나 장식을 없애려는 의도가 아니라, 비록 일상의 보편적인 요구를 무시하면서도 고요한 빈 공간에 강하게 집착하는 경향이 있다. 그래서 미니멀리스트 집에서는 TV를 벽장 속에 두고, 창문에는 커튼을 없애는데, 미술관 같은 미니멀리스트의 인테리어는 감각적 요소를 배제하기 때문에 결과적으로 단순해 질 수밖에 없다. 이 주택을 포슨과 실베스트린은 적절하게 나누어 설계했다.

독일인 미술상을 위한 주말 주택인 이 집의 인테리어는 애초 의도대로 시공했지만, 외부는 미니멀리즘 보다는 좀 더 초현실주의 작품을 따른다. 올리브 밭 사이에 있는 이 주택은 높은 대지에 있는 붉은색 마감의 박스 모양으로 기념비적인 형태를 갖추고 있다. 2개의 돌출부분이 본체를 대지에 고정시키고 있다. 그리고 경사진 대지와 땅에서 솟은 수평인 벽과 주택의 남동측벽의 입같이 생긴 개구부에서 마치 혀처럼 튀어나온 좁은 직사각형 모양의 수영장이 있다.

이것들은 순수한 기하학적 형태이며, 구조를 외부로 노출하지 않았다. 붉은 흙이 첨가된 스터코 외벽을 제외하면 이 지방 특유의 건축 요소는 없다. 벽과 수영장 형태가 다소 스케일감이 결여되어 보이긴 하지만 환상적이다. '이 건물은 주택인가? 혹은 요새인가?

주차장은 건물과 떨어진 곳에 배치했다. 방문객들이 계단 옆의 벽을 따라 올라, 오른쪽으로 대지 보다 낮게 위치한 테니스장을 지나게 된다. 이윽고 폭이 좁고 세로로 길게 뚫긴 개구부 앞에 도달한다. 개구부는 다른 세상으로 들어가는 통로처럼 보인다. 바닥이 돌로 마감됐고 식재가 안 된 안마당은 순전히 푸른 하늘을 지붕으로 삼고 있다. 주택으로 둘러싸인 부분은 평면상 L자 형태인데, 이 형태는 안마당을 둘러싸고 본체의 더 큰 사각형을 완성한다. 이것은 현대 건축가의 규범상 익숙한 형태이다. 이런 비슷한 예는 핀란드에 있는 알바 알토의 섬머 하우스p.122-123와 덴마크의 프레덴스보르그Fredensborg에 있는 코트야드 하우스가 있지만, 이 주택에서는 대체로 도시적인 느낌이 나는 그늘진 안마당을 만든다.

안마당은 사실상 거실의 기능을 갖는다. 유일한 공용공간은 안마당 출입구 건너편의 1층에 있는 주방과 식당인데, 이곳에는 안마당과 면하는 2개의 큰 출입구를 제외하고 외부를 향한 창이 없다. 이 출입구는 포켓 도어와 덧문에 의해 개폐가 된다. 고정된 석재 식탁이 벽난로와 함께 한쪽 끝에 있고, 반대편에 낮은 석재 벽 뒤에 조리대가 감춰져 있다. 아담한 돌계단은 주인침실로 연결된다. 침대, 옷장, 욕실, 샤워, 세면기 그리고 다른 고정설치물들은 각각 축에 맞춰서 배열되어 있다. 주 침실의 자연채광은 신비롭다. 한 줄로 늘어선 10개의 작은 창들은 안마당 상부에서 비추는 채광에 의해 균형을 이룬다.

이런 인테리어가 고성의 방같이 느껴진다면, 수영장은 고성입구에 들어올려진 다리와 같다. 실내에서 수영장 쪽의 문을 통해서 바깥을 바라보면, 수영장이 땅 위에 떠있는 듯한 환상적인 경험을 하게 된다. 실제로 수영장 하부에 좁은 계단을 통해 출입할 수 있는 실들이 있다. 거주자에게는 보이지 않지만, 이런 실들은 집안의 잡동사니를 두는 장소로서 모든 미니멀리스트 건축에 꼭 필요한 구성 요소이다.

1 Ground Floor Plan   2 First Floor Plan   3 Section B–B   4 Section A–A

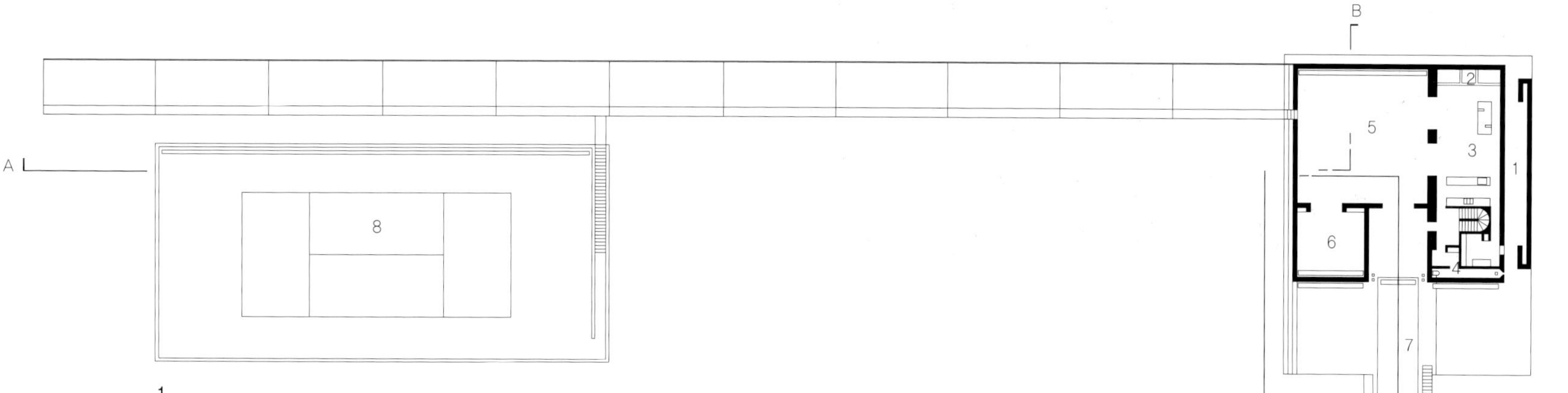

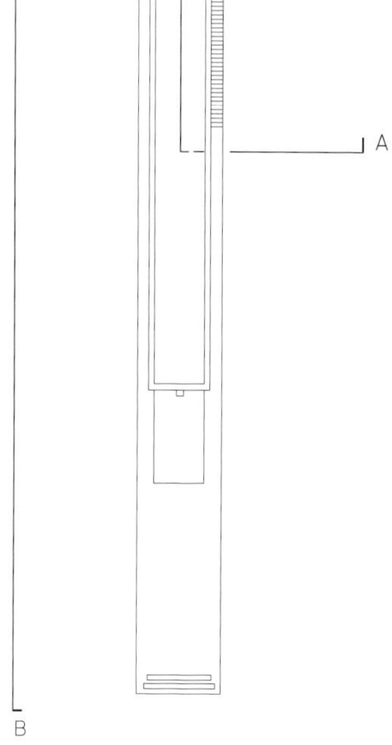

1 Storage	1 Master bedroom
2 Fireplace	2 Master bathroom
3 Kitchen/dining room	3 Bedroom
4 WC	
5 Courtyard	
6 Office/studio	
7 Pool	
8 Tennis court	

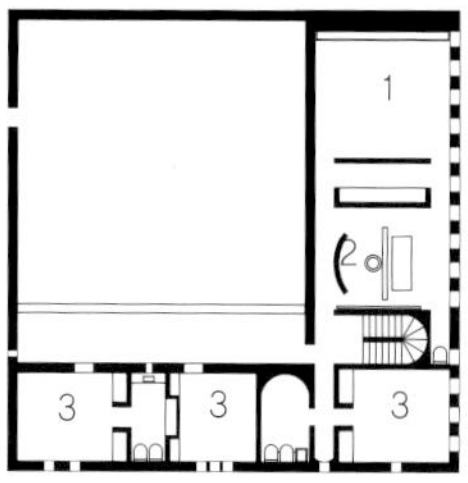

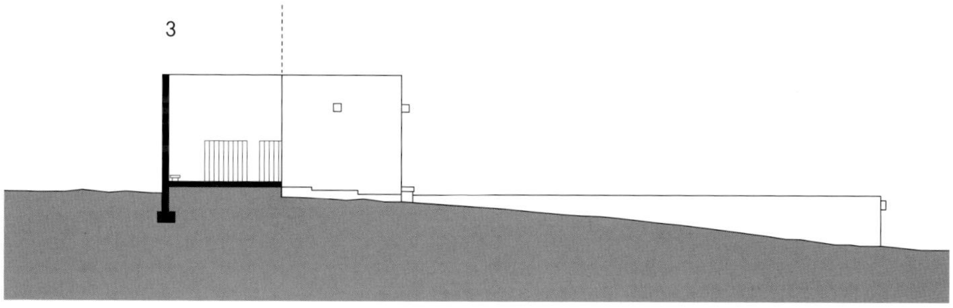

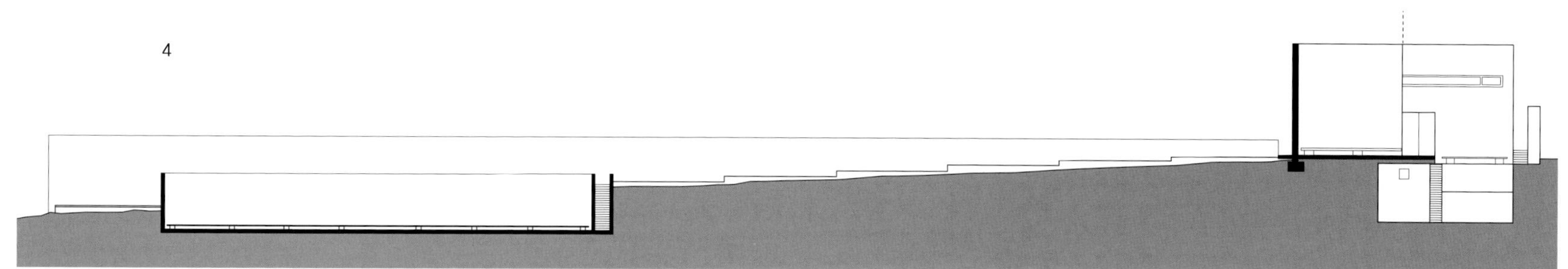

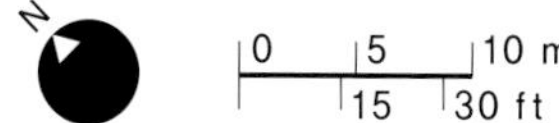

Villa Busk

Sverre Fehn, 1924-
Bamble, Norway; 1987-90

시베르 펜의 최근 작품들은 길고, 낮은 일자형 구조로 배의 선체와 같다. 프자에르랜드Fjaerland에 있는 글래시에르 박물관과 알브달Alvdal에 있는 아우크러스트Aukrust 박물관이 대표적인 예다. 이 주택의 경우는 마치 배가 오슬로 피요르드 해안의 큰 바위 언덕 위에 좌초되어 있는 느낌이다. 펜은 목선을 좋아하고, 강박적으로 목선을 많이 스케치했지만, 아주 지나친 것은 아니다. 이 주택의 경우, 배에 대한 은유는 적절한 것 같다. 성벽처럼 불규칙한 지형에 순응하면서, 바위에 정착시킨 튼튼한 콘크리트 벽에는 가볍게 부유하는 느낌이었다. 그리고 4개 층으로 된 타워가 있는데, 정사각형 평면이며 모서리의 작은 탑 안에 나선 계단이 있다. 이 타워는 동화를 유추한 것으로 보이는데, 아마도 이곳에서 긴 항해에 대한 낭만을 꿈꾸며 바다를 바라볼 수 있을 것이다.

펜 스스로가 이런 관점으로 타워에 대해 이야기했고, 제일 꼭대기에 있는 유리 전망대에 놀이 공간, 공부방이 있는 자녀들 침실을 배치한 것은 우연이 아니다. 주택은 자연풍경 속에 소박하게 서 있다. 이런 모습은 수평과 수직의 단순성, 땅과 하늘에 동화된 것처럼 보이며, 여행과 귀향에 관한 이야기를 품은 수평선과 대화하는 듯하다. 실존 철학자 마틴 하이데거의 저서에 있는 건축 이론의 주요부를 구성했던 크리스찬 노르베르그 슐츠가 펜의 친구였고, 동료였다는 사실을 이야기할 가치가 있다. 아마도 하이데거가 이 주택을 봤다면 좋다고 인정했을지도 모른다. 이 주택의 평면구성은 복도를 따라 생활공간이 배열되어 있다. 외벽이 대부분 유리로 이루어졌고, 돌로 바닥이 마감된 복도는 반은 내부, 반은 외부공간으로 느껴진다. 나무기둥으로 지지된 경사지붕은 복도가 마치 독립된 공간인 것처럼 보이게 한다. 이 지붕은 남서쪽 끝에 가서는 건물보다 두 기둥 간격만큼 외부로 돌출되어 포치의 역할을 한다. 전면의 콘크리트 벽체와 복도 사이에는 기능적인 공간들이 있다. 현관 홀, 거실, 주방, 식당, 침실이 바로 그 공간이다. 그러나 북동쪽 끝에는 실내 수영장이 있고, 중간에는 지붕이 없는 마당이 있다. 평면을 보고는 이와 같은 경사지 이용이나 빌딩이 10계단 정도의 폭만큼 후퇴되었다는 것을 알기 어려울 것이다. 마치 건물을 대지의 상황에 맞추기 위해서 강제적으로 비틀어 놓은 것처럼 보인다. 공간구성 상 현관 홀과 주방보다 높게 거실을 배치한 것은 이치에 맞다. 거실의 구석에 정육면체 모양의 아름다운 벽난로와 큰 직사각형의 굴뚝이 있다. 주방 뒤에 있어 잘 안 보이는 계단을 이용해서 안마당 하부에 있는 지하의 녹음실로 갈 수 있다.

이 주택에서는 특별한 공간적 체험이 가능하다.

남서쪽에 있는 타워와 북서쪽에 있는 정육면체의 창고를 잇는 세로축과 본체의 가로축이 상호 교차한다. 주 출입구에서 홀을 가로 질러 유리로 마감된 연결다리를 거쳐서 자녀 침실로 오를 수도 있고, 나선형 계단을 통해 아래로 내려갈 수 있다. 맨 아래층의 문을 나가 피요르드 해안과 보트 선착장에 갈 수 있다.

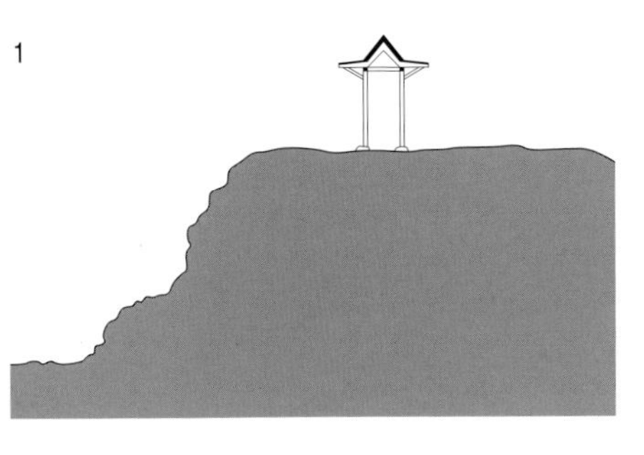

1 Section A–A

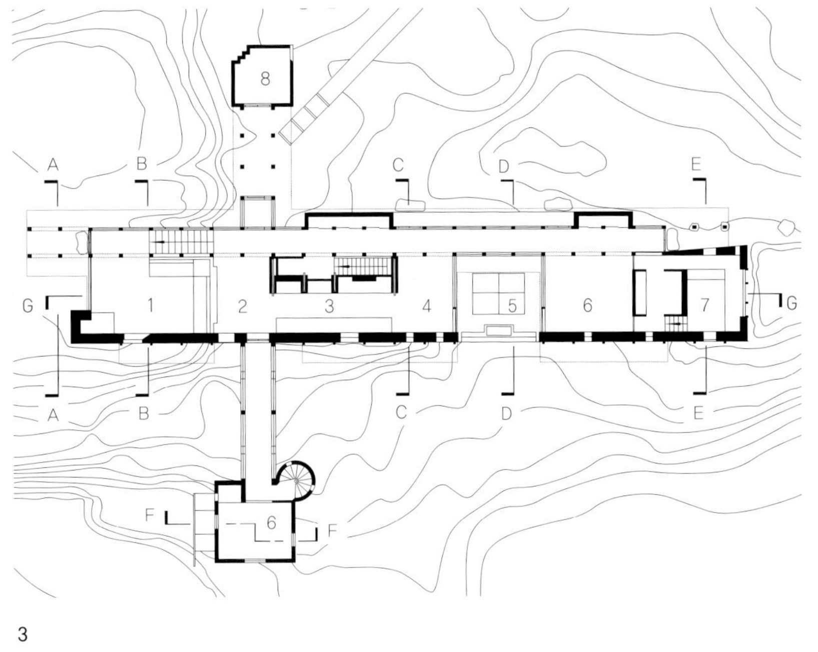

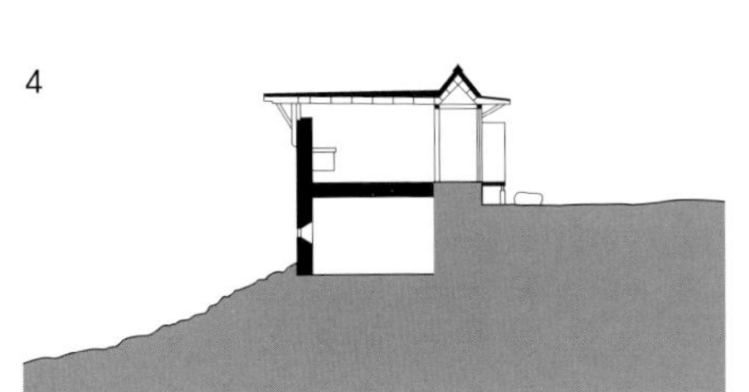

2 Section B–B

3 Ground Floor Plan

1 Living room
2 Hall
3 Kitchen
4 Dining room
5 Courtyard
6 Bedroom
7 Pool
8 Storage

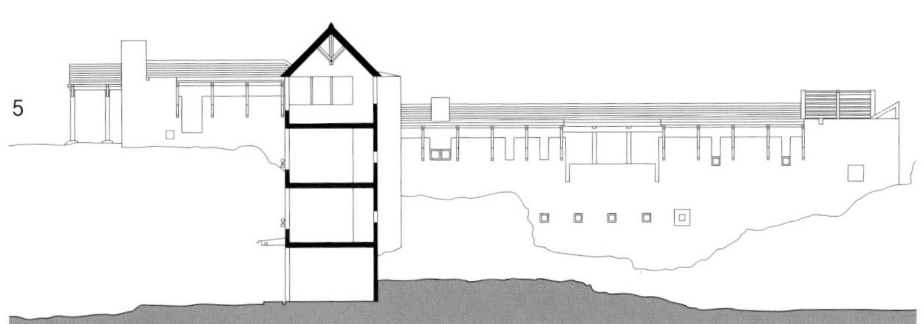

4 Section C–C

5 Section F–F

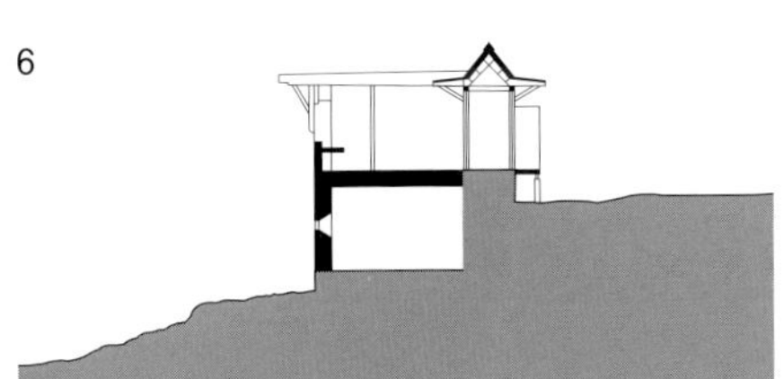

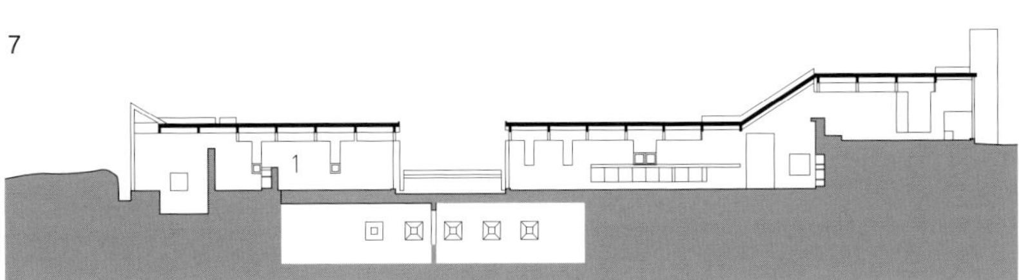

6 Section D–D

7 Section G–G

1 Recording studio

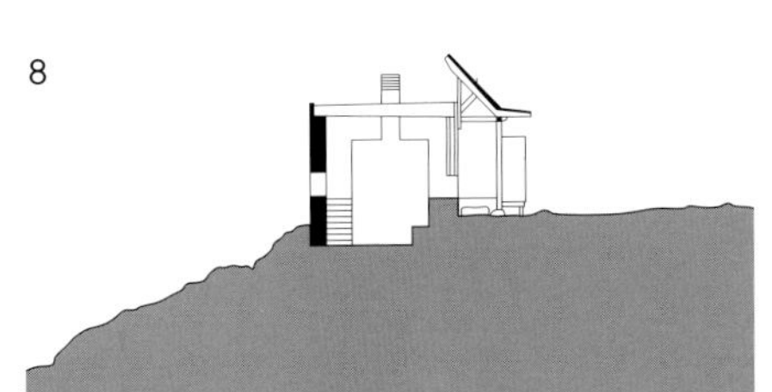

8 Section E–E

9 Site Plan

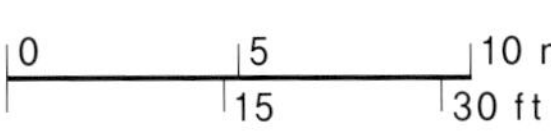

Casa Gaspar

Alberto Campo Baeza, 1946-
Zahora, Cadiz, Spain; 1991

알베르토 캄포 바에자는 순수주의자이다. 그러나 르 꼬르뷔지에와는 다르다. 르 꼬르뷔지에의 순수주의 그림에는 일상적인 사물들 즉 식탁, 책 그리고 와인 병 같은 것들이 포함되어 있다. 그의 건물들 역시 주 방 기구부터 자동차까지 일상사에 필요한 설비가 있 다. 전통적 외관은 바뀌었을지 모르지만, 내부의 생 활은 변함이 없다. 캄포 바에차의 순수주의는 르 꼬르 뷔지에와는 다른 방향이다. 그의 건물에서는 일상 생 활이 필요 없는 것처럼 보이며, 주변 건물과 경관을 무시한다.

캄포 바에자에게 제일 중요한 것은 어디에나 있 으며, 피할 수 없고, 비물질적인 것인데 즉, 중력, 빛, 공간과 시간이다. 그의 저서 "La Idea Construida" 에서 그는 "중력은 공간을 만들고, 빛은 시간을 만들 며 공간을 의미 있게 만든다. 건축의 핵심은 중력을 제어하는 방법과 빛에 순응하는 방법을 찾는 것이 다,"라고 서술했다. 관점에 따라, 이 문장의 뜻이 심 오하거나 알기 쉬울 수도 있지만, 미스 반 데어 로에 의 "Less Is More"를 개조한 캄포 바에자의 또 다른 모토 "More with less" 처럼 최소한 단순함의 미덕을 추종한다.

이 주택은 이 같은 원칙들을 완벽하게 보여주는 예이다. 실내 공간에 많은 비중을 두고 있으며, 3.5m 높이의 벽이 외부 공간을 가로막고 있다. 만일 이런 형식의 주택이 도심에 있다면 그리 놀랄 일이 아니지 만, 그러나 이 대지는 오렌지 과수원에 있으며 주변에 나무와 들판이 있다. 대지 주변 풍경은 아름답다. 다 행히도 건축주는 그 어떤 것보다 사생활 보호를 중요 시했고, 그 결과 캄포 바에자의 건축적 직관을 믿었 다. 주변과 단절된 이 주택을 추상적인 기하형태가 돋 보이게 한다. 3.5m 높이의 벽은 플라토닉 기하학적 형태의 완벽한 정사각형을 만든다. 정사각형은 3.5m 보다 더 높은 2개의 벽이 다시 3등분한다. 그 중 가운 데 부분에만 지붕을 씌웠다. 그리고 직각으로 방향을 틀어서 2개의 낮은 벽들은 정사각형을 다시 3등분했 다. 각각의 간격은 1:2:1의 비례를 유지한다. 따라서 이 벽체들은 정사각형 내에서 상호간 직각으로 교차 한다. 교차 중심에 생긴 직사각형 부분은 거실이고, 상부에 4.5m 높이의 지붕을 설치했다. 2개의 침실, 주방과 욕실은 양쪽 끝의 낮은 지붕 아래에 자리 잡고 있다. 이런 실들은 욕실을 제외하고 각각 코너에 있는 사적인 안뜰과 면한다. 욕실과 면한 안뜰 부분이 차고 이다. 결과적으로 거실의 동쪽, 서쪽에 큰 직사각형 의 안뜰을 형성한다.

평면상 완벽하게 논리적으로 계획되었지만, 이 런 엄격한 대칭은 인간의 사용성을 고려했다기 보다 는 기하학적 유희가 만든 결과처럼 보인다. 그렇지만 이 주택에 감성적인 매력이 결여된 것은 결코 아니 다. 캄포 바에자는 내부 모두를 흰색으로 채색하고, 구조적 디테일을 모두 감춤으로써 순수공간의 느낌 을 강화했다. 예를 들어, 거실에 있는 4개의 창들은 창틀 없이 한 장의 정사각형 유리를 담고 있다. 거실 의 모서리에 창을 계획한 것은 아주 잘 한 일이다. 그 결과 안뜰에 면하는 벽들은 유리, 벽체 그리고 다시 유리를 구성한다.

그러나 이 모든 단순화는 빛을 강조하기 위한 것이다. 캄포 바에자의 다른 작품으로 1988년에 지어 진 투레가노 주택에서 직사광은 건물외피를 빛내고, 공간을 균질화한다. 이 주택에서 담과 안뜰의 바닥재 는 거의 모든 빛을 반사시킨다. 이 빛은 낮 동안 끊임 없이 변하지만, 언제나 섬세하고 조금은 신비롭다.

1 Ground Floor Plan
1 Living room
2 Patio
3 Bathroom
4 Bedroom
5 Kitchen
6 Garage
7 Courtyard

2 Section A–A

N
0
5
10 m
15
30 ft

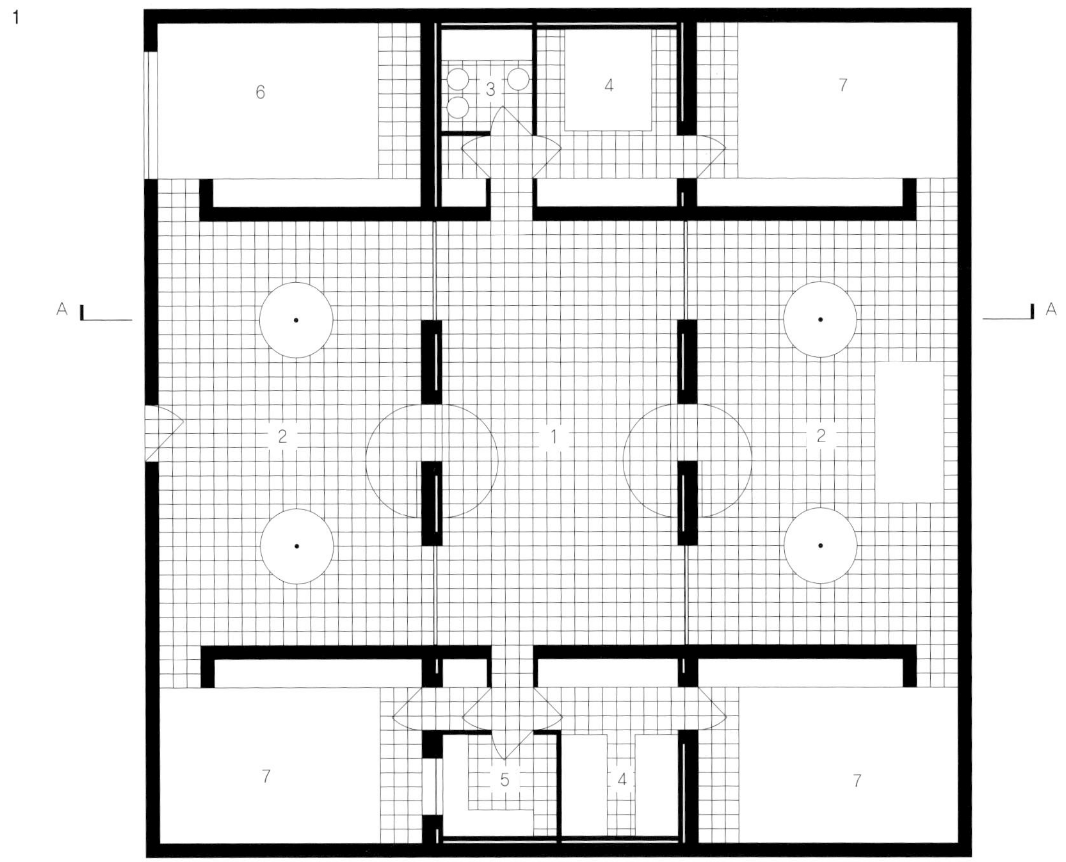

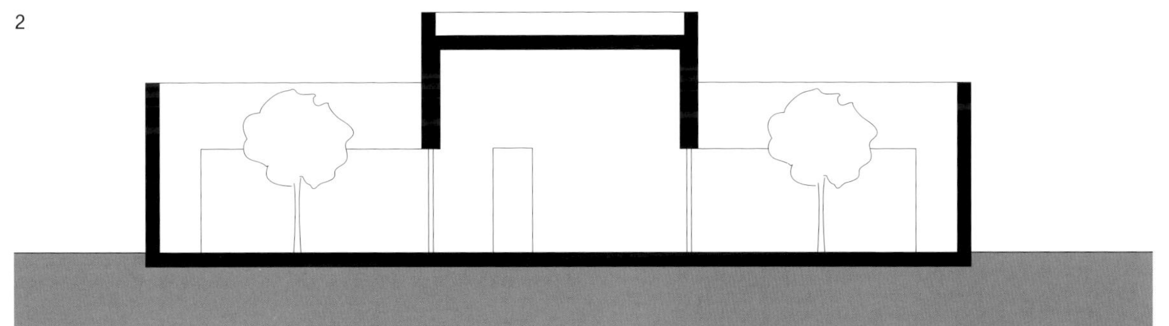

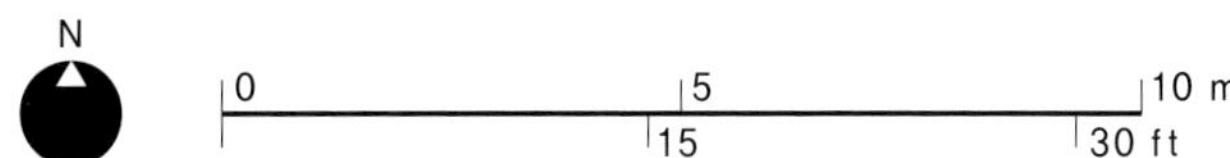

Villa Dall' Ava

Rem Koolhaas, 1944-
St Cloud, Paris, France; 1991

'주변 이웃과의 관계를 중시한 이 건물은 독립된 오브제가 아니다.' 이 설명 문구는 렘 쿨하스와 브루스 마우Bruce Mau의 책 S, M, L, XL에서 빌라 달라바의 도면들 위에 펜으로 자유롭게 쓴 메모들 중의 하나이다. 이 같은 분명한 생각에도 불구하고 이웃의 반대 때문에 건축이 오랫동안 지연되었고 프랑스 대법원에까지 가는 소송을 거쳤다는 것은 아이러니하다. 그렇지만, 이 계획을 면밀히 검토해 보면 주변 이웃과의 관계를 중시했다는 것이 전반적으로 사실이다. 그래서 주변에서 두 개의 르 꼬르뷔지에의 빌라와 에펠탑을 보는 것이 가능하다.

　주택의 부지는 잘 발달된 교외지역인 세인트 클라우드에 벽이 둘러쳐 있는 정원이다. 이 대지는 도로 쪽으로 급하게 경사져 있으면서 좌우에 두 개의 단독 주택과 나란히 있다. 한쪽의 주택이 다른 쪽 보다 도로면에서 많이 후퇴되어 있다. 우리는 왜 이 빌라의 형태가 두 개의 날개를 갖는 S자 모양인지를 분명하게 알게 된다. S자 형태는 남쪽 날개 부분을 남측 면에 있는 이웃 주택의 건축선에 맞추어서 도로변으로 돌출시키고, 다른 쪽 날개 부분은 인접한 이웃을 따라 뒤쪽으로 후퇴시키면서 그 사이에 연결 블록을 두었다. 그러나 이러한 배치는 조망을 위한 대안이기도 하다. 즉, 뒤쪽 날개부분을 옆으로 돌출시켜 어긋나게

배치함으로써 주 침실이 있는 뒤쪽 날개부분에서 딸의 생활공간이 있는 전면 날개부분 너머의 조망을 보장한다. 또 가파른 대지로 인한 경사를 매우 솔직하게 다루고 있다. 주택 전체는 3층 건물로 가장 낮은 층은 전면에서는 일층이지만 후면에서는 지하층이다. 이 층에는 현관홀, 서비스 공간, 서재, 스튜디오가 있다. 대지 위에 드러난 부분은 이 공간이 본질적으로 기초라는 것을 보여주기 위해 잡석 패턴의 검정색 석재로 덮었다. 가운데 층은 식당, 부엌, 그리고 거실이 있다. 벽체의 대부분은 유리로 되어 있어 공간적으로 정원의 부분처럼 보인다. 최상층에는 수영장을 중앙에 두고 그 양 끝에 침실들을 두었다.

　수영장은 두 개의 날개를 연결하는 블록의 꼭대기에 있으며 지붕 층에서만 접근할 수 있다. 이 부분에서 갑자기 이 주택의 설계가 솔직성을 잃어버린 것처럼 여겨진다. 엄청난 무게의 수영장을 유리벽의 거실 위에 올려놓는 것은 건축적인 법칙에 어긋나기 때문이다. 그러나 이런 방식은 모든 규칙을 깨고, 모든 전통적인 형태를 다시 고치며, 모든 관습의 거부를 추구하는 렘 쿨하스와 OMAthe Office for Metropolitan Architecture에게는 매우 일상적인 것이다. 실제 수영장은 거실과 긴 경사로를 분리하는 창고 부분의 나무 벽체 속에 숨겨져 있는 두꺼운 기둥들이 지지한다. 현

관 홀에서 건물 뒤편에 있는 거실로 직접 연결되는 경사로는 르 꼬르뷔지에 스타일의 이웃들에게 메시지를 전하고 있다. 이 주택은 빌라 사보아Villa Savoye, p.80-81와 빌라 스타인Villa Stein, p.54-55과 차별화를 이룬다.

　이 외에도 많은 낯선 디테일들이 있다. 예를 들어, 딸의 방은 몇 개의 가늘고, 사선의 기둥들이 지지하지만, 이상하게도 부모들의 주 침실은 그러한 지지 구조를 전혀 필요로 하지 않는 것처럼 보인다. 사용 재료 또한 평범하지 않아서, 주택 실내의 부엌 벽체 구성에 사용된 반투명한 플라스틱 박판이나 2개의 침실에 덮어씌운 알루미늄 골판과 같이 값싸고 조악한 재료를 사용했다. 오늘날에도 우리들은 OMA에게 그러한 것들을 기대하고 있지만, 1991년 당시의 그것들은 정말 새롭고, 화제를 일으킬만한 활기찬 것들이었다.

1 Roof Terrace Plan
1 Swimming pool

2 Second Floor Plan
1 Bedroom

3 First Floor Plan
1 Living room
2 Kitchen
3 Dining room
4 Void

4 Ground Floor Plan
1 Entrance
2 Service room
3 Studio
4 Garage

5 Section A–A

6 Section B–B

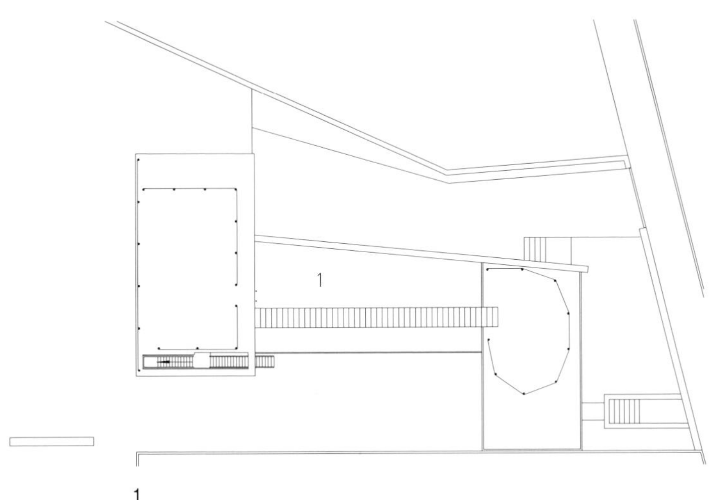

1

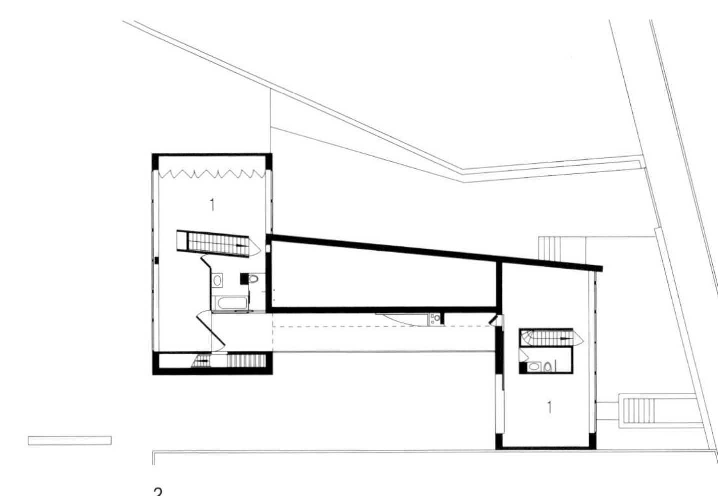

2

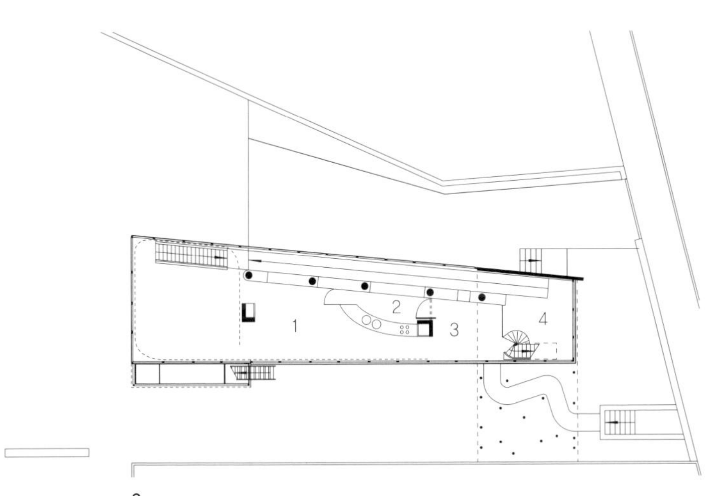

3

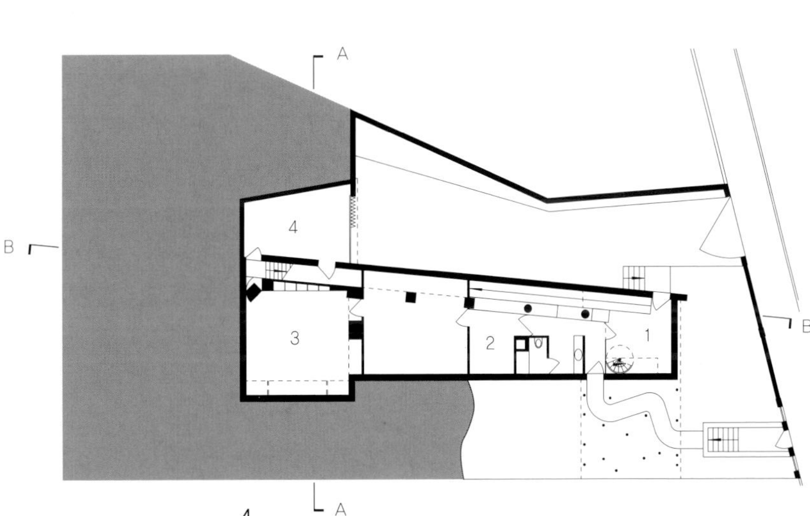

4

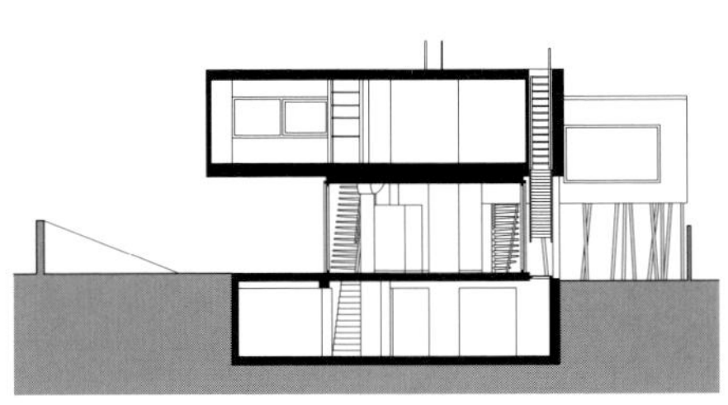

5

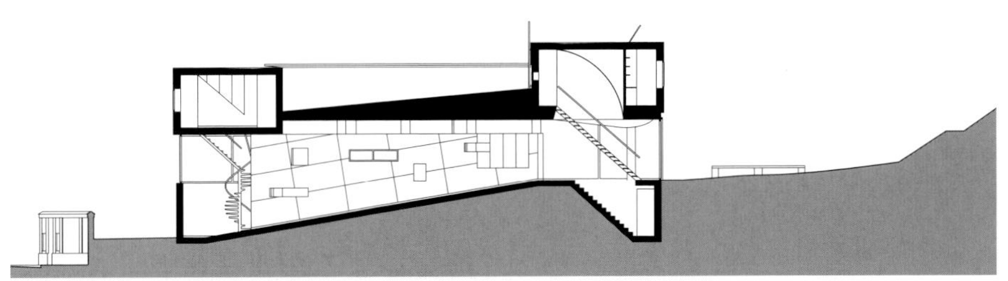

6

Charlotte House

Günter Behnisch, 1922-
Stuttgart, Germany; 1993

1989년 베를린 장벽이 해체되고 독일의 신수도 개발을 둘러싼 양식론적 공방이 나타날 때까지 베네시와 파트너 사무실은 서독 건축의 진보적 근대성을 선도해왔다. 베네시 사무실에서는 1972년 뮌헨 올림픽 스타디움과 본에 있는 연방의회건물1983년에 의뢰받아 시작해서 완성된 바로 그 시점에서 불필요한 건물이 되어버림을 포함해서 공공의 성격을 띠는 사회적 건물들을 설계했다. 이들의 작업은 고도의 공간적 자유의 건축을 창조하기 위해, 유리와 철을 바탕으로 하는 축조의 감각과 해링과 샤로운의 '유기적' 전통을 결합시킨다. 1991년에 바드 라페나우Bad Rappenau에 세워진 알베르트 슈바이터Albert Schweiter 특수학교를 포함해서 1980년대와 1990년대의 학교건축을 통해 베네시 방식을 유럽과 미국 등의 해체주의 양식과 결합시켰다.

그러나 샤롯데 하우스에서는 해체주의적 요소는 전혀 나타나지 않는다. 군터 베네시의 딸과 두 아들을 위해 설계하였으며 스투트가르트의 평범한 주거지 내의 길에 면해 있다. 교외지역에 있는 단독주택 빌라에 대한 평범한 기대를 충족시키고 있다. 정사각형을 바탕으로 컴팩트하고 경제적인 평면 위의 원통 형태의 금속판을 덧씌운 지붕은 차별화된 독특한 모습을 보여준다. 지붕의 형태는 주변의 이웃들 사이에서 이 주택을 두드러지게 하려는 의도가 아니라 그 정

반대의 의도에서 만들어졌다. 지붕 밑을 다락방으로 사용함으로써 건물의 높이를 낮추려는 의도가 있는 것이다.

평면구성에서 평범하지 않은 특성을 두 군데서 발견할 수 있다. 첫 번째는 3개의 침실과 2개의 욕실이 있는 지붕층의 반원통 형태의 공간이다. 침실공간 중 2개의 침실에는 사다리로 연결되는 취침대가 높게 설치되어 있어 반원통 형태의 공간은 두 개층 높이의 높은 층고를 갖는다. 이 공간은 외부에서 바로 접근할 수 있는 계단이 있어 쉽게 임대가능 공간flat으로 전환이 가능하다. 두 번째는 지하층에 있는 정원의 선큰 공간과 연결된 수영장과 사우나가 그 특징이다. 건축주가 보행에 어려움이 있어 승강기가 설치되어 있고, 이동을 위한 동선 공간은 개방적이고 여유있게 구성되어 있다. 지상층은 현관홀, 식당 그리고 부엌을 하나로 묶는 커다란 남향의 단일 공간으로 계획되어 있다. 식당 앞에는 테라스 혹은 데크라 할 수 있는 공간이 이 주택 서측의 주 출입구를 대신해서 선큰가든 위에 펼쳐져 있다.

건축가들이 주택의 평범하지 않은 디자인을 크게 부각시키고 싶어하지만, 이 주택은 '태양열' solar-powered 주택으로 더 많이 알려져 있다. 일부 건축가들 중에는 온실, 축열벽, 남향의 태양 집열판의 경사

지붕이 만드는 좋지 않은 외관을 에너지 절약이라는 말로 덮으려는 사람들이 있다. 샤롯데 하우스는 이런 유형의 형태가 아니다. 이 주택에서는 에너지 절약을 위한 패시브 기술과 액티브 기술 둘 다를 사용하고 있다. 주택 지붕의 곡면 형태는 태양 집열판이 최적의 각도로 얹혀질 수 있도록 고려되어 있다. 남쪽에 면한 벽은 거의 전면유리로 되어 있어 동절기에 태양열을 얻는 패시브 태양열 이용을 훌륭하게 하고 있지만 온실이라는 생각이 들지 않는다. 또 여름철에 유리면에 그늘을 만드는 외부 루버도 전통적인 덧문과 다른 모습이다. 뒤쪽의 북측 외관은 동절기에 열손실을 줄이기 위해 창을 작게 만들고 그 위에 목재를 입혀 놓았지만, 여기에서도 놀랄만하거나 비주거적인 요소는 찾을 수 없다.

이 주택은 형태와 성격에 있어서 전형적인 베네시 스타일의 건물은 아니다. 그러나 이 건물에 잠재되어 있는 실제적 역량과 실용성은 이 건물을 베네시의 대표 작품에 넣어도 손색이 없게 한다.

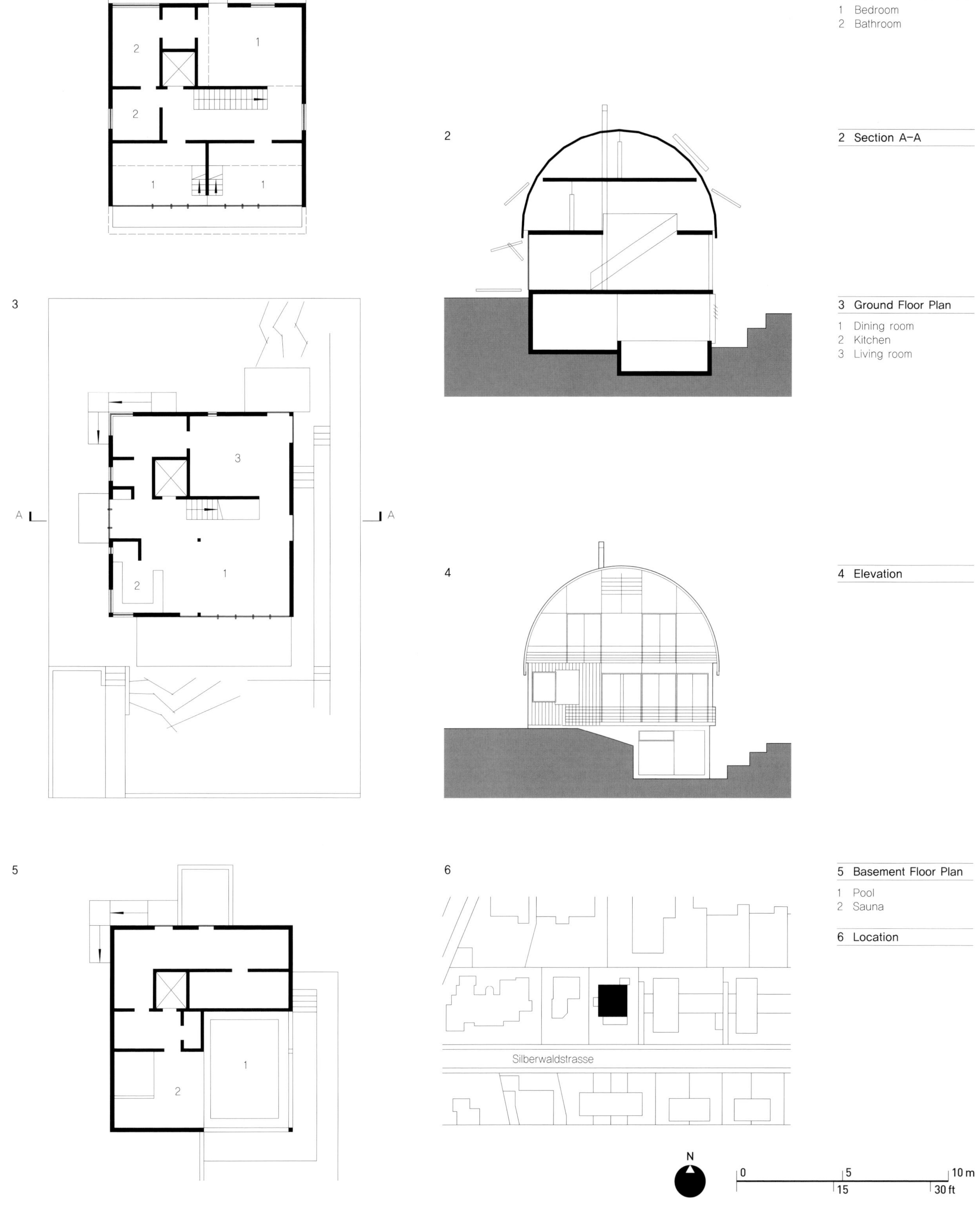

1 First Floor Plan
1 Bedroom
2 Bathroom

2 Section A–A

3 Ground Floor Plan
1 Dining room
2 Kitchen
3 Living room

4 Elevation

5 Basement Floor Plan
1 Pool
2 Sauna

6 Location

Silberwaldstrasse

N
0 5 10 m
15 30 ft

Truss Wall House

Eisaku Ushida and Kathryn Findlay, 1954- and 1953-
Tsurukawa, Tokyo, Japan; 1993

건축을 공부하는 요즈음 학생들에게 '맥락' context을 디자인의 중요한 미적 결정 요소로 가르치고 있다. 대부분의 현대 건축물들은 주변을 적극적으로 반영한다. 그러나 건물이 위치할 주변이 도쿄의 쮸루가와 지역같이 무계획적이고 매력없는 교외로 뒤죽박죽 어수선하다면 어떻게 해야 될까? 진지한 건축가라면 사람들이 싫어하는 것을 어떻게 호의적으로 대응할까? 우시다 핀들리의 해답은 그것을 무시함으로써 침묵의 비판을 가하는 것이다.

트러스 월 하우스는 주변 주택들과 똑같이 협소한 대지에 밀어 넣은 단독주택이다. 주변의 주택들이 공간이나 빛에 주목하기보다는 생산성과 이윤을 추구하는 건설 산업의 생산품인데 반해 트러스 월 하우스는 건축의 일부임에 틀림없다. 이 주택을 지을 때 긍정적으로 받아들인 주변의 배경요소는 머리 위쪽의 하늘과 멀리보이는 언덕들이 전부이다.

이 주택은 프랑크 로이드 라이트 주택에 나타난 유기적 의미와는 다르게 두개골이나 조개껍데기 같은 동물의 화석과 같다는 의미에서 유기적이다. 즉, 자연환경의 잠재적 위험성으로부터 약하고 다치기 쉬운 기관을 보호하기 위해 두개골이나 딱딱한 조개껍데기를 생성시킨 것과 같이 트러스 월 하우스도 자기 속에 거주하는 사람들을 잠재적인 위험성을 갖고

있는 도시환경으로부터 보호하기 위한 배려를 하고 있다. 소음과 프라이버시의 침해가 가장 큰 문제였다. 고가도로 형태의 도쿄 중심지로 연결되는 통근철도가 이 주택의 바로 맞은편에서 지나가고 있고, 대지는 주택이 도로와 거의 붙을 정도로 협소하다. 이로써 이 주택은 바깥 세계를 향해서는 전체를 매우 유연한 곡면으로 감싸면서 안쪽과 위쪽을 바라볼 수 있게 계획되어 있다. 이 건물의 몇 개 안되는 창문들은 선박의 현창처럼 매우 작거나 건물외부를 둘러싸고 있는 곡면 주름 뒤에 숨겨져 있다.

주택은 3개의 층으로 구성되어 있다. 즉, 침실이 있는 반지하층, 지표면보다 높은 거실이 있는 지층, 그리고 가장 상층에 정원이 있다. 디자인의 중심점은 공간이 방에서 방으로, 내부에서 외부로 끊임없이 연속적으로 흐른다는 것이다. 예를 들어 거실과 지붕 정원의 구성을 보면, 거실은 내부공간인데 비해 정원은 외부공간이고, 정원은 층을 달리하여 거실의 상부공간과 하나의 연속공간을 이룬다. 또 반원형의 라운지 공간은 이 주택의 유일한 대형 창문을 통해 파티오에 연결된다. 여기에서 공간은 다시 널찍한 계단을 타고 위로 올라가 뼈같이 생긴 난간이 있는 자루모양의 지붕 정원 속으로 흘러 들어간다. 이러한 공간들은 또 다른 의미에서 유기적이다. 건축가는 이러한 공간

들을 인간이 걷거나 기어오르거나 춤을 출 때 그들의 신체가 공간에 만드는 형상에 적절한 것이라고 말한다. 이탈리아 미래주의자가 시도한 20세기 초기의 예술실험과 사진실험들에서 영감을 받아 설계된 주택이다.

트러스 월이라는 이름은 구조의 특징적인 형태를 의미한다. 모양에 따라 수직의 철골 트러스를 보강재로 연결하고, 철망을 덮어 씌우고 콘크리트를 채워 넣음으로써 단열성을 갖는 이중벽을 만들었다. 일반적인 시공도면 대신 3차원 CAD 모델을 사용하였고, 공간적 복잡성을 구축하기 위해 특별히 '안을 들여다 볼 수 있는' 아이소메트릭 도법을 개발하였다.

에이사쿠 우시다/캐서린 핀들리는 일본-스코틀랜드 합자회사이다. 그들은 둘 다 아라타 이소자키 Arata Isozaki 사무실에서 경력을 쌓았고, UCLA와 동경대학에서 학생들을 가르쳐왔다. 2004년에 작업을 의도적으로 정리할 때까지 그들은 도쿄, 런던, 그리고 글래스고에서 사무실을 운영했다. 그들이 다시 사무실을 운영할 것이라는 확신이 있다.

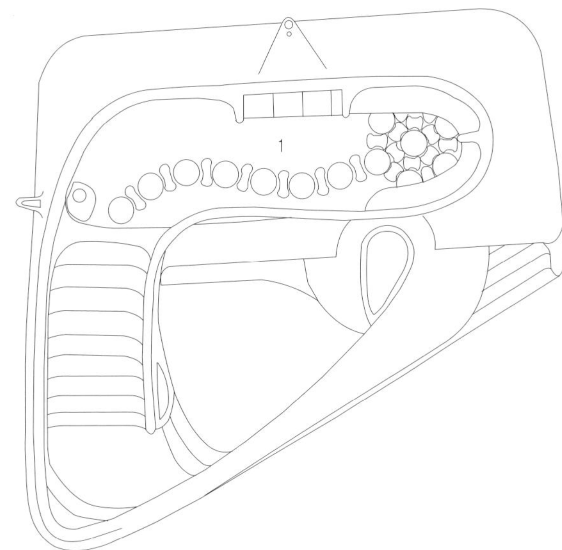

1 Roof Plan

1 Roof terrace

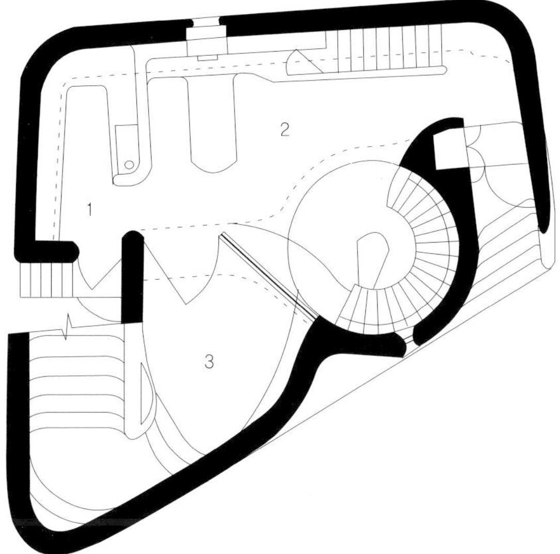

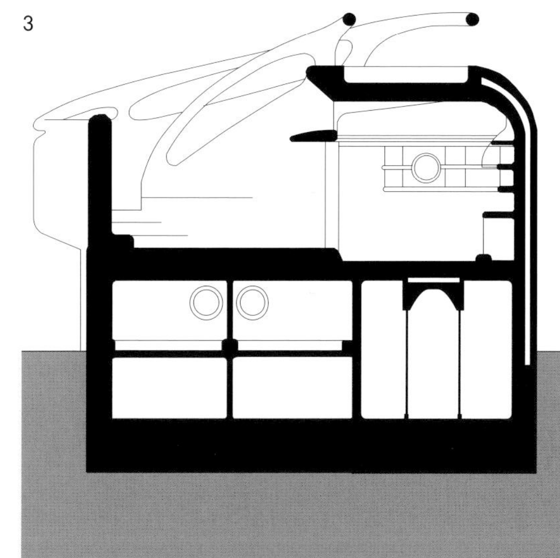

2 Raised Ground Floor Plan

1 Kitchen
2 Living/dining room
3 Terrace

3 Section A–A

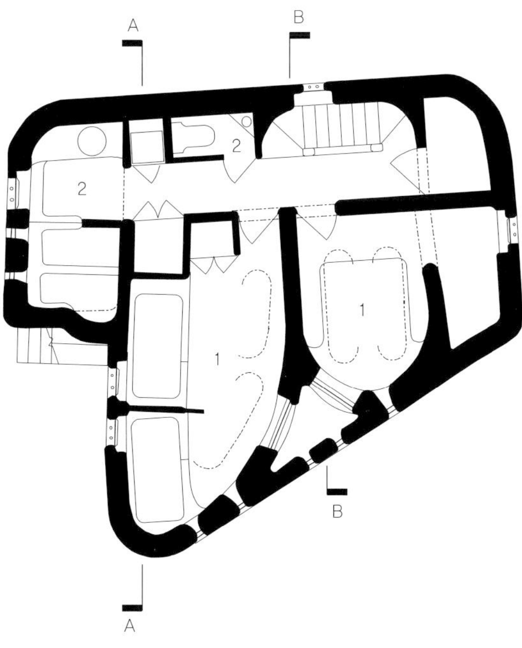

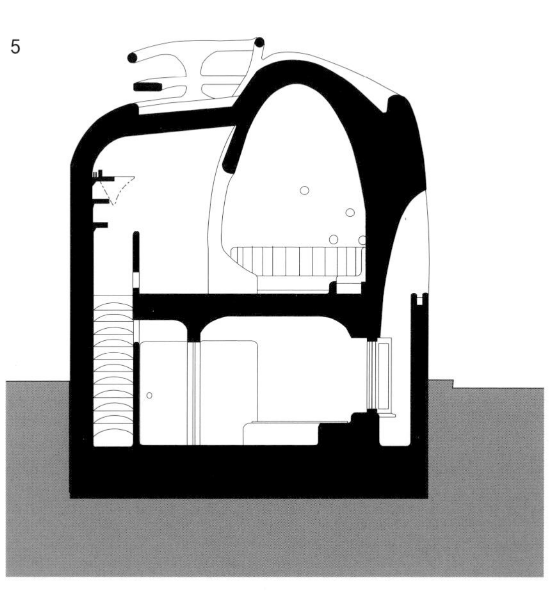

4 Semi-basement Plan

1 Bedroom
2 Bathroom

5 Section B–B

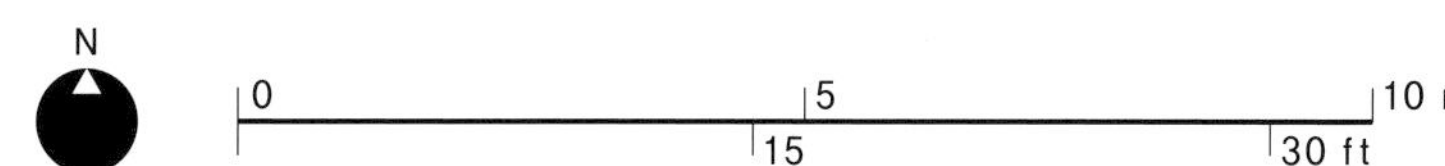

Cho en Dai House

Norman Foster, 1935-

Kawana, Japan; 1994

1980년대를 풍미했던 영국의 하이테크 양식은 무미건조할 정도로 솔직하다. 고정된 공간의 배열보다 가변성을 중시하는 영국의 하이테크 양식은 나무와 벽돌 같은 자연재료를 거부하고 금속과 유리 구성요소를 볼트로 연결하는 방식을 사용한다. 홉킨스 주택 Hopkins House, p.174-175 같은 사례가 있기는 하지만 영국에서 하이테크 주택을 발견하기 어려운 것은 놀랄만한 일은 아니다. 노만 포스터는 하이테크 양식의 선구자지만, 부유한 일본인 사업가를 위한 주택설계에서 미스 반 데어 로에의 고전적인 방식을 택했다. 모든 유형의 근대주의자들에게 지속적인 영감을 주었던 일본 전통주택이 있었다.

디자인을 결정하는데 가장 많은 영향력과 영감을 준 것은 건축주가 선택한 대지일 것이다. 대지는 소나무의 바다조망이 있는 도쿄에서 약 135km[80마일] 떨어진 이즈Izu 반도의 동쪽 해안절벽 위에 있다. 대지가 가지는 절벽의 입지특성은 시게미 고마쭈 Shigemi Komatsu가 설계한 인공 조경계획으로 안정되었다. 루이스 칸이나 안도 다다오가 사용하는 거칠지만 부드러운 방식의 콘크리트 옹벽이 대지를 쇄석의 노출 콘크리트 포장이나 붉은 화산 자갈로 마감된 몇 개의 커다란 수평 테라스들로 분할하고 있다. 3개의 고대 석등과 매우 정교한 에도시대 말기의 다실이

아주 긴 직사각형 모양의 테라스를 위엄있는 정원으로 변화시키고 있다. 도로에 면한 주차공간에서 아래쪽으로 직선을 따라 일렬로 배열된 4개의 계단을 따라 내려가면 주택이 서 있는 포장된 직사각형의 테라스에 도달하게 된다.

여기에는 미스의 판즈워스 주택p.112-113을 떠올리게 하는 요소들이 있다. 단층구조, 평지붕, 백색 페인트의 강철골조, 바닥에서 약 1m 정도 띄워져서 매달린 현관 부분의 중간참platform 바닥 슬래브가 그 요소들이다. 미스 주택의 영향 속에서도 분명한 차이가 있다. 예를 들면, 건물의 골조에 사용된 기둥이 H형강이 아닌 원기둥이다. 지붕 캔틸레버가 건물의 끝단이 아닌 양측면에서 돌출하고 있다. 지붕보는 끝이 점점 가늘어지도록 처리되어 구조적으로 풍부한 표현을 하면서 어렴풋하게 일본적인 모습을 띤다. 반면, 바닥에서 띄어진 목재의 데크테라스는 매우 얇은 판으로 되어 있지만 어디에서도 그 판을 지탱해 주는 수단을 찾아볼 수 없다. 여러분이 생각하는 것처럼 외벽들은 대부분이 유리로 되어 있지만 모든 유리 패널들은 일본의 쇼지 스크린처럼 미닫이 형태로 열 수 있다. 건물을 빙 돌아서 좁은 띠 모양의 고창이 설치되어 있다. 미스적인 특징이 가장 적게 나타나는 매끄러운 알루미늄의 상자들이 있다. 이 상자들은 중앙 볼

륨에 덧대어 끼워져 테라스 위에 정렬되어 있다. 조립식으로 보이는 구조 모듈에는 욕실, 부엌, 공기조화시설과 창고공간이 있다. 하이테크 양식을 전반에 걸쳐 분명하게 배제하지는 않았다. '서비스를 받고 서비스를 제공' 하기 위해 기둥 사이의 내부공간을 그 어떤 것에도 방해받지 않게 완벽하게 남겨두었다. 3개의 움직이는 슬라이딩 파티션이 이 공간을 2개의 2-베이 공간과 2개의 1-베이 공간으로 분할하고 있으며 이들 공간은 거실, 식당, 현관홀 그리고 침실로 지정되어 있다.

판즈워스 주택에 태양열의 온실효과와 달리 이 주택에서는 차양장치가 있어 태양열에 따른 문제가 없다. 거실을 덮고 있는 지붕은 자연 채광과 열을 조절하는 기계와 같다. 일렬로 배열된 얕은 경사의 유리 판넬들은 필요에 따라 외부에 수평으로 설치된 두루마리형태의 블라인드를 사용하여 그늘을 만든다. 내부에서는 주광과 직사광을 박물관 수준으로 정교하게 조절할 수 있도록 천장에 커다란 전동 루버가 있다.

손님들의 편의를 위해 인접한 대지에 본관을 축소한 3베이 형태의 주택이 있다.

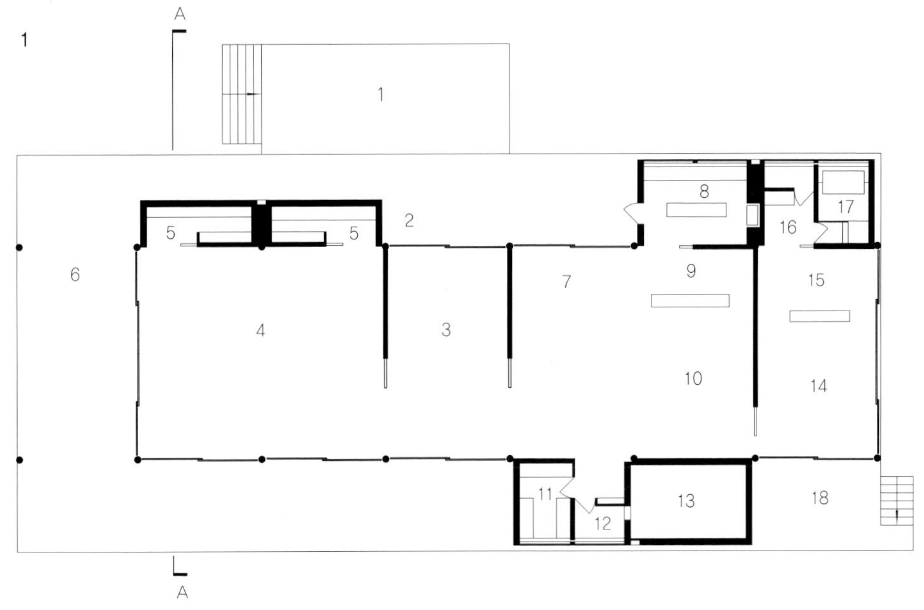

1 Main House

1 Entrance platform
2 Main entrance
3 Entrance lobby
4 Living room
5 Storage
6 External terrace
7 Dining area
8 Kitchen
9 Bar
10 Seating
11 Laundry
12 Guest washroom
13 Air-handling plant
14 Bedroom
15 Dressing area
16 Bathroom
17 Japanese bath
18 Private terrace

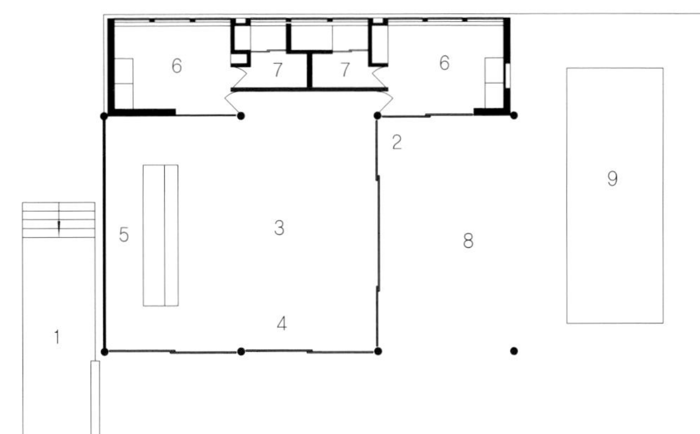

2 Guest House

1 Entrance platform
2 Main entrance
3 Living room
4 Dining room
5 Kitchen
6 Guest bedroom
7 Guest bathroom
8 External terrace
9 Swimming pool

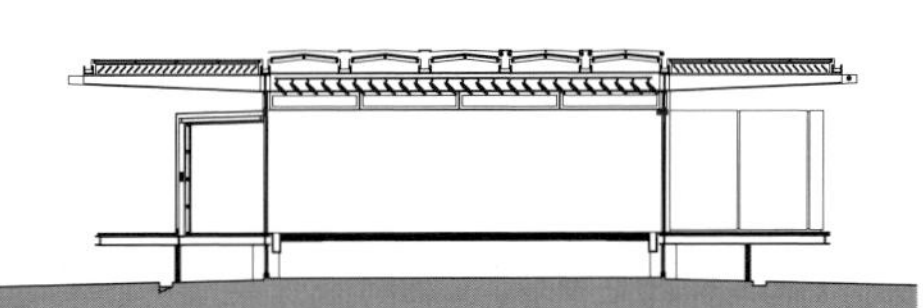

3 Section A–A

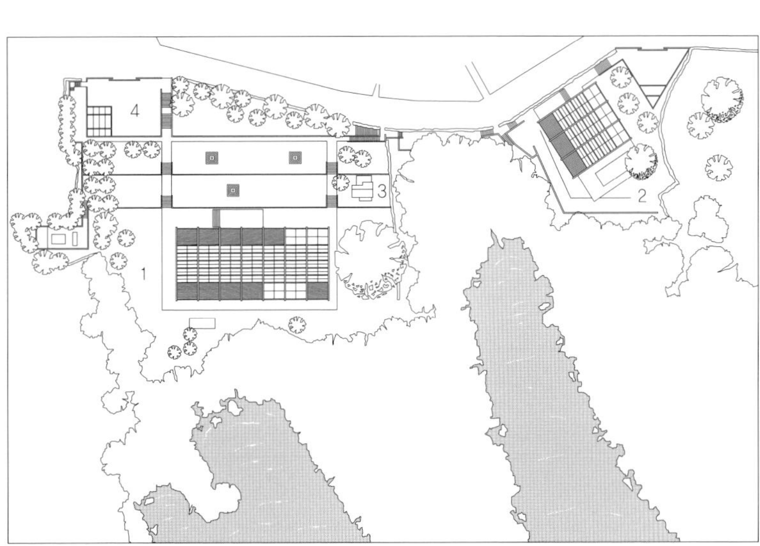

4 Site Plan

1 Main house
2 Guest house
3 Tea house
4 Car park

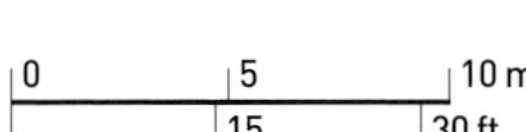

N

0   5   10 m
15   30 ft

Marika–Alderton House

Glenn Murcutt, 1936-

Yirrkala, Eastern Arnheim Land, Northern Territory, Ausralia; 1994

예술가 반덕 마리카Banduk Marika와 그녀의 영국 파트너, 그리고 아이들을 위해 디자인한 이 주택은 북쪽으로 바닷가에 면해 있다. 호주에서 가장 잘 알려진 건축가가 이룬 다양한 시도 중의 하나이다.

글렌 머컷Glenn Murcutt은 대부분을 호주에서만 일한 주택 전문 디자이너이지만, 이 주택은 원주민이 처음으로 의뢰한 프로젝트였다. 열대 지방에 설계한 첫 건물이기도 하다. 이 주택을 설계하기 위해선 기술적인 측면과 문화적인 측면의 문제들을 해결해야 했다. 즉 연중 온도가 섭씨 25도 이하로는 절대로 떨어지지 않고 때때로 40도까지 치솟기도 하는 기후 조건에서 어떻게 쾌적한 환경을 만들 수 있느냐 하는 것과 독성이 있는 거미와 물어뜯는 도마뱀의 공격을 되도록 에어컨과 같은 인공 기술을 쓰지 않으면서 막을 수 있느냐 하는 것이다. 이 주택의 대지는 허리케인급 바람과 거센 파도의 피해를 입기 쉬운 지역에 있어 이 지역에는 숙련된 건설 기술자들이 없었다.

머컷의 해답은 철과 나무로 된 지주stilt 위에 올려진 롱 하우스를 짓는 것이었다. 이 주택은 개방적이어서 아늑하진 않지만 창살, 방음판baffle 그리고 차양과 같은 다양한 설비를 갖춘 지붕이 있는 플랫폼 형태로 되어 있다. 집은 모든 방향으로 개방되어 있다. 출입구에는 큰 슬라이딩 문이 있고, 창문에는 유리가 없으며, 다만 해치 백 스타일의 자동차 문처럼 가스 리프트에 의해 수평 방향으로 열 수 있다. 단순한 형태의 박공지붕은 플랫폼 주변까지 충분히 덮어 준다. 특별히 북쪽 방향은 더욱 넓게 덮어 주고 있다. 남쪽에는 창틀 위치에 깊은 수직방향의 차양vertical fins이 설치되어, 아침과 저녁에 낮게 투사되는 햇볕을 차단하고 있다.

강한 태양빛으로부터 집을 보호하기 위한 다음의 해결책은 미풍을 이용하는 것이다. 밤에 모든 출구를 안전하게 닫았을 때에도 통풍을 유지할 수 있도록 계획했다. 더워진 공기를 바깥으로 내보내기 위해서 지붕에 회전 환풍장치를 설치하였고, 바닥에는 시원한 공기를 받아들이되 해충은 들어올 수 없도록 방충망을 설치한 환기구가 있다. 거실의 벽장이나 어린이 침실의 침대 등 실내 가구들은 공기 흐름이 원활하게 일어나도록 바닥에서 들어 올려져 있다. 샤워실과 화장실을 제외한 모든 방은 상부가 개방되었다.

이 주택은 시드니 근교의 고스포드에 있는 요트 제작자 두 사람이 시공한 프리패브형 주택이다. 모든 부속품들은 이 두 사람이 만들어, 트럭과 보트로 3200km 떨어진 사이트로 운송하여 현장에서 조립하였다. 철제 프레임은 허리케인급 바람에 저항하기 위한 삼각형태의 강한 망stiffening web과 머컷의 다른 주택작품에서 볼 수 있는 부드러운 곡선 단면이 있다. 철제 서까래가 머컷의 트레이드 마크인 아연 철판 지붕을 지지하는 목재 들보를 받치고 있다. 바닥, 내벽, 외벽은 합판plywood이나 경재hardwood로 만들어졌다. 이것들은 페인트나 스테인으로 처리되었다.

이 주택은 성격적으로는 농촌에 적합하고 서민적인 건물이지만, 깔끔한 디테일과 완성도 높은 시공성은 머컷의 부호들을 위한 다른 주택작품들에 견줄 수 있는 충분한 가치가 있는 작품이다. 재료의 사용과 기후에 대한 대응면에서, 이 작품은 그의 건축적 신조를 명확하게 보여 준 것이다. 또 이 주택에는 그의 오래된 영감이 담겨져 있다. 머컷은 어린시절, 뉴 기니아New Guinea의 숲 속에서 살았다. 금광을 채굴하던 그의 아버지는 자신의 주택을 지주 위에 바닥을 올려 지었으며, 지붕에는 골함석을 사용하여 지었다. 누군가 머컷의 어머니가 적대적인 원주민으로부터 그들의 가족을 지키기 위해 총을 겨누면서까지 살았다고 전하기도 한다.

1 East Elevation
2 West Elevation
3 Ground Floor Plan
1 Living room
2 Bedroom
3 Bathroom

1

2

3

0   5   10 m
15   30 ft
N

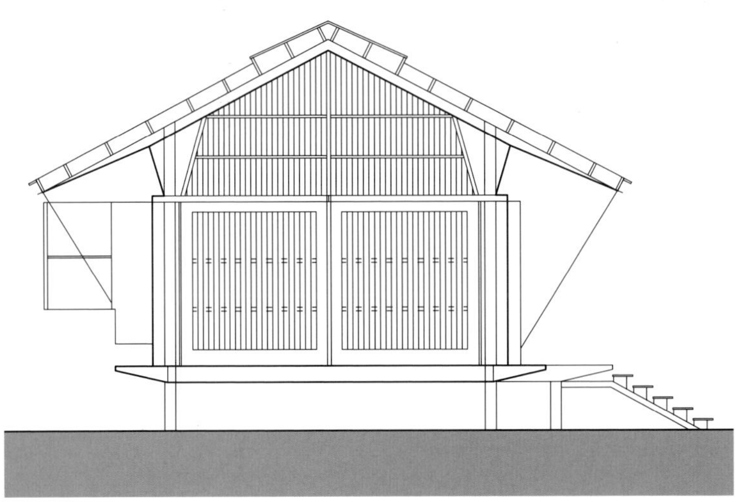

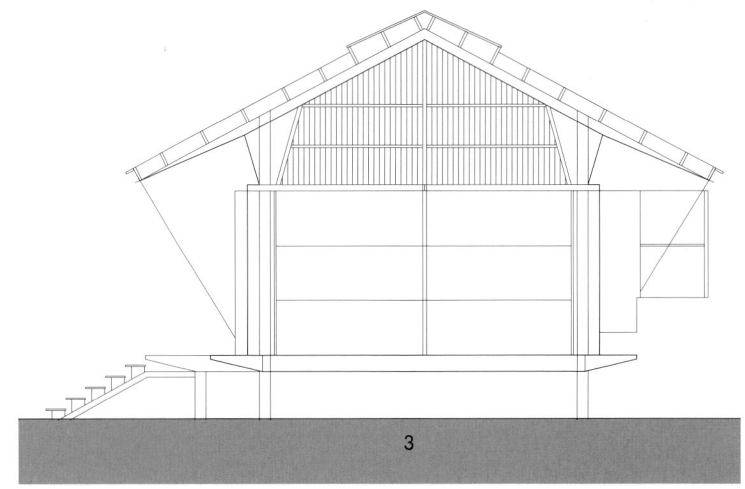

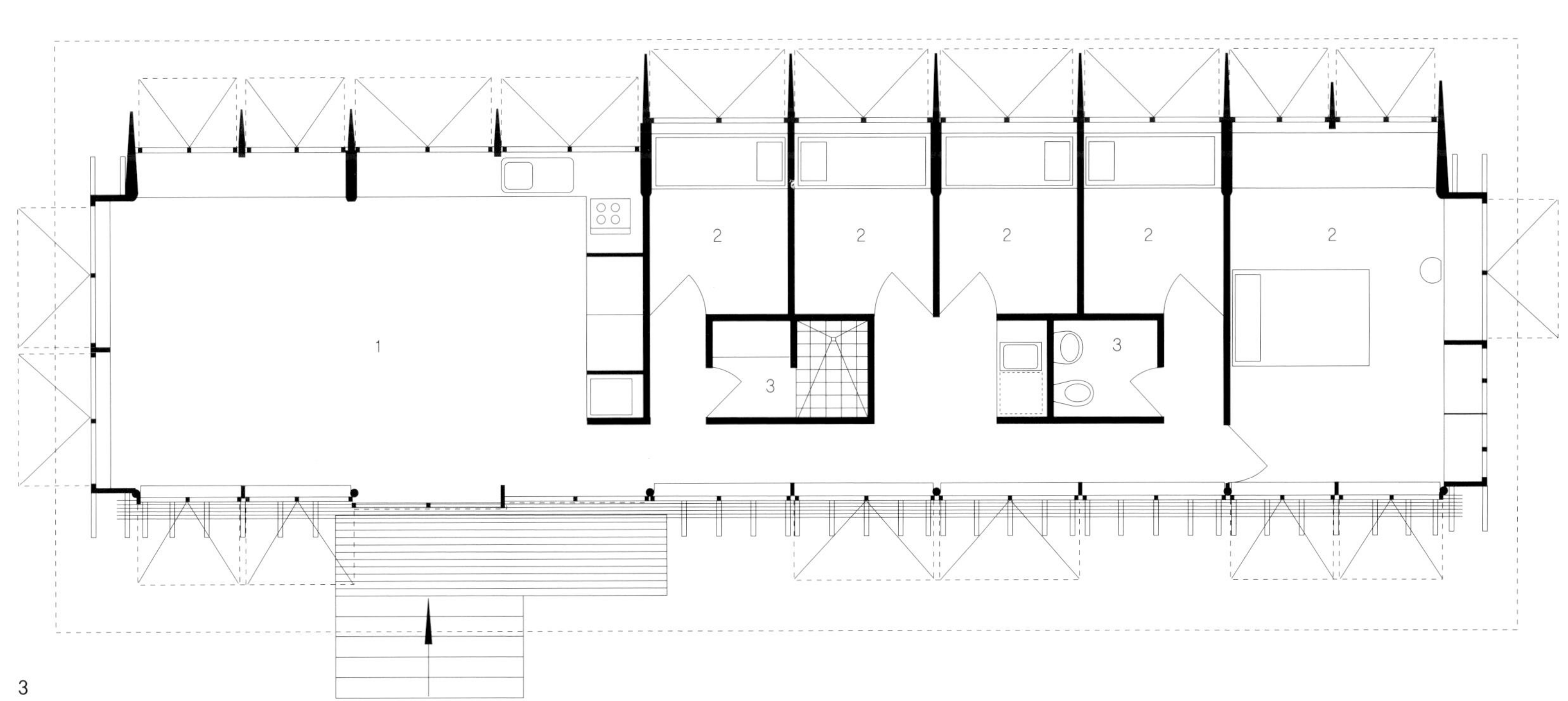

Marshall House

Barrie Marshall, 1946-
Phillip Island, Victoria, Australia; 1995

마샬 하우스는 길고, 낮고, 어둡고, 비밀스럽고 약간 무서운 느낌을 준다. 디자이너는 이 집을 스텔스 폭격기Stealth bomber에 비유한다. 사실 이 집은 해변 주택이다. 건축가들이 설계한 집에는 항상 숨겨진 의도가 있다. 그것은 건물이 단지 살기 편안하고 즐거워야 한다는 것만이 아니다. 건축가는 이 해변 주택을 대량 파괴 무기처럼 보이게 하고 싶었다. 이 의문의 건축가가 바로 세계 도처에 지점을 가지고 있고 멜본Melbourne에 본사를 둔 덴톤 코커 마샬의 파트너인, 베리 마샬이다. 이 회사는 큰 조직에도 불구하고, 디자인을 중시하는 스튜디오처럼 운영된다. 마샬 하우스가 그 대표적 사례이다.

마샬은 이 대지에 단순하고 평범한 목조 집을 짓는 것을 생각했으나, 조경 디자이너인 키티 밀러의 베이Kitty Miller's Bay가 대지 위에 있는 오브제를 원한다는 것을 알고 난 후 생각을 바꿨다. 이 집은 조경의 일부로서, 방공호나 벙커와 닮아야 한다고 생각했다. 군사적인 은유는 피할 수 없었다. 사실, 땅 속에 묻혀 있다는 인식은 착각이다. 천연 모래 언덕처럼 보이는 것은 실제로는 인공구조물berms이다. 콘크리트 벽 형태의 인공 둑은 사각형의 마당을 만든다. 이 마당의 기능이 무엇인지 정확히 단정하기는 어렵지만, 이 집에서 매우 중요한 공간이다. 이곳은 종종 자동차 주차

장소가 되긴 하지만, 일부 고대 사원 경내처럼 의식적인 공간도 된다.

접근 도로는 가장 동쪽의 둔덕에 나 있는 출구를 통해 들어간다. 진입부와 정확하게 반대편에 있는 3개의 개구부는 쓰레기장과 창고의 존재를 암시한다. 그 마당은 오랫동안 자동차 주차장이 될 수는 없었다. 남쪽을 볼 때, 왼쪽에 수직형태의 철이 집으로 들어가는 중심 현관의 위치를 가리키기 위해 로봇의 팔처럼 뻗어 나와 있다.

주택은 남쪽으로 길고 좁은 공간으로 되어 있다. 상대적으로 북쪽 벽은 바다를 면하고 있다. 칼날 같은 장치는 덴톤 코커 마샬의 트레이드 마크이다. 해변가에 있는 방파제처럼 한쪽 끝은 모래에 묻혀있고 다른 쪽 끝은 끝이 뾰족한 옹벽으로 되어 있다. 지붕 위에는 모래 잔디가 자라서 옹벽의 착시 현상을 배가시킨다.

내부 평면은 한 끝에 거실, 다른 끝에 주 침실이 있는 직선 형태이다. 마당 측면을 따라가는 순환 띠가 이 두 실을 연결한다. 비율은 일반적이다. 특히 주방과 식당에는 대형 베이 윈도우bay window가 마당 안쪽으로 크게 돌출되어 있다. 반면에 현관은 뒤로 후퇴되어 있어, 마치 고대사원과 유사하다. 두 콘크리트 벽에 있는 창문들은 공간특성과 방위를 고려하여 적절한 크기와 위치를 결정했다. 북쪽에는 햇빛과 바람

을 막기 위해 상대적으로 적은 수와 크기가 작은 창문들이 있고 남쪽은 바다의 전망을 위한 큰 프레임의 창문들이 있다.

마샬 하우스에서 가장 훌륭한 부분은 집 자체의 꾸밈없는 특성이다. 거친 콘크리트는 해변주택에 적용하기에는 충분히 대담하지만 안과 겉이 모두 검정색이다. 바닥의 차가운 테라조, 페인트가 칠해지지 않은 강철재 문과 칸막이 벽들도 꾸밈없는 효과를 준다. 그러나 장식적인 부분들도 있다. 콘크리트에는 칸과 안도 스타일의 구멍자국들이 있고, 수직의 조인트는 적절하게 배치되었다. 지붕 배수구의 홈통 주둥이도 작은 삼각형 절단면으로 되어 있다. 그러나 이러한 디테일들도 전체에 밝은 이미지를 주지는 못한다.

1 Ground Floor Plan   2 Elevation to beach   3 Section A–A

1 Living room
2 Dining room
3 Bedroom
4 Bathroom
5 Courtyard
6 Garage

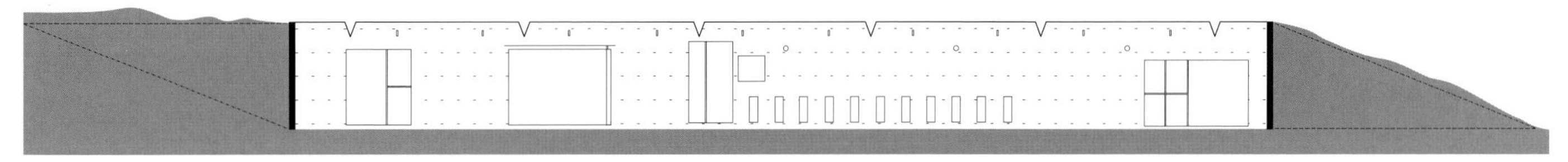

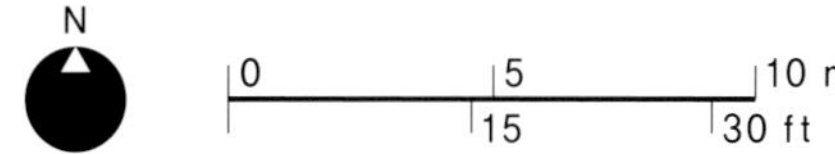

Furniture House

Shigery Ban, 1957-
Tamanashi, Japan; 1996

시게루 반Shigeru Ban은 하노버에서 열린 2000 엑스포의 '일본관Japanese Pavilion'을 설계한 건축가로 유명하다. 이 건물은 종이건축paper building으로 잘 알려져 있다. 판지 튜브로 된 곡선적인 격자 껍질 구조를 갖는다. 그는 종이 주택과 종이 아트 갤러리, 심지어 종이 교회까지 디자인하였다. 1994년 국제 난민 판문 위원회UNHCR는 그에게 르완다 내전 이후 종이 응급 피난처paper emergency shelter의 설계를 의뢰하기도 했다. 그리고 1995년 '종이 통나무집paper log houses'은 고베 지진의 희생자들을 수용하기도 했다.

가구 주택의 아이디어는 종이 건물에서 비롯되었다. 1991년 시게루 반은 어느 시인의 도서관을 짓기 위해 조그마한 파빌리온을 설계했다. 이 건물의 구조 프레임은 스틸 와이어로 연결된 격자형의 판지 튜브 형태였다. 책장은 구조 프레임에 떨어진 외벽으로 단열과 방수처리가 되었다. 시게루 반은 구조의 수직적 요소들을 과도하게 썼다는 것을 깨달았고, 약간의 수정을 하고 지붕을 책장으로 지지하였다.

첫 번째 가구 주택은 평면이 사각형 프레임 안의 몬드리안 그림처럼 미니멀한 구성이었다. 다다미 방과 후지산이 보이는 테라스가 있는 일본식 고급 원룸 주택의 기본적인 공간 요건들은 평평한 마루와 평평한 천장 사이에 끼워지는 수납 유니트Storage unit로 분리하였다.

공간을 나누기 위해 사용된 수납 유니트를 사용하는 아이디어는 새로운 것이 아니나, 이 주택에는 일반적인 실내 벽이 없다. 실내의 모든 벽은 판자나 책장으로만 되어 있다. 천장에서 바닥까지 설치된 유리와 판유리 슬라이딩 도어는 외부 경계를 구성한다. 거실과 테라스 사이에서 문은 뒤로 미끄러져 완전히 사라질 수 있다. 테라스 구석에 있는 지붕을 지지하는 얇은 스틸 프레임은 비록 선반이 달렸다 해도 가구가 아니라 이 집의 유일한 구조적 요소이다.

수납 유니트는 표준화되었고 '조립식 가구flat-pack'와 비슷한 방법으로 미리 제작되었다. 모든 책장은 높이 2400mm, 너비 900mm, 깊이 450mm의 규격이다. 수납가구의 경우는 높이와 너비는 책장과 같고, 깊이는 750mm이다. 책상과 수납가구는 합판이 깔린 노출 콘크리트 바닥에 놓여 있고, 목재 들보와 널의 지붕구조를 지지한다. 그러나 이렇게 보이는 것이 전부는 아니다. 유니트들은 구조적 연속성을 위해 서로 연결되어져 있으며 뒤쪽으로는 100×50mm 목재 프레임으로 보강되어 있다. 외부 벽은 이 프레임이 단열재로 채워져 있으며 합판으로 마감된다. 이 합판은 측면 가새lateral bracing의 기능을 하며, 지진 저항에 필수적이다. 이 구조는 일본 일반적인 주택에서 쓰이는 '2 by 4' 플랫폼 프레임과 크게 다르지 않다. 가구 컨셉의 가장 큰 이점은 각 유니트를 현장에서 한 사람이 다룰 수 있다는 것이다. 이것은 새로운 기술이라기보다는 새로운 사고의 방식이다. '구조'와 '가구'가 각각 '영구적'이고 '일시적'이라는 공식은 다시 쓰여지게 되었다.

이 외에도 에어컨 수납가구와 창고 계단 등 새로운 구성요소를 추가한 2층형 버전 등 여러 차례에 걸쳐 가구 주택에 대한 시도가 있었다.

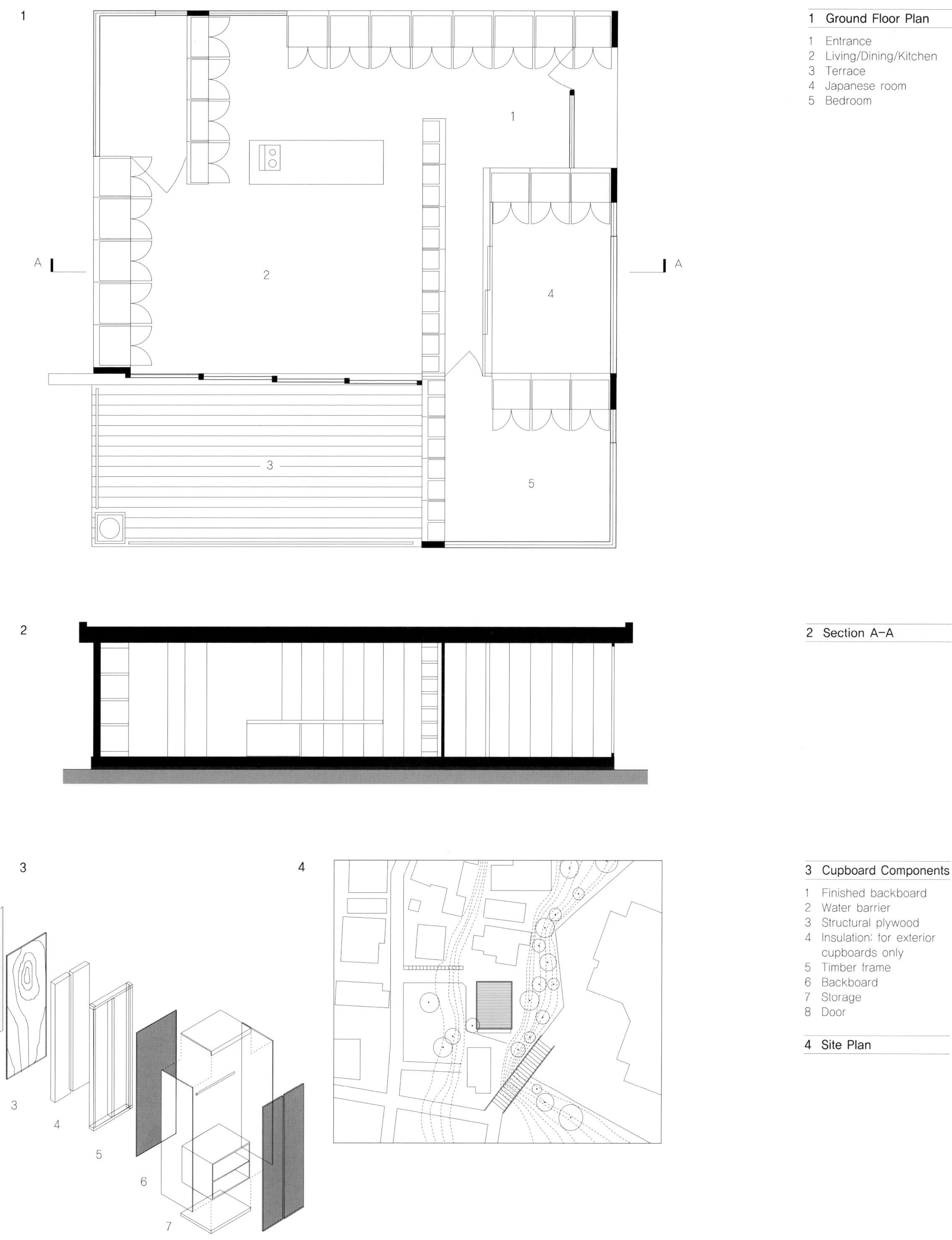

1 Ground Floor Plan
1 Entrance
2 Living/Dining/Kitchen
3 Terrace
4 Japanese room
5 Bedroom

2 Section A–A

3 Cupboard Components
1 Finished backboard
2 Water barrier
3 Structural plywood
4 Insulation: for exterior cupboards only
5 Timber frame
6 Backboard
7 Storage
8 Door

4 Site Plan

N

0 5 10 m
15 30 ft

Double House

Bjarne Mastenbroek and Winy Mass, 1954- and 1959-
Utrecht, The Netherlands; 1997

건물을 설계하는 건축가라면 누구나 대지, 예산, 공간 요건, 관련된 건물 규제 등을 체계적으로 분석하기 마련이다. 네덜란드 회사 MVRDV는 이러한 상식적인 절차를 철학과 스타일로 바꾸었다. 그들의 디자인은 단순하게 계량화할 수 있는 요소들을 넘어서 그 이상의 것을 한다. 그들은 요소들을 시각화되고 실체화된 표현으로 만든다. 또한 이것들은 실무에서 '데이터 스케이프datascapes'라고 부른다. 좋은 예가 '피그 시티Pig City'의 프로젝트이다. 유기농 돼지 생산의 경제적, 규칙적, 공간적 논리를 완벽하고 합리적으로 펼쳤지만 초현실적인 다층 형태의 돼지농장을 제안하였다.

통계는 정치적으로 중립일 수 없다. 즉 반드시 평가되거나 해석되어야만 한다. 갈등되는 요소는 반드시 해결되어야 한다. '데이터 스케이프'는 수학적 다이어그램일 뿐만 아니라 사회적 지도이기도 하다. 유트레흐트에 있는 더블 하우스는 공동 소유자들 간의 관계를 보여주는 좋은 예이다. 유트레흐트 교외에 있는 아름다운 공원이 보이는 큰 면적의 땅을 구입한 소유자는 경제적 문제 때문에 공동개발자를 찾게 되었으나, 두 가족은 누가 정원에 더 좋은 접근성을 가질 것인지 아니면 좋은 전망을 가질 것인지 결정할 수 없었다. 이에 따라 건축가 비자르네 마스텐브로익

Bjarne Mastenbroek에게 도움을 청했다. MVRDV의 위니 마스Winy Maas도 이 프로젝트에 합류하게 되었다. 건축가들의 공동작품으로 탄생한 이 주택은 MVRDV의 독창성과 자발성을 잘 보여주는 주택이다.

첫 번째 시도는 뒤쪽 정원의 공간을 최대화하면서 많은 일사량을 받을 수 있는 상대적으로 높고 두께가 얇은 건물 외피를 만드는 것이었다. 그 다음 질문은 두 파트너의 볼륨을 어떻게 나누느냐 하는 것이었다. 직선의 공유벽은 두 가구 모두에게 확장성과 탁 트인 전망을 허용하지 않았다. 한 가구 위에 다른 가구를 넣는 것은 일층 거주자들만이 정원에 직접 접근할 수 있다는 것을 의미했다. 결국 해답은 진부했지만 기발했다. 각 층마다 공유벽의 위치를 다르게 하는 것이었다. 해결책은 평면에서는 이해하기 어렵지만 단면에서는 이해하기 쉽다. 각 주택은 중앙에 직선형 계단이 있다. 공유벽은 두 계단들 사이에 어떤 자리라도 올 수 있다. 이러한 배열은 공유벽이 바닥 하중을 지반으로 전달하는 일반적인 구조 기능이 없기 때문에, 간단하게 만들 수 있는 것이었다. 특이한 것은 내부에 기둥이 없다는 것이다. 그 대신, 스틸 트러스와 버팀목이 외내부 벽에 숨겨져 있어, 복잡한 3차원 프레임을 서로 지지하고 있다. 그럼에도 불구하고 앞, 뒤 입면에는 넓은 면적의 유리가 설치되어 있다. 종종 방의

전체 높이와 전체 폭까지 확장되기도 한다. 외벽은 단순한 플러시 패널로 마감되어, 건물 표피는 추상적인 상자라는 것을 강조하고 어떤 구조나 시공법의 기술적 표현을 거부한다.

1 Fourth Floor Plan/Roof Plan	2 Third Floor Plan	3 Second Floor Plan	4 First Floor Plan	5 Ground Floor Plan	6 Section A–A
1 Terrace	1 Bedroom 2 Study	1 Living room 2 Study 3 Bedroom	1 Living room 2 Kitchen	1 Entrance 2 Kitchen 3 Guest room 4 Storage	7 Section B–B 8 Front Elevation

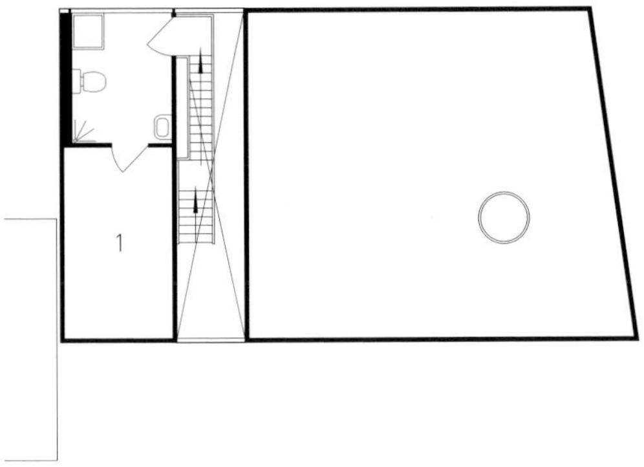

1

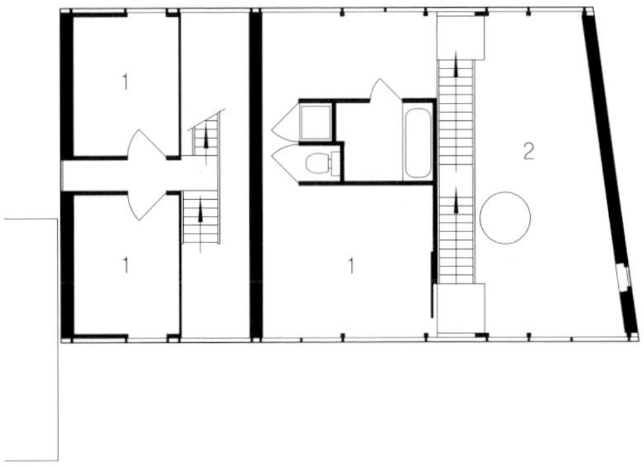

2

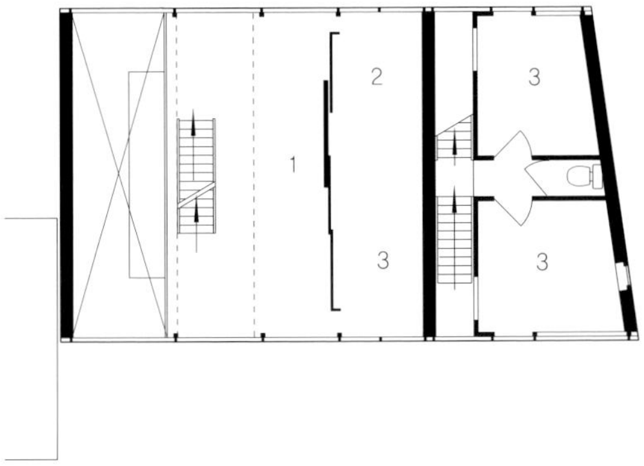

3

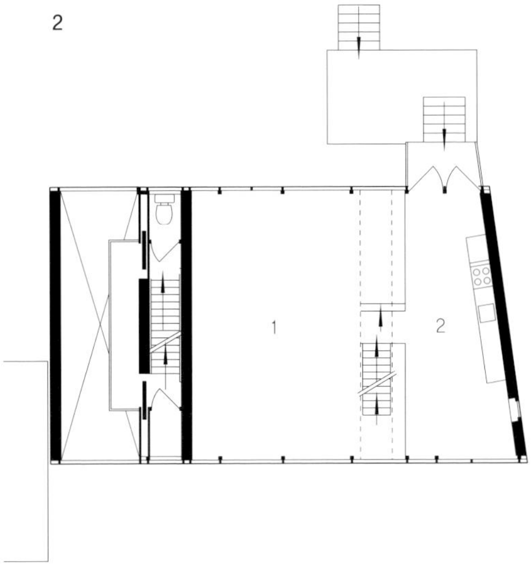

4

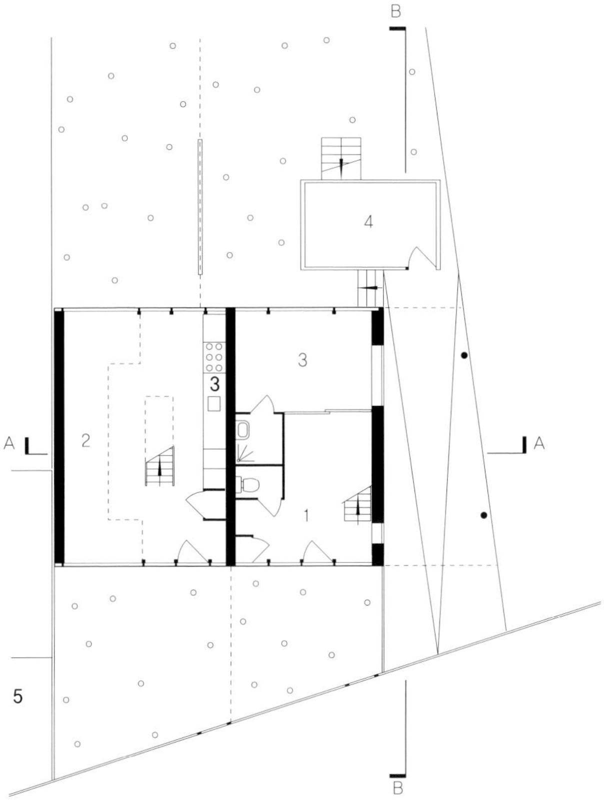

5

6

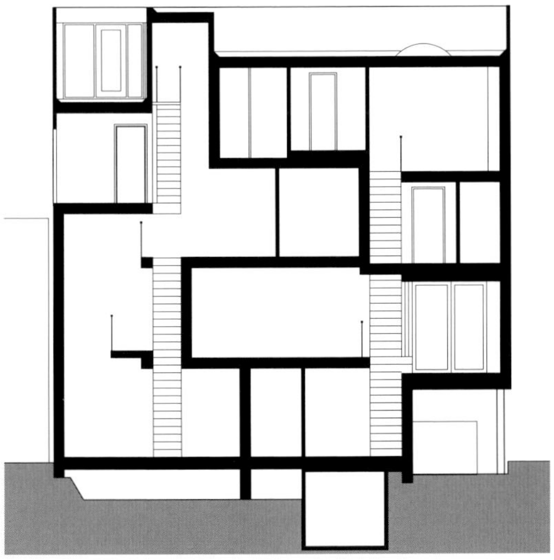

7

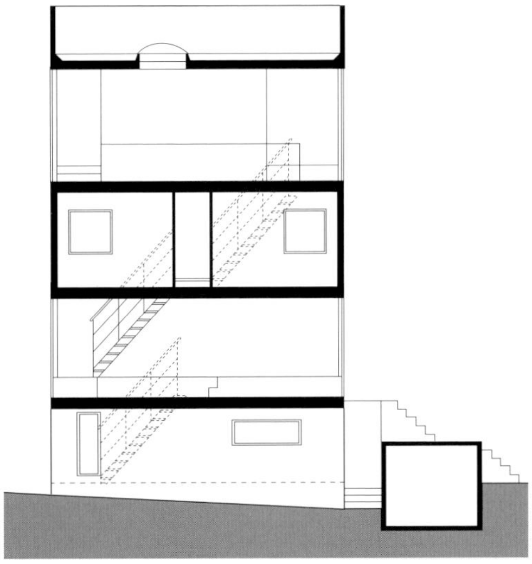

8

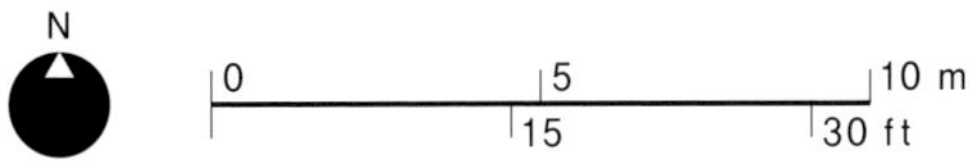

N

0　　　　5　　　　10 m
15　　　　30 ft

M House

Kazuyo Sejima and Ryue Nishizawa/SANAA, 1956- and 1966-
Tokyo, Japan; 1997

보통 지하실은 차고나 설비를 위한 보조 공간으로 쓰이지만, M 하우스에서는 주요 생활공간으로 사용된다. 사실 이것이 M 하우스에서 가장 중요한 부분이기도하다. 이런 특이한 배치를 한 이유는 사생활 보호와 소음을 차단하려고 했기 때문이다.

이 지역은 도쿄 중심부와 가깝기 때문에 주택의 규모가 크고 가격이 비싸며, 도로와 사유지 사이에 공간이 거의 없을 정도로 빽빽하게 밀집되어 있다. 높은 담장에 커튼은 항상 드리워져 있다. M 하우스의 건축주는 뮤지션이었고, 주거공간 뿐만 아니라 작업공간으로도 이용하려했기 때문에 도로의 소음이 문제가 될 수밖에 없었다. 집을 지하에 위치시키고 채광을 위한 세 개의 선형 채광창three linear lightwells을 설치해 빛과 공기를 통하게 하면서도 내부는 볼 수 없는 공간을 만들어 이 두 가지 문제를 한 번에 해결했다. M 하우스의 한쪽 끝에 있는 채광창lightwell 크기는 작지만 중앙의 보이드central well는 외부홀의 형태에 더 가깝다. 그 공간은 웅장하고 높으며 대략 높이는 double square, 길이는 triple square에 달한다. M 하우스의 벽은 반투명 유리이며, 바닥은 인접한 방의 바닥과 같은 레벨의 목재 데크이며, 천장은 메탈 소재의 덩굴pergola 형태이다. 그리고 건물의 끝에 있는 나무 한 그루는 조형적인 목적으로 세워졌다.

중앙의 보이드central well는 평면을 두 가지 공간으로 분리하는 역할을 한다. L—형태의 거실, 주방과 사각형 형태의 작업공간이 그것인데, 이 작업공간은 또 다시 음악 작업실과 서재로 나뉘어진다. 이 보이드의 끝을 가로 지르는 좁은 복도가 유일하게 이 두 개의 공간을 이어 준다. 이것은 대상 부지를 완전히 채우는 아주 간단하고 정직한 계획이지만 차고와 손님을 위한 다다미방을 포함한 3개의 침실 등의 여유공간도 있다. 한 층 높이의 스틸 프레임으로 된 같은 너비의 연결통로가 이 공간들을 세 부분으로 나누고 있으며 이 브릿지는 도로 레벨에서 건물의 앞쪽에서 뒤쪽까지 가로 질러 놓여 있다. 지하 층에는 이 연결통로를 계획하기 위해서 다른 층의 두 배의 높이가 필요했다. 일직선의 스틸 계단은 차고와 게스트 룸 사이에 있는 지상층의 현관에서부터 내려간다. 또 하나의 비슷한 계단이 침실과 중앙 보이드central well의 벽 사이에서 내려간다.

M 하우스는 모든 것이 완벽하게 기하학적인 사각형의 형태를 띠고 있다. 그러나 전체의 구성은 심플하지 않다. 평면에서 보는 것처럼, 바코드의 줄무늬처럼 서로 다른 너비의 선적인 공간을 나열한다. 그러나 여기에는 복잡성이 숨겨져 있어 다양한 조합이 공간 속에 존재한다. 예를 들어, 거실은 차고 아래에 있

으면서 브릿지로 보이는 공간들차고와 게스트룸의 사잇공간들과 다이닝 룸을 모두 포함한다. 그리고 또 하나의 복잡성은 빛daylight으로 나타난다. 햇빛이 비추는 모든 형태는 미묘하게 조형적이고, 이 때 빛은 적어도 두 방향에서 다른 세기로 간접적으로 들어온다.

세지마 카즈요는 미니멀한 디테일minimalist detailing로 유명하다. 어떤 돌출부나 구석진 곳도 존재하지 않고 선적인 요소를 감싸는 부분이나, 빛의 틈새flash gaps도 없다. 모든 요소들은 주어진 대지 내에서 완벽하게 맞아 들어가면서도 표현은 절제되어 있다. 단순히 의장적인 표현만을 위한 것은 하나도 없다. 이렇게 확실하게 단순함만을 추구하는 것은 쉬운 일이 아니다. 주택의 현관 벽은 구멍이 나 있는 금속 벽인데, 이것은 차고 문과 현관 문 사이에 놓여 있다. 이러한 곳조차 신비한subtlety 느낌을 나타낸다. 채광용 보이드 윗부분에 벽이 가로지르는 곳은 밤이 되면 반투명 유리가 은은한 빛을 만들 것이다.

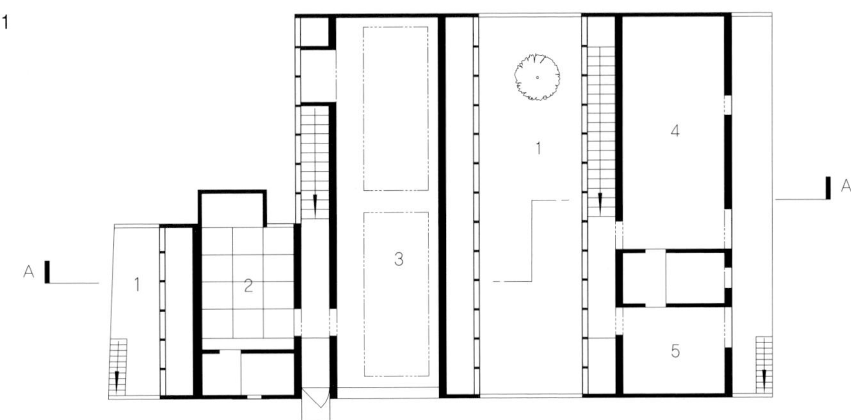

1 Entry Level Plan

1 Void
2 Guestroom
3 Parking
4 Master bedroom
5 Children's room

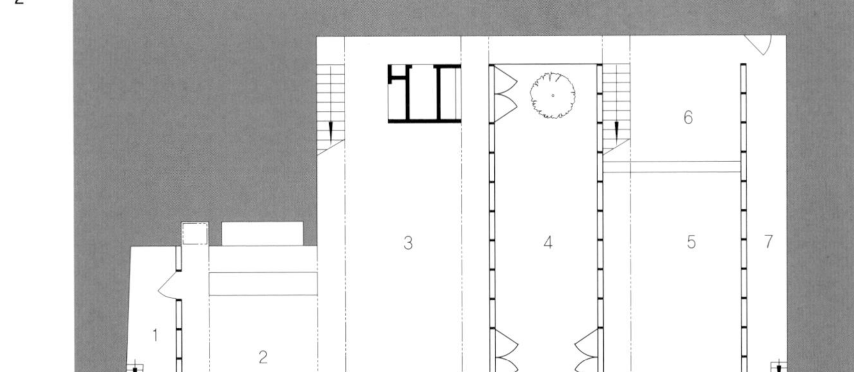

2 Lower Level Plan

1 Lightwell 1
2 Dining room
3 Living room
4 Lightwell 2
5 Studio
6 Study
7 Lightwell 3

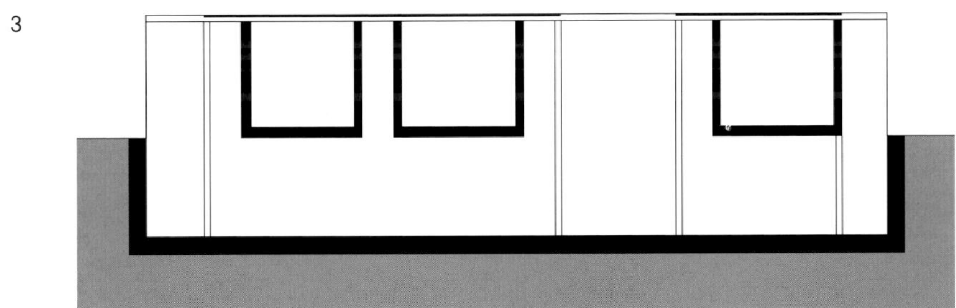

3 Section A–A

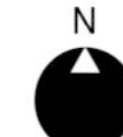

4 Elevation

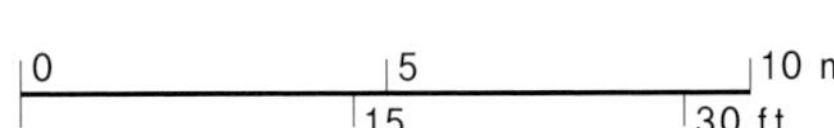

Bordeaux House

Rem Koolhas, 1944-

Bordeaux France; 1998

보르도 하우스는 건축의 전통을 모두 뒤집는다는 점에서 재미있는 건물이다. 예를 들어 기둥은 가장 전형적인 건축 형태이며 건축 자체를 상징하지만, 이 건물에서는 지하의 한두 개 철 기둥steel post을 제외하고는 기둥이나 심지어는 내력벽이 존재하지 않는다. 건축물은 보통 단단한 기초에 가벼운 상부 구조로 이루어지지만 그 반대 구조가 이 집에 있다. 거대한 콘크리트 상자는 단단하게 지지되지 않은 상태로 유리벽으로 된 오픈 스페이스 위로 공중에 떠 있다hover. 보는 보통 상부 하중을 지지하지만 여기서는 거의 한 개 층 높이인 단일 철제 보가 건물 옥상에 마치 옥상광고sky sign처럼 놓여 있다. 이러한 특징은 이와 같이 모든 요소와 모든 디테일에서 마술처럼 나타나고 있다.

하지만 이것은 신체적으로나 정신적으로 휠체어를 타는 주인과 그의 가족의 욕구를 충족시킬 수 있는 실용적인 설계이기도 하다. 세 개 층의 각 층은 다른 세상을 보여준다. 1층은 반 지하층semi-basement으로, 언덕의 최상부를 파서 만들었으며 하나의 유리벽이 진입 광장을 향하고 있다. 내부공간은 동굴과 비슷하며 각각의 방은 개별적으로 땅을 파서 만들고, 마치 원시 벽화처럼 회색 회반죽으로 마감했다. 다음 층으로 가는 주 계단실은 갑자기 나오는 동물 구멍animal orifice처럼 생겼다. 특이하게 생긴 경사로와

미닫이문은 유리벽으로 된 거실공간을 열어준다. 남측의 유리벽은 테라스 위로 내릴 수 있으며 한쪽을 막는 동시에 다른 한 공간을 열어준다. 상부에는 거칠고 페인트칠하지 않은 콘크리트 상자가 공간을 압도하며 멀리 있는 가로 강과 보르도시의 전망을 보여준다.

콘크리트 상자의 최상층의 일부는 하늘을 향해 열려 있기도 하지만, 대부분은 서로 겹쳐진 닫힌 공간이다. 오직 동쪽 끝에 있는 주 침실에서만 상자 끝부분의 개구부를 통해 조망이 가능하다. 아이 침실은 창이 거의 없지만 베개, 목욕탕, 책상 등 방의 주요 부분을 향해 렌즈처럼 초점을 맞추어 차츰 가늘어지게 각도를 조절하였다.

그러나 집 전체를 통틀어 가장 중요한 공간은 리프트이다. 물론 전형적인 것이 아닌 공부방처럼 가구들이 다 들어가 있는furnished 방이다. 전체가 차고의 차 리프트처럼 수압 기둥에 의해 오르내리도록 되어 있다. 이것은 걸을 수 있거나ambulant 휠체어를 사용하거나 하는 거주자 모두를 위하여 공간을 자유롭게 풀어 주는 열쇠이다. 지하는 부엌의 일부이고 와인 창고cellar 쪽으로 열려 있다. 지상층에서 그것은 거실이 되고, 최상층에서는 주 침실의 알코브alcove가 된다. 그러나 바닥에서 천장까지 책장을 두면, 그

것만으로도 3층 높이의 방이 되기도 한다.

그리고 신비하게 떠 있는 상자의 한쪽 끝은 철제 현관steel portal 쪽에 놓여 있고 다른 쪽은 나선형 계단의 콘크리트 슬래브가 지지하는 옥상광고 보에 걸려 있다. 오픈 테라스를 통해 통과하는 곳에서 이 계단은 기둥으로 보일 수도 있기 때문에 반사 크롬 클래딩cladding of reflective chrome을 사용하였다. 이 기둥은 마당의 땅에 박혀진 긴장재로 균형을 맞추어, 캔틸레버 중심에서 어느 정도 벗어나 있다.

1 Northeast Elevation	2 Second Floor Plan	3 Section A–A	4 First Floor Plan	5 Section B–B	6 Ground Floor Plan
	1 Parents' Bedroom		1 Living room		1 Main entrance
	2 Bathroom		2 Dining room		2 Kitchen
	3 Lift		3 Terrace		3 Laundry
	4 Bedroom		4 Study		4 Lift
	5 Bathroom		5 Lift		5 Wine cellar
					6 TV room
					7 Staff quarters

1

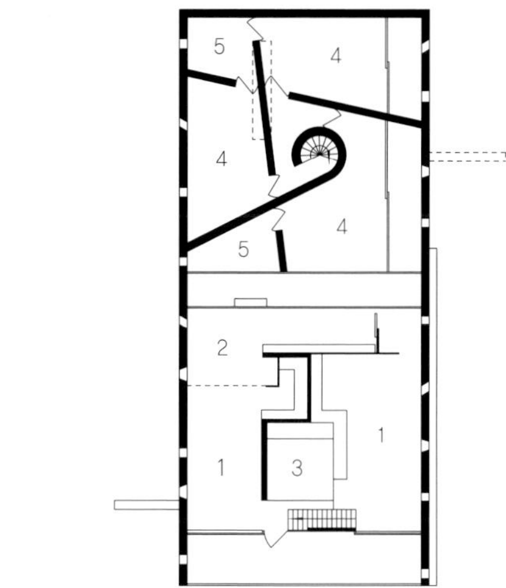

2

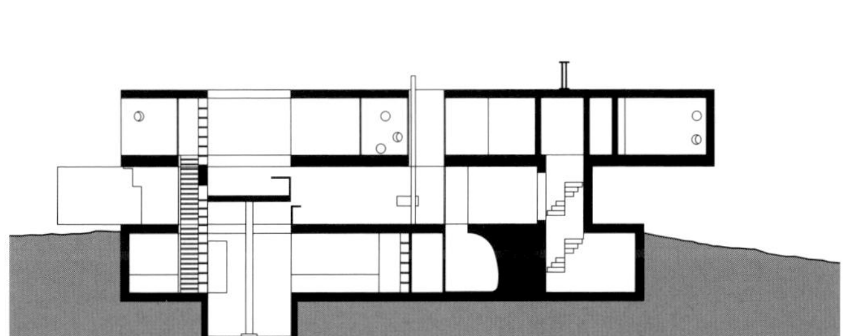

3

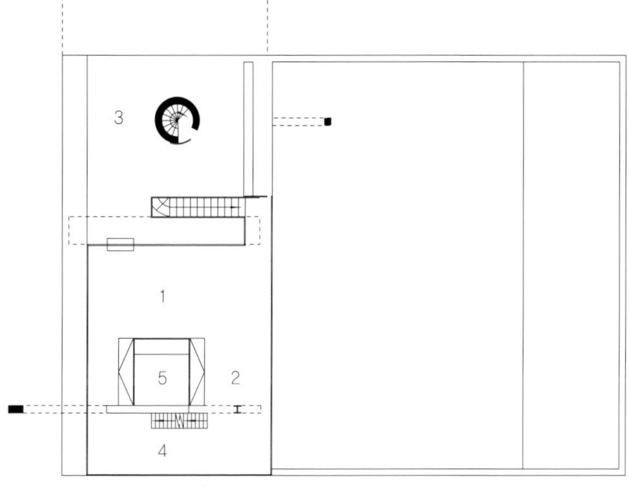

4

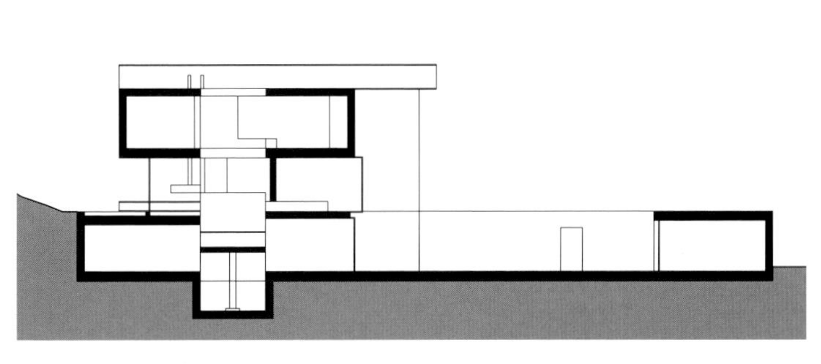

5

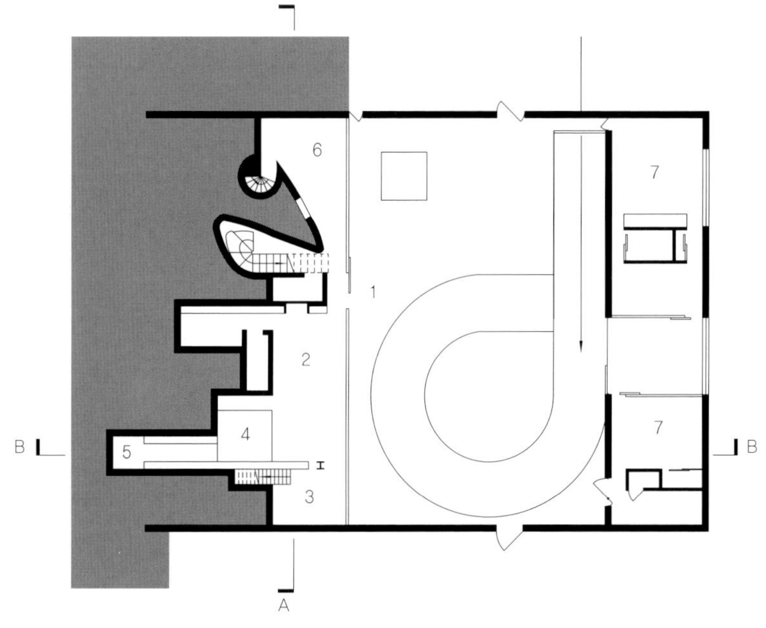

6

Möbius House

Ben van Berkel and Caroline Bos, 1957- and 1959-
Utrecht, The Netherlands; 1998

뫼비우스 띠의 원리는 보통 가는 종이를 한 번 비틀어서 그 끝을 잇는 것이다. 종이에는 더 이상 두 개의 면이 아닌 하나의 면만 존재한다. 안과 밖이 없는 혼란스럽고 역설적인 3차원적인 형태가 된 것이다. 뫼비우스 띠를 납작하게 해서 접고 다시 분리시키지 않는다면 처음에 뫼비우스 하우스는 뫼비우스 띠처럼 보이지 않는다. 어떤 건물에든 존재하고 있는 가장 주된 조건 중 하나인 중력 때문에 뫼비우스 띠에 사람이 거주한다는 개념을 풀어내는 것은 어려운 일이었다. 하지만 어쨌든 건축가인 벤 판 베르켈Ben van Berkel과 캐롤라인 보스Caroline Bos는 원래 이중 고정 토러스double-locked torus라고 알려진 다른 유형에 기초하여 설계했다고 말해 혼란을 주었다. 실제로 웹사이트에서 장의 고리loop of intestine와 같은 유기적이고 곡선미를 가지는 이 형태를 컴퓨터 모델에서 볼 수 있다. 심지어 모델의 애니메이션 버전은 약간 팽창된 부분이 모델을 따라 연동적으로peristaltically 움직이는 것까지 보여준다.

이 집은 뫼비우스의 띠처럼 보이지도 않고, 이중 고정 토러스double-locked torus처럼 보이지도 않는다. 아메바amoebic보다는 투명한 쪽에 가깝고, 부풀어 있다기 보다는 찌그러져 있다. 그러나 모델은 형태 단계보다 개념 단계에서 고무적이다inspirational.

그들은 건축적인 관습을 탈피하여 집은 어때야 한다는 일반적인 기대를 바꾸기를 원했다. 또한 설계에 다이나믹한 요소들을 소개하기도 했다. 건축주는 자택 내에서 따로 따로 근무하면서 하루 중 특정한 시간에만 만나는 부부이다. 따라서 이 집은 정적인 공간의 집합이 아닌 이중 고정 토러스에서 팽창부가 이동하는 것처럼 일하고, 살고, 잠을 자는 등의 인간의 주간 패턴diurnal pattern의 공간적인 순환을 담는다. 그리고 서로 다른 일과를 가지는 두 명이 살기 때문에 이중 고정double-locked의 두 가지의 가능한 순환루트를 필요로 했다.

평면은 이해하기 어렵지만 기본 순환 통로는 쉽게 식별할 수 있다. 남쪽에 위치한 지상층 입구의 홀에서 출발하면 그 앞에 펼쳐진 구부러진 계단을 올라 비틀어진 복도와 층계 참이 다른 계단과 만나는 1층에 다다르게 된다. 현관홀에 있는 출발점으로 다시 올라가는 램프를 오르기 전에 층계 참 아래의 계단을 거쳐 지하층으로 내려갈 수 있다. 정확하게 뫼비우스 띠는 아니지만 그림 8처럼 3차원적 형상이며 가는 길에는 특이한 공간적 경험을 제공한다. 통로는 스튜디오, 침실, 거실과 같은 전형적인 이름을 가지는 공간을 지나지만 전형적인 복도 배치와는 거리가 멀다. 뫼비우스 모티브는 닫힌 공간들enclosed space만큼이

나 요소들enclosed elements에도 적용되었다. 딱딱한 콘크리트와 리본창문은 하부와 상부, 그리고 가로지르는 등의 다양한 뷰를 가지는 연결 공간을 만들기 위해 서로 접거나 둘러진다. 공간들은 창문이 없고 유리 벽만 있기 때문에 주변 환경과 그만큼 서로 더 연결된다. 유트레흐트Utrecht 외곽의 크고 오픈된 대지는 이 건물의 연장선으로 아드리안 커즈Adriaan Geuze가 조경 설계를 하였다.

벤 판 베르켈과 보스는 1998년에 유엔 스튜디오UN Studio를 창설하였다. UN은 'united net'을 뜻하며 건설업자, 견적사quantity surveyors와 건축가와 다양한 분야의 디자이너를 포함한 프로젝트 매니저들 모두가 함께 공동 작업을 하는 것을 말한다. 이것은 아주 현명한 방법이다. 뫼비우스 하우스와 같은 건물을 설계하고자 한다면 건축 팀원들과의 좋은 관계를 유지하는 것이 좋다.

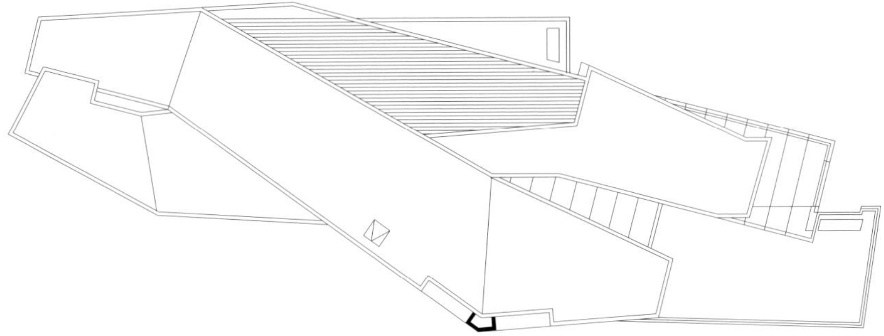

1 Roof Plan

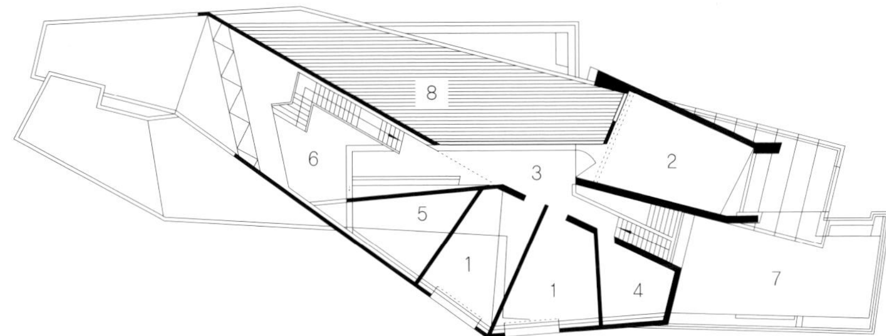

2 First Floor Plan

1 Bedroom
2 Studio
3 Circulation
4 Bathroom
5 Storage
6 Open space
7 Upper part of living room
8 Roof garden

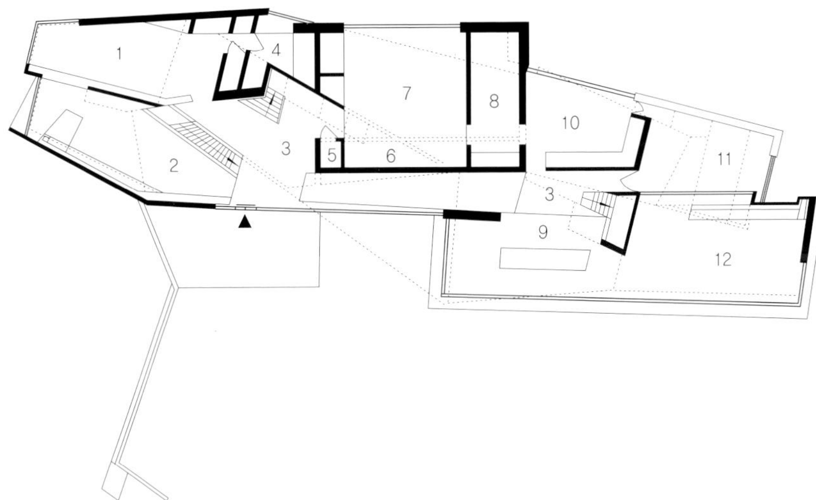

3 Ground Floor Plan

1 Bedroom
2 Studio
3 Circulation
4 Bathroom
5 Toilet
6 Ramp
7 Garage
8 Storage
9 Meeting room
10 Kitchen
11 Veranda
12 Living room

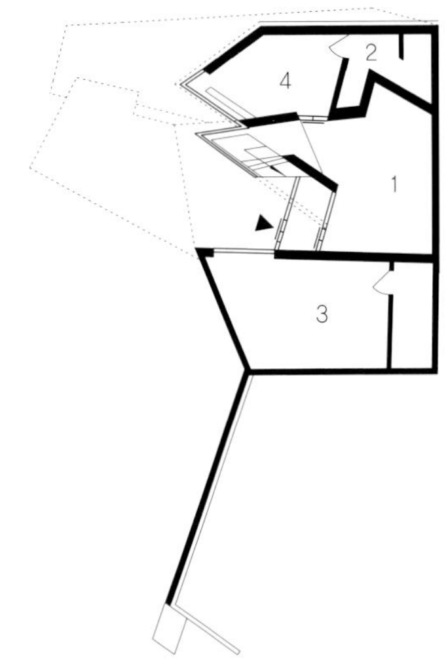

4 Basement Plan

1 Circulation
2 Bathroom
3 Storage
4 Guest room

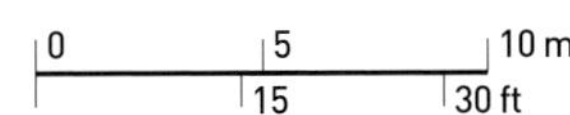

Aluminium House

Toyo Ito, 1941-

Setagaya-ku, Tokyo, Japan; 2000

서구 도시가 기념비적인 건물과 광장 그리고 넓은 가로수길 형태와 같이 과거를 반영하는 반면, 일본 도시는 언제나 현재를 반영한다. 또한 일본의 도시는 보다 추상적이고, 고정된 것보다 섬세한 변화의 네트워크를 상징한다. 그래서 동경과 오사카에 위치한 건물의 평균적인 수명을 보면 불과 20년 정도밖에 되지 않는다.

도요 이토伊東豊雄, ToYo Ito의 건축물에는 이러한 무상함과 이에 따른 결과를 조화시키려는 의도가 담겨져 있다. 2000년에 완공된 이후 이토의 명작으로 간주되어온 센다이 미디어테크는 인상적인 새로운 형태의 거대한 공공건물이다. 하지만 더 이상 기념비적인 건물이 아니다. 그것은 텅 빈 유리 기둥에 연결된 바닥과 감춰진 벽에 둘러싸여 있는 비위계적 시스템이다.

도요 이토 스스로 수족관에 비유했지만 이 건축물은 떠있는 것처럼 보이는 내용물이라기보다 하나의 그릇이다. 그것은 스스로 재생산되고 수평으로 확장되거나 하룻밤 사이에 사라질 수도 있다.

동경의 세타카야구東京都 世田谷區 지역에 있는 알루미늄 하우스와 같이 이토의 작은 건축물들의 무상한 질은 품위있는 절제로 변화한다. 이 건축물은 나무와 종이가 아닌 알루미늄과 유리로 만들어졌다. 그럼에도 불구하고 초기 유럽과 미국의 모더니스트가 건축의 본보기로 심취했던 일본 전통 주택의 고유양식이 있다. 처음에는 그것은 무시할만한 스트리트 퍼니처— 특별할 것 없는 지서나, 또는 주차된 차량— 처럼 보이나 자세히 살펴보면 고요한 정중함이 뚜렷하게 보이고 곧바로 건축물로 인식된다.

건물의 외부형태는 매우 간단하다. 건물의 외부형태— 거대한 상자의 윗부분에 작은 상자, 앞 쪽에 프로젝트 보호대와 옆쪽 자동차 주차장 너머 퍼골라 —는 매우 간단하다. 그러나 설계는 오히려 섬세하다. 일본 전통의 다다미 방을 포함하여 대다수 주거공간은 1층으로 작은 안마당과 같은 이층 높이의 공간으로 배치되어 있다. 이러한 공간은 위층의 남향 창문에 의한 채광과 자연 통풍을 받는다. 2층에는 게스트룸과 화장실이 있으며 테라스 지붕이 있다.

건축물은 세워진 것 보다 오히려 조립하여 만들어져 있다. 그것은 작업 현장에서 측정된 판넬이 아닌 현장에서 하나하나 조립되었다. 내부 벽과 천장은 플라스터 보드로 칠해졌고, 바닥은 나무판이다. 그러나 그 밖의 다른 주요 재료는 유리와 압출 성형된 알루미늄이다. 기둥, 보, 바닥판, 외부 벽면, 창틀, 문틀, 덧문은 모두 알루미늄이다. 이러한 건축물에서, 건축 컨벤션은 보통 경량의 판넬로 채워진 투명한 구조물을 사용한다. 하지만 이토의 생각은 달랐다. 그것은 너무 눈에 띄고, 너무 위계적이며, 너무 서구적이다. 이것은 기둥과 같은 기능으로 단면에 십자형태의 직선 알루미늄 구조재가 있다. 그러나 그것들은 외벽안에 두께 70mm³인치로 숨겨져 있다. 이러한 외벽들은 내부 절연제가 도포된 폭 300mm¹²인치의 알루미늄 홈aluminium channels으로 만들어져 있다.

위와 같은 공간처리기법은 건물을 단순히 건축하는 것보다 오히려 정교한 기술에 가깝다. 단순한 외관조차도 이를테면, 가벼운 바람의 영향을 덜 받도록 다양한 고무 패킹을 비롯하여 놀랄 만큼 광범위한 구성요소를 필요로 한다.

1 Ground Floor Plan

1 Entrance
2 Tatami room
3 Living room
4 Bath
5 Internal courtyard
6 WC
7 Bedroom
8 Kitchen

2 First Floor Plan

1 Upper part of internal courtyard
2 Bedroom
3 Roof terrace

3 East Elevation

4 Section B–B

5 South Elevation

6 Section A–A

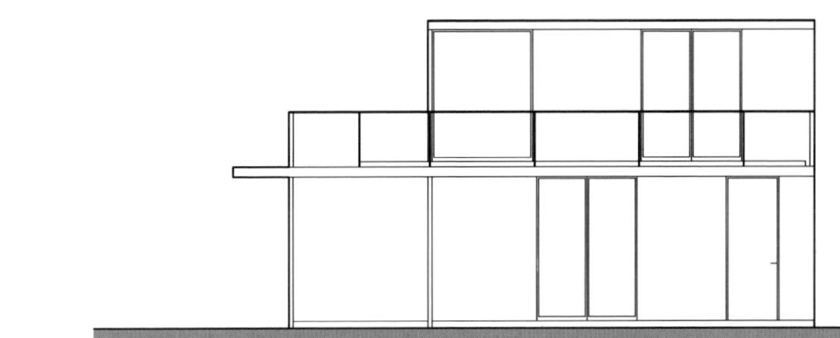

3

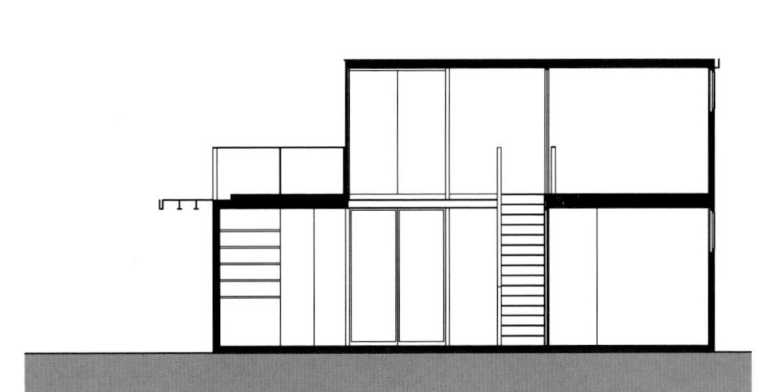

4

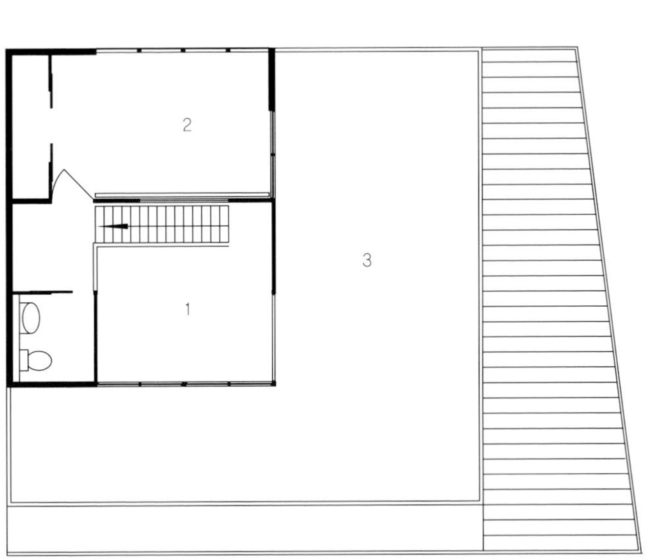

1

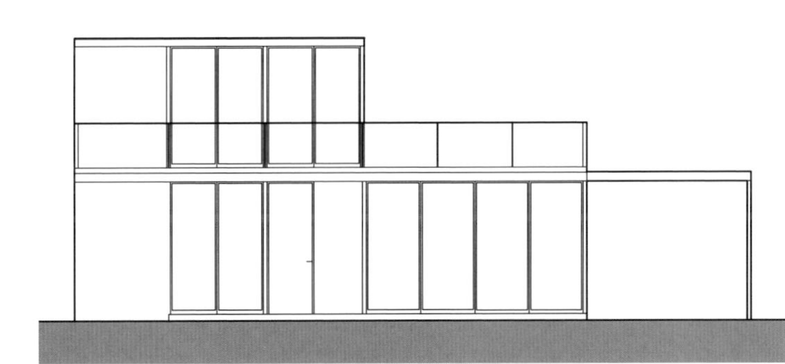

5

2

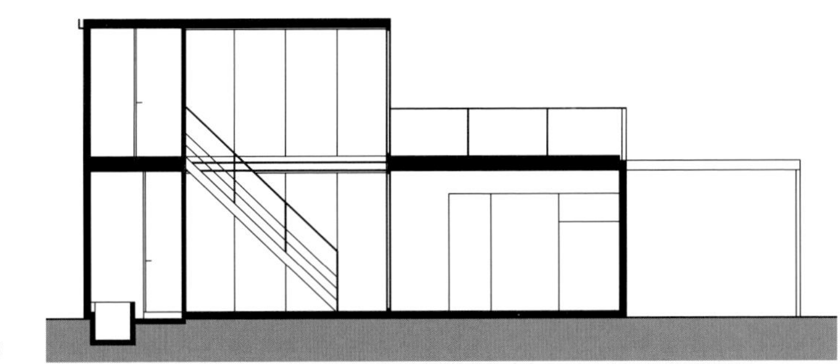

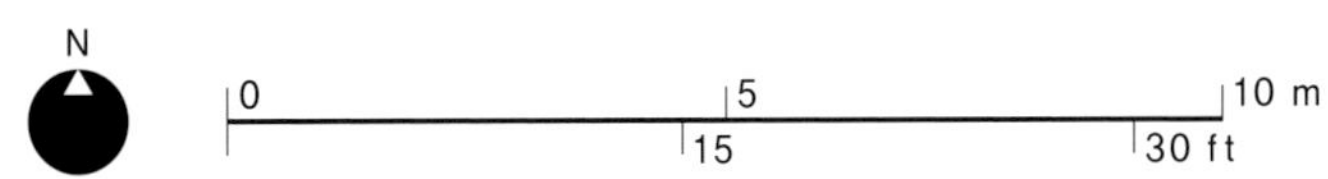

6

House at Moledo

Eduardo Souto de Moura, 1952-
Modelo, Portugal; 2000

에두아르도 사우토 드 모우라Eduardo Souto de Moura는 알바로 시자Alvaro Siza가 이끄는 포르투칼 건축계 Oporto 학파의 일원이다. 그는 시자의 가르침을 받았으며 1974년부터 1979년에 시자 설계사무소에서 일을 하기도 했다. 따라서 그는 포스트모더니즘이 성행하던 시기에는 지역적 모더니즘의 계승자가 되었다. 1990년대 모더니즘은 국제적으로 재평가되었으며 확산되었다. 그러나 사우토 드 모우라는 절대로 시자의 아류가 아니다. 비록 특정 장소의 고유한 특성에 대한 관심은 비슷했지만 그의 설계는 더 단순하고 깔끔하며 추상적이다. 그는 설계한 주택들로 유명하며 이 주택들은 다양한 종류의 테마를 갖고 있다. 이러한 테마는 미스 반 데어 로에에게서도 영향을 받기도 했지만 미국 조각가인 도널드 저드와 같은 후기 예술가에게 영향을 받기도 했다. 몰레도 주택은 미니멀리즘에 가깝게 단순하다. 진정한 건축가라면 단순함이 얼마나 이루기 힘든 가치인지를 알 것이다. 그것은 분석, 수정, 선택, 그리고 어려운 의사 결정 과정과 같은 긴 일련의 과정을 거쳐 만들어진 것이다.

사우트 드 모우라에게 대지의 특성은 고객의 요구보다 더 중요했다. 특히 몰레도는 더 그렇다. 대서양 해안이 내려다 보이는 가파른 언덕과 계단식 밭 농사를 위해 돌 조각으로 만든 1.5m 높이 계단들은 몰레도를 무척이나 도전적인 장소로 만든다. 사우토 드 모우라는 바이아오에 주택을 설계할 당시에 비슷한 경험을 했지만 몰레도의 경우 계단식 논밭의 위치가 어정쩡하고 계단이 너무 낮아서 편안한 플랫폼을 만드는데 어려움을 겪었다. 그는 결국 고객을 설득해서 계단식 밭까지 전부 재건하여 보다 적은 수의 높은 계단을 만들기로 했다. 지지되는 벽을 새로 쌓는 데에 수년의 시간을 소요하였으며 결국 주택 자체보다 더 많은 비용을 쓰는 공사를 했다.

고객의 단순한 요구사항과 전망 및 계단으로 볼 때 계단식 경사지에 주택의 한쪽 면을 구성하고 지지벽을 바라보는 형태의 주택은 상징적인 결정이었다. 약간 더 정교하게 설계를 한다면 주택을 지지대 한 쪽 면으로 밀어 넣고 계단을 테라스로 사용하는 것이었다.

하지만 사우토 드 모우라는 한 단계 더 나아갔다. 그는 주택을 계단 뒤로 밀어 넣었지만 뒤쪽에 약간의 채광 공간을 남겨 두고 벽면을 전부 유리로 건축하여 자연스럽게 만들어진 경사를 감상할 수 있게 하였다. 이렇게 함으로써 주택의 내부 인테리어를 완전히 바꾸었으며 특히 채광을 완전하게 변화시켰다. 한쪽 면의 개구부를 갖는 방에서 흔히 보이는 눈부심과 그늘의 대비가 채광공간에서 나오는 빛에 의해 약화된다. 또한 직선형으로 배치된 침실을 길게 연결하는 복도는 반사광에 의존하는 어두운 통로가 아닌 목재의 실내 벽면과 경사 사이에 있는 작은 협곡과도 같다.

주택의 정면도 유리로 건축되었으며 나무틀로 된 미닫이 문이 달려 있다. 그러나 신기하게도 내부와 외부의 모호함이나 공간의 흐름은 거의 없다. 단순히 방을 나열하기로 했던 계획이 이러한 느낌을 더 강하게 했다. 또한 이러한 느낌은 계단층 지지벽을 연장시켜 각각의 유리면을 겹치게 하여 부엌, 화장실 등의 방들을 가려 더 확실하게 하였다. 외부 재료를 내부로 끌어들였지만 실내재료처럼 보인다. 예를 들어, 거대한 화강암으로 구성된 거실의 아름다운 벽은 마치 바깥의 경사면과 흡사하나 잘 다듬어져 매끄럽다. 바닥은 나무 재질을 사용하였고 천장은 전체가 하나의 회반죽으로 되어 공간의 통일성을 만든다. 이곳에는 특별히 정문이 없으며 단지 테라스 바닥에 깔린 몇 개의 돌이 입구를 암시한다.

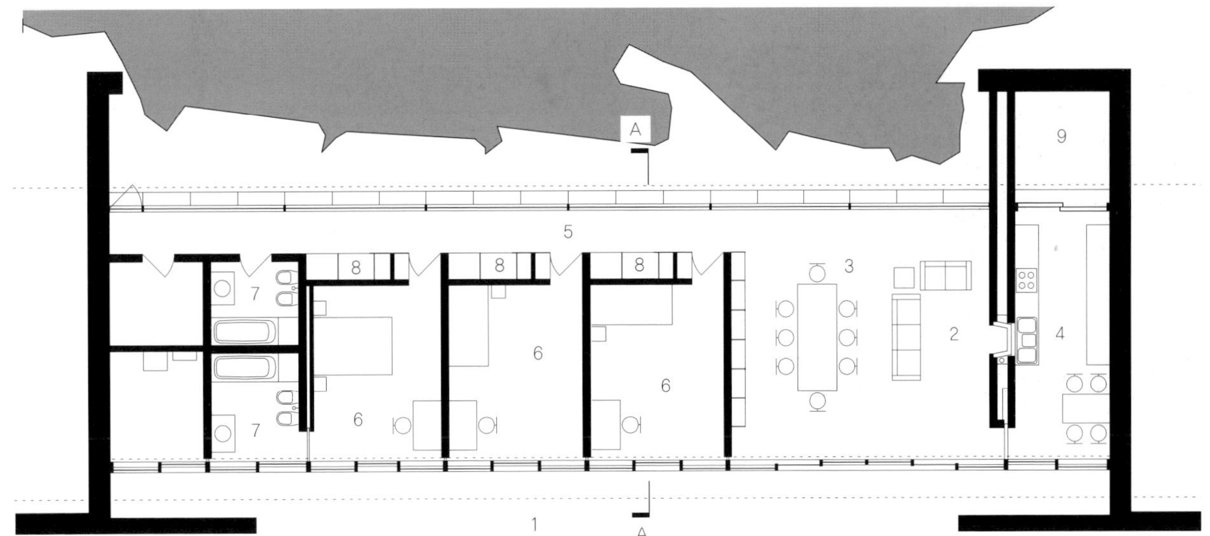

1 Ground Floor Plan

1 Terrace
2 Living room
3 Dining room
4 Kitchen
5 Corridor
6 Bedroom
7 Bathroom
8 Wardrobe
9 Yard

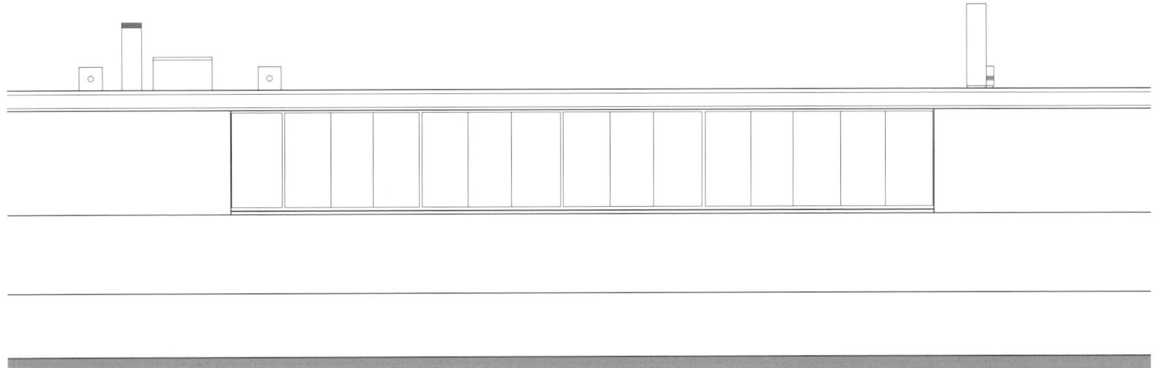

2 West Elevation

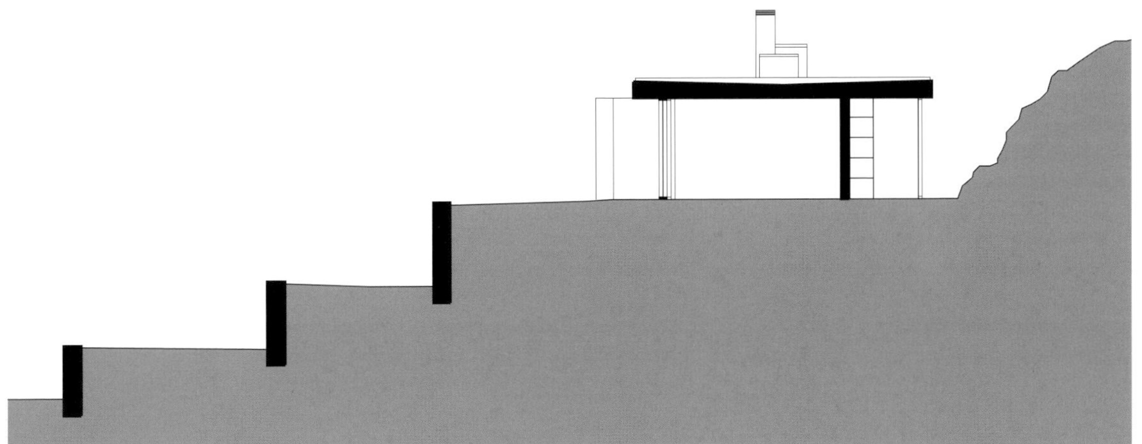

3 Section A–A

Father's House

Ma Qingyun, 1965-

Xi' an, Shaanxi, China; 2000

마다 스팸MADA s.p.a.m.: strategy, planning, architec ture, media은 자유시장 체제 하에 중국의 현대 주택을 개발하며 견실하게 성장하고 있는 신세대 건축사무소 중 하나이다. 1999년 설립된 상하이 소재의 회사로, 이미 저장대학교 도서관, 닝보항의 양쯔강변 대형 문화센터 등 몇몇 주요 공공건물들을 건축한 경력을 갖고 있다. 마칭윤은 마다사의 젊고 활동적인 사장이다. 1999년에 그는 산시성의 고대 수도이자 진시황릉의 병마용으로 유명한 서안 인근에 자신의 아버지를 위한 주택을 건축하였다.

그 위치는 친린산 끝자락의 안개 자욱한 언덕중턱이다. 중국적인 특색을 찾아볼 수 없는 추상적인 상자형태에도 불구하고 외관상으로 완벽하게 편안한 느낌을 준다. 그러나 건축자재는 근처 산시강 밑바닥에서 채취한 둥근 돌과 같은 지역 고유의 것들을 최대한 활용하였다. 이 돌들은 지역 주민들이 수년에 걸쳐 채취한 것들이다. 돌들은 회반죽 없이 쌓았으며 진회색의 철근콘크리트 프레임 안에 벽의 충전재로 사용되었다. 쌓여 있는 돌들이 만드는 질감과 결은 특별하고 심지어 환상적이다. 마치 고형화된 개구리알 무리 또는 작은 혹으로 뒤덮힌 파충류의 피부와 같은 느낌이다. 그러나 이 주택의 형태를 형성하는 것은 프레임이다. 주택의 사각형 평면도를 사각형의 앞뜰이 반복

한다. 앞뜰에는 풀장이 있고 검정색 석영 느낌의 돌들이 보풀처럼 깔려 있다.

주택의 정면 파사드는 어떠한 장식도 없이 순수한 사각 형태이며, 굵고 짙은 색의 콘크리트 선들, 즉 보와 기둥이 두 개 층, 세 개 구획을 만든다. 여섯 개의 개구부는 대나무로 된 접이형 미닫이 셔터로 되어있다. 셔터가 열리면, 내부 구조가 드러난다. 셔터에서 발코니 깊이만큼 뒤에 벽면이 있으며, 검정색 금속 프레임의 전면 유리로 되어있다.

2층에는 두 개의 발코니가 있으나 각각 반⅛ 구획의 너비를 차지한다. 나머지 사이 공간in-between space은 이중 층고이다. 내부를 보면, 전체 너비를 차지하는 거실의 구획들 중의 하나는 이중 층고이며 한쪽 코너에는 위층으로 가는 계단이 있다. 다른 한쪽에는 천장에서부터 바닥 약간 위까지 내려 와 있는, 어떻게 보면 벽난로를 닮은 상자형태의 구조물이 식당 공간을 구분 짓는다. 그리고 벽, 바닥, 천장, 문 등 모든 것들이 대나무 직조물로 덮여 있다.

다른 방들도 비슷한 방식으로 되어 있다. 내외부로 통하는 모든 개구부들은 높이가 천장까지이며, 모든 창문들에는 셔터가 설치되어 있다. 사용된 색채의 범위와 건축재는 매우 제한적이다. 내외부 모두 콘크리트, 석재, 대나무가 주재료이며, 실내는 사진에

서 보는 것처럼 가구가 없어도 최고급의 분위기를 연출한다. 주택의 북쪽 구역에 또 하나의 좁고 긴 형태의 정원 전체가 풀장으로 채워져 있다.

이 주택을 진정 중국 주택이라고 말할 수 있을까? 아마도 아닐 것이다. 유럽인들의 눈에 이 주택은 헤르조그나 디 메론, 혹은 피터 줌토르 같은 스위스 건축가들의 건축물을 연상시킨다. 루이스 칸의 영향 또한 강해 보인다. 이러한 점들은 마칭윤이 석사과정을 밟은 곳이 펜실바니아 대학이라는 것을 알고 나면 더 이상 놀라지 않게 될 것이다.

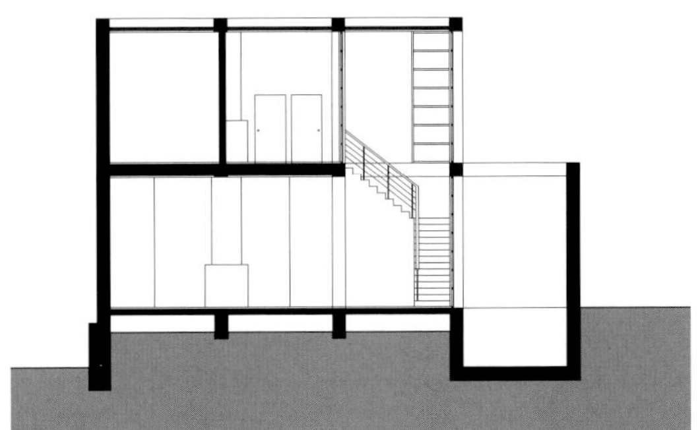

1 Section A–A

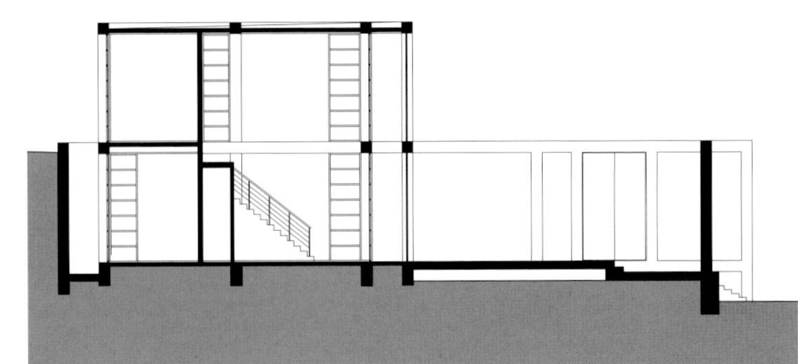

2 Secton B–B

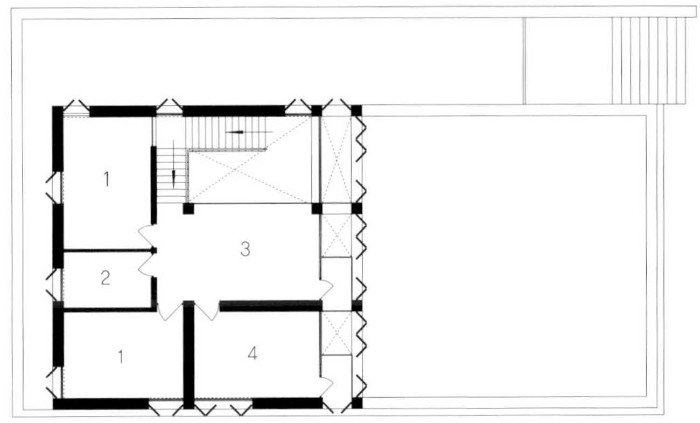

3 First Floor Plan

1 Guest room
2 Bathroom
3 Study
4 Master bedroom

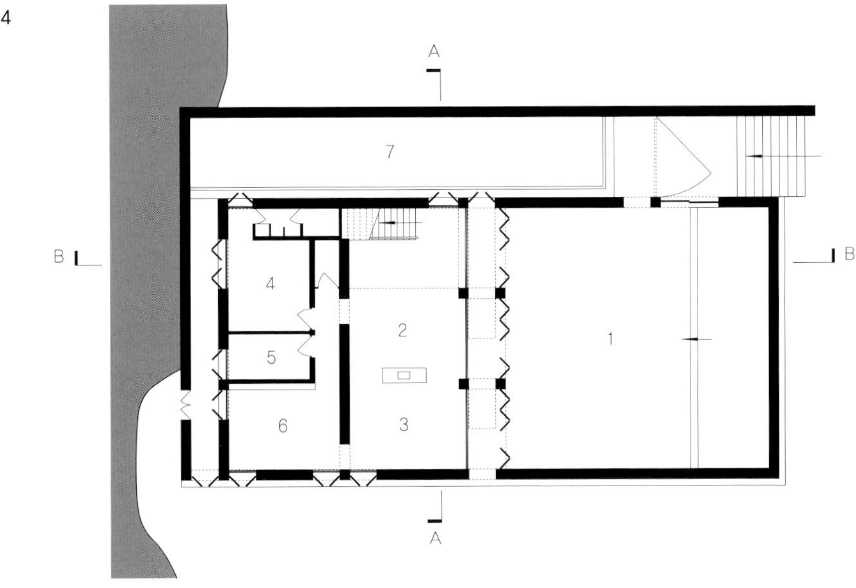

4 Ground Floor Plan

1 Courtyard
2 Living room
3 Dining room
4 Guest room
5 Bathroom
6 Kitchen
7 Swimming pool

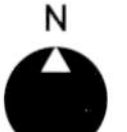
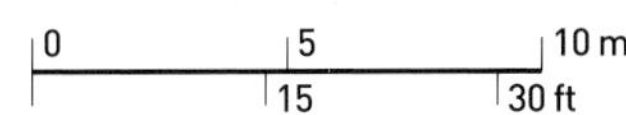

Further Reading

General Histories

Banham, Reyner, *Theory and Design in the First Machine Age* (Oxford: Architectural Press, 2nd Edn. 1962)

Benevolo, Leonardo, *A History of Modern Architecture, Volumes 1 & 2* (Cambridge, Mass: MIT Press, 1971)

Collins, Peter, *Changing Ideals in Modern Architecture 1750–1950* (Montreal: McGill–Queens University Press, 3rd Edn. 1996)

Curtis, William, *Modern Architecture Since 1900* (London: Phaidon Press, 3rd Edn. 1996)

Frampton, Kenneth, *Modern Architecture: A Critical History* (London: Thames and Hudson, 3rd Edn. 1992)

Giedion, Sigfried, *Space, Time and Architecture* (Cambridge, Mass: MIT Press, 5th Edn. 1967)

Hitchcock, H.R. and Johnson, Philip, *The International Style: Architecture Since 1922* (New York: Museum of Modern Art, 1932)

Jackson, Lesley, *Contemporary* (London: Phaidon Press, 1994)

Jencks, Charles, *Modern Movements in Architecture* (Harmondsworth: Penguin, 2nd Edn. 1985)

Jencks, Charles, *Language of Post Modern Architecture* (London: Academy Editions, 6th Edn. 1991)

Pevsner, Nikolaus, *Pioneers of Modern Design from William Morris to Walter Gropius* (Harmondsworth: Penguin, 2nd Edn. 1991)

Weston, Richard, *Modernism* (London: Phaidon Press, 1996)

Weston, Richard, *Plans, Sections and Elevations: Key Buildings of the Twentieth Century* (London: Laurence King, 2004)

Books about Twentieth–Century Houses

Armesto, Antonio, and Padro, Quim, *Casas Atlanticas: Galicia y Norte de Portugal/ Atlantic House: Galicia and Nothern Portugal* (Barcelona: Gili, 1996)

Barreneche, Raul A., *Modern House 3* (London: Phaidon, 2005)

Benton, Tim, *The Villas of Le Corbusier 1920–1930* (New Haven and London: Yale University Press, 1987)

Boissiere, Olivier, Twentieth–century Houses: *Europe* (Paris: Terrail, 1998)

Dunster, David, *Key Buildings of the Twentieth Century, Vol. 1: Houses 1900–1944* (London: Architectural Press, 1985)

Dunster, David, *Key Buildings of the Twentieth Century, Vol. 2: Houses 1945–1989* (London: Butterworths, 1990)

Frampton, Kenneth, *The Twentieth–century American House: Masterworks of Residential Architecture* (London: Thames and Hudson, 1995)

Guell, Xavier, *Casas Mediterraneas: Costa Brava/ Mediterranean Architecture: Costa Brava* (Barcelona: Gili, 1986)

Guell, Xavier, *Casas Mediterraneas/ Mediterranean Houses: Costa Brava 2* (Barcelona: Gili, 1994)

Hess, Alan, *Frank Lloyd Wright: the Houses* (New York: Rizzoli, 2005)

Jackson, Neil, *The Modern Steel House* (London: Spon, 1996)

McCoy, Esther, *Case Study Houses 1945–1962* (Los Angeles: Hennessey & Ingalls, 1977)

McGrath, Raymond, *Twentieth–century Houses* (London: Faber 1934)

Melhuish, Clare, *Modern House 2* (London: Phaidon, 2000)

Pople, Nicolas, *Experimental Houses* (London: Laurence King, 2000)

Rowe, Colin, *Five Architects: Eisenman, Graves, Gwathmey, Hejduk, Meier* (New York: Oxford University Press, 1975)

Saito, Yutaka, *Louis I. Kahn: Houses 1940–1974* (Tokyo: TOTO, 2003)

Sudjic, Deyan, and Beyerle, Tulga, *Home: the Twentieth–century House* (London: Laurence King in association with Glasgow 1999, 1999)

Tinniswood, Adrian, *The Art Deco House: Avant-garde Houses of the 1920s and 1930s* (London: Mitchell Beazley, 2002)

Welsh, John, *Modern House* (London: Phaidon, 1995)

Weston, Richard, *The House in the Twentieth Century* (London: Laurence King, 2002)

Yorke, F. R. S., *The Modern House* (London: Architectural Press, 1951)

Zabalbeascoa, Anatxu, *Houses of the Century* (London: Cartago, 1998)

Monographs about architects

Aalto, Alvar Reed, Peter, *Alvar Aalto: Between Humanism and Materialism* (New York: Museum of Modern Art, 1998)

Ando, Tadao Futagawa, Yukio, *Tadao Ando* (Tokyo: A.D.A. Edita, 1987)

Asplund, Erik Gunnar Holmdahl, Gustav (ed.), *Gunnar Asplund Architect 1885–1940* (Stockholm: Byggförlaget, 1981)

Ban, Shigeru Bell, Eugenia (ed.), *Shigeru Ban* (London: Laurence King, 2001)

Barragán, Luis Riggen Martínez, Antonio, *Luis Barragán* (New York: The Monacelli Press, 1996)

Bawa, Geoffrey Robson, David, *Geoffrey Bawa: the Complete Works* (London: Thames and Hudson, 2002)

Behnisch, Günter Blundell Jones, Peter, *Günter Behnisch* (Basel: Birkhauser, 2000)

Behrens, Peter Anderson, Stanford, *Peter Behrens and a New Architecture for the Twentieth Century* (Cambridge, Mass. and London: MIT Press, 2000)

Bo Bardi, Lina *Lina Bo Bardi* (Milan: Charta [for] Instituto Lina Bo e P.M. Bardi, 1994)

Bofill, Ricardo James, Warren A. (ed.), *Ricardo Bofill, Taller de Arquitectura: Buildings and Projects 1960–1985* (New York: Rizzoli, 1988)

Botta, Mario Pizzi, Emilio, *Mario Botta: The Complete Works Volume 1: 1960–1985* (Zurich: Artemis, 1993)

Breuer, Marcel Driller, Joachim, *Breuer Houses* (London: Phaidon, 2000)

Buckminster Fuller, Richard Pawley, Martin, *Buckminster Fuller* (London: Trefoil, 1990)

Campo Baeza, Alberto Pizza, Antonio, Alberton *Campo Baeze: Works and Projects* (Barcelona: Gili, 1999)

Coderch, José Antonio Pizza, Antonio, and Roviro, Josep M. (eds.), *Coderch 1940–1964: In Search of Home* (Barcelona: Collegi d' Arquitectes de Catalunya, 2000)

Connell, Amyas Sharp, Dennis (ed.), *Connell Ward & Lucas: Modern Movement Architects in England 1929–1929* (London: Book Art, 1994)

Correa, Charles Frampton, Kenneth (ed.), *Charles Correa* (London: Thames and Hudson, 1996)

De la Sota, Alejandro Alejandro de la Sota et al, *The Architecture of Imperfection* (London: AA Publications, 1997)

Eames, Charles and Ray Kirkham, Pat, *Charles and Ray Eames* (Cambridge, Mass: MIT Press, 1995)

Eisenman, Peter Dobney, Stephen (ed.), *Eisenman Architects: Selected and Current Works* (Victoria: The Images Publishing Group, 1995)

Ellwood, Craig Jackson, Neil, *Craig Ellwood* (London: Laurence King, 2002)

Fathy, Hassan Steele, James, *An Architecture for the People: the Complete Works of Hassan Fathy* (London: Thames and Hudson, 1997)

Fehn, Sverre Norberg–Schulz, Christian, and Postiglione, Gennaro, *Serre Fehn: Works Projects, Writings, 1949–1996* (New York: The Monacelli Press, 1997)

Foster, Norman Jenkins, David (ed.), *Norman Foster: Works, Vols. 1–4* (Munich and London: Prestel, 2002–2005)

Frey, Albert Rosa, Joseph, *Albert Frey Architect* (New York: Rizzoli, 1990)

Gehry, Frank Dalco, Francesco, and Forster, Kurt, *Frank O. Gehry: The Complete Works* (New York: The Monacelli Press, 1998)

Graves, Michael *Michael Graves: Selected and Current Works* (Mulgrave: Images, 1999)

Goff, Bruce De Long, David G, *Bruce Goff: Toward Absolute Architecture* (New York,

Architectural History Foundation; Cambridge, Mass. and London: MIT Press, 1988)

Goldfinger, Ernö Warburton, Nigel, *Ernö Goldfinger: the Life of an Architect* (London: Routledge, 2003)

Gray, Eileen Constant, Caroline, *Eileen Gray* (London: Phaidon, 2000)

Greene, Charles and Henry Bosley, Edward R., *Greene & Greene* (London: Phaidon, 2000)

Gropius, Walter Isaacs, Reginald, *Gropius* (Berlin: Gebr. Mann Verlag, 1983)

Herzog, Thomas *Thomas Herzog: Architektur +Technologie* (Munich and London: Prestel, 2001)

Hopkins, Michael and Patty Davies, Colin, *Hopkins: the Work of Michael Hopkins and Patners* (London: Phaidon, 1993)

Ito, Toyo Maffei, Andrea (ed.), *Works, Projects, Writings: Toyo Ito* (Milan: Electa Architecture, 2002)

Johnson, Philip Jenkins, Stover, and Mohney, David, *The Houses of Philip Johnson* (New York and London: Abbeville Press, 2001)

Johnson, Philip Whitney, David, and Kipnis, Jeffrey (eds.), *Philip Johnson: the Glass House* (New York: Pantheon, 1993)

Kahn, Louis Ronner, Heinz and Sharad, Jhaveri, *Louis I. Kahn Complete Work 1935–1974* (Basel, Birkhäuser, 2nd Edn. 1987)

Koenig, Pierre Steele, James, and Jenkins, David, *Pierre Koenig* (London: Phaidon, 1998)

Koolhaas, Rem Koolhass, Rem and Mau, Bruce, *Small, Medium, Large, Extra-Large* (Rotterdam: 010 Publishers, 1995)

Krier, Rob *Rob Krier on Architecture* (London: Academy Editions, 1982)

Kurokawa, Kisho *Kisho Kurokawa: From Metabolism to Symbiosis* (London: Academy Editions, 1992)

Lasdun, Denys Curtis, William, J. R., *Denys Lasdyn: Architecture, City, Landscape* (London: Phaidon, 1994)

Lautner, John Hess, Alan, *The Architecture of John Lautner* (London: Thames and Hudson, 1999)

Le Corbusier Benten, Tim, *The Villas of Le Corbusier, 1920–1930* (New Haven and London: Yale University Press, 1987)

Le Corbusier and Pierre Jeanneret Boesiger, M., Bill, M., Stonorov, O., (eds.), *Oeuvre Complète in 8 Volumes: 1910–1929; 1929–1934; 1934–1938; 1938–1946; 1946–1952; 1952–1957; 1957–1965* (Zurich: Girsberger 1929–1970)

Le Corbusier Curtis, William J. R., *Le Corbusier: Ideas and Forms* (London: Phaidon Press, 1986, reprinted 2001)

Loos, Adolf Gravagnuolo, Benedetto, *Adolf Loos Theory and Works* (Milan: Idea Books, Wien, 1982)

Loos, Adolf Schezen, Roberto, *Adolf Loos:*

Architecture 1903–1932 (New York: The Monacelli Press, 1996)

Lutyens, Edwin Weaver, Lawrence, *Houses and Gardens by E. L. Lutyens* (London: Country Life, 1913)

Maas, Winy Reading *MVRDV* (Rotterdam, NAi, 2003)

Mackintosh, Charles Rennie Steele, James, Charles Rennie *Mackintosh Synthesis in Form* (London: Academy Editions, 1994)

Marshall, Barrie Beck, Haig, and Cooper, Jackie, *Denton Corker Marshall: Rule Playing and the Ratbag Element* (Basel: Birkhauser, 2000)

Maxwell Fry, Edwin Hitchens, Stephen (ed.), *Fry Drew Architect Creamer: Architecture* (London: Lund Humphries, 1978)

Meier, Richard Ockman, John (ed.), *Richard Meier Architect* (New York: Rizzoli International Publications Inc, 1984)

Melnikov, Konstantin Starr, S. Frederick, *Melnikov, Solo Architect in a Mass Society* (Princeton: Princeton University Press, 1978)

Mies van der Rohe, Ludwig Lambert, Phyllis (ed.), *Mies in America* (Montreal: Canadian Centre for Architecture, 2001)

Mies van der Rohe, Ludwig Neumeyer, Fritz, *The Artless World: Mies van der Rohe on the Building Art*(Cambridge, Mass: MIT Press, 1991)

Mies van der Rohe, Ludwig Riley, Terence, *Mies in Berlin* (New York: Museum of Modern Art, 2001)

Miralles, Enric Tagliabue, Benedetta, *Enric Miralles: Works and Projects 1975–1995* (New York: The Monacelli Press, 1996)

Moore, Charles Johnson, Eugene J. (ed.), *Charles Moore: Buildings and Projects 1949–1986* (New York: Rizzoli, 1986)

Murcutt, Glenn Fromonot, Françoise, *Glenn Murcutt Buildings and Projects 1962–2003* (London: Thames and Hudson, 2003)

Neutra, Richard MacLamprecht, Barbara, *Richard Neutra Complete Works* (Cologne: Taschen, 2000)

Pawson, John Sudjic, Deyan, *John Pawson: Works* (London: Phaidon, 2005)

Predock, Antoine Collins, Brad (ed.), *Antoine Predock: Houses* (New York: Rizzoli, 2000)

Prouvé, Jean Sulzer, Peter, *Jean Prouvé: Complete Works* (Basel: Birkhauser, 2005)

Rietveld, Gerrit Kueper, M., and Van Zijl, I., *Gerrit Th. Rietveld: The Complete Work: 1888–1964* (Amsterdam: Architectura and Natura, 1993)

Rogers, Richard Powell, Kenneth, *Richard Rogers Complete Works Volumes 1 & 2* (London: Phaidon Press, 1994–2001)

Rudolph, Paul Monk, Tony, *The Art and Architecture of Paul Rudolph* (Chichester: Wiley/Academy, 1999)

Scharoun, Hans Blundell Jones, Peter, *Hans Scharoun* (London: Phaidon Press, 1995)

Schindler, Rudolph Steele, James, *R. M. Schindler* (Cologne: Taschen, 1999)

Seidler, Harry *Harry Seidler: Selected and Current Works* (Mulgrave: Images, 1997)

Sejima, Kazuyo, and Nishizawa, Ryue/SANAA *Kazuyo Sejima + Ryue Nishizawa: Recent Projects* (Berlin: Aedes, 2000)

Siza, Alvaro Cianchetta, Alessandra, and Molteni, Enrico, *Alvaro Siza: Private Houses 1954–2004* (Milan: Skira, 2004)

Smithson, Alison and Peter Webster, Helen (ed.) *Modernism Without Rhetoric* (London: Academy Editions, 1997)

Snozzi, Luigi Lichtenstein, Claude, *Luigi Snozzi* (Basel: Birkhauser, 1997)

Souto de Moura, Eduardo Esposito, Antonio, and Leoni, Giovanni, *Eduardo Souto de Moura* (Milan: Electa, 2003)

Torres, Elías, and Lapeña, José Antonio Martinez Buchanan, Peter, and Quetglas, José M., *Lapeña/Torres* (Barcelona: Gili, 1990)

Ushida, Eisaku, and Findlay, Kathryn *Ushida Findlay* (Barcelona, 2002)

Utzon, Jørn Weston, Richard, *Utzon* (Hellerup: Edition Bl ø ondal, 2002)

Van Berkel, Ben, and Bos, Caroline Betsky, Aaron, et al, *Un Studio Un Fold* (Rotterdam, NAi, 2002)

Venturi, Robert Constantinopoulos, Vivian, *Venturi Scott Brown and Associates on Houses and Housing* (London: Academy Editions, 1992)

Voysey, Charles Hitchmough, Wendy, *C. F. A. Voysey* (London: Phaidon, 1995)

Wright, Frank Lloyd McCarter, Robert, *Frank Lloyd Wright* (London: Phaidon Press, 1997)

Wright, Frank Lloyd Levine, Neil, *The Architecture of Frank Lloyd Wright* (Princeton: Princeton University Press, 1996)

Wright, Frank Lloyd, Aalto, Alvar and Eames, Charles and Ray McCarter, Robert, Steele, James and Weston, Richard, *Architecture in Detail: 3 Twentieth Century Houses* (London: Phaidon Press, 1999)

Yeang, Ken Yeang, Ken, *The Skyscraper Bio Climatically Considered* (London: Academy Editions, 1996)

Monographs about individual houses:

Casa Ugalde Montaner, Josep M., *Coderch: Casa Ugalde* (Barcelona: Collegi d' Arquitectes de Catalunya, 1998)

Barnsdall House Steele, James, *Barnsdall House: Frank Lloyd Wright* (London: Phaidon, 1992)

Bauhaus Staff House Thoner, Wolfgang, *The*

Picture Credits

Bauhaus Life: Life and Work in the Master's Houses Estate in Dessau (Leipzig: Seemann, 2003)

Bavinger House Goff, Bruce, *Bavinger House, Norman, Oklahoma, 1950, Price House, Bartlesville, Oklahoma, 1957–1966/Bruce Goff* (Tokyo: A.D.A. Edita, 1975)

Casa Malaparte Talamona, Marida *Casa Malaparte* (New York: Princeton Architectural Press, 1992)

Eames House Steele, James, *Eames House: Charles and Ray Eames* (London: Phaidon, 1994)

Fallingwater McCarter, Robert, *Fallingwater: Frank Lloyd Wright* (London: Phaidon, 1994)

Farnsworth House Vandenberg, Maritz, *Farnsworth House: Ludwig Mies van der Rohe* (London: Phaidon, 2003)

Gamble House Bosley, Edward R., *Gamble House: Greene and Greene* (London: Phaidon, 1992)

Hill House Macaulay, James, *Hill House: Charles Rennie Mackintosh* (London: Phaidon, 1994)

Johnson House Whitney, David, and Kipnis, Jeffrey eds, *Philip Johnson: the Glass House* (New York: Pantheon, 1993)

Lina Bo Bardi House Bo Bardi, Lina and Carvalho Ferraz, Marcelo, *Casa de Vidro: Sao Paulo, Brasil, 1950–1951* (Lisbon: Blau, [1999])

Melnikov House Pallasmaa, Juhani, with Gozak, Andrei, *The Melnikov House, Moscow (1927–1929): Konstantin Melnikov* (London: Academy Editions, 1996)

Robie House *The Robie House of Frank Lloyd Wright* (Chicago & London: University of Chicago Press, 1984)

Schröder House Mulde, Bertus and van Zijl, Ida, *The Rietveld Schoröder House* (New York: Princeton Architectural Press, 1999)

Tugendhat House Hammer–Tugendhat, Daniela, & Tegethoff, Wolf (eds.), *Ludwig Mies van der Rohe: the Tugendhat House* (Vienna: Springer, 2000)

Vanna Venturi House Schwartz, Frederic ed., *Mother's house: the evolution of Vanna Venturi's house in Chestnut Hill* (New York: Rizzoli, 1992)

Villa Mairea Weston, Richard, *Villa Mairea: Alvar Aalto* (London: Phaidon, 1992)

Villa Savoye Sbriglio, Jacques, *Le Corbusier: la Villa Savoye* (Basel: Birkhauser, 1999)

Villas La Roche–Jeanneret Sbriglio, Jacques, *Le Corbusier: les villas La Roche–Jeanneret* (Basel: Birkhauser, 1997)

Willow Road Powers, Alan, *2 Willow Road, Hampstead* (London: National Trust, [1996])

Wittgenstein House Wijdeveld, Paul, *Ludwig Wittgenstein, architect* (London: Thames and Hudson, 1993)

10t Colin Davies
10bl Richard Weston
10br Michael Freeman
11t Colin Davies
11b Pavel Stecha
12t Ezra Stoller/Esto
12b Fondation le Corbusier
13tl © Crown copyright.NMR
13tr Richard Bryant/Arcaid
13b Marcell Seidler/Harry Seidler and Associates
14tl Nich Dawe/Arcaid
14tr Bildarchiv Loto Marburg
15tl Fondation le Corbusier
15tr Ezra Stoller/Esto
15b Colin Davies
16 Hans Werlemann/OMA
17t Roberto Schezan/Esto
17b Richard Weston
18t Courtesy, The Estate of R. Buckminster Fuller
18b Martin Charles
19t Courtesy of Mr & Mrs Whitney
19b Colin Davies
22 Bildarchiv Foto Margburg
24 © Crown copyright.NMR
26tl Courtesy of Mr & Mrs Whitney
26tr Martin Charles
28 Richard Weston
30 Richard Weston
32 Richard Weston
34 Fondation Le Corbusier
36 Martin Charles
38 Frank den Oudsten, Amsterdam
40 Colin Davies
42 Scot Zimmerman
44 Richard Weston
46 Fondation le Corbusier
48 Fondation le Corbusier
50 Richard Weston
52 Alexander Hartmann
54 Archipress/Lucien Herve
56 Colin Davies
58 Bildarchiv Foto Marburg
60 Margherita Spiluttini
62tl Hans Engel
62tr Bildarchiv Monheim/AKG Images, London
64 Richard Bryant/Arcaid
66 Kari Haavisto
68 Michael Freeman
69 permissions courtesy Dion Neutra, Architect © and Richard and Dion Neutra Papers, Department of Special Collections, Charles E. Young Research Library, UCLA
70 Philippe Garner
72 Nich Dawe/Arcaid
74 Pavel Stecha
76 Alexander Hartmann
78 Pavel Stecha
80 Colin Davies
82 Photo by Albert Frey/Albert Frey Collection/Architecture & Design Collection, University Art Museum, University of California, Santa Barbara
84 Hans Scharoun Archive
86 Colin Davies
88 Colin Davies
90 Paul Rocheleau
92 Richard Weston
94 Richard Weston
96 Nich Dawe/Arcaid
98 Courtesy of RIBA
100 Wolfgang Voigt
102 Ezra Stoller/Esto
104 Courtesy, The Estate of R. Buckminster Fuller
106 Colin Davies
107 © 2006 EAMES OFFICE LLC (www.eamesoffice.com)

108tl Norman McGrath
108tr Paul Rocheleau
110 Marcell Seidler/Harry Seidler and Associates
112 Colin Davies
114 Courtesy of the Instituto Lina Bo e P.M. Bardi
116 Marte Catalan
118 Jan Utzon
120 Michael Freeman
122 Richard Weston
124 Martin Charles
126 © J. Paul Getty Trust. Used with permission. Julius Shulman Photography Archive. Research Library at the Getty Research Institute (2004.R.10)
128 Colin Davies
130 Roger Last/Bridgeman Art Library
132 Roberto Schezen/Esto
134 © J. Paul Getty Trust. Used with permission. Julius Shulman Photography Archive. Research Library at the Getty Research Institute (2004.R.10)
136 © J. Paul Getty Trust. Used with permission. Julius Shulman Photography Archive. Research Library at the Getty Research Institute (2004.R.10)
138 Roberto Schezen/Esto
140 All Reproduction Rights Reserved by the Morley Baer Photography Trust © 2006. Courtesy, Special Collections, University Library, University of California Santa Cruz
142 Richard Bryant/Arcaid
144 Richard Bryant/Arcaid
146 Tom Yee/House & Garden © 1973 Condé Nast Publications Inc.
148 Barragan Foundation
150 Richard Bryant/Arcaid
152 Courtesy of Scott Tallon Walker Architects
154 Aga Khan Trust for Culture
156 Luís Ferreira Alves
158 Roberto Schezen/Esto
160 Paul Rocheleau
162 Ezra Stoller/Esto
164 Archives Krier Kohl Architects
166 Tomio Ohashi
168 Photos by Serena Vergano
170 Eduard Heuber
172 Fundacion Alejandro de la Sota, Madrid
174l James Mortimer
174r Matthew Weinreb
176 Peter Aaron/Esto
178 Courtesy of Tadao Ando
180 Richard Schenkirz
182 Botta Archive
184 Miguel de Gúzman García–Monge
186 T.R. Hamzah & Yeang Sdn Bhd
188 Max Dupain and Associates Pty Ltd. Photo by Eric Sierins
190 Hisao Suzuki
192 Grant Mudford
194 Lluis Casals
196 Courtesy of Charles Correa Associates
198 Tim Hursley
200 Richard Bryant/Arcaid
202 Sverre Fehn
204 Hisao Suzuki
206 Hans Werlemann/OMA
208 Behnisch & Partner, Stuttgart
210 Ushida Findlay
212 Colin Davies
214 Reiner Blunck
216 John Gollings
218 Hiroyuki Hirai
220 Christian Richters
222 The Japan Architect Co, Ltd.
224 Colin Davies
226 Christian Richters
228 Tomio Ohashi
230 Luís Ferreira Alves
232 MADA s.p.a.m., China

All drawings, based on architects' original designs, by Adrian Scholefield and Gregory Gibbon with Sam Austin, Mike Court, Katie Collins, Gemma Murphy, Olly Moore, Alastair Gambles, Chirstopher Richards, Sam Utting, Wesley Whittle and Robin Jackson.

Index

Numbers in **bold** denote main entries; numbers in *italics* refer to pictures.

20세기의 명품 건축 평면, 단면 그리고 입면

초판 1쇄 발행 • 2010년 3월 29일

저 자 • Colin Davies
번 역 • 한국주거학회, 이현수

발행인 • 김윤태
발행처 • 도서출판 선
주 소 • 서울시 종로구 낙원동 58-1 종로오피스텔 1409호
전 화 • 02-762-3335
전 송 • 02-762-3371

등록번호 • 제15-201호
등록일자 • 1995년 3월 27일

값 36,000원
ISBN 978-89-6312-025-6 90000